普通高校"十三五"规划教材

大学普通物理实验

主编 赵 杰

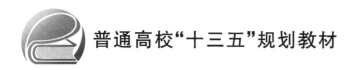

北京航空航天大学出版社

内 容 简 介

本书系统地介绍了高校物理学专业的普通物理实验和理工科各专业的大学物理实验内容，涵盖了力学、热学、电磁学、光学、原子物理实验的基本内容，还包括了演示物理实验、部分近代物理和应用物理的实验内容，共86个实验项目。本书内容新颖、文字精练、综合设计性实验项目或内容比例高，注重学生基本功和创新能力的培养。

本书的通用性强，可作为各类高校物理学专业的"普通物理实验"和理工科各专业的"大学物理实验""演示物理实验"课程教材或参考书，也可供实验技术人员参考。

图书在版编目(CIP)数据

大学普通物理实验 / 赵杰主编. -- 北京 : 北京航空航天大学出版社，2019.7

ISBN 978-7-5124-3007-5

Ⅰ. ①大… Ⅱ. ①赵… Ⅲ. ①普通物理学—实验—高等学校—教材 Ⅳ. ①O4-33

中国版本图书馆CIP数据核字(2019)第103524号

大学普通物理实验

主编 赵 杰

责任编辑 董 瑞 周世婷

*

北京航空航天大学出版社出版发行

北京市海淀区学院路37号(邮编100191) http://www.buaapress.com.cn

发行部电话:(010)82317024 传真:(010)82328026

读者信箱:goodtextbook@126.com 邮购电话:(010)82316936

北京建宏印刷有限公司印装 各地书店经销

*

开本:787×1 092 1/16 印张:16.75 字数:440千字

2019年8月第1版 2024年3月第5次印刷 印数:4 501～5 000册

ISBN 978-7-5124-3007-5 定价:48.00元

《大学普通物理实验》编委会

主　编　赵　杰

副主编　杨学锋　罗秀萍　陈书来　刘辉兰
　　　　　王红梅

编　委　李海彦　刘志华　魏　勇　崔廷军
　　　　　赵东来　王吉华　刘安平　邹　艳
　　　　　于家峰　张秀梅　陶建强

前　言

本书是依据教育部和山东省教育厅关于物理实验教学示范中心建设的精神，结合编者长期的实验教学改革经验和成果编写的。在编写过程中，力争做到突破传统的物理实验教学模式，增加了许多综合设计性和提高创新性的实验内容，将许多传统的实验项目(或其部分内容)改进为设计型(或局部设计型)实验项目，使学生由被动地执行实验过程变为主动地参与实验过程。本书将各实验课程的实验教学项目与内容进行大胆改革，打破了传统实验教材的结构体系，建立了基础型实验、提高型实验、综合设计研究创新性实验、演示物理实验的层次清晰的结构体系。从注重培养学生动手能力、创新思维能力出发，减少单纯验证性实验的比例。对不符合现代科学发展实际的传统实验项目进行删除或内容更新。为了实现教学内容的现代化，使之与科学技术的发展相适应，与生产和工程技术实际相衔接，本书增加了一些综合性、应用型的实验项目。

本书力争做到内容全面、实验项目丰富多样，但文字尽量精练，篇幅合理。演示物理实验(这里指由学生亲自操作演示的)属于定性及半定量实验，不仅能让学生直观地看到物理学的各种生动实验现象，而且能启迪创意、提高追求科学的热情和兴趣。演示物理实验具有趣味性强、实验用时短但学生印象深刻等其他类型实验不具备的优点，因此，我们在国内率先把演示物理实验引入大学物理实验教材，作为激发学生兴趣、建立物理模型、促进课堂教学的重要手段。

由于各个高校的实验仪器不尽相同，使得实验教材很难同理论教材那样具有很好的通用性。为此，我们在该书的编写中注重提高教材的通用性，有的实验还提供了可供选择的仪器和实验方法。本书在提高学生的分析和解决问题能力、动手能力、创新能力等综合素质方面将会有所突破。本教材选择的实验项目和实验内容，突出了时代性、先进性、适用性。

本书的实验内容涉及大学物理中的力学、热学、电磁学、光学、原子物理、部分近代和应用物理的知识和技能。本书既可作为高校物理学专业的普通物理实验教材，又可作为非物理学专业的大学物理实验教材，还可作为演示物理实验教材，专业通用性强。

本书由赵杰、杨学锋、罗秀萍、陈书来、刘辉兰、王红梅、李海彦、刘志华、王吉华、崔廷军、魏勇、赵东来等老师编写。全书由赵杰负责策划、组织和统稿。邹艳教授审阅了部分书稿，并提出了修改建议，在此表示感谢。

在本书的编写过程中，参考和引用了国内部分高校所编写或使用的实验教材，也参考和引用了部分国内知名仪器生产厂家的仪器说明书中的部分内容，在此一并表示感谢。

由于时间仓促，且编者水平有限，本实验教材中的不当之处，恳请读者批评指正。

赵杰（教授）
2019 年 1 月

目　录

第1章　绪　论 …… 1

1.1　物理实验的地位和作用 …… 1
1.2　课前预习 …… 1
1.3　实验过程 …… 2
1.4　实验报告 …… 2
1.5　物理实验的基本规则 …… 3

第2章　测量的不确定度和实验数据处理 …… 4

2.1　测量与误差 …… 4
2.2　测量的不确定度 …… 6
2.3　有效数字 …… 13
2.4　数据处理 …… 15

第1部分　基础型实验

实验1-1　固体和液体密度的测定 …… 19
实验1-2　惯性秤 …… 23
实验1-3　杨氏模量的测定 …… 24
实验1-4　复摆的研究 …… 29
实验1-5　声速的测定 …… 31
实验1-6　弦振动的研究 …… 33
实验1-7　金属比热容的测定 …… 35
实验1-8　水的比汽化热的测定 …… 38
实验1-9　液体表面张力系数的测定 …… 41
实验1-10　空气比热容比的测定 …… 43
实验1-11　RLC电路的谐振特性研究 …… 46
实验1-12　示波器原理和使用 …… 48
实验1-13　惠斯登电桥 …… 52
实验1-14　用电流场模拟静电场 …… 54

实验 1－15　开尔文双臂电桥 …… 57
实验 1－16　用菲涅耳双棱镜测钠光波长 …… 59
实验 1－17　用牛顿环干涉测透镜曲率半径 …… 62
实验 1－18　迈克耳逊干涉仪的调整和使用 …… 64
实验 1－19　单缝衍射相对光强分布的测定 …… 68
实验 1－20　分光计的调整和使用 …… 70
实验 1－21　用透射光栅测定光波波长 …… 74
实验 1－22　薄透镜焦距的测定 …… 76
实验 1－23　棱镜玻璃折射率的测定 …… 79

第 2 部分　提高型实验

实验 2－1　液体黏滞系数的测定与研究 …… 81
实验 2－2　用凯特摆测量重力加速度 …… 84
实验 2－3　用波尔共振仪研究受迫振动 …… 86
实验 2－4　圆线圈及亥姆霍兹线圈磁场的测量 …… 90
实验 2－5　用霍尔位移传感器测杨氏模量 …… 92
实验 2－6　电子束的偏转和聚焦 …… 95
实验 2－7　单色仪的定标 …… 100
实验 2－8　光具组基点的测定 …… 103
实验 2－9　偏振现象的观察与分析 …… 106
实验 2－10　利用光电效应测定普朗克常量 …… 108
实验 2－11　声波的多普勒效应 …… 111
实验 2－12　高温超导的研究 …… 114
实验 2－13　密里根油滴实验测定基本电荷 …… 117
实验 2－14　夫兰克-赫兹实验 …… 122
实验 2－15　塞曼效应 …… 124

第 3 部分　综合设计研究创新型实验

实验 3－1　单摆的设计与研究 …… 129
实验 3－2　牛顿第二定律的验证 …… 134
实验 3－3　磁悬浮导轨研究匀变速直线运动的规律 …… 137
实验 3－4　磁单摆混沌现象的观察与研究 …… 140
实验 3－5　落球法测定液体的黏滞系数 …… 142
实验 3－6　三线摆法测量物体的转动惯量 …… 146

实验 3－7　空气密度和气体普适恒量的测定 …… 150
实验 3－8　固体线胀系数的测定 …… 153
实验 3－9　温度传感器的温度特性研究与应用 …… 155
实验 3－10　磁阻效应实验 …… 162
实验 3－11　铁磁材料磁化曲线和磁滞回线的研究 …… 164
实验 3－12　巨磁阻效应及其应用 …… 170
实验 3－13　双棱镜干涉实验 …… 175
实验 3－14　热泵性能提高的研究 …… 178
实验 3－15　热机效率的研究 …… 183
实验 3－16　用非线性电路研究混沌现象 …… 186
实验 3－17　测电源的电动势和内阻 …… 190
实验 3－18　霍尔效应的研究 …… 190
实验 3－19　非平衡电桥 …… 194
实验 3－20　PN 结的物理特性 …… 197
实验 3－21　电信号的傅里叶分解与合成 …… 200
实验 3－22　用掠入射法测定透明介质的折射率 …… 204
实验 3－23　望远镜的设计与组装 …… 205
实验 3－24　利用电位差计改装电表 …… 207
实验 3－25　交流电桥的设计和测量 …… 210
实验 3－26　硅太阳能电池的研究 …… 213
实验 3－27　光纤传感器及应用研究 …… 216

第 4 部分　演示物理实验

实验 4－1　运动的独立性 …… 221
实验 4－2　转盘科里奥利力 …… 222
实验 4－3　纵波和驻波 …… 223
实验 4－4　弹簧片的受迫振动与共振演示 …… 224
实验 4－5　角动量矢量合成、角动量守恒的演示 …… 226
实验 4－6　帕尔贴效应的演示 …… 228
实验 4－7　超导磁悬浮现象 …… 229
实验 4－8　压电效应 …… 231
实验 4－9　巴克豪森效应 …… 232
实验 4－10　投影式洛仑兹力 …… 233
实验 4－11　电磁感应现象的演示 …… 235
实验 4－12　互感现象的演示 …… 236

实验 4－13　热力学第二定律 …… 238
实验 4－14　空气热机 …… 239
实验 4－15　激光多普勒效应 …… 242
实验 4－16　海市蜃楼 …… 244
实验 4－17　薄膜干涉 …… 246
实验 4－18　夫琅禾费衍射 …… 248
实验 4－19　尖端放电 …… 250
实验 4－20　静电吸引 …… 251
实验 4－21　静电跳球 …… 252

附　表 …… 254

参考文献 …… 256

第1章 绪 论

1.1 物理实验的地位和作用

物理学的研究对象具有相当的普遍性，其基本理论渗透在自然科学的许多领域，应用于生产技术的各个部门，是自然科学的许多领域和工程技术的基础。

物理学是建立在实验基础上的一门自然科学学科。任何物理规律的发现和理论的建立都以严格的实验为基础，并受到实验的检验。在物理学的整个发展过程中，物理实验起着非常重要的作用。

在经典力学发展之初，首先把科学的实验方法引入到物理学研究中来的物理学家是伽利略。在此之后，物理学的研究才真正走上科学的道路。经典物理学的奠基人牛顿则在大量实验的基础上总结出牛顿三大定律和万有引力定律。

物理学中的麦克斯韦电磁学理论是一个较完善的理论，然而其理论的建立则离不开奥斯特在一次课堂实验中发现的电流的磁效应和法拉第数十年的实验研究结论——磁也可以产生电。正因为有了这两位科学家的实验研究，才使得电磁学的理论大厦得以圆满建成。奥斯特和法拉第的结论推动了电磁学的发展，同样杨氏双缝实验和光电效应实验也相应推动了光学的发展，其中双缝实验揭示了光的波动性，光电效应实验告诉人们光也同时具有量子性。

现代科学技术的高速发展更离不开物理学理论和实验的构思和方法。物理实验的一些实验理论、方法已经广泛渗透到了自然科学的各个学科和工程技术领域。例如，声波测井、物质的化学成分与光谱的结构分析、原油或油品流动性质的研究等，实际上都是一些专业的物理实验。正是把物理实验方法运用于各领域专业，才使其他专业得到迅速发展。

“大学物理基础实验”是大学理工科学生进行科学实验训练的一门独立的必修基础课程，是学生进入大学后受到系统实验方法和实验技能训练的开端。大学物理实验课程对学生能力和素质的培养不仅包含通常意义上的实验技能和操作技能，也包含实验过程中发现问题和解决问题的能力、综合分析能力、创新能力、科学发现能力的启蒙，还包含实验者的科学态度、求是精神、坚韧不拔的意志、追求真理的勇气及爱护实验仪器的良好品德和科学习惯。它在培养学生运用实验手段去分析、观察、发现以至研究、解决问题的能力方面，以及培养学生的创新能力和创新精神方面都起着重要的作用，并且是理论课程不能替代的。

物理实验的作用不仅在于它实验的内容，更重要的是实验进行的过程。在实验进行的过程中，学生们不仅掌握了知识，而且了解到知识创造的过程，从而学会学习，为终身教育打下一个坚实的基础。另外，在实验过程中同学间的相互协作、共同探索的品质和团队精神也得到培养。下面3小节是物理实验课的基本环节。

1.2 课前预习

课前预习对做好实验起十分重要的作用。

一次实验课的时间有限，从熟悉仪器到测出数据，任务繁重。若课前不明确实验的目的、要求、原理和方法,不知道要测量哪些物理量、用什么仪器和怎样测量,不明确实验的思路和基本过程,不了解哪些地方是本次实验的重点以及需要特别注意的地方,到上课时就不可能做好实验。可以肯定地说,实验能否顺利进行,能否获得预期的结果,很大程度上取决于预习是否充分。因此,每次做实验之前必须预习,而且必须认真预习!

预习时主要阅读实验教材相关内容,必要时还要参考其他资料,以求基本掌握实验的整体概况,明确实验目的,弄懂实验原理,了解实验内容,熟悉实验步骤。对实验中使用的仪器和装置,要阅读教材中有关仪器部分,了解使用方法和注意事项。总之,要通过课前的预习和思考,在脑海中形成一个初步的实验方案,并在此基础上写出预习报告。预习报告的内容包括实验名称、实验目的、实验原理概要、实验仪器、实验内容和步骤概要。上实验课前教师要检查预习报告,没有预习者不允许进行实验。

1.3 实验过程

实验过程是实验课的中心环节。

在动手实验之前,要先认识和清点所用仪器、装置和器具,了解其主要功能、量程、级别、操作方法和注意事项,不要急于测量。实验时,要有目的、有计划地进行操作。首先是布置、安装(或接线)和调试仪器。仪器的布局要合理,尽量按电路图的布局摆放各个仪器,这样接线不易出错,也便于教师快速检查,提高效率。还要考虑到实验者和仪器的安全。合理选择仪器量程,严格遵守使用说明和操作规程,细致、耐心地把仪器调整到最佳工作状态。在电学实验中,接线完毕后,学生应自己做一次检查,再请指导教师复查,确认正确无误后才能接通电源。

调试完毕后即可开始实验。起初可做探索性试验操作,粗略地观察一下实验过程,若无异常现象,便可正式进行实验。如出现异常现象,应立即切断电源,认真分析,仔细排查,并向指导教师反映。待找出原因,排除异常后再开始进行实验。

测量时要把原始数据整齐地记录在预习时已经准备好的数据处理表格中,注意数据的有效数字和单位。不要记在另外的纸上再誊写在原始数据记录数据表格中,这样容易出错,况且这也就不再是第一手的"原始记录"了。如果记录的数据有错误,可用一斜线轻轻划掉,把正确的原始数据写在其旁,但不得涂改数据。要记住,原始数据是实验的最珍贵资料。

实验完毕后,先不要急于拆除实验仪器和它们的连接关系,而要暂时保持测试条件,请教师审阅实验记录正确后再拆除,否则如果实验数据错误,还要再连接一遍费时费力甚至没时间重测了。必要时也可能要重新测量。最后,经教师确认并签字后,再整理仪器到实验开始前的摆放状态,清理环境卫生后再离开实验室。

1.4 实验报告

实验报告是对所做实验的系统总结,是学生表达能力和信息交流能力的集中体现,也是交流实验成果的媒介,要用简明的形式将实验结果完整而又真实地表达出来。写报告时要求文字通顺,字迹端正,图表规矩,结果正确,讨论认真且全面。应养成实验完成后尽早将实验报告完成并上交的习惯。一份完整的实验报告应包括:实验名称、姓名、学号、指导教师姓名、实验日期、实验目的、实验原理、实验仪器、实验步骤、数据处理、实验结果和结果讨论。

数据处理一项中应包括:数据表格、计算过程、图示法或图解法处理数据和误差分析(包括确定实验结果的误差范围，找出影响实验结果的主要因素等；误差过大时应分析原因，对误差做出合理的解释）。

实验结果一项中应包括测量结果，即被测量的最佳估计值。若是对同一量的多次测量，则测量结果应是测量值的算术平均值。并且必须附带测量不确定度或绝对误差和相对误差（含计算方法、概率及测量次数）。必要时，应说明测量所处的条件，或影响量的取值范围。有些实验报告，还可模仿学术论文的形式撰写，以培养和训练撰写科学论文的能力。如果实验是观察某一物理现象或验证某一物理定理，则需要根据误差判断实验是否验证了理论。

结果讨论一项包括：实验过程中观察到的正常或异常现象、数据、结果等可能的解释，对实验仪器装置和实验方法改进的建议、推广到社会实际领域的设想等；还可以记录下实验者印象特别深刻的体会感受等内容。

1.5　物理实验的基本规则

① 实验前必须认真预习，并写出预习报告，不预习和达不到要求者不准进行实验。

② 准时到实验室上课，每次实验学生都要签到。迟到者，指导教师应对其进行批评教育。迟到超过 15 分钟者不准进行当日的物理实验。

③ 做实验时态度要严肃认真，积极思考，严谨实践。注意保持实验室安静、整洁。不得自行调换仪器，如遇仪器发生故障或异常情况应及时报告指导教师。

④ 操作仪器、连接线路必须按照有关规程和注意事项进行。因违反规程或违反纪律而损坏仪器时，应填写仪器损坏报告并按学校规定赔偿。数据测量完毕，应交给指导教师检查，教师在原始记录上签字认可后，整理仪器到实验开始前的状态，才能离开实验室。每个实验大组应安排值日生课后及时清扫实验室。

⑤ 不能无故缺课，如果因故不能上课要事先请假，并和同班其他组的同学互换实验时间，让同学把纸质的情况说明交给本次任课老师。无故缺席或无情况说明者按规定扣除一定的实验分数；缺课太多或有其他严重违规行为的按学校规定处理。

⑥ 教师签字的原始记录不得丢失，如丢失则需补做该实验或扣除一定的实验成绩。

第 2 章　测量的不确定度和实验数据处理

2.1　测量与误差

1. 测　量

(1) 测量的含义

物理实验包括两方面的内容:定性观察物理现象和定量测量物理量的大小,进而研究建立物理规律。

所谓**测量**,就是将待测量与同类的单位量进行比较,以确定待测量是单位量的多少倍的过程。所得的这个倍数就是测量的**读数**,读数加上单位就是**数据**。

(2) 测量的分类

按获得数据方法的不同,测量可以分为直接测量和间接测量;按测量条件的不同,测量可分为等精度测量和不等精度测量。

1) 直接测量和间接测量

直接测量是从计量仪器上直接读出测量数据的测量。如用米尺测长度,用天平称质量,用伏特表测电压,用欧姆表测电阻等。

间接测量是根据直接测量结果和某种函数关系式,通过计算而获得测量数据的测量。例如,用长度测量仪器直接测出圆柱体的直径 d 和高度 h,再根据关系式 $V=\pi d^2h/4$ 计算而获得圆柱体体积的测量。

2) 等精度测量和不等精度测量

等精度测量是指在相同实验条件下进行的多次重复测量,各次测量的可靠程度是相同的。**不等精度测量**是指在某一实验条件发生变化的条件下进行的多次测量。

2. 测量误差

实验中所测量的物理量在一定条件下,均有其客观真实的大小,称为该物理量的真值。测量的理想结果是真值,但它又是不能确知的。因为测量仪器只能准确到一定程度,测量原理和方法的不完善,环境条件的影响及测量者感官能力的限制,使得测量值和真值总存在一定的差异,这种测量值与真值之差称为**测量误差**,简称**误差**。

$$误差(\varepsilon)=测量值(x)-真值(x_0)$$

由于真值是不能确知的,所以测量值的误差也不能确切知道。测量中的误差是不可避免的,它存在于实验的整个过程中。因此,测量的任务是在尽可能减小误差的前提下,求得在该条件下被测量最接近于真值的最佳估计值,并同时给出最佳估计值可信程度的估计。

根据误差的性质和特点,可将误差分为两类,系统误差和偶然误差。

(1) 系统误差

在同一条件下，对同一物理量进行多次测量，误差的符号和绝对值保持不变或按某种规律变化，该误差称为**系统误差**。

1) 系统误差的来源

理论(方法误差)　这是由于实验方法或理论不完善而导致的误差。例如伏安法测电阻时电流表"内接"或"外接"对电表内阻的影响等。

仪器误差　这是由于仪器本身缺陷或装置调整不当而造成的误差。例如天平两臂不等长或未调节水平，砝码质量不准等。

环境误差　这是外界环境(如光照、湿度、温度、电磁场)等的影响而引起的误差。如温度逐渐升高对热量散失的影响等。

个人误差　这是由于测量者的不良习惯与主观偏向引入的误差。

2) 系统误差的消除

从系统误差产生的原因可知，测量者不能依靠在相同条件下进行多次测量消除它，但在实验中应尽可能进行系统误差的修正和处理。按对系统误差掌握的程度常将其分为已定系统误差和未定系统误差两类。**已定系统误差**是指采用一定的方法，可以对误差的数值和符号都确定的误差。**未定系统误差**是指不能知道误差的大小和符号，仅仅知道误差的可能范围(即差限)的误差。对于已定系统误差，可对测量值进行修正。设已知测量某量的已定系统误差为 Δx，则修正值为 $C_x = -\Delta x$，修正后的测量值为

$$\text{实际}(x') = \text{示值}(x) + \text{修正值}(C_x)$$

对不能消除的未定系统误差，应设法估计其误差的大小，但寻找系统误差并估计其大小并没有普遍规律可循，在很大程度上依赖于实验者的经验和素养。

(2) 偶然误差

在相同条件下，对某一物理量进行多次测量，各测量值之间总存在差异，且变化不定，在消除系统误差后仍然如此，这种绝对值和符号随机变化的误差称为**偶然误差**。偶然误差的来源主要有两个方面：一是实验者本人感觉器官分辨能力的限制；二是测量过程中，实验条件和环境因素微小的无规则起伏变化。偶然误差的特点是具有随机性。

(3) 精　度

1) 精密度

精密度表示重复测量所得结果相互接近的程度，是反映偶然误差的。精密度高则偶然误差小；反之，偶然误差大。它对系统误差没有反映。

2) 准确度

准确度表示测量结果中系统误差大小的程度。准确度高，系统误差小；反之，系统误差大。它不能反映偶然误差的大小。

3) 精确度

精确度是测量结果中系统误差和偶然误差的综合，表示测量结果与真值一致的程度。精确度高则系统误差和偶然误差都小；反之，两种误差中至少有一个大。

3. 随机误差的统计分布规律

偶然误差与具有随机性的系统误差综合在一起称为随机误差。在普通物理实验的大多数

测量中，随机误差的统计规律基本上都服从正态分布。

(1) 正态分布特性

假设对某物理量(其真值为 N)进行多次等精度测量，得到的测量结果分别是 $N_1, N_2, \cdots, N_k$，其相应的偶然误差分别为 $\Delta' N_1, \Delta' N_2, \cdots, \Delta' N_k$，它们的分布曲线可分别用正态分布函数描述，写成概率密度函数为

$$F(N_1, N, S) = \frac{1}{\sqrt{2\pi S}} \exp\left[-\frac{1}{2}\left(\frac{N_i - N}{S}\right)^2\right] \tag{2-1}$$

式中，$S(S \neq 0)$为描述分布曲线宽窄的参量。正态分布的概率密度函数曲线如图 2-1 所示。由图可见，S 越小，曲线越陡，峰值越高；曲线越窄，测量数据的离散程度越小，越集中在真值附近。在物理实验中，N 是由物理量本身决定的，而 S 则是由实验系统中所有随机因素共同决定的。

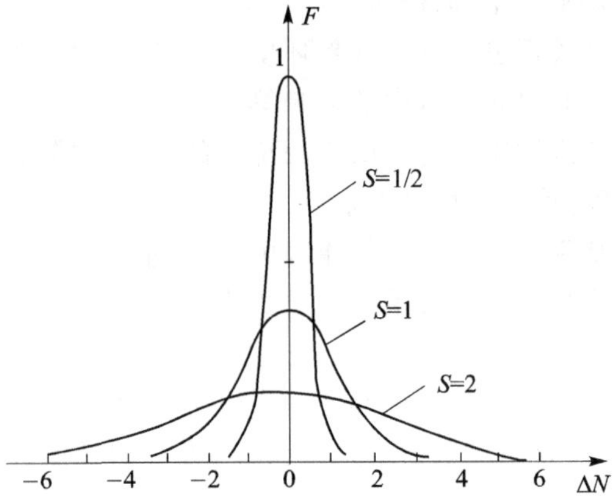

图 2-1　正态分布的概率密度函数曲线

(2) 正态分布的三个特点

1) 分布的对称性

绝对值相同的随机误差出现的概率相同。

2) 分布的单峰性

绝对值小的误差比绝对值大的误差出现的概率大。

3) 分布的有界性

绝对值很大的误差出现的概率趋于零。

(3) 算术平均值与最近真值

根据分布的第一个特点，有

$$\lim_{k\to\infty}\sum_{i=1}^{k}\Delta' N_i = 0 \tag{2-2}$$

即

$$\lim_{k\to\infty}\sum_{i=1}^{k}(N_i - N) = \lim_{k\to\infty}\sum_{i=1}^{k}N_i - kN = 0 \tag{2-3}$$

所以

$$N = \lim_{k\to\infty}\frac{1}{k}\sum_{i=1}^{k}N_i = \mathrm{lin}\ \overline{N} \tag{2-4}$$

而 $\overline{N} = \frac{1}{k}\sum_{i=1}^{k}N_i$ 是 k 次测量结果的算术平均值。由式(2-4)可知，当测量次数为无限大时，算术平均值就可以认为是被测量的真值。实际上，测量次数都是有限的，这时的算术平均值就不是真值，但它是一个最接近真值的测量值，称为测量的**最近真值**。

2.2　测量的不确定度

误差是绝对的，它贯穿于整个测量过程中，因此不可能通过实验测量获得真值。所以要准确地计算出误差也是不可能的，只能对其数值指标进行评定。误差的数值指标用不确定度

表示。

不确定度是表征被测量的真值落在某一个量值范围内的一个评定。按此含义可知，不确定度的大小就是真值以某一概率出现的那个量值范围的大小。不确定度小，该量值范围就小，测量结果的可信度就高，反之则低。不确定度的所有分量可以分成两类，A 类不确定度和 B 类不确定度。

1. A 类不确定度

能用统计方法计算的那些分量称为 **A 类不确定度**。

设有一组等精度测量数据 $N_1, N_2, \cdots, N_k$，其算术平均值为

$$\overline{N} = \frac{1}{k}\sum_{i=1}^{k} N_i \tag{2-5}$$

定义该测量列的任一次测量值的 A 类不确定度为

$$S = \sqrt{\frac{1}{k-1}\sum_{i=1}^{k}(N-\overline{N})^2} \tag{2-6}$$

公式(2-6)称为贝塞尔公式。算术平均值的 A 类不确定度计算式为

$$S_{\overline{N}} = \sqrt{\frac{1}{k(k-1)}\sum_{i=1}^{k}(N_i-\overline{N})^2} \tag{2-7}$$

可以证明，在没有系统误差的情况下，只要 k 足够大，那么算术平均值的误差落在$[-S_{\overline{N}}, S_{\overline{N}}]$内的概率为 0.683，这个概率称为置信度。同样，真值落在$[\overline{N}-S_{\overline{N}}, \overline{N}+S_{\overline{N}}]$范围内的置信度也为 0.683。而真值落在$[\overline{N}-2S_{\overline{N}}, \overline{N}+2S_{\overline{N}}]$范围内的置信度为 0.954，落在$[\overline{N}-3S_{\overline{N}}, \overline{N}+3S_{\overline{N}}]$内的置信度为 0.997。

2. B 类不确定度

测量中凡是不符合统计规律的不确定度统称为 **B 类不确定度**，记为 u。为简化起见，这里仅对由仪器或量具本身性能所产生的不确定度问题进行讨论。在相同条件下大批生产的仪器产品，仪器的误差在$[-\Delta_{仪}, \Delta_{仪}]$范围内是按一定概率分布的。这里 $\Delta_{仪}$ 是仪器的最大允差。下面介绍 $\Delta_{仪}$ 的几种取值方法：

① 对能连续读数的仪器，取 $\Delta_{仪}$ 等于其分度值的一半。例如，对毫米分度尺，取 $\Delta_{仪}=0.5$ mm；对 0.01 mm 分度螺旋测微计，取 $\Delta_{仪}=0.005$ mm。

② 对不能连续读数的仪器，取 $\Delta_{仪}$ 等于其分度值。例如，对 0.02 mm 分度的游标卡尺，取 $\Delta_{仪}=0.02$ mm；对 0.1 s 分度机械停表，取 $\Delta_{仪}=0.1$ s。

③ 对指针式电表，$\Delta_{仪}$ 按其准确度级别定为

$$\Delta_{仪} = 量程 \times 准确度级别/100$$

例如，某电压表的量程为 30 V，准确度级别为 0.5 级，则

$$\Delta_{仪} = 30 \times 0.5/100 = 0.15 \text{ V}$$

④ 数字式电表的 $\Delta_{仪}$ 可用式(2-8)计算，即

$$\Delta_{仪} = a\% u_x + b\% u_m \tag{2-8}$$

式中，u_x 为电表示值；u_m 为所用量程的满刻度值；a 为与示值有关的系数；b 为与满刻度值有

关的系数。a 与 b 的值可从电表说明书中查到。

⑤ 直流电阻电桥的 $\Delta_{仪}$ 可用式(2－9)确定，即

$$\Delta_{仪} = \frac{a}{100}(R_n/k + X) \tag{2-9}$$

⑥ 直流电位差计的 $\Delta_{仪}$ 可用式(2－10)确定，即

$$\Delta_{仪} = \frac{a}{100}(U_n/10 + X) \tag{2-10}$$

式(2－9)、式(2－10)中，a 为准确度级别；R_n 和 U_n 为基准值，等于有效量程内最大的10的整数幂，k 一般取值为10；X 为刻度盘示值。例如，某电桥的量程是11 111.1 Ω，那么该量程的基准值为10 000 Ω；如果把方法⑥中的不确定度改写为相对不确定度 $\delta_{仪} = \left(1+\frac{U_n}{10U_x}\right)a\%$，则可看出，当 $U_x=U_n$ 时，$\delta_{仪}=1.1a\%$；当 $U_x=U_n/10$ 时，$\delta_{仪}=2a\%$。这说明测量值只有大于或等于基准值时，示值才能达到仪器所标出的准确度，否则不确定度会增大。

⑦ 停表的 $\Delta_{仪}$ 一般取人体反应不确定度，即

$$\Delta_{仪} = 0.2 \text{ s}$$

对于其他各类仪器的 $\Delta_{仪}$ 可按照说明书(符合国家标准)中的规定确定。一般而言，u_B 与 $\Delta_{仪}$ 的关系为

$$u_B = \Delta_{仪}/C \tag{2-11}$$

式中，C 称为置信系数。

几种常见仪器在最大允差 $\Delta_{仪}$ 内的分布与置信系数 C 的关系如表2－1所列。如果无法确定仪器误差的分布规律，则一般按正态分布进行处理。

表2－1　几种常见仪器在最大允差 $\Delta_{仪}$ 内的分布与置信系数 C 的关系

仪器名称	米尺	游标卡尺	千分尺	物理天平	秒表
误差分布	正态分布	均匀分布	正态分布	正态分布	正态分布
C	3	$\sqrt{3}$	3	3	3

3. 合成不确定度

如果测量结果中同时含有A类不确定度分量 S 和B类不确定度分量 u，其合成不确定度为

$$\sigma = \sqrt{S^2 + u^2} \tag{2-12}$$

相对不确定度定义为不确定度与算术平均值的比，即

$$\delta_\sigma = \sigma/\overline{N} \tag{2-13}$$

例2－1　用50分度的游标卡尺测一圆环的宽度 h，其数据分别为：15.272 cm，15.276 cm，15.268 cm，15.274 cm，15.270 cm，15.274 cm，15.266 cm，15.270 cm，15.272 cm，15.272 cm，求合成不确定度 σ。

解：　A类不确定度

$$S_{\bar{h}} = \sqrt{\frac{1}{10\times 9}\sum(h_i - \bar{h})^2} = 0.003$$

$$\Delta_{仪} = 0.002\ \text{cm}, c = \sqrt{3}$$

故 B 类不确定度为

$$u = \Delta_{仪} / \sqrt{3} = 0.002/\sqrt{3}\ \text{cm} = 0.01\ \text{cm}$$

合成不确定度

$$\sigma = \sqrt{S_{\bar{h}}^2 + u^2} = \sqrt{0.003^2 + 0.001^2}\ \text{cm} = 0.003\ \text{cm}$$

4. 不确定度的传递

设 $w = f(x_1, x_2, \cdots, x_n)$，其中 $x_1, x_2, \cdots, x_n$ 为 n 个直接测量量，w 为间接测量量，将各直接测量量的算术平均值代入公式，即可得到间接测量量的最佳估计值

$$\bar{w} = f(\bar{x}_1, \bar{x}_2, \cdots, \bar{x}_n) \tag{2-14}$$

则有

$$\sigma_w = \sqrt{\left(\frac{\partial w}{\partial x_1}\right)^2 \sigma x_1^2 + \left(\frac{\partial w}{\partial x_2}\right)^2 \sigma x_2^2 + \cdots + \left(\frac{\partial w}{\partial x_n}\right)^2 \sigma x_n^2} \tag{2-15}$$

常用函数的不确定度传递公式如表 2－2 所列。

表 2－2　常用函数的不确定度传递公式

函数表达式	传递(合成)公式
$w = x \pm y$	$\sigma w = \sqrt{\sigma x^2 + \sigma y^2}$
$w = x \cdot y$	$\dfrac{\sigma w}{w} = \sqrt{\left(\dfrac{\sigma x}{x}\right)^2 + \left(\dfrac{\sigma y}{y}\right)^2}$
$w = \dfrac{x}{y}$	$\dfrac{\sigma w}{w} = \sqrt{\left(\dfrac{\sigma x}{x}\right)^2 + \left(\dfrac{\sigma y}{y}\right)^2}$
$w = \dfrac{x^k y^n}{z^m}$	$\dfrac{\sigma w}{w} = \sqrt{\left(k\dfrac{\sigma x}{x}\right)^2 + \left(n\dfrac{\sigma y}{y}\right)^2 + \left(m\dfrac{\sigma z}{z}\right)^2}$
$w = kx$	$\sigma w = k\sigma x, \dfrac{\sigma w}{w} = \dfrac{\sigma x}{x}$
$w = k\sqrt{x}$	$\dfrac{\sigma w}{w} = \dfrac{1}{2}\dfrac{\sigma x}{x}$
$w = \sin x$	$\sigma w = \lvert\cos x\rvert \sigma x$
$w = \ln x$	$\sigma w = \dfrac{\sigma x}{x}$

由表 2－2 可以总结出以下两条规律：

① 函数为加减形式时，间接测量量的不确定度的平方等于各直接测量量的平方和。

② 函数为乘除法时，间接测量量的相对不确定度的平方等于各直接测量量的相对不确定度的平方和。

求间接测量结果的不确定度步骤如下：

① 对函数求全微分(对加减法)，或先取对数再求全微分。

② 合并同一变量的系数。

③ 将微分符号变成不确定度符号，求各项的平方和。

例 2－2　用流体静力法测固体密度，公式为

$$\rho=\frac{m_1}{m_1-m_2}\rho_0$$

求测量结果的不确定度表达式。

解：　取对数

$$\ln\rho=\ln\frac{m_1}{m_1-m_2}\rho_0$$

取全微分

$$\mathrm{d}\ln\rho=\mathrm{d}\ln\frac{m_1}{m_1-m_2}\rho_0$$

$$\frac{\mathrm{d}\rho}{\rho}=\frac{\mathrm{d}m_1}{m_1}-\frac{\mathrm{d}m_1}{m_1-m_2}+\frac{\mathrm{d}m_2}{m_1-m_2}$$

合并同类项

$$\frac{\mathrm{d}\rho}{\rho}=\frac{-m_2}{m_1(m_1-m_2)}\mathrm{d}m_1+\frac{1}{m_1-m_2}\mathrm{d}m_2$$

微分符号变成不确定度符号，求各项平方和

$$\left(\frac{\sigma\rho}{\rho}\right)^2=\frac{m_2^2}{m_1^2(m_1-m_2)^2}\sigma m_1^2+\frac{1}{(m_1-m_2)^2}\sigma m_2^2$$

$$\frac{\sigma\rho}{\rho}=\sqrt{\frac{m_2^2}{m_1^2(m_1-m_2)^2}\sigma m_1^2+\frac{1}{(m_1-m_2)^2}\sigma m_2^2}$$

5. 测量结果的表示

测量结果一般表示为

$$w=\overline{w}\pm\sigma_{\overline{w}}$$

6. 不确定度的线性合成法

在很多情况下，往往只需粗略估计不确定度的大小，可采取较为保守的线性(算术)合成法计算。其误差传递公式应按以下步骤进行：

① 对函数求全微分(或先对函数取自然对数，再求全微分)。

② 合并同一变量的系数。

③ 将微分改为不确定度符号，求各项绝对值之和。

此时各不确定度符号可理解为最大允差，又由于取绝对值相加，得到的不确定度值偏大，又称最大不确定度。

常用函数的最大不确定度算术合成公式如表 2－3 所列。

表 2－3　常用函数的最大不确定度算术合成公式

物理量的函数式	不确定度	相对不确定度
$w=x+y+z\cdots$	$\Delta x+\Delta y+\Delta z+\cdots$	$\dfrac{\Delta x+\Delta y+\Delta z}{x+y+z}$
$w=x\pm y$	$\Delta x+\Delta y$	$\dfrac{\Delta y+\Delta y}{x\pm y}$
$w=kx$	$k\Delta x$	$\dfrac{\Delta x}{x}$
$w=x\cdot y$	$x\Delta y+y\Delta x$	$\dfrac{\Delta x}{x}+\dfrac{\Delta y}{y}$
$w=x^n$	$nx^{n-1}\Delta x$	$n\dfrac{\Delta x}{x}$
$w=\dfrac{x}{y}$	$\dfrac{y\Delta x+x\Delta y}{y^2}$	$\dfrac{\Delta x}{x}+\dfrac{\Delta y}{y}$
$w=\sin x$	$\cos x\cdot\Delta x$	$\cot x\cdot\Delta x$
$w=\tan x$	$\dfrac{\Delta x}{\cos^2 x}$	$\dfrac{2\Delta x}{\sin 2x}$
$w=\ln x$	$\dfrac{\Delta x}{x}$	$\dfrac{x}{x\ln x}$

结论：

① 几个量相加减后结果的不确定度等于各量的不确定度之和。

② 几个量相乘除后结果的不确定度等于各量的相对不确定度之和。

应用结论①和②及不确定度传递公式计算间接测量量的不确定度时，应根据函数的具体形式，选择恰当的运算顺序，达到简化推导的目的。

例 2－3　若

$$w=3x\pm 2y$$

则

$$\Delta w=3\Delta x\pm 2\Delta y$$

$$\frac{\Delta w}{w}=\frac{3\Delta x+2\Delta y}{3x\pm 2y}$$

例 2－4　若

$$g=4\pi^2\ \frac{1}{T^2}$$

则

$$\frac{\Delta g}{g}=\frac{\Delta l}{l}+2\ \frac{\Delta T}{T}$$

例 2－5　若

$$v=4\pi(a_2^2-d_1^2)H$$

则

$$\frac{\Delta v}{v}=\frac{\Delta(d_2^2-d_1^2)}{d_2^2-d_1^2}+\frac{\Delta H}{H}$$

$$=\frac{2d_2\Delta d_2+2d_1\Delta d_1}{d_2^2-d_1^2}+\frac{\Delta H}{H}$$

例 2－6　若

$$T=\frac{(w+m)(t_0-t)}{m}-t$$

令

$$A=\frac{(w+m)(t_0-t)}{m}$$

则

$$\Delta T=\Delta A-\Delta t$$

而

$$E_1=\frac{\Delta A}{A}=\frac{\Delta(w+m)}{w+m}+\frac{\Delta(t_0-t)}{t_0-t}+\frac{\Delta m}{m}$$

$$=\frac{\Delta w+\Delta m}{w+m}+\frac{\Delta t_0-t}{t_0-t}+\frac{\Delta m}{m}$$

故
$$\Delta A=E_1\cdot A$$

$$E=\frac{\Delta T}{T}=\frac{\Delta A-\Delta t}{A-t}$$

7. 不确定度均分原理

在间接测量中，每个独立测量量的不确定度都会对最终结果的不确定度有贡献。如果已知各测量量之间的函数关系，可写出不确定度传递公式，并按均分原理，将测量结果的总不确定度均匀分配到各个分量中，由此分析各物理量的测量方法和使用仪器，指导实验。对测量结果影响较大的物理量，应采用精度较高的仪器，而对结果影响不大的物理量，就不必追求高精度仪器。

例 2-7 圆柱体的体积 v 可通过测量其直径 D 和高度 h 得到。粗测其直径 D 约为 0.8 cm，高 h 约为 3.2 cm。若要求 $\frac{\Delta v}{v}\leqslant 0.5\%$，应怎样选择仪器？

解： 由于 $v=\frac{\pi}{4}D^2h$，按最大不确定度公式估算，有

$$\frac{\Delta v}{v}=2\frac{\Delta D}{D}+\frac{\Delta h}{h}$$

由均分原理

$$2\frac{\Delta D}{D}\leqslant 0.25\%,\quad \frac{\Delta h}{h}\leqslant 0.25\%$$

将 d 和 h 的粗测值代入有

$$\Delta D\leqslant 0.001\ \text{cm},\quad \Delta h\leqslant 0.008\ \text{cm}$$

考虑到螺旋测微计的 $\Delta_{仪}=0.05$ cm，游标卡尺的 $\Delta_{仪}=0.002$ cm，而米尺的 $\Delta_{仪}=0.05$ cm，显然，测圆柱体的直径应用螺旋测微计，而螺旋测微的量程只有 2.5 cm，测高度应选用游标卡尺。

例 2-8 单摆测重力加速度，要求 $\frac{\Delta g}{g}\leqslant 0.2\%$。已知摆长选约为 1 m，周期 T 约为 2 s，应如何选择测量仪器？

解：
$$g=4\pi^2\frac{1}{T^2}$$

所以
$$\frac{\Delta g}{g}=\frac{\Delta l}{l}+2\frac{\Delta T}{T}\leqslant 0.2\%=0.002$$

按误差均分原理，有

$$\frac{\Delta l}{l}\leqslant 0.001\quad 和\quad 2\frac{\Delta T}{T}\leqslant 0.001$$

所以
$$\Delta l\leqslant 0.001\times 100\ \text{cm}=0.1\ \text{cm}$$

$$\Delta T\leqslant\frac{1}{2}\times 0.001\times 2\ \text{s}=0.001\ \text{s}$$

显然测量用分度为 1 mm 的米尺即可满足要求，而 T 的测量必须用数字毫秒计。是否可

以用停表？注意到单摆连续摆动的周期是固定的，故可以连续测量 n 个周期求 T 值。若采用停表，一次测量的最大允差 $\Delta T=0.2\ \mathrm{s}$，因而应满足

$$\frac{0.2\ \mathrm{s}}{n}\leqslant 0.001\ \mathrm{s}$$

得 $n\geqslant 200$，即应用停表连续测 200 个周期。

2.3 有效数字

直接测量中的读数、实验中记录的数据、数据的运算和实验结果的表达都不是随意的，必须遵循一定的规则，这个规则就称为有效数字及其运算规则。

1. 有效数字的基本概念

(1) 有效数字的定义

在表达测量结果的数据中，从第一位非零数字起到开始有误差的一位止的这个数字段中的每位数字都称为**有效数字**。在有效数字中，有误差的一位称为可疑数字，其余称为可靠数字。

根据定义知，不确定度只有一位有效数字而且是可疑数字。

(2) 数字中的“0”

表示小数点位置的“0”不是有效数字。例如，一物体的长度为 8.62 cm，可写成 82.6 mm 或 0.826 m，虽然单位发生了变换，但有效数字位数都是三位。

在数字中间或后面的“0”都是有效数字。例如，1.035 cm 和 1.350 cm 都有四位有效数字；1.00 cm 有三位有效数字。显然，数字后面的“0”既不能随意加上，也不能随意去掉。

(3) 仪器的正确读数

对于直接测量，在仪器、仪表上读取数据时的一般规则是读至 $\Delta_{仪}$ 所在的那一位为止。例如，用一只准确度级别为 0.1 级，量程 100 mA 的电流表测电流时，由于该表的 $\Delta_{仪}=100\ \mathrm{mA}\times 0.1\%=0.1\ \mathrm{mA}$，所以应读到 0.1 mA 位；用一只显示到 10 ms 位的电子停表测时间时，由于人体反应的不确定度 $\Delta_{仪}=0.2\ \mathrm{s}$，故利用此表读数时，只读到 0.1 s 位即可。

总之，读数前应先搞清楚该仪器的 $\Delta_{仪}$ 所在位，然后才能正确确定直接测量量的有效数字，做到正确地记录数据。

(4) 间接测量中有效数字的确定

对于间接测量，其结果的有效数字的位数应由不确定度确定。例如，经计算得 $L=1.023\ \mathrm{cm}$，$\sigma=0.02\ \mathrm{cm}$，则 L 的有效数字就是 1.02 cm，结果为 $L=(1.02\pm 0.02)\ \mathrm{cm}$。

(5) 数字的科学表达法

当一个数很大或很小时，为了能简洁而又与有效数字的定义相一致地把它表达出来，可使用科学记数法。例如，测得某电阻的阻值为 20 000 Ω，不确定度为 100 Ω，如果把结果写成 $(20\ 000\pm 100)\ \Omega$，显然是不合适的；如果写成 $(20.0\pm 0.1)\times 10^3\ \Omega$ 就比较合适了，因为它反映了阻值的大小 20 000 Ω，同时满足了不确定度决定结果有效数字位数的规定。这就是科学表达法。

当一个数很小时，如 $0.000\ 635\pm 0.000\ 002\ \mathrm{m}$，用科学表达法可表示为 $(6.35\pm 0.02)\times 10^{-4}\ \mathrm{m}$，这种写法不仅简洁明了，而且使数字的计算及定位变得非常简便。

2. 有效数字的运算规则

有效数字的运算应按照既简洁方便又不引入计算误差的原则进行。

(1) 不确定度的计算

在参与运算的不确定度量中，找出最大的一个分量，凡小于该分量 1/3 的那些分量在运算过程中可舍去，其计算结果一般只保留一位。

(2) 加减法

例 2－9　设 $N=A+B+C$，其中，$A=(62.5\pm0.1)\ \text{cm}^2$，$B=(1.234\pm0.003)\ \text{cm}^2$，$C=(5.43\pm0.06)\ \text{cm}^2$，试计算 N。

解： 先用传递公式求 $\sigma_{\overline{N}}$，即

$$\sigma_{\overline{N}}=\sqrt{\sigma\frac{2}{A}+\sigma\frac{2}{B}+\sigma\frac{2}{C}}\approx\sqrt{\sigma\frac{2}{A}+\sigma\frac{2}{C}}$$

$$=\sqrt{(0.1)^2+(0.06)^2}\ \text{cm}^2\approx0.1\ \text{cm}^2$$

再计算 $\overline{N}$。计算过程中，各分量的最后一位取到比不确定度所在多一位的地方，则

$$\overline{N}=(62.5+1.23-5.43)\ \text{cm}^2=58.30\ \text{cm}^2$$

最后用 $\sigma_{\overline{N}}$ 决定测量结果的有效数字，即

$$N=(58.3\pm0.1)\ \text{cm}^2$$

如果各分量没给出不确定度，那么可根据有效数字只有一位可疑数字的规定来确定结果的有效数字。例如，62.5＋1.234＝63.7，用竖式可很清楚地表明可疑数位置，即

$$\begin{array}{r}62.\bar{5}\\ +1.23\bar{4}\\ \hline 63.\bar{7}\bar{3}\bar{4}\end{array}$$

由此可见，数字 7 就是可疑数字，后面的是无效数字，所以计算结果只保留到 7 这一位上。

(3) 乘除法

设 $N=AB/C$，$A=(3.21\pm0.01)\ \text{cm}$，$B=(6.5\pm0.2)\ \text{cm}$，$C=(21.843\pm0.004)\ \text{cm}$，求 N。

解： 先计算 $\overline{N}$。找出有效数字少的分量，其余分量比它多取一位，计算结果也多保留一位，即

$$\overline{N}=(3.21\times6.5/21.8)\ \text{cm}=0.975\ \text{cm}$$

再计算不确定度 $\sigma_{\overline{N}}$，即

$$\frac{\sigma_{\overline{N}}}{N}=\sqrt{\left(\frac{\sigma_{\overline{A}}}{\overline{A}}\right)^2+\left(\frac{\sigma_{\overline{B}}}{\overline{B}}\right)^2+\left(\frac{\sigma_{\overline{C}}}{\overline{C}}\right)^2}\approx\sqrt{\left(\frac{\sigma_{\overline{B}}}{\overline{B}}\right)^2}=\frac{2}{65}$$

$$\sigma_{\overline{N}}=\frac{2}{65}\times0.975\ \text{cm}=0.03\ \text{cm}$$

最后用 $\sigma_{\overline{N}}$ 确定 $\overline{N}$ 的有效数字，即

$$N=(0.98\pm0.03)\ \text{cm}$$

如果各分量未给出不确定度，则可根据第一步中计算 $\overline{N}$ 的过程来确定，有效数字由位数最少的那个分量决定。例如：

$$5.187 \times 10.2 = 52.9, \quad 27.13 \div 3.1416 = 8.636$$

(4) 乘方与开方

乘方与开方计算结果的有效数字位数与其底数的有效数字位数相同。例如：

$$2.5^2 = 6.2, \quad \sqrt{100} = 10.0, \quad 100^2 = 100 \times 10^2$$

(5) 对　数

常用对数 $\lg x$，其尾数的有效数字位数与 x 的位数相同。例如：

$$\lg 1\,994 = 3.300, \quad \lg 1.994 = 0.299\,7$$

(6) 指　数

指数运算结果的有效数字位数与指数的小数点后的位数相同。例如：$10^{5.25} = 1.8 \times 10^5$ 有两位有效数字；$10^{0.006\,5} = 1.015$ 有四位有效数字。对于 e^x，也可按此规则计算。

(7) 三角函数

三角函数计算结果的有效数字位数与相应角弧度的相同，例如：$\sin 0.785\,4 = 0.707\,1$，$\cos 20°18' = 0.937\,9$，结果均为四位有效数字。

(8) 自然数与常量

自然数不是由测量得到的，不存在误差，故有无穷多位有效数字。

有效数字与无理常数(如 π，e)相乘除时，无理常数一般多取一位，结果与原来的有效数字位数相同。例如：$1.047 \times \pi = 1.047 \times 3.141\,6 = 3.289$。

(9) 尾数的舍入法则

根据等概率观点，合理的尾数舍入法则是：小于 5 则舍，大于 5 则入，等于 5 则把尾数凑成偶数。

例如：101.074　取四位有效数字为 101.1；
308.92　取四位有效数字为 308.9；
68.635　取四位有效数字为 68.64；
12.205　取四位有效数字为 12.20。

2.4　数据处理

1. 制　表

在物理实验的测量和计算中，常要将数据记录在表格中，便于整理、计算、作图或拟合。制表一般应注意如下事项(参见例 2-10)：

① 制表前，应先明确实验中要测哪些物理量？哪些是直接读出的、哪些是通过计算得出的？哪些量宜先测、哪些量宜后测？哪些量只要测一次、哪些量要多次测量求平均？(多次测量时，一般应在 10 次以上；但因课时有限，可取 5 次。)

例 2-10　测量一个圆柱体样品的密度：样品的质量 $m =$ ________ g，$\rho = \dfrac{4m}{\pi \overline{D}^2 h} =$ ________；室温 $T_r =$ ________ ℃；湿度 $\eta =$ ________ %，记录于表 2-4。

表 2-4 数据测量记录表

测量次数	1	2	3	4	5	平均值
直径 D/cm						
长度左端 h_1/cm						
长度右端 h_2/cm						
长度 $h=(h_1-h_2)$/cm						

② 制表时，应合理安排各待测量在表格中的位置。一般可列直接读出量、再列计算得出量；先列先测量、后列后测量；让自变与因变量在表中一一对应。如果预先可以确定自变量的变化范围和取值，则可按自变量的值由小到大或由大到小在表中预先写好。

③ 任一物理量都是数值与单位的合成，在表格中常用物理量与单位的比值来表示，如例表的第一列所示，其中 D/cm 表示物理量 D 的单位是 cm，依次类推。注意：物理量的符号应用斜体书写，单位的符号则用正体书写，以示区别。

④ 表中各符号所代表的意义都应有相应的说明（如例 2-10 中的直径、长度等，但不一定写在表格中）。

⑤ 不同的物理量之间应用线条加以区分，如表 2-4 中各横线所示。物理量与数据之间也应用线条加以区分，如表 2-4 中竖线所示。

⑥ 测量量与计算量应明确区分。计算量应注明计算公式（不一定写在表格中）。

⑦ 为了清楚说明表的意义，必要时还应加上一个表题。

2. 作　图

在物理实验中，为了清晰地看到物理量之间的定性关系，或方便地比较不同的物理特性，常需要用图解法来直观地显示物理量之间的关系——有时作直线拟合，有时还要作曲线图。作图法是研究物理量之间变化规律的重要手段，一般应遵守如下规则（如图 2-2 所示）：

① 作图用纸一般应采用标准坐标纸。图纸的大小应能反映物理量的有效数字；作图区域应占图纸的一半以上。

② 取自变量为横坐标（向右增大）；取因变量为纵坐标（向上增大），画出纵、横坐标轴，并与图纸上印的线条密切重合，但坐标轴不一定取图纸所印表格的边线，坐标轴的标度值不一定从零开始。

③ 根据自变量（及因变量）的最低值与最高值，选取合适的作图比例，应取图纸上的 1 个格所表示的原数据的量值变化为 1、2、5 等整数（或它们的十进倍率）。

④ 每隔相同距离，沿轴画一垂直于轴的短线（称为标度线），并在其附近注以标度值。标度值的位数不必取实验数据中的全部有效数字位数，例如 2.50 只标 2.5 即可。一般在各坐标轴上标 5～10 个标度值。

⑤ 对每一坐标轴，要标明物理量的名称及单位符号。

⑥ 数据点要用端正的“+”或“⊙”等符号表示。数据点应在符号的中心，符号的大小应相当于不确定度的大小；但为简单起见，也可统一取 2～3 cm。在一张图纸上作多条曲线时，不同的数据组应使用不同的符号来表示数据点，并在图中适当位置说明不同符号的不同意义。

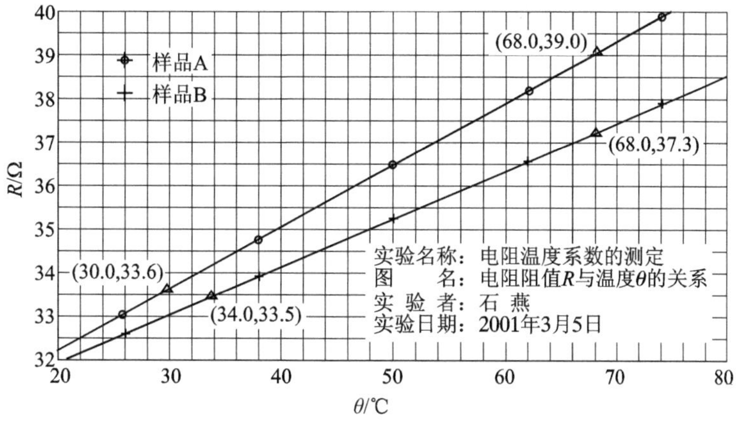

图 2-2

求斜率时取点的符号应采用有别于这些数据点的符号，例如用正三角形"△"，并在其旁标以坐标(坐标值应正确写出有效数字)；求斜率时所取点的位置应靠近直线的两端，为计算方便起见，可选取横坐标为整数。

⑦ 拟合直线或曲线的线条务必匀、细、光滑。不通过图线的数据点应匀称地分布在图线的两侧，且尽量靠近图线。

⑧ 在实验报告的图纸中，应写上实验名称、图名、姓名、日期。图纸上的中英文字及数字等均应书写端正。

以上规则是针对用手工作图的。当然也可以借助计算机作图，则有些规则(如数据点在符号的中心，线条务必匀、细、光滑，书写端正等)是自动满足的。虽然计算机可以任意取比例，使曲线(或直线)充满图纸，但实验作图时不宜采用这种方法。两标度线间的量值变化仍应取 1、2、5 及其十进倍率等为佳，因为只有这样，才易于使用者读图。

3. 拟　合

若两物理量 x，y 满足线性关系，并由实验等精度地测得一组数据(x_i，y_i；$i=1,2,\cdots,n$)，如何作出一条能最佳地符合所得数据的直线，以反映上述两物理量间的线性关系呢？除了用作图法进行拟合外，常用的还有最小二乘法。

最小二乘法认为：若最佳拟合的直线为 $y=f(x)$，则所测各 y_i 值与拟合直线上相应的各估计值 $\hat{y}_i=f(x_i)$之间的偏差的平方和为最小。

因为测量总是有不确定度存在，所以在 x_i 和 y_i 中都含有不确定度。为讨论简便起见，不妨假设各 x_i 值是准确的，而所有的不确定度都只联系着 y_i。这样，如由 $\hat{y}_i=f(x_i)$所确定的值与实际测得值 y_i 之间的偏差平方和最小，也就表示最小二乘法所拟合的直线是最佳的。

一般，可将直线方程表示为

$$y=kx+b \tag{2-16}$$

式中，k 是待定直线的斜率；b 是待定直线的 y 轴截距。如果设法确定这两个参数，该直线也就确定了，所以解决直线拟合的问题也就变成由所给实验数据组(x_i，y_i)来确定 k，b 的过程。于是有

$$s(k,b)=\sum_{i=1}^{n}(y_i-kx_i-b)^2 \rightarrow \min \tag{2-17}$$

所求的 k 和 b 应是下列方程组的解：

$$\begin{cases} \dfrac{\partial s}{\partial k} = -2\sum (y_i - kx_i - b)x_i = 0 \\ \dfrac{\partial s}{\partial b} = -2\sum (y_i - kx_i - b) = 0 \end{cases} \tag{2-18}$$

式中，$\sum$ 表示对 i 从 l 到 n 求和。将上式展开，消去未知数 b，可得

$$k = \frac{l_{xy}}{l_{xx}} \tag{2-19}$$

式中，

$$\begin{cases} l_{xy} = \sum (x_i - \bar{x})(y_i - \bar{y}) = \sum (x_i y_i) - \dfrac{1}{n}\sum x_i \sum y_i \\ l_{xy} = \sum (x_i - \bar{x})^2 = \sum x_i^2 - \dfrac{1}{n}\left(\sum x_i\right)^2 \end{cases} \tag{2-20}$$

将求得的 k 值代入方程组，可得

$$b = \bar{y} - k\bar{x} \tag{2-21}$$

至此，所需拟合的直线方程 $y = kx + b$ 就被唯一地确定了。

由最终结果不难得到，最佳配置的直线必然通过$(\bar{x}, \bar{y})$这一点。因此在作图拟合直线时，拟合的直线必须通过该点。

为了检验拟合直线是否有意义，在数学上引入相关系数 r，它表示两变量之间的函数关系与线性函数的符合程度，具体定义为

$$r = \frac{l_{xy}}{\sqrt{l_{xx} \times l_{yy}}} \tag{2-22}$$

式中，l_{yy} 的计算方法与 l_{xx} 类似。r 的值越接近 1，表示 x 和 y 的线性关系越好；若 r 近于 0，就可以认为 x 和 y 之间不存在线性关系。

在物理实验中，相当多的情况是所测的两个物理量 x、y 之间的关系符合某种曲线方程，而非直线方程。这时，可对曲线方程作一些变换，引入新的变量，从而将不少曲线拟合的问题转化为直线拟合问题。

如曲线方程为 $y = ax^{\alpha}$，可将等式两边取自然对数，得 $\ln y = \alpha \ln x + \ln a$。再令 $Y = \ln y$，$b = \ln a$，即可将幂函数转化成线性函数 $Y = \alpha x + b$。

又如曲线方程为 $y = a\mathrm{e}^{\alpha x}$，同样可将等式两边取自然对数，得 $\ln y = \alpha x + \ln a$。再令 $Y = \ln y$，$b = \ln a$，即可将指数函数转化成线性函数 $Y = \alpha x + b$。

第 1 部分　基础型实验

实验 1-1　固体和液体密度的测定

(杨学锋)

密度是一个重要的物理量，测密度离不开测质量，质量是基本物理量之一。在 SI 制中，质量的基准单位是千克(kg)。1889 年第一届国际计量大会决定，用铂铱合金(Pt 0.9Ir 0.1)制成直径为 39 mm 的正圆柱体国际千克原器，现保存在法国巴黎的国际计量局内。在原子物理中，还有一种同位素——碳-12[12C]原子的质量的 1/12 作为质量单位，称之为原子质量单位(u)；$1\text{u} = 1.660\,540\,2\times10^{-27}$ kg。

【实验目的】

1. 掌握物理天平和电子天平的调整和使用方法。
2. 掌握用流体静力称衡法和比重瓶法测密度的原理。
3. 测定固体和液体的密度。

【实验仪器】

物理天平、电子天平 、比重瓶、烧杯。

【实验原理】

物质的密度是指单位体积内所含物质的质量。设某物体的体积是 v，质量为 m，则其密度

$$\rho = m/v \tag{1-1-1}$$

1. 用流体静力称衡法测固体密度

若被测物体不溶于水，在空气中测出其质量为 m_1，用细线将其悬吊在水中的称衡值为 m_2，当时温度下水的密度为 ρ_0 物体的体积为 V。根据阿基米德定律，有

$$m_1 g - m_2 g = \rho_0 V g \tag{1-1-2}$$

由此可得

$$V = (m_1 - m_2)/\rho_0 \tag{1-1-3}$$

则

$$\rho = \frac{m_1}{v} = \frac{m_1}{m_1 - m_2}\rho_0 \tag{1-1-4}$$

2. 用流体静力称衡法测液体密度

取一不溶于水，且不与被测液体发生化学反应的物块，在空气中称出其质量为 m_1，用细线将其悬吊在水中称衡值为 m_2，悬吊在被测液体中的称衡值为 m_3，则被测液体密度为

$$\rho = \frac{m_1 - m_3}{m_1 - m_2}\rho_0 \tag{1-1-5}$$

3. 用比重瓶法测液体密度

设干燥的空比重瓶质量为 m_1，充满密度为 ρ 的待测液体时质量为 m_3，充满相同温度的水质量为 m_2。比重瓶在该温度下体积为 v，则有

$$\rho=(m_3-m_1)/v \tag{1-1-6}$$

$$\rho_0=(m_2-m_1)/v \tag{1-1-7}$$

由式(1-1-6)和式(1-1-7)得

$$\rho=\frac{m_3-m_1}{m_2-m_1}\rho_0 \tag{1-1-8}$$

4. 用比重瓶法测粒状固体的密度

设粒状物体的总质量为 m_1，比重瓶装满水后的质量为 m_2，装满水的比重瓶加入待测的粒状物体后的质量为 m_3，则比重瓶里粒状物体排开的质量为$(m_1+m_2-m_3)$，于是粒状物体的体积为

$$v=(m_1+m_2-m_3)/\rho_0 \tag{1-1-9}$$

其密度为

$$\rho=m_1/v=\frac{m_1\rho_0}{m_1+m_2-m_3} \tag{1-1-10}$$

【实验内容】

1. 调整天平

按照物理天平的使用规则调整天平。

2. 流体静力称衡法测量

① 测量物块在空气中的质量 6 次。

② 测量物块悬吊在水中的质量 6 次。

③ 测量物块悬吊在被测液体中的质量 6 次。

3. 比重瓶法测量

① 测量空比重瓶的质量 6 次。

② 测量装满水时比重瓶的质量 6 次。

③ 测量装满待测液体时比重瓶的质量 6 次。

④ 测量待测粒状物体的质量 6 次。

⑤ 测量装满水的比重瓶装入待测粒状物体后的质量 6 次。

4. 数据记录

① 记录水温，查出水的密度 ρ_0。

② 记录天平的标称感量和最大称量。

【数据处理】

1. 数据记录

将测得数据填入自拟的表格中。

2. 计算固体的密度

① 计算式(1-1-4)中 m_1 和 m_2 的平均值。

② $\bar{\rho}=\rho_0\overline{m_1}/(\overline{m_1}-\overline{m_2})$。

③ 计算不确定度。

与多次测量相对应的 A 类不确定度为

$$S\overline{m_1}=\sqrt{\frac{1}{6\times5}\sum_{i=1}^{6}(m_{1i}-\overline{m_1})^2},\quad S\overline{m_2}=\sqrt{\frac{1}{6\times5}\sum_{i=1}^{6}(m_{2i}-\overline{m_2})^2}$$

与仪器误差相对应的 B 类不确定度为

$$u=\Delta_{仪}/\sqrt{3}\left(\Delta_{仪}=\frac{1}{2}\times 标称感量\right)$$

合成不确定度为

$$\sigma\overline{m_1}=\sqrt{S^2\overline{m_1}+u^2}\qquad \sigma\overline{m_2}=\sqrt{S^2\overline{m_2}+u^2}$$

传递不确定度为

$$\sigma\bar{\rho}=\bar{\rho}\sqrt{\frac{\overline{m_2}^2}{m_1^2(\overline{m_1}-\overline{m_2})^2}\sigma\overline{m_1}^2+\frac{1}{(\overline{m_1}-\overline{m_2})^2}\sigma\overline{m_2}^2}$$

测量结果为

$$\rho=(\bar{\rho}\pm\sigma\bar{\rho})\,\mathrm{g/cm^3}$$

3. 计　算

将测量的数据分别代入式(1-1-5)、式(1-1-8)和式(1-1-10)中，计算出相应的密度，并计算百分误差。

【思考与讨论】

在天平的操作过程中，哪些是为了维护刀口不受损伤的操作，哪些是为了保证测量的精确度而规定的操作？

【附　录】

质量测量基本仪器

(1) 物理天平

图 1-1-1 为物理天平结构图。天平的横梁 3 上带有三个刀口，其中主刀口 1 向下，放置在支柱 7 的上端，两端头的等臂刀口朝上，左右两个吊耳 2 挂在其上。吊耳通过连杆 17 分别与左端载物托盘 14 和右端砝码托盘 13 相挂接。固定在横梁中间的指针 8 的偏转位置可由标尺 10 表示出来，以确定天平是否达到平衡。顺时针拧启动制动旋钮 11，可抬起横梁 3，此时它只有主刀口 1 处的一个支点，可观察天平是否达到平衡，如果不平衡，可调节横梁两侧的平衡螺母 5；逆时针拧启动制动旋钮 11 可制动，此时横梁被架在制动架 6 上，以保护刀口和防止横梁摆动。托板 15 用于放置盛液体的烧杯。底角螺丝 16 用于调底座水平。游码 4 初始位置应在左端

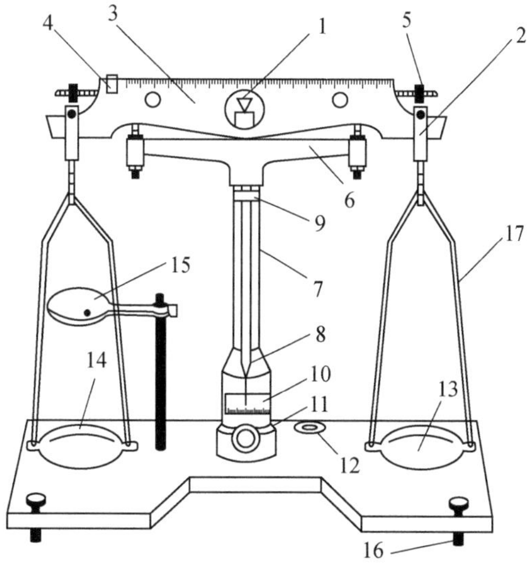

1—主刀口；2—吊耳；3—横梁；4—游码；5—平衡螺母；6—制动架；7—支柱；8—指针；9—重心调节螺丝；10—标尺；11—启动制动旋钮；12—水准器；13—砝码托盘；14—载物托盘；15—托板；16—底脚螺丝；17—连杆

图 1-1-1　物理天平结构图

零位。调节重心调节螺丝 9 位置可调节天平的感量。

天平的规格由最大称量和感量两个参数表示。最大称量是天平允许称量的最大质量，它由横梁的结构和所用的材料决定。感量是天平的指针从标尺的平衡位置偏转一个最小分格时，天平两秤盘上的质量差，用 C 表示，单位为 g/分格；感量的倒数称为灵敏度，用 S 表示，$S=1/C$，单位为分格/g 。

天平的使用规则：查看天平是否安装正确；调平——调节天平底脚螺丝，使水准仪的气泡移到中心小圈内；调平衡——调节横梁两端的平衡螺母，使天平在启动状态时，指针指在中间刻度线上；称量时，左盘放待测物体，右盘放砝码，加减砝码和移动游码时必须使用镊子，且操作过程必须在天平制动状态下进行；实验完毕，使天平处于制动状态，并将吊耳摘离刀口。

(2) 电子天平

图 1-1-2 为 JJ 500 型电子天平结构图。其最大称量为 500 g，分辨率为 0.01 g 。

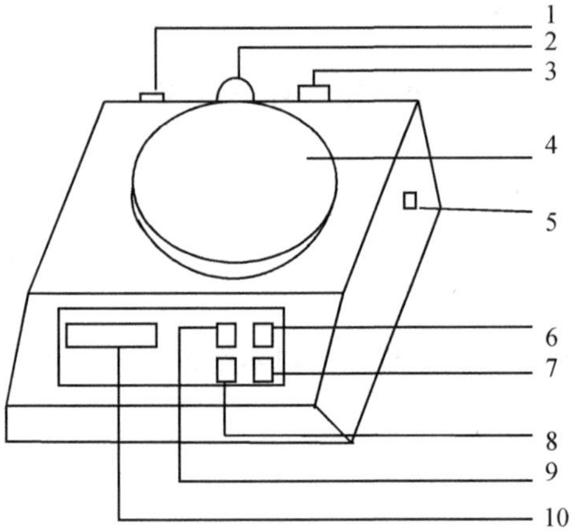

1—数据输出口；2—保险丝座；3—电源插座；4—秤盘；5—开关；
6—计数器；7—去皮键；8—校正键；9—单位转换器；10—显示窗

图 1-1-2　JJ 500 型电子天平结构图

1) 操作及调整方法

接通电源，打开开关，显示窗显示："F---1"到"F---9"后稳定一段时间后出现"0"，接下来应通电预热 15 分钟，刚开机时显示有所漂移属于正常现象，一段时间后即可稳定。

如果在空称台情况下显示偏离零点，应按"去皮"(TARE)键使显示回到零点。

如天平已长时间未使用或刚购入，则应对天平进行校正。首先在空称台的情况下使天平充分预热(15 min 以上)，然后按"校正"(CAL)键，显示窗口显示"C-XXX"进入自动校正状态(XXX 为应放校准码的质量)。如显示"C-200"表示应放上 200 g 标准码，此时只需将校准码放于称台上，待稳定后天平显示砝码质量值，稳定三角符号指向单位"g"，校正即告完毕，可进行自行称量。如按校正键显示"C---F "，则表示零点不稳定，可重新按"去皮"键，使显示回到零点，再按"校正"键进行校正。

如被称物件质量超出天平称量范围，天平将显示"F---H"以示警告。

如需去除器皿质量，则先将器皿放于称台上，待示值稳定后按"去皮"键，天平显示"0"，然后将需称重物放于器皿上，此次显示的数字为物品的净质量，拿掉物品及器皿，天平显示器皿质量的负值，仍按"去皮"键使显示回到"0"。

2）计数功能的使用

① 选择样本数量。要对物件进行精确的计数，首先要根据物件的质量来选择计数的样本数量，可供选择的样本量有“1－10－20－50－100”五种，对质量较小或质量略有差异的物件，应该尽量选择较多的样本数量，以保证计数的精度。

② 在天平空称台的情况下，将选定的样本数量放于称台上，然后按一下“计数”(COUNT)键，天平显示“1”，三角稳定符号指向“pcs”，表示天平已进入计数工作状态，且将所放样本数量计为 1 个单位，这时按单位转换键，显示会在“1－10－20－50－100”之间切换，选择与选定的样本数量相符合的数量，接下去再放置同类物件，显示值即为物件总个数。此时要退回到正常称量状态，只须再按一下“计数”(COUNT)键即可。

3）质量单位转换

在天平称量状态下，按“单位转换”键，可在“g”(克)、“ct”(克拉)以及“ozt ”(盎司)这三个单位之间变换，同时，显示窗下部的三角稳定符号指向相应的单位符号。

4）使用注意事项

① 电子天平为精密仪器，称重时物件必须小心轻放并避免超过电子天平的最大称量范围，任何形式的超载或者冲击均有可能造成电子天平的永久性损坏，哪怕在电子天平不使用或不通电的情况下也是如此。

② 天平的工作环境应无大的振动及电源干扰，无腐蚀性气体及液体。

③ 保证通电后的预热时间。

实验 1－2　惯性秤

（杨学锋　王红梅）

物理天平的原理是基于引力平衡，因此测出的是引力质量。本实验采用动态的方法，利用惯性秤测量物体的惯性质量。牛顿等人曾用单摆来验证引力质量和惯性质量的等价性，牛顿测出引力质量和惯性质量之比 m_g/m_I 等于 1 的精度为 10^{-5}。1948 年，厄缶设计的扭摆实验，测量精度达到了 3×10^{-9}。1972 年，布拉金斯基的测量精度达到 9×10^{-13}。

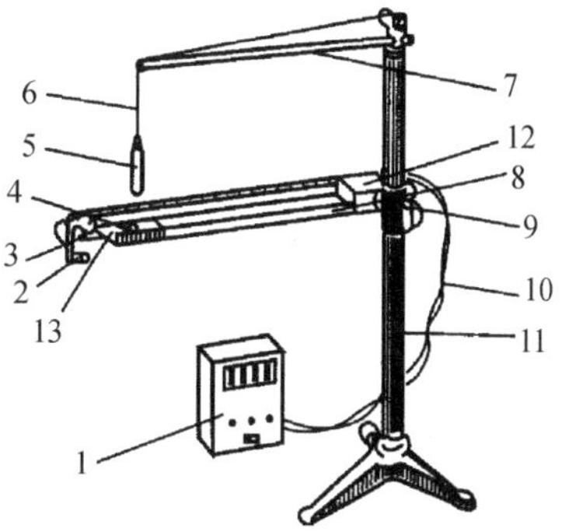

1—周期测定仪；2—光电门；3—挡光片；4—砝码架；5—待测圆柱；6—悬线；7—吊杆；8—称体弹簧；9—管制器；10—光电门与周期测定仪连线；11—支撑杆；12—平台；13—秤台

图 1－2－1　惯性秤示意图

【实验目的】

1. 掌握用惯性秤测量惯性质量的原理和方法，加深对惯性质量和引力质量的理解。

2. 测定物体的惯性质量。

【实验仪器】

惯性秤及附件（见图 1－2－1）、周期测定仪或通用电脑计时器、天平。

【实验原理】

根据牛顿第二定律 $F=ma$，有

$$m=F/a \qquad (1-2-1)$$

由此式定义的质量称为惯性质量。

当惯性秤称台水平置时，秤台及秤台上的负载在弹性恢复力的作用下在水平方向做往复运动，当振幅较小时，可近似做简谐振动，其周期表示为

$$T = 2\pi\sqrt{(m + m_0)/k} \tag{1-2-2}$$

式中，m 为称台上负载的惯性质量；m_0 为称台的等效惯性质量；k 为惯性秤的刚性系数。

式(1-2-2)等号两边取平方得

$$T^2 = \frac{4\pi^2}{k}(m + m_0) \tag{1-2-3}$$

【实验内容】

1. 调整惯性秤秤台水平，接通计时系统。
2. 测空秤时的周期 T_0 6～10 次，并取平均值(一般使用 10 个周期挡位，$T_0 = t_0/10$)。
3. 对于给定的 10 个惯性质量已知的片状标准砝码，每次一片，插入秤台的槽内，对相应的周期 $T_1, T_2, \cdots, T_{10}$ 各测 6～10 次，取平均值。
4. 将待测圆柱体放入秤台的圆孔中，对两个相应的周期 T_{x_1} 和 T_{x_2} 各测 6～10 次，取平均值。
5. 用物理天平对两圆柱体的引力质量 m'_{x_1} 和 x'_{x_2} 各测 6～10 次。

【数据处理】

1. 根据测出的数据点做出惯性秤的定标曲线 $T^2 - m$ 图线(注意折线连接)。
2. 根据 $T^2_{x_1}$ 和 $T^2_{x_2}$，从 $T^2 - m$ 图线上查出 m_{x_1} 和 m_{x_2}。
3. 比较惯性质量和引力质量，计算百分误差。

$$\delta_1 = \frac{|m'_{x_1} - m_{x_1}|}{m_{x_1}} \times 100\%$$

$$\delta_2 = \frac{|m'_{x_2} - m_{x_2}|}{m_{x_2}} \times 100\%$$

【思考与讨论】

1. 什么叫惯性质量？什么叫引力质量？
2. 处于失重状态下的某一空间有两个物体，能用天平区别它们引力质量的大小吗？若用惯性秤，能区别它们惯性质量的大小吗？

实验 1-3　杨氏模量的测定

(杨学锋　王红梅)

材料受外力后必然发生形变，其内部协强(单位面积上受力大小)和协变(相对形变)的比值称为弹性模量。它是衡量材料受力后形变大小的重要参数，也是设计各种工程结构时选用材料的主要依据之一。本实验测量钢丝的纵向弹性模量(也称杨氏模量)。

【实验目的】

1. 掌握用光杠杆测量微小长度变化的原理和方法，训练正确调整测量系统的能力。
2. 测定杨氏模量。

3. 学会用逐差法处理数据。

【实验仪器】

杨氏模量测定仪、望远镜、直尺、米尺、游标卡尺、螺旋测微计。

【实验原理】

杨氏模量是描述弹性固体材料抗变形能力的一个重要物理量。设钢丝长度为 l，截面积为 S，沿长度方向受外力 F 后伸长了 Δl，则根据胡克定律有

$$\frac{F}{S}=E\frac{\Delta l}{l} \tag{1-3-1}$$

式中，比例系数

$$E=\frac{Fl}{S\Delta l} \tag{1-3-2}$$

称为材料的杨氏模量。它仅表征材料本身的性质，与其长度 l 及截面积 S 无关但可由式(1-3-2)求出。

设钢丝的直径为 d，$S=\frac{1}{4}\pi d^2$ 则

$$E=\frac{4Fl}{\pi d^2\Delta l} \tag{1-3-3}$$

式中，Δl 采用光杠杆放大原理的方法来测量。如图 1-3-1 及图 1-3-2 所示平面镜 M 原处于铅直位置，杆 AC 水平，在望远镜中的读数为 x_0；加载后，钢丝伸长 Δl，杆 AC 的端点下降 Δl，使杆 AC 产生转角

$$\theta\approx\sin\theta=\Delta l/b \tag{1-3-4}$$

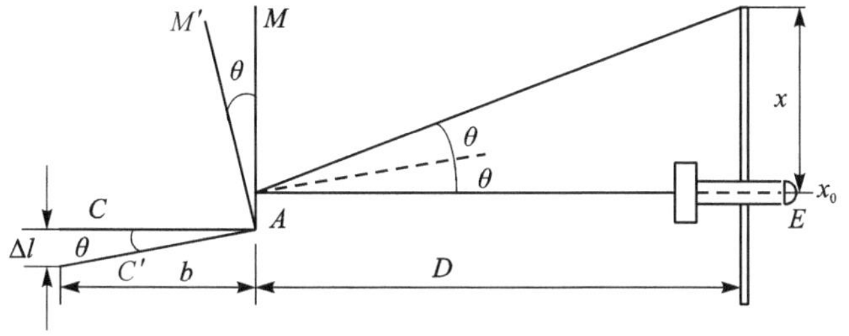

图 1-3-1　光杠杆放大原理

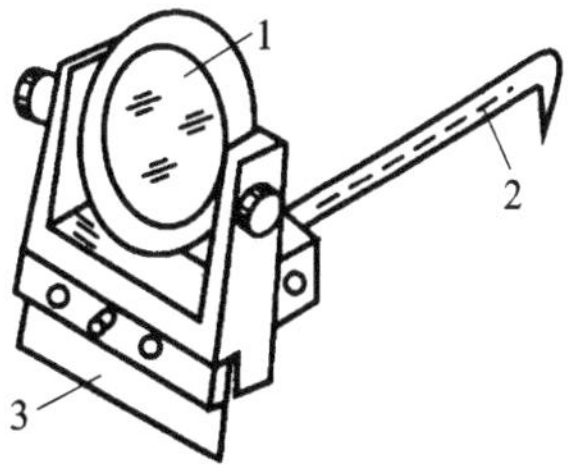

1—平面镜；2—杠杆支脚；3—刀口

图 1-3-2　光杠杆结构

与此同时，与杆 AC 固定在一起的平面镜 M 也随之转过角 θ 到达 M' 位置，这时可从望远镜中读出数值 x。令 $\Delta x=x-x_0$，由图中几何关系可知

$$2\theta=\Delta x/D \tag{1-3-5}$$

故

$$\Delta l=\Delta xb/2D \tag{1-3-6}$$

式中，$b/2D$ 称为光杠杆的放大倍数。

把式(1-3-6)代入式(1-3-3)得

$$E=\frac{8mglD}{\pi d^2 b\Delta x} \tag{1-3-7}$$

式中，已代入 $F=mg$，m 为砝码的质量。

1. 仪器调整

① 如图 1-3-3 所示，调节杨氏模量测定仪的底脚丝，使立柱铅直。调节平台高使光杠杆水平。

② 调节光杠杆镜面铅直。

③ 调节望远镜镜筒与平面镜同高。

④ 如图 1-3-4 所示，将望远镜直尺置于距杨氏模量测定仪约 1.5 m 处。

⑤ 调节望远镜目镜使十字叉丝清晰，调节物镜使直尺在平面镜中成像清晰，记下标尺读数 x'_0。

2. 测　量

① 用米尺测镜面至标尺的距离 D，单次将上述测量数据记录于表 1-3-1 中；用米尺测量钢丝的长度 l，单次，记录于表 1-3-3 中；用游标卡尺测光杠杆长度 b，单次；将上述测量数据记录于表 1-3-1 中；用螺旋测微计测钢丝直径 d，10 次，记录于表 1-3-2 中。记录法码质量 m 于表 1-3-1 中。

② 依次加载一个砝码，共 7 次，记录每次的标尺读数 $x'_1, x'_2, \cdots, x'_7$ 于表 1-3-3。

③ 每次卸载一个砝码，返回到原始状态，记录每次的标尺读数 $x''_7, x''_6, \cdots, x''_1$ 于表 1-3-3。

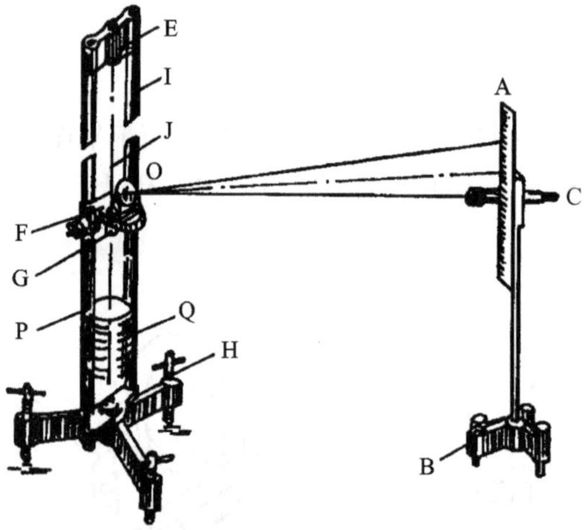

A—直尺；B—望远镜直横尺底座；C—望远镜；E—支架上端夹具；F—平台；G—管制器；H—支架底座调节螺丝；I—支架；J—待测量金属丝；O—反射镜面；P—砝码组；Q—砝码托

图 1-3-3　测定杨氏模量的实验装置

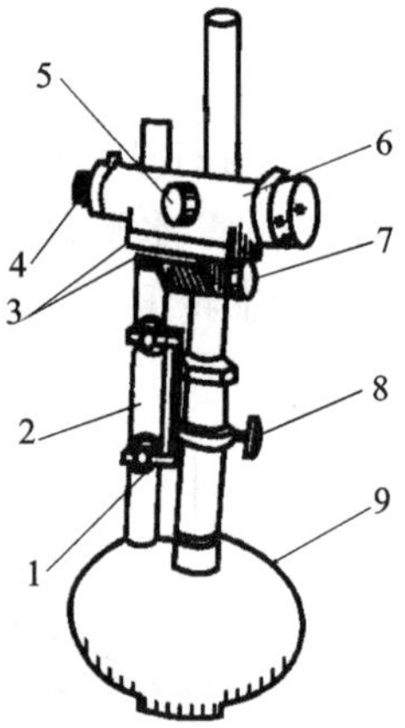

1—毫米尺组；2—标尺；3—微调螺丝；4—视度圈；5—调焦手轮；6—调焦望远镜；7，8—锁紧手轮；9—底座

图 1-3-4　镜尺组结构

【数据处理】

表 1-3-1　单次测量的数据

D/m	b/m	l/m	砝码质量 m/g

表 1-3-2　钢丝直径的测量

次　数	1	2	3	4	5	6	7	8	9	10	平　均
d/m											

表 1-3-3　钢丝受外力后伸长量的测量

次　数	砝码质量 m/kg	增重读数 $x_i'/10^{-2}$ m	减重读数 $x_i''/10^{-2}$ m	平均读数 $x_i/10^{-2}$ m
1				
2				
3				
4				
5				
6				
7				
8				

1. 利用逐差法求出钢丝在 4 个砝码作用下的伸长量

$$\overline{\Delta x}=\frac{1}{4}[(x_4-x_0)+(x_5-x_1)+(x_6-x_2)+(x_7-x_3)]$$

$$=\frac{1}{4}(\Delta x_1+\Delta x_2+\Delta x_3+\Delta x_4)$$

2. 计算钢丝的杨氏模量

将各直接测量量的平均值代入式(1-3-7)，得

$$\overline{E}=\frac{8mglD}{\pi\overline{d}^2 b\overline{\Delta x}}$$

【思考与讨论】

1. 本实验在测量操作中应注意哪些问题？
2. 本实验为什么要用逐差法处理数据？
3. 光杠杆的放大倍数与哪些因素有关？

【数据处理示例】

1. 数据记录

钢丝长度 l=48.5 cm，平面镜到标尺的距离 D=118.2 cm，光杠杆前后足间的距离 b=9.880 cm，测钢丝直径 d，并将数据记录于表 1-3-4 中，钢丝受外力后标尺的读数记录于表 1-3-5 中。

表 1-3-4　钢丝直径测量数据示例

次　数	1	2	3	4	5	平　均
d/cm	0.030 6	0.030 0	0.030 5	0.030 4	0.030 0	0.030 3

表 1-3-5　钢丝受外力后标尺的读数示例

次　数	1	2	3	4	5	6	7	8
m/kg	0	0.36	0.72	1.08	1.44	1.80	216	2.52
增重读数 x'_i/cm	19.10	19.40	19.68	19.98	20.22	20.50	20.82	21.08
减重读数 x''_i/cm	19.14	19.45	19.72	20.00	20.27	20.58	20.80	21.08
平均读数 $x_i=\dfrac{(x'_i+x'')_i}{2}$/cm	19.120	19.425	19.700	19.990	20.245	20.540	20.810	21.080

2. 用逐差法计算弹性模量

将钢丝的伸长量记录于表 1-3-6。

表 1-3-6　钢丝的伸长量数据示例

次　数	1	2	3	4	平　均
$\Delta x=(x_{i+4}-x_i)$/cm	1.125	1.115	1.110	1.090	1.110

$$E=\frac{8FlD}{\pi\overline{d}^2 b\overline{\Delta x}}=\frac{32mglD}{\pi\overline{d}^2 b\overline{\Delta x}}=2.046\times10^{11}\ \text{Pa}$$

（$F=4mg$，$m=0.36$ kg 视为准确值）

3. 不确定度的计算

不确定度的 A 类分量用 S 表示，B 类分量用 u 表示，合成不确定度用 σ 表示。

① 金属丝长度(l)、平面镜到标尺的距离(D)、光杠杆前后足间的距离(b)的不确定度：l、D、b 只测一次，不确定度只有 B 类分量，根据测量过程的实际情况，如尺有弯曲、不水平数值读不准等，估计出它们的误差限为 $\Delta l=0.3$ cm，$\Delta D=0.5$ cm，$\Delta b=0.02$ cm。

$$u_l=\frac{\Delta l}{\sqrt{3}}=\frac{0.3}{\sqrt{3}}\ \text{cm}=0.173\ \text{cm}$$

$$u_D=\frac{\Delta D}{\sqrt{3}}=\frac{0.5}{\sqrt{3}}\ \text{cm}=0.289\ \text{cm}$$

$$u_b=\frac{\Delta b}{\sqrt{3}}=\frac{0.02}{\sqrt{3}}\ \text{cm}=0.011\,5\ \text{cm}$$

② 金属丝直径 d 的不确定度。

$$S_d=\sqrt{\frac{\sum(d_i-\overline{d})^2}{5(5-1)}}=\sqrt{\frac{3^2+3^2+2^2+1^1+3^2}{20}}\times10^{-4}\ \text{cm}=1.26\times10^{-4}\ \text{cm}$$

$$u_d=\frac{\Delta_{仪}}{\sqrt{3}}=\frac{0.000\,5}{\sqrt{3}}\ \text{cm}=0.000\,289\ \text{cm}$$（注：直径 d 可用千分尺测量，$\Delta_{仪}=0.000\,5$ cm）

合成不确定度 $\sigma_d=\sqrt{S_d^2+u_d^2}=\sqrt{1.26^2+2.89^2}\times10^{-4}\ \text{cm}=3.15\times10^{-4}\ \text{cm}$

③ 用逐差法求得的标尺读数差 $\overline{\Delta x}$ 的不确定度。

$$S_{\overline{\Delta x}}=\sqrt{\frac{\sum(\Delta x_i-\overline{\Delta x})^2}{4\times(4-1)}}=\sqrt{\frac{0.015^2+0.005^2+0+0.02^2}{12}}\ \text{cm}=0.007\,36\ \text{cm}$$

$$u_{\overline{\Delta x}}=\frac{\Delta_{仪}}{3}=\frac{0.05}{\sqrt{3}}\ \text{cm}=0.028\ 9\ \text{cm}（标尺的最小分度为 1 mm，\Delta_{仪}=0.05\ \text{cm}）$$

$$\sigma_{\overline{\Delta x}}=\sqrt{S_{\overline{\Delta x}}^2+u_{\overline{\Delta x}}^2}=0.029\ 8\ \text{cm}$$

④ 弹性模 E 的不确定度由不确定度方差合成公式得出。应先推导相对不确定度的计算式。

由 E 的计算公式，两边取对数得

$$\ln E=\ln l+\ln D-2\ln\bar{d}-\ln b-\ln\overline{\Delta x}+\ln 32+\ln m+\ln g-\ln\pi$$

对各变量求偏微分（m、g、32、π 分别为准确值或常数、常量）

$$\frac{\partial\ln E}{\partial l}=\frac{1}{l},\quad \frac{\partial\ln E}{\partial D}=\frac{1}{D},\quad \frac{\partial\ln E}{\partial\bar{d}}=-\frac{2}{\bar{d}},\quad \frac{\partial\ln E}{\partial b}=-\frac{1}{b},\quad \frac{\partial\ln E}{\partial\overline{\Delta x}}=-\frac{1}{\overline{\Delta x}}$$

将以上各式代入不确定度合成公式 $\frac{\sigma(E)}{E}=\sqrt{\sum_i\left[\frac{\partial\ln f}{\partial x_i}\sigma(x_i)\right]^2}$ 得

$$\frac{\sigma(E)}{E}=\sqrt{\left[\frac{\sigma(l)}{l}\right]^2+\left[\frac{\sigma(D)}{D}\right]^2+4\left[\frac{\sigma(\bar{d})}{\bar{d}}\right]^2+\left[\frac{\sigma(b)}{b}\right]^2+\left[\frac{\sigma(\overline{\Delta x})}{\overline{\Delta x}}\right]^2}$$

$$=\sqrt{\left(\frac{0.173}{48.5}\right)^2+\left(\frac{0.289}{118.2}\right)^2+4\times\left(\frac{0.000\ 315}{0.030\ 3}\right)^2+\left(\frac{0.011\ 5}{9.880}\right)^2+\left(\frac{0.029\ 8}{1.110}\right)^2}\times 100\%$$

$$=3.4\%$$

$$\sigma(E)=E\left[\frac{\sigma(E)}{E}\right]=2.046\times10^{11}\times0.034\ 2\ \text{Pa}=0.070\times10^{11}\ \text{Pa}$$

4. 测量结果

$$E=E\pm\sigma(E)(2.05\pm0.07)\times10^{11}\ \text{Pa}$$

【几点说明】

1. 上述弹性模量 E 的计算，是先计算相对不确定度 $\sigma(E)/E$，再计算不确定度 $\sigma(E)$。对以乘除为主的运算，这样的顺序比较简便；若运算以加减为主，则先计算不确定度，再计算相对不确定度较好。

2. 注意测量结果的正确表示。不确定度取位不超过 2 位，当第一位数字为 1、2、3 时取 2 位；第一位大于 3 时只取 1 位。E 的有效数字由不确定度 $\sigma(E)$ 来确定，只能保留三位；相对不确定度一般保留两位。

3. 计算的中间过程，不确定度都保留了 3 位，其他的计算也多保留了 1～2 位有效数字，以避免多次截断增大计算误差。

实验 1-4　复摆的研究

（杨学锋　王红梅）

复摆是一种在重力下绕水平轴转动的刚体。复摆的摆动周期与其悬挂点到质心的距离之间有着很有意义的规律，利用复摆还可测定当地的重力加速度。

【实验目的】

1. 研究复摆摆动周期与回转轴到重心距离的关系。

2. 测定重力加速度。

【实验仪器】

复摆装置、周期测定仪、米尺。

【实验原理】

当复摆绕固定轴作小角度摆动时，其运动规律可近似为简谐振动

$$T=2\pi\sqrt{\frac{I}{mgb}} \tag{1-4-1}$$

式中，I 为复摆对回转轴的转动惯量；b 为回转轴到重心的距离；m 为复摆的质量。设 I_G 为复摆对通过重心的轴的转动惯量，a 为相应的回转半径，则

$$I=I_G+mb^2=ma^2+mb^2 \tag{1-4-2}$$

式(1-4-2)代入式(1-4-1)得

$$T=2\pi\sqrt{\frac{a^2+b^2}{gb}} \tag{1-4-3}$$

为了研究 T 随 b 变化的规律，首先对式(1-4-3)进行定性分析。当 $b\to0$ 时，$T\to+\infty$；当 $b\to\infty$，$T\to+\infty$。因此 b 在区间$(0,\infty)$内变化，必有一点使 T 取最小值。令 $\mathrm{d}t/\mathrm{d}b=0$，可得 $b=a$，此时

$$T_{\min}=2\pi\sqrt{\frac{2a}{g}} \tag{1-4-4}$$

作 $T-b$ 关系图线如图 1-4-1 所示，在纵轴上任取一点 T_1，过此点作平行于横轴的直线，一般情况下，这条直线与 $T-b$ 图线交于 A、B、C、D 四点。当回转轴通过复摆上的这四点时，复摆具有相同的摆动周期，根据图示，有

$$T_1=2\pi\sqrt{\frac{a^2+b_1^2}{gb_1}}=2\pi\sqrt{\frac{a^2+b_2^2}{gb_2}} \tag{1-4-5}$$

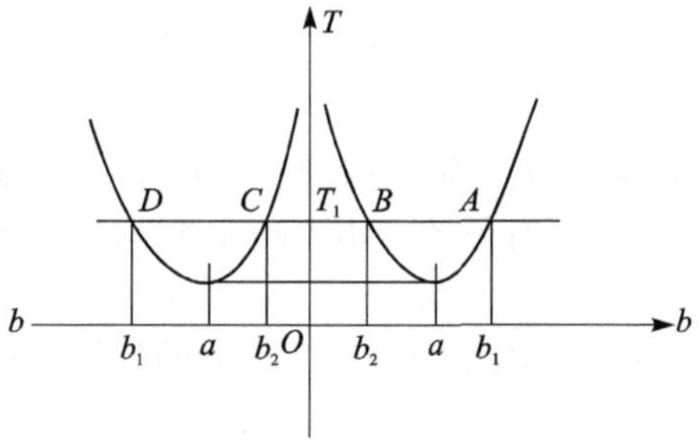

图 1-4-1　$T-b$ 关系图线

由式(1-4-5)解出

$$a^2=b_1b_2 \tag{1-4-6}$$

代回式(1-4-5)得

$$T_1=2\pi\sqrt{(b_1+b_2)/g} \tag{1-4-7}$$

若令 $L=b_1+b_2$，则式(1-4-7)与单摆的周期公式相同，所以称 b_1+b_2 为复摆对应于图示悬挂点的等值摆长。T_1 取不同的数值时，对应的悬挂点不同，相应的等值摆长也就不同，在实际操作中，重心的位置不易准确测定。所以一般不是测量 b，而测量悬挂点到某一端的距离 d，给出 $T-d$ 关系图线。

【实验内容】

1. 用米尺测出复摆的一端到各悬挂点的距离 b 或 d。

2. 用秒表测出复摆绕各悬挂点摆动 20 个周期所用的时间，重复 3 次。

【数据处理】

1. 根据测量的数据绘出 $T-d$（或 $T-b$）图线。绘图时要适当扩大纵坐标的比例，以便弯曲部分明显。

2. 根据 $T-d$ 图线总结复摆周期的变化规律。

3. 根据图上的两个最低点确定最小周期 $T_{\min}$ 和相应的等值摆长 $2a$，计算重力加速度。

$$g_1 = 4\pi^2(2a)/T_{\min}^2$$

计算百分误差

$$\delta_1 = \frac{|g_1 - g_{标}|}{g_{标}} \times 100\%$$

4. 任作一条平行于横轴的直线，交图线于 A、B、C、D 四点，找出相应的等值摆长 l 和周期 T，由式(1-4-7)计算重力加速度 g，计算百分误差

$$\delta_2 = \frac{|g_2 - g_{标}|}{g_{报}} \times 100\%$$

5. $g_{标} = 979.952\ \text{cm/s}^2$

【思考与讨论】

1. 什么叫复摆的等值摆长？

2. 实验中复摆为什么要做小角度摆动？

实验 1-5　声速的测定

（杨学锋　王红梅）

声波是一种在弹性媒介中传播的机械波。声速是描述声波在媒质中传播特性的一个基本物理量。它的测量分为两类：第一类方法是根据关系式 $v=l/t$，测出传播距离 l 和时间 t 后，算出声速 v；第二类方法是利用关系式 $v=f\lambda$，通过测量其频率 f 和波长 λ 来计算出声速 v。本实验所采用的共振干涉法即属于后者。波长的测量采用驻波法，而频率则在信号源上直接读出。

【实验目的】

1. 用驻波法测量空气中的声速。

2. 掌握用电声换能器进行电声转换的测量方法。

3. 学会用逐差法处理测量数据。

【实验仪器】

超声声速测定仪、低频信号发生器、示波器、电脑计数器

【实验原理】

频率在 20 Hz～20 kHz 的声波称为可闻声波，频率超过 20 kHz 的声波称为超声波。由于超声波具有波长短、定向发射等优点，因此在超声波段测量声速较为方便。

声波的传播速度 v 与声波频率 f 和波长 λ 之间满足以下关系：

$$v = f\lambda \tag{1-5-1}$$

实验中频率 f 用频率计测得，而波长 λ 用驻波法测得。

实验仪器如图 1-5-1 所示。超声声速测定仪上有两个压电换能器 S_1 和 S_2，S_1 作为平面超声波波源，当给换能器施加变化的电信号时，它将产生同样变化的纵向伸缩，推动空气振动，向前发射平面超声波。S_2 是平面超声波接收器，调节 S_1 与 S_2 的方向水平，则 S_1 和 S_2 之间存在由声源 S_1 发出的入射波，还有 S_2 表面反射回来的反射波，入射波和反射波相互干涉形成驻波。当 S_1 和 S_2 间的距离满足关系

$$L = n\frac{\lambda}{2} \quad (n = 0, 1, 2, \cdots) \tag{1-5-2}$$

时，两个表面才会形成稳定的驻波共振现象。这时驻波的波腹达到极大，同时在 S_2 处的声压也极大。因此，如果保持波源频率 f 不变，移动接收器 S_2 的位置，依次测出接收信号为极大的位置，则可用逐差法求出波长。

声波在空气中传播的理论值可由式(1-5-3)计算：

$$v_{理} = v_0\sqrt{1 + \frac{t}{273.15}} \tag{1-5-3}$$

式中，v_0 为℃的声速度，331.45 m/s；t 为摄氏温度。

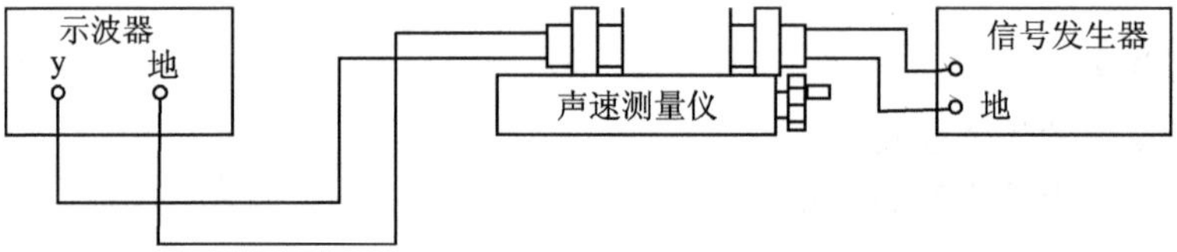

图 1-5-1　超声声速测定实验装置连接图

【实验内容】

1. 连接好线路。
2. 调节低频信号发生器，使输出频率在 35 kHz 左右，输出电压在 10～15 V。
3. 调节换能器 S_1 和 S_2 表面严格平行。
4. 谐振频率的调节。两换能器 S_1 和 S_2 靠近，调节低频信号发生器频率，使示波器上显示的电压信号幅值最大。然后仔细调节 S_2 的位置，再使示波器显示的幅值最大。这样反复调节信号源频率和 S_2 的位置，使示波器显示的信号幅值最大。此时信号源的输出频率等于换能器的固有谐振频率。
5. 缓慢移动 S_2，测量连续出现 16 个极大值时 S_2 的位置，重复 4 次。
6. 测出信号源的频率和室内空气的温度。

【数据处理】

1. 将测量数据填入自拟的表格内。
2. 用逐差法求出信号的波长。
3. 由式(1-5-1)计算出声速。
4. 由式(1-5-3)计算出理论声速。
5. 计算百分误差。

$$\delta = \frac{|v_{理} - v|}{v_{理}} \times 100\%$$

【思考与讨论】

1. 怎样调整系统的谐振频率?
2. 各种气体中的声速是否相同?

实验 1-6 弦振动的研究

(杨学锋 王红梅)

对波动的研究几乎出现在物理学的每一领域中。如果在空间某处发生的扰动,以一定的速度由近及远向四处传播,则称这种传播着的扰动为波。机械扰动在介质内的传播形成机械波,电磁扰动在真空中或介质内的传播形成电磁波。不同性质的扰动的传播机制不同,但由此形成的波却有共同的规律性。本实验介绍一种利用驻波原理测量弦线上横波波长的方法。

【实验目的】

1. 验证弦线上横波波长和弦线张力、密度的关系。
2. 观察横波所形成的驻波波形,用驻波法测频率。

【实验仪器】

电振音叉、滑轮、钩码、米尺、弦线。

【实验原理】

音叉发出的波经反射后沿反方向传播,于是弦线上同时存在两列频率相同的波,入射波和反射波可分别表示为

$$y_1 = A\cos 2\pi f\left(t - \frac{x}{v}\right) \tag{1-6-1}$$

$$y_2 = A\cos 2\pi f\left(t + \frac{x}{v}\right) \tag{1-6-2}$$

迭加后为

$$y = y_1 + y_2 = 2A\cos\frac{2\pi x}{\lambda}\cos 2\pi f t \tag{1-6-3}$$

各点的振幅大小与位置 x 有关,当 $\left|\cos\frac{2\pi x}{\lambda}\right| = 1$,即

$$x = \frac{n\lambda}{2} \qquad (n = 0,1,2,\cdots) \tag{1-6-4}$$

的位置,振幅最大,等于 $2A$ 为波腹,当 $\left|\cos\frac{2\pi x}{\lambda}\right| = 0$,即

$$x = (2n+1)\frac{\lambda}{4} \qquad (n = 0,1,2,\cdots) \tag{1-6-5}$$

的位置,振幅最小,称为波节。这种波腹、波节不随时间改变的波称为驻波。当弦的长度为半波长的整数倍时产生共振,此时驻波振幅最大且稳定。相邻波节间的距离为

$$L = \lambda/2 \tag{1-6-6}$$

横波的传播速度为

$$v=\sqrt{T/\rho} \tag{1-6-7}$$

式中，T 为线的张力；ρ 为线密度。

又

$$v=f\lambda \tag{1-6-8}$$

式中，f 为振动频率，故有

$$\lambda=\frac{1}{f}\sqrt{T/\rho} \tag{1-6-9}$$

式(1－6－6)代入式(1－6－9)得

$$L=\frac{1}{2f}\sqrt{T/\rho} \tag{1-6-10}$$

所以

$$f=\frac{1}{2L}\sqrt{T/\rho} \tag{1-6-11}$$

【实验内容】

1. 在如图 1－6－1 所示的实验装置中，调节音叉起振，移动音叉，在弦线中形成驻波。

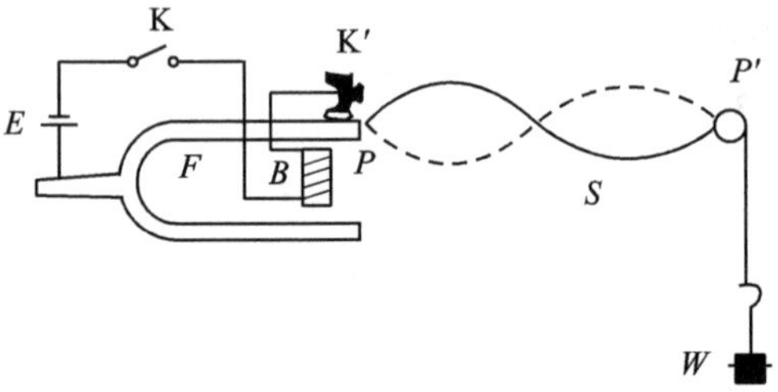

图 1－6－1　弦振动实验装置

2. 改变钩码的质量分别为 50 g、100 g、150 g、200 g、250 g、300 g，调出驻波，数出半波个数 n，用米尺量出相应的弦线长度 l，重复 4 次，数据记录于表 1－6－1 中。

3. 悬挂大约 100 g 的物体，移动音叉，使产生稳定的驻波，测出 n 和 l，重复 8 次。钩码质量 m 用天平称衡，数据记录于表 1－6－2 中。

4. 测出弦线的线密度，记录音叉标称频率 f_0。

【数据处理】

1. 作 $L-\sqrt{T}$ 图，验证 λ 和 $\sqrt{T}$ 的线性关系。由图线斜率计算音叉的频率 f，并计算百分误差。

$$\delta_f=\frac{|f-f_0|}{f_0}\times 100\%$$

表 1－6－1　测量数据记录表　　　f_0=________，ρ=________

m/g	$T=mg$	$\sqrt{T}$	半波数 n	线长度 l	半波长 L	$\bar{L}$
50						
100						

续表 1-6-1

m/g	$T=mg$	$\sqrt{T}$	半波数 n	线长度 l	半波长 L	$\bar{L}$
⋮						
300						

2. 利用计算法测振动频率 f，并求百分误差。

$$f=\frac{1}{\lambda}\sqrt{\frac{T}{\rho}}=\frac{1}{2L}\sqrt{\frac{T}{\rho}}$$

表 1-6-2　测量数据记录表

$T=mg=$________，　$m=$________，　$\rho=$________

项目 \ 序号	1	2	3	4	5	6	7	8	平　均
线长 $l/10^{2}$ m									—
半波数 n									—
半波长 $L/10^{-2}$ m									

【思考与讨论】

驻波有什么特点？在驻波中波节能否移动，弦线有无能量传波？

实验 1-7　金属比热容的测定

（刘志华　刘辉兰　赵东来）

单位质量的物质，其温度升高 1 K(1 ℃)所需的热量叫作该物质的比热容，其值随温度而变化。比热容的测定对研究物质的宏观物理现象和微观结构之间的关系有重要意义。冷却法测定金属比热容是量热学中常用的方法。通过做冷却曲线可测量各种金属在不同温度时的比热容。

【实验目的】

1. 学会基本的量热方法——冷却法。
2. 测定金属的比热。

【实验原理】

将质量为 M_1 的金属样品加热后，放到温度较低的介质（例如：室温中的空气）中，样品将会逐渐冷却。其单位时间的热量损失（$\Delta Q/\Delta t$）与温度下降的速率成正比，于是得到下述关系式：

$$\frac{\Delta Q}{\Delta t}=C_1M_1\frac{\Delta\theta_1}{\Delta t} \tag{1-7-1}$$

式中，C_1 为该金属样品在温度 θ_1 时的比热容，$\Delta\theta_1/\Delta t$ 为金属样品在 θ_1 时的温度下降速率。根据牛顿冷却定律有

$$\frac{\Delta Q}{\Delta t}=a_1s_1(\theta_1-\theta_0)^m \tag{1-7-2}$$

式中，a_1 为热交换系数，s_1 为该样品外表面的面积，m 为常数，θ_1 为金属样品的温度，θ_0 为周围介质的温度。由式(1-7-1)和式(1-7-2)可得

$$C_1M_1\frac{\Delta\theta_1}{\Delta t}=a_1s_1(\theta_1-\theta_0)^m \tag{1-7-3}$$

同理，对质量为 M_2，比热容为 C_2 的另一种金属样品，可有同样的表达式，即

$$C_2M_2\frac{\Delta\theta_2}{\Delta t}=a_2s_2(\theta_2-\theta_0)^m \tag{1-7-4}$$

由以上几式可得

$$\frac{C_2M_2\dfrac{\Delta\theta_2}{\Delta t}}{C_1M_1\dfrac{\Delta\theta_1}{\Delta t}}=\frac{a_2s_2(\theta_2-\theta_0)^m}{a_1s_1(\theta_1-\theta_0)^m}$$

所以

$$C_2=C_1\frac{M_1\dfrac{\Delta\theta_1}{\Delta t}a_2s_2(\theta_2-\theta_0)^m}{M_2\dfrac{\Delta\theta_2}{\Delta t}a_1s_1(\theta_1-\theta_0)^m} \tag{1-7-5}$$

如果两样品的形状尺寸都相同（$s_1=s_2$），两样品的表面状况也相同（如涂层、色泽等）、且周围介质（空气）的性质也相同的情况下，有 $a_1=a_2$。于是当条件不变（即室温 θ_0 恒定而样品又处于相同温度 $\theta_1=\theta_2=\theta$）时，式(1-7-5)简化为

$$C_2=C_1\frac{M_1\left(\dfrac{\Delta\theta}{\Delta t}\right)_1}{M_2\left(\dfrac{\Delta\theta}{\Delta t}\right)_2} \tag{1-7-6}$$

当各样品的温度变化范围 $\Delta\theta$ 相同时，式(1-7-6)可以简化为

$$C_2=C_1\frac{M_1(\Delta t)_2}{M_2(\Delta t)_1} \tag{1-7-7}$$

如果已知标准金属样品的比热容为 C_1、质量为 M_1、待测样品的质量为 M_2 及两样品在温

度 θ 时的冷却速率之比(或时间),就可以求出待测的金属材料的比热容 C_2。几种金属材料的比热容见表 1-7-1。

表 1-7-1　几种金属材料的比热容

比热容	$C_{Fe}/(J\cdot kg^{-1}\cdot ℃^{-1})$	$C_{Al}/(J\cdot kg^{-1}\cdot ℃^{-1})$	$C_{Cu}/(J\cdot kg^{-1}\cdot ℃^{-1})$
温度为 100 ℃	4.60×10^2	9.63×10^2	3.93×10^2
温度为 200 ℃	5.02×10^2	10.13×10^2	4.06×10^2

【实验器材】

如图 1-7-1 所示,其中,热源采用 75 W 电烙铁改制而成,利用底盘支撑固定并可上下移动;实验样品为直径 5 mm,长 30 mm 的小圆柱,其底部钻一深孔用于安装热电偶,而热电偶的冷端则安装在冰水混合物内。

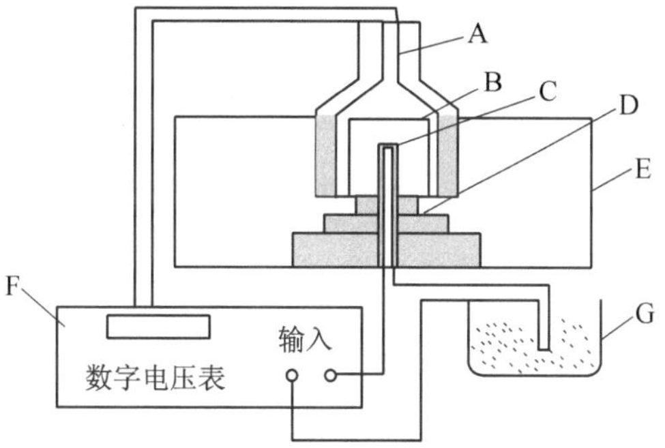

A—热源;B—实验样品;C—铜-康铜热电偶;
D—热电偶支架;E—防风容器;
F—三位半数字电压表;G—冰水混合物

图 1-7-1　比热容测定实验仪

【实验内容】

1. 温度用铜-康铜热电偶测量。热电势用三位半数字电压表测量,数字电压表的量程为 20 mV,根据电压表读数,查看本实验后面所列附录一:铜-康铜热电偶分度表,即可将热电势换算成温度。

2. 选取长度、直径、表面光洁度尽可能相同的三种金属样品(铜、铁、铝)用物理天平或电子天平分别测出其质量 M_{Cu}、M_{Fe}、M_{Al}。

3. 使热电偶热端的铜导线与数字表的正极相连;冷端的铜导线与数字表的负极相连。当数字电压表读数为一定值即 200 ℃(9.28 mV)时,切断电源移去电炉,样品继续安放在与外界基本隔绝的金属圆筒内自然冷却(筒口须盖上盖子)。当温度降到 102 ℃(4.37 mV)时开始计时,测出样品从 102 ℃(4.37 mV)下降到 98 ℃(4.18 mV)所需要的时间 Δt_0。按铁、铜、铝的次序分别测量其温度下降时间,每一样品重复测量 5 次,数据记录在表 1-7-2 中。

表 1-7-2　样品由 102 ℃下降到 98 ℃所需时间(单位为 s)

样　品	次　数					平均值 $\overline{\Delta t}$	$\sigma_{\Delta x}$
	1	2	3	4	5		
Fe							
Cu							
Al							

4. 以铜为标准,由式(1-7-6)计算铁和铝样品的比热容并计算误差。

5. 样品质量:M_{Cu}=______ g;M_{Fe}=______ g;M_{Al}=______ g。

测量条件:热电偶冷端温度:θ_0=0℃。

【注意事项】

1. 热电偶的冷端必须安装在冰水混合物内(即保证热电偶参考端温度为0℃),否则数字电压表的读数将与本书所列参考值不同。

2. 金属样品在自然冷却时必须将热源移去。

3. 金属样品加热时温度较高,取放时必须用镊子,避免烫伤。

【思考讨论】

1. 冷却法测金属比热容的理论根据是什么?

2. 分析本实验中哪些因素会引起系统误差?测量时应怎样减小误差?

3. 试比较冷却法与传统混合法在测定金属比热容时的优劣。

实验1-8 水的比汽化热的测定

(刘志华 赵 杰 刘辉兰 赵东来)

物质由液态向气态转化的过程称为汽化,液体的汽化有蒸发和沸腾两种不同的形式。通常定义单位质量的液体在温度保持不变的情况下转化为气体时所吸收的热量称为该气体的比汽化热。液体的比汽化热不但和液体的种类有关,而且和汽化时的温度有关。液体的比汽化热是一个重要的热学参量。本实验用混合法测水100 ℃时的比汽化热。

【实验目的】

1. 测定水在沸腾温度下比的汽化热。

2. 学习AD590集成电路温度传感器的测温原理。

3. 学习热学实验中系统散热带来的误差的修正方法。

【实验原理】

物质由气态向液态转化的过程称为凝结,凝结时将释放出与在同一条件下汽化所吸收的相同的热量,因而,可以通过测量凝结释放出的热量来测量液体汽化时的汽化热。本实验采用混合法测定水的汽化热。方法是将烧瓶中接近100 ℃的水蒸气,通过短的玻璃管加接一段很短的橡皮管(或乳胶管)插入到量热器内杯中。如果水和量热器内杯的初始温度为θ_1℃,而质量为m的水蒸气进入量热器的水中被凝结成水,当水和量热器内杯温度相同时,其温度值为θ_2℃,根据热平衡原理,水的汽化热可由下式得到:

$$ML+MC_W(\theta_3-\theta_2)=(mC_W+m_1C_{Al}+m_2C_{Al})\cdot(\theta_2-\theta_1) \qquad (1-8-1)$$

式中,C_W为水的比热容;m为原先在量热器中水的质量;C_{Al}为铝的比热容;m_1和m_2分别为铝量热器和铝搅拌器的质量;θ_3为水蒸气的温度;L为水的汽化热。

集成电路温度传感器AD590是由多个参数相同的三极管和电阻组成。该器件的两引出端当加有某一定直流工作电压(一般工作电压可在4.5~20 V范围内)时,如果该温度传感器的温度升高或降低1℃,那么传感器的输出电流增加或减少1 μA,它的输出电流的变化与温度变化满足如下关系:

$$I=B\cdot\theta+A \qquad (1-8-2)$$

式中,I为AD590的输出电流,单位μA;θ为摄氏温度,B为斜率,A为摄氏零度时的电流值,该值恰好与冰点的热力学温度 273 K 相对应(实际使用时,应放在冰点温度时进行确定)。利用 AD590 集成电路温度传感器的上述特征,可以制成各种用途的温度计。通常在实验时,采取测量取样电阻 R 上的电压求得电流 I。

【实验器材】

液体比汽化热测定仪(见图 1-8-1)、电子天平。

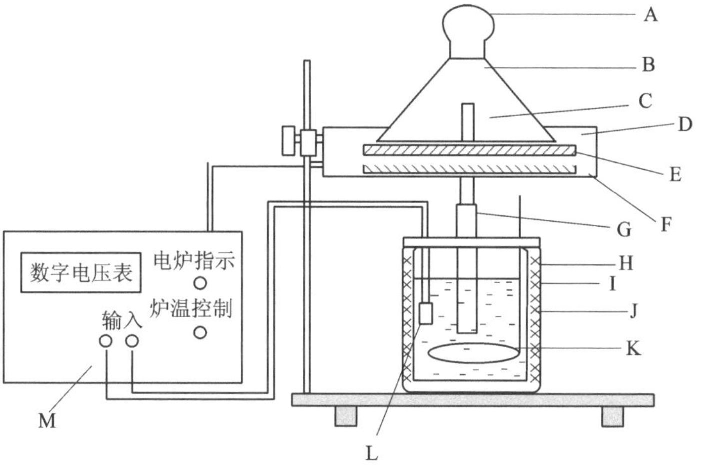

A—烧瓶盖;B—烧瓶;C—通气玻璃管;D—托盘;E—电炉;F—绝热板;G—橡皮管;H—量热器外壳;I—绝热材料;J—量热器内杯;K—铝搅拌器;L—AD590M 温控和测量仪表

图 1-8-1　液体比汽化热实验仪结构图

【实验内容】

1. 集成电路温度传感器 AD590 的定标

每个集成电路温度传感器的灵敏度有所不同,在实验前,应将其定标。按图 1-8-2 要求连接。(实际提供的测量仪器已经接好电阻为 1 000×(1±1%) Ω,数字电压表为四位半,传感器电源电压为 6 V。只要把 AD590 的红黑接线分别插入相应孔即可进行定标或测量)。把实验数据用最小二乘法进行直线拟合,求得斜率 B,截距 A 和相关系数 γ。

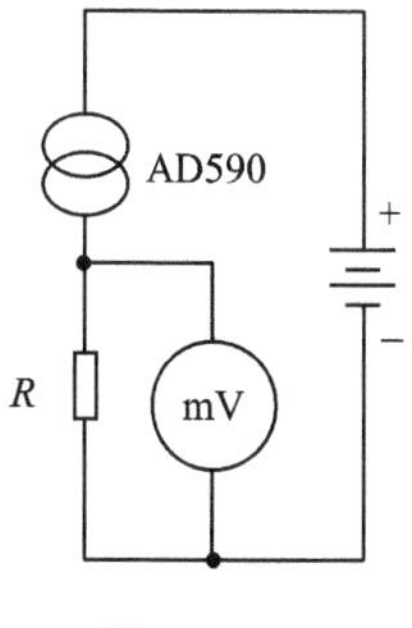

图 1-8-2

2. 水的汽化热实验

① 用电子天平称取量热器和搅拌器的质量 m_1+m_2,然后在量热器内杯中加一定量的水,再称出盛有水的量热器和搅拌器的质量 M_0,减去 m_1+m_2,得到水的质量 m。

② 将盛有水的量热器内杯放在冰块上,预冷却到比室温低的某一温度。将预冷过的内杯放到量热器内再放在水蒸气管下,使通气橡皮管插入水中约 1 cm 深。(注意气管不宜太深以防止通气管被阻塞。)

③ 根据集成电路温度传感器 AD590 的定标结果,读出温度仪读数 θ(室温)。

④ 通蒸汽前,要首先记录温度仪的数值 θ_1(量热器中水的初温)。

⑤ 将盛有水的烧瓶加热,开始加热时可以通过温控电位器顺时针调到底,此时瓶盖移去,使低于 100℃的水蒸气从瓶口逸出。当烧瓶内水沸腾时,可以由温控器调节出气量,保证水蒸

气进入量热器的速率符合实验要求。

⑥ 将瓶盖盖好，继续让水沸腾，向量热器内的水中通蒸汽并搅拌量热器内的水。

⑦ 停止电炉通电，并打开瓶盖不再向量热器通气，继续搅拌量热器内杯中的水，读出水和内杯的末温度 θ_2（通蒸汽时间的长短，以尽可能使量热器中水的末温度 θ_2 与室温的差值同室温与初温 θ_1 差值相近为宜，这样可使实验过程中量热器内杯与外界的热交换相抵消）。

⑧ 再一次称量出量热器内杯水的总质量 $M_{总}$。计算出通入量热器中水蒸气的质量 $M=M_{总}-M_0$（M_0 为未通气前，量热器内杯、搅拌器和水的总质量）。

⑨ 将所得到的测量结果代入式(1－8－1)，即求得水在 100℃时的汽化热。

⑩ 重复以上步骤 2～3 次，分别计算每次的汽化热数值，进行误差分析。

【数据处理】

1. 集成电路温度传感器 AD590 的定标数据记录于表 1－8－1 中。

表 1－8－1　集成电路温度传感器 AD590 的定标数据

θ/℃						
U/mV						
I/μA						

根据集成电路温度传感器 AD590 的定标结果，经最小二乘法拟合得 $B=$______ μA/℃；$A=$______ μA；$r=$______

2. 水的汽化热的测量数据记录于表 1－8－2 中。

表 1－8－2　水的汽化热的测量数据

编　号	m/g	u_1/mV	θ_1/℃	u_2/mV	θ_2/℃	$M_{总}$/g	M/g
1							
2							
3							

$m_1=$______ g；$m_2=$______ g；$\theta_3=100.00$ ℃

[$C_W=4.187\times10^3$(J/kg·℃)；$C_{Al}=0.900\,2\times10^3$(J/kg·℃)]

【注意事项】

1. 在实验中不可用手去触碰仪器发热部位。
2. 烧瓶中的水要保持一定的量。

【思考讨论】

1. 当进入量热器内杯中的水蒸气混入一些水滴时，对实验有何影响？应怎样进行修正？
2. 本实验在测量温度方面，有何独到的优势？

实验 1-9　液体表面张力系数的测定

（刘志华　赵　杰　刘辉兰　赵东来）

液体表面张力系数是表征液体性质的一个重要参数。表面张力能够说明液体的许多现象。例如泡沫的形成、润湿和毛细现象等。表面张力的大小可用表面张力系数来描述。测定表面张力系数的方法很多，常用的方法有拉脱法、毛细管法、液滴测重法和最大气泡压力法。本实验用拉脱法测定液体表面张力系数。

【实验目的】

1. 学习传感器的定标方法。

2. 观察拉脱法测液体表面张力的物理过程和物理现象，并用物理学基本概念和定律进行分析和研究，加深对物理规律的认识。

3. 测量纯水和其他液体的表面张力系数。

【实验原理】

液体表面层内分子相互作用的结果使液体表面自然收缩，犹如张紧的弹性薄膜。由于液体表面收缩而产生的沿着切线方向的力称为表面张力。设想在液面上作一长为 πD 的圆环（D 为该圆环的直径），圆环两侧液面以一定的力 f 相互作用，而且力的方向与圆环垂直，其大小与圆环长 πD 成正比，即

$$f=\alpha\pi D \tag{1-9-1}$$

式中，α 为液体表面张力系数，单位为 $N\cdot m^{-1}$。

将一表面洁净的圆形金属吊环固定在传感器上，将该环浸没于液体中，并渐渐拉起圆环，当它从液面拉脱瞬间传感器受到的拉力差值 f 为

$$f=\pi(D_1+D_2)\alpha \tag{1-9-2}$$

式中，D_1、D_2 分别为圆环外径和内径，α 为液体表面张力系数；所以液体表面张力系数为

$$\alpha=f/[\pi(D_1+D_2)] \tag{1-9-3}$$

液体表面张力为

$$f=(U_1-U_2)/B \tag{1-9-4}$$

式中，B 为传感器的灵敏度，通过对传感器定标求得，U_1、U_2 为电压表数值。

【实验器材】

液体表面张力系数仪主机如图 1-9-1 所示，它包括垂直调节台、硅压阻力敏传感器、ϕ3.3 cm 铝合金吊环、0.5 g 片码（7 只，定标用）、吊盘、ϕ12 cm 玻璃皿、镊子。

【实验内容】

1. 打开液体表面张力系数仪主机预热。

2. 清洗玻璃器皿和吊环。

3. 在玻璃器皿内放入被测液体并安放在升降台上。（玻璃器皿底部可用双面胶与升降台面贴紧固定）

4. 将砝码盘挂在力敏传感器的钩上。

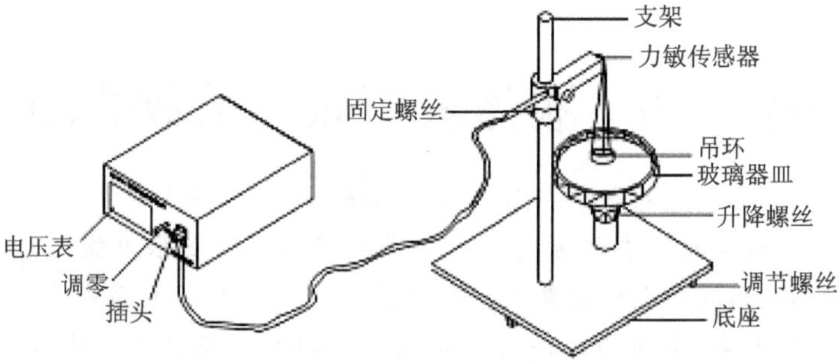

图 1-9-1　液体表面张力系数测定仪结构图

5. 若整机已预热 15 min 以上，可用力敏传感器定标，在加砝码前应首先对仪器调零，安放砝码时应尽量轻。

6. 换吊环前应先测定吊环的内外直径，然后挂上吊环，在测定液体表面张力系数过程中，可观察到液体产生的浮力与张力的情况，以顺时针转动升降台大螺帽时液体液面上升，当环下沿部分浸入液体中时，改为逆时针转动该螺帽，这时液面往下降（或者说吊环往上提拉），观察吊环浸入液体中及从液体中拉起时的物理过程和现象。特别应注意吊环即将拉断液柱前一瞬间数字电压表读数值为 U_1，拉断时一瞬间数字电压表读数值为 U_2。记下这两个数值，重复 4 次。

【数据处理】

1. 硅压阻力敏传感器定标

硅压阻力敏传感器定标实验数据记录在表 1-9-1 中。

表 1-9-1　传感器定标数据

m/g							
U/mV							

用计算机进行直线拟合，得力敏传感器灵敏度 B，拟合的相关系数 r。

2. 表面张力系数 α 测量

用游标卡尺测量金属圆环：外径 D_1、内径 D_2，调节上升架，记录环在即将拉断水柱时数字电压表读数 U_1，拉断水柱时数字电压表读数 U_2。由式(1-9-3)计算液体表面张力系数 α，实验数据及计算数据记录在表 1-9-2 中。

表 1-9-2　测张力系数数据

序　号	U_1/mV	U_2/mV	f/N	$\alpha/(\mathrm{N\cdot m^{-1}})$
1				
2				
3				
4				

【注意事项】

1. 吊环须严格处理干净。可用 NaOH 溶液洗净油污或杂质后用清洁水冲洗干净，并用热吹风烘干。

2. 吊环水平须调节好，如果偏差 1°，测量结果引入误差为 0.5%；偏差 2°，则误差 1.6%。

3. 仪器开机需预热 15 min。

4. 在旋转升降台时，动作要缓慢，尽量减小液体的波动。

5. 实验过程中要扣上防风罩，以免实验室风力稍大，使吊环摆动，致使零点波动，所测系数不准确。

6. 若液体为纯净水，在使用过程中防止灰尘和油污及其他杂质污染。特别注意手指不要接触被测液体。

7. 实验结束须将吊环用清洁纸擦干，用清洁纸包好，放入干燥缸内。

【思考讨论】

1. 试分析引起液体表面张力系数 α 值系统误差的主要原因。

2. 试分析本实验方法与传统液体表面张力系数 α 测量方法的优劣？

实验 1-10　空气比热容比的测定

（刘志华　刘辉兰　赵东来）

气体的定压比热容 C_p 和定容比热容 C_v 的比 $\gamma = C_p/C_v$ 称为气体的比热容比，又称为气体的绝热系数。它是一个重要的物理量，在热力学方程中经常用到。

【实验目的】

1. 用绝热膨胀法测定空气的比热容比。

2. 观测热力学过程中空气状态变化及基本规律。

3. 学习用传感器精确测量气体压强和温度的原理与方法。

【实验原理】

测量比热容比 γ 值的装置如图 1-10-1 所示。

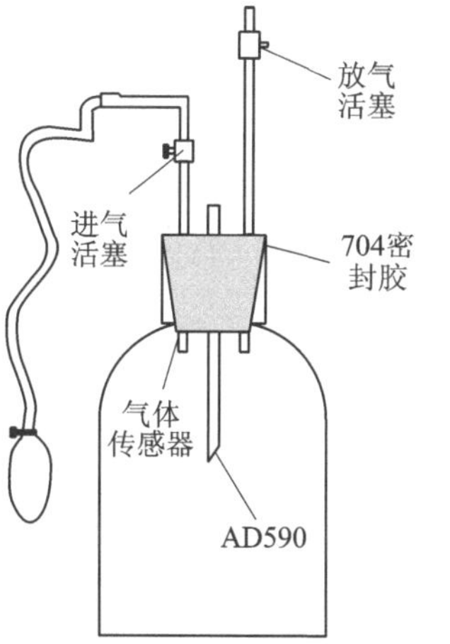

图 1-10-1　测量比热容比的装置示意图

把原来处于大气压强 P_0 及室温 T_0 下的空气称为状态 0（P_0, V_0, T_0）。关闭活塞 C_2，从活塞 C_1 处把空气送入贮气瓶中，达到状态 I'（P_1', V_1, T_1'）。V_1 为贮气瓶体积。这过程使瓶内空气压强增大，温度升高，即 $P_1' > P_0$，$T_1' > T_0$。关闭活塞 C_1，待稳定后瓶内空气达到状态（P_1, V_1, T_0），这是一个等容放热过程，系统温度降至室温 T_0，压强减小，即 $P_1 < P_1'$。迅速打开阀门 C_2，使瓶内空气与大气相通。以剩余在瓶内气体为研究对象，放气前状态为 Ⅰ（P_1, V', T_0），放气后到达状态 Ⅱ

(P_0, V_1, T_1)。当压强到达 P_0 时，迅速关闭活塞 C_2。由于放气过程很短，可认为是一个绝热膨胀过程，瓶内气体压强减小，温度降低。在关闭活塞 C_2 之后，贮气瓶中气体温度将逐渐升高，压强增大，待稳定后达到状态Ⅲ(P_2, V_1, T_0)。这是一个等容吸热过程。

状态Ⅰ到状态Ⅱ是绝热过程。以绝热膨胀后留在瓶内的气体作为热力学系统，应用绝热过程方程得

$$\left(\frac{P_1}{P_0}\right)^{\gamma-1}=\left(\frac{T_0}{T_1}\right)^{\gamma} \tag{1-10-1}$$

状态Ⅱ到Ⅲ是等容过程。应用查理定律得

$$\frac{P_2}{P_0}=\frac{T_0}{T_1} \tag{1-10-2}$$

可得

$$\left(\frac{P_1}{P_0}\right)^{\gamma-1}=\left(\frac{P_2}{P_0}\right)^{\gamma} \tag{1-10-3}$$

得

$$\gamma=\frac{\ln P_1-\ln P_0}{\ln P_1-\ln P_2} \tag{1-10-4}$$

利用式(1-10-1)，通过测量 P_0、P_1 和 P_2 的值，求得空气的比热容比 γ 的值。

【实验器材】

贮气瓶(包括瓶、活塞 2 只、橡皮塞、打气球)、硅压力传感器及同轴电缆、电流型集成温度传感器及电缆、三位半数字电压表、四位半数字电压表、5 kΩ 电阻或电阻箱。

【实验内容】

1. 按图 1-10-1 接好仪器的电路。AD590 的正负极请勿接错。用 Forton 式气压计测定大气压强 P_0，用水银温度计测环境室温 θ_0。开启电源，将电子仪器部分预热 20 分钟，然后用调零电位器调节零点，把三位半数字电压表表示值调到 0。

2. 关闭活塞 C_2，打开活塞 C_1，用打气球把空气稳定的徐徐压入贮气瓶 B 内。用压力传感器和 AD590 温度传感器测量空气的压强和温度。记录瓶内压强均匀稳定时的压强 p_1'和温度 θ_0(室温 θ_0)于表 1-10-1 中。

3. 突然打开阀门 C_2，当贮气瓶的空气压强降低至环境大气压强 P_0 时(这时放气声消失)，迅速关闭活塞 C_2。

4. 当贮气瓶内空气的温度上升到室温 θ_0 时，记下贮气瓶内气体的压强 P_2'于表 1-10-1 中。

5. 实验内容 2～4 重复 4 次，数据记录于表 1-10-1 中。

6. 用式(1-10-4)进行计算，求得空气比热容比的值。

【数据处理】

$$P_1=P_0+P_1'/2\,000,\quad P_2=P_0+P_2'/2\,000,\qquad \gamma=\frac{\ln P_0-\ln P_1}{\ln P_2-\ln P_1}$$

(注:200 mV 读数相当于 1.000×10^4 Pa)

表 1-10-1　测量数据

$P_0(10^5\ \text{Pa})$	$P_1'(\text{mV})$	$T_1'(\text{mV})$	$P_2'(\text{mV})$	$T_2'(\text{mV})$	$P_1(10^5\ \text{Pa})$	$P_2(10^5\ \text{Pa})$	γ

【仪器描述】

本套仪器主要由三部分组成：(1)贮气瓶：它包括玻璃瓶、进气活塞、橡皮塞；(2)传感器：扩散硅压力传感器和电流型集成温度传感器 AD590 各一只；(3)数字电压表 2 只：三位半数字电压表做硅压力传感器的二次仪表(测空气压强)、四位半数字电压表做集成温度传感器的二次仪表(测空气温度)。

空气温度测量采用电流型集成温度传感器 AD590(见图 1-10-1)，它是新型半导体温度传感器。温度测量灵敏度高，线性好，测温范围为 $-50\sim150$ ℃。AD590 接 6 V 直流电源后组成一个稳流源(见图 1-10-2)，它的测温灵敏度为 1 μA/℃。如串接 5 kΩ 电阻后，可产生 5 mV/℃的信号电压变化，接 $0\sim2$ V 量程四位半数字电压表，可检测到最小 0.02 ℃的温度变化。

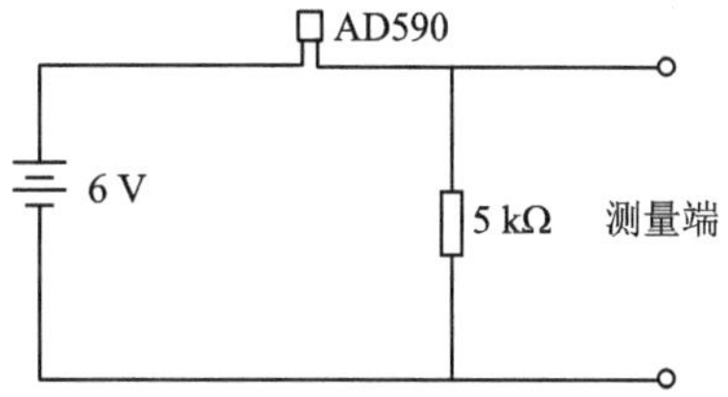

图 1-10-2　稳流源组成示意图

扩散硅压力传感器配三位半数字电压表，它的测量范围大于环境气压 $0\sim10$ kPa。灵敏度为 20 mV/kPa。实验时，贮气瓶内空气压强变化范围约 6 kPa。气体压力传感器探头，由同轴电缆线输出信号，与仪器内的放大器及三位半数字电压表相接。当待测气体压强为环境大气压强 P_0 时，数字电压表显示为 0；当待测气体压强为 $P_0+10.00$ kPa 时，数字电压表显示为 200 mV；仪器测量气体压强灵敏度为 20 mV/kPa，测量精度为 5 Pa。

【注意事项】

1. 实验时在打开阀门 C_2 放气时，当听到放气声结束应迅速关闭活塞。提早或推迟关闭活塞 C_2 都将影响实验要求，引入误差。由于数字电压表上有滞后显示。如用计算机实时测量，发现此次放气时间约零点几秒，并与放气声产生消失很一致，所以关闭活塞 C_2，采用听声音更可靠些。

2. 实验要求环境温度基本不变，如发现环境温度不断下降情况，可在远离实验仪器处适当加温，以保证实验正常进行。

【思考讨论】

1. 估算 Ⅰ→Ⅱ 过程中温度的变化为多少？与压强差是否有关？

2. 状态 Ⅰ→Ⅱ 放气过程可视为绝热过程的条件是什么？

实验 1－11　RLC 电路的谐振特性研究

（赵　杰）

在电子和无线电技术中广泛地利用 RLC 串联或并联谐振电路来选频或陷波，也可两种电路组合成各类滤波器。例如我们常用的调幅收音机选台电路，就是利用磁棒线圈和可变电容的串联谐振来挑选出我们所要听的电台的。

【实验目的】

1. 理解交流电路中 RLC 串联和并联谐振的基本原理。
2. 掌握测量幅频特性曲线的方法。
3. 理解回路品质因数 Q 值的物理意义。

【实验器材】

低频信号源、交流毫伏表（或数字万用表）、电阻箱、电感箱、电容箱、双踪示波器（非必须的）各 1 个。

【实验原理】

1. RLC 串联电路的谐振特性

RLC 串联电路如图 1－11－1 所示，其中 R、L、C 分别为标准电阻、电感、电容箱。R_L 为电感的等效损耗阻抗。U_i 为低频信号源，其输出电压和角频率分别为 U_i 和 ω。V_R 为电阻 R 上并联的电压表。对低频而言，电容 C 上的损耗极小，可认为它是无电阻的纯电容。其交流电压 U_i 与交流电流 I（均为有效值）的关系为

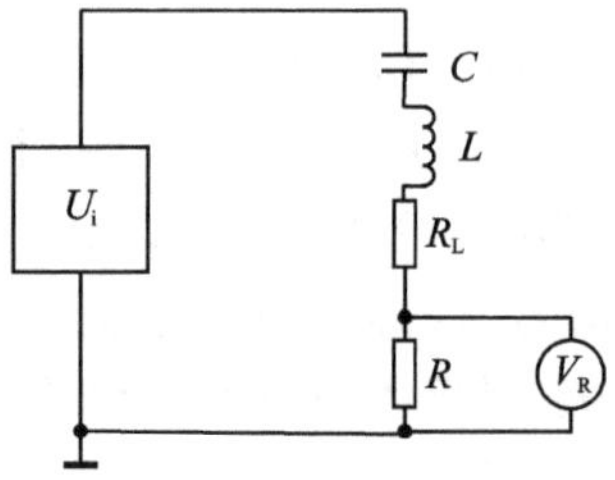

图 1－11－1　RLC 串联电路

$$I=\frac{U_i}{\sqrt{(R+R_L)^2+\left(\omega L-\frac{1}{\omega C}\right)^2}} \tag{1-11-1}$$

式中，整个分母为 RLC 串联电路对交流电呈现的阻抗，当 $\omega L-\frac{1}{\omega C}=0$ 时，电流 I 最大，此时对应谐振状态，对应的角频率 $\omega_0=2\pi f_0$ 为谐振角频率，谐振频率 $f_0=\frac{\omega_0}{2\pi}$。电压与电流的位相差 φ 为

$$\varphi=\arctan\left(\frac{\omega L-\frac{1}{\omega C}}{R+R_L}\right) \tag{1-11-2}$$

由式（1－11－2）可见，当 $\omega L-\frac{1}{\omega C}=0$ 时，$\varphi=0$，此时电压电流同相位，对外呈现纯电阻性且阻抗很低，此时感抗 ωL 与容抗 $\frac{1}{\omega C}$ 相等；当 $\omega<\omega_0$ 或 $\omega>\omega_0$ 时 φ 为负或正，整个电路带有电容性或电感性。可见电流 I 和相位差 φ 都是信号源频率 f 的函数。

$$f_0=\frac{\omega_0}{2\pi}=\frac{1}{2\pi\sqrt{LC}} \tag{1-11-3}$$

图1-11-2为RLC串联电路的幅频特性曲线，定义电流降为谐振电流 I_0 的 $1/\sqrt{2}$ 时，对应的频带宽度 f_2-f_1 为通频带宽，则RLC串联电路的选择性用品质因数 Q 值表示：

$$Q=\frac{f_0}{f_2-f_1}=\frac{U_C}{U}=\frac{U_L}{U}=\frac{1}{R+R_L}\sqrt{\frac{L}{C}} \tag{1-11-4}$$

可见，Q 值与通频带宽成反比关系，谐振时，电容上与电感上的电压值相等(相位相反)且是信号源电压的 Q 倍，当 Q 值很高时，会出现在电容或电感上得到的电压可远大于总电压的现象(因此串联谐振常被称为电压谐振)。但由于电感上的损耗电阻较大，实际是测不出 U_L 的，但电容上的电压 U_C 可准确测出。提高电感与电容的比值(但谐振频率也相应提高)或降低电阻值(谐振频率不变)都可提高 Q 值。Q 值越大，幅频特性曲线越尖锐，选择性越好。

2. RLC并联电路的谐振特性

RLC并联电路如图1-11-3所示，此时的电阻箱 R_V 仅是为了测电流而设置的，且其阻值远小于其他部分的阻抗，也可取消电阻箱 R_V，直接用交流电流表代之。R、R_L 分别为外接电阻和电感上的电阻，电容上的电阻可忽略，则总电阻 $R_B=R+R_L$。

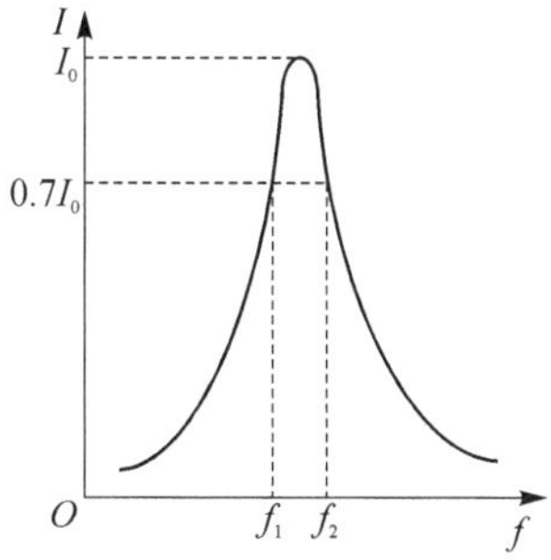

图1-11-2　RLC串联电路的幅频特性曲线

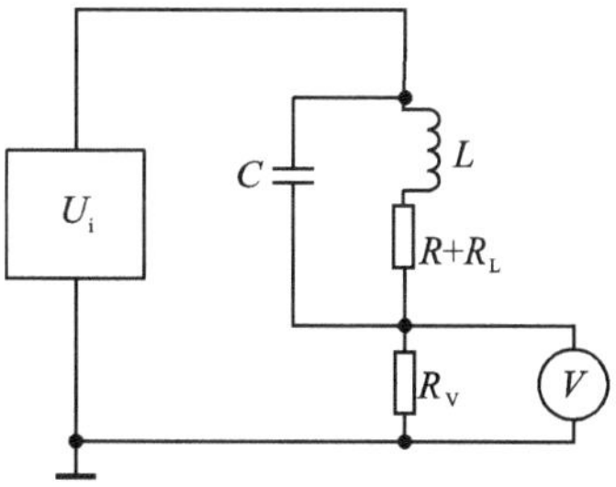

图1-11-3　RLC并联电路

RLC并联电路的电流 I 和相位差 φ 分别为

$$I=U/\sqrt{\frac{R_B^2+(\omega L)^2}{(1-\omega^2LC)^2+(\omega CR_B)^2}} \tag{1-11-5}$$

$$\varphi=\arctan\left[\frac{\omega L-\omega C[R_B^2+(\omega L)^2]}{R_B}\right] \tag{1-11-6}$$

可见，两者都与频率相关。当 $\varphi=0$ 时，整个电路为纯电阻性，发生谐振，此时对应的频率为 ω_B。

$$\omega_B=2\pi f_B=\sqrt{\frac{1}{LC}-\left(\frac{R_B}{L}\right)^2}=\sqrt{\frac{1}{LC}}\sqrt{1-\frac{CR_B^2}{L}} \tag{1-11-7}$$

而对应具有与RLC串联电路同样参数的RLC并联电路，结合式(1-11-3)，(1-11-4)和式(1-11-7)就变为

$$\omega_B=2\pi f_B=\omega_0\sqrt{1-\frac{CR_B^2}{L}}=\omega_0\sqrt{1-\frac{1}{Q^2}} \tag{1-11-8}$$

式中，$Q=\frac{1}{R_B}\sqrt{\frac{L}{C}}=\frac{1}{R+R_L}\sqrt{\frac{L}{C}}$，可见，当 Q 远大于1时 $\omega_B=\omega_0$，即此情况下并联谐振与串联谐振频率相同，也可用式(1-11-3)计算谐振频率。

并联谐振电路的总电流 I 的频率特性与串联谐振电路相反。在某一频率下谐振时，电容和电感支路内的电流几乎相等，但位相几乎相反，总电流 I 有极小值，对外呈现很高的阻抗。支路电流比总电流大很多，因此并联谐振常被称为电流谐振。

【实验内容】

1. 测量 RLC 串联电路的谐振频率和幅频特性曲线

① 按图 1-11-1 接线。调节 $L=0.01$ H，$C=1$ μF，$R=10$ Ω，调信号源输出电压 $U_i=2$ V 的正弦波，量出 R 上的电压值 U_R，即可算出电流 I。频率从 600 Hz 开始每隔 200 Hz 测一次电压值，一直测到 4 kHz。在谐振峰附近每隔 50 Hz 测一个点。对于每个测试频率点，都要手动调节信号源输出电压，始终保持为 2 V。

从上述实验数据中找出谐振频率，再次将信号源调到该频率，输出电压再调回到 2 V，测量此时电感箱上的电压值 U_L 和电容箱上的电压值 U_C。

② 令 $R=100$ Ω，仿上步再测另一组数据。

③ 由上述两组实验数据，在同一张坐标纸上，作 RLC 串联电路的幅频特性曲线两条。在坐标纸上画出通频带宽 f_2-f_1，找出谐振频率 f_0，并对两条曲线进行比较，得出结论。用式(1-11-3)计算出的谐振频率跟实验测出的谐振频率进行比较。

④ 用电容箱上的电压值 U_C 等数据，由式(1-11-4)用三种方法(不用 U_L)计算 Q 值，并加以比较，看是否基本一致。对比谐振时电感箱上的电压值 U_L 和电容箱上的电压值 U_C。

2. 选作内容

① 利用双踪示波器测量 RLC 串联电路的相频特性，也即 RLC 串联电路的电压与电流的相位差与信号源频率的关系(可以只定性观察)。要求自行设计电路和实验方法，得出定性的结论($f=f_0$、$f>f_0$、$f<f_0$ 三种情况)。

② 测量 RLC 并联电路的谐振频率和幅频特性曲线。参考 RLC 串联电路的实验方法进行测量(仍选择 $L=0.01$ H，$C=1$ μF)。要注意每个测试点都保持总电流不变的前提下，测量 RLC 并联电路两端的总电压与信号源频率的关系(这实质是 RLC 并联电路的总阻抗与信号源频率的关系，电压最高意味着该频率下的阻抗最高，如果信号源电压不变，对外呈现的总电流最小)。

【思考讨论】

1. 串联谐振时，电感箱两端的电压为何大于电容箱两端的电压？

2. Q 值的高低与什么参数相关，如何提高 Q 值？

实验 1-12　示波器原理和使用

(赵　杰)

示波器是应用很广泛的电子测量仪器。它可以测量信号电压波形和幅值、频率、周期、相位差等一切可以转化为电压信号的物理量。它可分为模拟示波器和数字示波器，模拟示波器由模拟电路组成，只能实时显示波形；数字示波器可存储信号并可直接显示更多被测电信号的信息。示波器一般都是双踪(可输入两路信号同时显示)的。

【实验目的】

1. 了解示波器的基本原理及其结构。

2. 学会用示波器测量电压的波形、电压、频率、相位差。

3. 学会用利萨如图形测频率。

【实验仪器】

模拟双踪示波器 1 个、低频信号源 2 个。

【实验原理】

1. 示波器的基本结构

模拟示波器的种类繁多，结构和性能大同小异，图 1－12－1 所示为示波器的结构原理图。它由玻璃壳以及其内的组件构成的示波管、Y 轴（垂直）放大器、X 轴放大器及各自的可调衰减器、扫描触发器、同步与触发、工作电源等六部分组成。

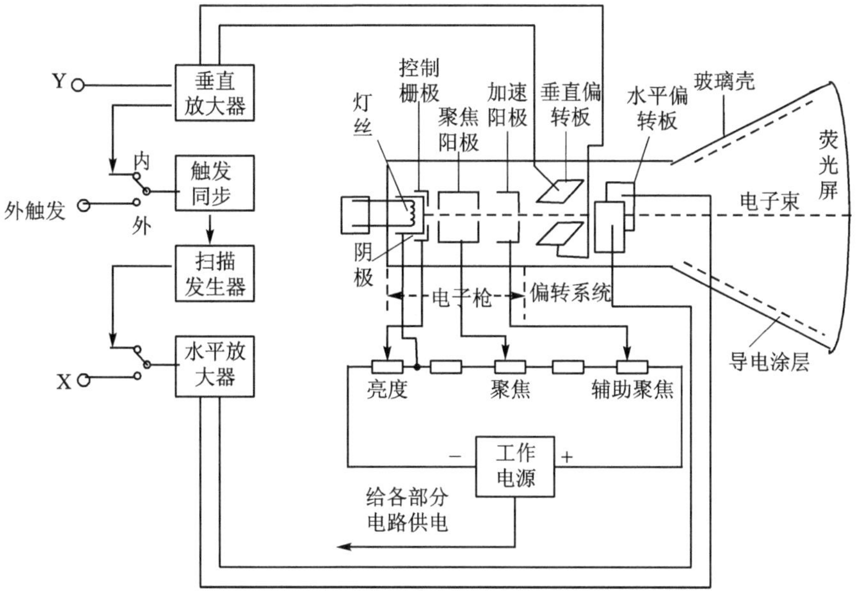

图 1－12－1　双踪示波器结构原理图

(1) 示波管

示波管主要由电子枪、偏转系统和荧光屏三部分组成，它们被封装在一个高真空的玻璃壳内。电子枪：由灯丝、阴极、控制栅极、聚焦阳极和加速阳极组成。灯丝通电后加热阴极，阴极是一个表面涂有可发射热电子材料的金属圆筒，被加热后就发射电子。控制栅极是一个顶端有小孔的圆筒，套在阴极外面。它的电压比阴极低，对阴极发射出来的电子起阻碍控制作用，只有速度较大的电子才能穿过顶端的小孔，然后在后面阳极的吸引下射向荧光屏。示波器的"亮度"调整就是通过调节控制栅极的电压以控制射向荧光屏的电子多少的，从而改变了屏上的光斑亮度。当控制栅极、聚焦阳极与加速阳极之间电压调节合适时，形成静电透镜，对电子束有聚焦作用。示波器面板上的"聚焦"调节，就是调聚焦阳极电压，"辅助聚焦"实际是调加速阳极的电压。

偏转系统：它由两对互相垂直安装的偏转板组成。在偏转板加上适当的电压，电子束通过时，其运动方向发生偏转，从而使电子束在荧光屏上产生的光斑位置发生变化。

荧光屏：屏上涂有荧光粉，电子打上去它就发光而形成光斑。荧光粉是有余辉的，再加上人眼睛的视觉暂留效应，几十赫兹以上的重复电信号将使移动光点形成连续的亮线。

(2) 放大和衰减系统

根据静电场和力学原理，可推出电子束在荧光屏上的 X、Y 偏移量与加在 X、Y 偏转板上的电压成正比。但由于待测电压可能很小也可能很高，将导致电子束偏转太小或逸出荧光屏区域，这就需要先把过小的信号电压加以放大或太高的电压信号衰减后再加到偏转板上，为此，设置了 X 轴及 Y 轴电压放大器和衰减器。衰减器控制钮通常用“VOLTS/DIV”表示。

(3) 扫描触发器及波形显示原理

扫描触发器及波形显示原理如图 1-12-2 所示。显然，只在垂直偏转板或者只在水平偏转板上加上待测正弦或其他交流电压信号，则电子束在荧光屏上形成的亮点将随电压的变化在垂直方向来回运动，结果在屏上看到的是一条竖直或水平亮线，所以，要观察加在上垂直偏转板上的电压随时间变化的规律，必须同时在 X 轴上加一锯齿形电压，如图 1-12-2 所示。这就把竖直亮线按时间展开，这个展开的过程叫“扫描”。将待测电压加在垂直偏转板上的同时，在 X 轴上加锯齿电压，电子的运动就是两个互相垂直运动的合成。当锯齿波周期严格等于输人信号周期的整数倍时，可保证每次扫描的起点都对应信号电压的相同相位点上(看到的波形上的任意一个亮点都是多次重复扫描产生的)，在荧光屏上可得到稳定的波形。

(4) 同步触发原理

让锯齿波周期严格等于输入信号周期的整数倍的过程称为同步。实现的方法是从被测信号中分出一部分去控制扫描发生器，使锯齿波电压的频率自动跟踪着被测信号的频率变化，这叫内同步；也可以从示波器外部引入一个特殊电压来控制扫描发生器，这叫外同步。

(5) 工作电源

它为示波管和示波器各部分电路提供各自所需的电源。

(6) 校正信号源

为示波器内部自带的方波信号源，通常为 1 kHz、2 V 峰峰值。

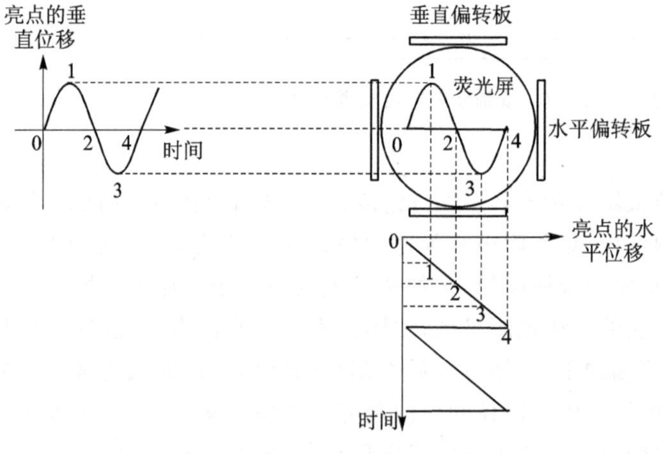

图 1-12-2　示波器显示波形原理图

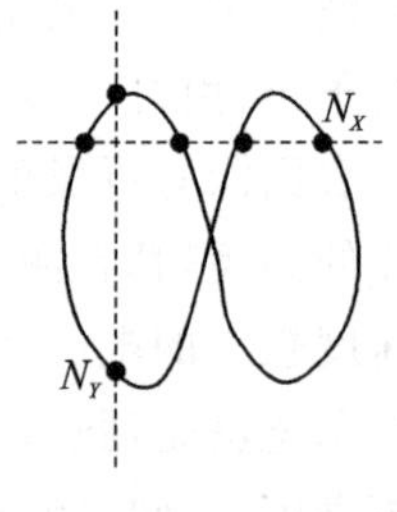

图 1-12-3　利萨如图形测频率

2. 用利萨如图形测频率

把两个正弦信号分别加到垂直与水平偏转板上，则荧光屏上光点的轨迹由两个互相垂直的谐振动合成。当两个正弦信号频率之比为整数比时且两者相位差稳定，其轨迹是一个稳定的利萨如图形，见图 1-12-3，且不同的相位差得到不同形状的利萨如图形。找出利萨如图与水平直线的最多交点数目 N_X（图 1-12-3 中实例为 4 个），与垂直直线的最多交点数目 N_Y（图 1-12-3 中实例为 2 个），与加到垂直偏转板电压频率 f_Y、水平偏转板电压频率 f_X 有如下关系：

$$N_X \cdot f_X = N_Y \cdot f_Y \tag{1-12-1}$$

利用这一关系就可测量正弦信号频率 f_Y，且不受相位差改变导致的不同利萨如图形的影响。频率相同不同相位差的利萨如图不同：两信号的相位差 0°、180°分别是一条正、负斜率的斜直线，相位差为 90°时为一个正圆或正椭圆。

3. 示波器的基本测量方法

(1) 测量电压

衰减器控制钮通常用“VOLTS/DIV”表示，当其中心的细调旋在厂家给定的校准位置时（一般是顺时针拧到头），衰减器的该挡位就表明荧光屏上每个大格代表多少伏电压 k，读出波形在荧光屏上占的垂直方向大格数 y，就可利用示波器测量电压的峰峰值 U_{pp}：

$$U_{pp} = k \cdot y \tag{1-12-2}$$

有效值为

$$U = \frac{U_{pp}}{2} \cdot \frac{\sqrt{2}}{2} \tag{1-12-3}$$

式(1-12-2)和式(1-12-3)要求示波器探头置于无衰减×1 挡位（×10 为衰减 10 倍）。

(2) 测量时间

当扫描电压用锯齿波时，荧光屏上的 X 轴坐标与时间相关。如果锯齿波的频率和 X 放大器的增益一定时，那么 X 轴每格对应的时间就是一定的，可用扫描时间旋钮（TIME/DIV）示值来表示。如预置扫描时间旋钮在 α（比如 1 ms）位置，即 X 轴每大格对应 α ms。那么，取荧光屏上的波形中任一段区域，读出其在水平方向占的大格数 x，则该段区域对应的时间 t 为

$$t = \alpha \cdot x \tag{1-12-4}$$

利用式(1-12-4)，就可以测量周期、频率、两个波形的相位差了（此时要 XY 双踪输入）。

【实验内容】

1. 认识熟悉示波器面板

将图 1 与示波器面板上相应旋钮等部件一一对应观察，认识各部件的功能。开启电源，调节 Y 轴“VOLTS/DIV”旋钮在 1 V 挡位，调水平亮线的亮度和聚焦良好，如无亮线，则分别交替调节水平及垂直位置调节旋钮“POSITION”。

将 X 和 Y 输入方式选择开关打在 AC 位置，将“增益校准”和“扫描校准”分别旋在校准位置，选择内触发同步。信号源取 1 kHz，输出端接到示波器 Y 轴输入端上。反复调节示波器各个常用旋钮和开关，分别调出和观察正弦波、方波、三角波形，反复认识和熟悉各个部件的作用（尤其是锯齿波扫描时间旋钮决定波形的周期数和稳定度）。若调锯齿波扫描时间粗调及微调旋钮波形还是水平走动，则可调节触发电平调节钮“LEVEL”使波形稳定下来。

2. 测量正弦电压的峰峰值和频率（周期）

将低频信号源调在 1 V（有效值）0.5 及 1 kHz，调出 1～2 个周期稳定、幅值合适的正弦波后，测出有关数据记入 1-12-1 表中，用示波器测量或计算出其电压峰峰值、有效值、周期、频率。

表 1-12-1　实验数据

	波形图	电压挡位 k	占的最大垂直格数 y	峰峰值 $U_{pp}=k\cdot y$	计算有效值 U	扫描时间旋钮挡位 α	1 个周期的水平格数 x	周期 $T=\alpha\cdot x$	计算频率 f
500 Hz									
1 kHz									

3. 用利萨如图形测频率

将另一低频信号源的输出端接到示波器 X 轴输入端上并调到 $f_X=50$ Hz。将示波器置于"$X-Y$"工作状态，以 X 轴输入信号为频率已知信号，测量 Y 轴输入端信号的频率。调节 Y 轴输入端信号的频率(频率在 25,50,100,150,200 Hz 附近寻找)及幅度，使荧屏上出现稳定的利萨如图形，记录数据于表 1-12-2 中。

表 1-12-2　实验数据

利萨如波形图					
与竖线最多交点数目 N_X					
与水平线最多交点数目 N_Y					
计算待测电压频率 f_Y/Hz					
Y 轴信号源实际显示频率					

观察不同的相位差得到不同形状的利萨如图形，但最终算出的频率不变。

4. 选作内容

自行设计测量 RC 串联电路中 R 与 C 上电压之间相位差的实验。

【注意事项】

1. 荧光屏上波形亮度不可调得过亮，并尽量避免光点方式测量，以免损坏荧光屏。
2. 示波器和低频信号源上所有开关及旋钮都有一定的调节限度，不可过度调节。

【思考与讨论】

1. 简述示波器显示电压——时间图形(电信号波形)的原理。
2. 如果只有一个低频信号源，如何用利萨如图形测频率?

实验 1-13　惠斯登电桥

（赵　杰）

伏安法测电阻精度和使用的方便性都不太好，而惠斯登直流电桥可以很精确且很方便地测量 1 Ω 以上的直流电阻，它是一种比较法测量方式。

【实验目的】

1. 掌握惠斯登电桥的原理。

2. 用自己组装的惠斯登电桥及成品电桥测电阻。

3. 学会和熟悉电阻箱以及电桥的基本调节技能。

【实验原理】

图 1－13－1 为惠斯登单臂电桥原理图。其中 R_1、R_2、R_3 为阻值远大于各自两端导线电阻值和各个接点接触电阻阻值的可变标准电阻箱。R_X 为待测电阻。这四个电阻构成电桥的四个桥臂。G 为检流计或直流毫伏表(可用数字万用表直流电流或直流电压挡代替),构成电桥的桥路。滑线变阻器 R 为检流计 G 的保护电阻,开始置于最大阻值。E 为直流电源。K 为开关。当调节电阻箱 R_1、R_2、R_3 的阻值,使检流计 G 的电流趋近零时,C、D 两点等电位,R_1、R_2 上的电阻都为 I_1,R_3、R_X 上的电阻都为 I_2,故有以下方程组成立:

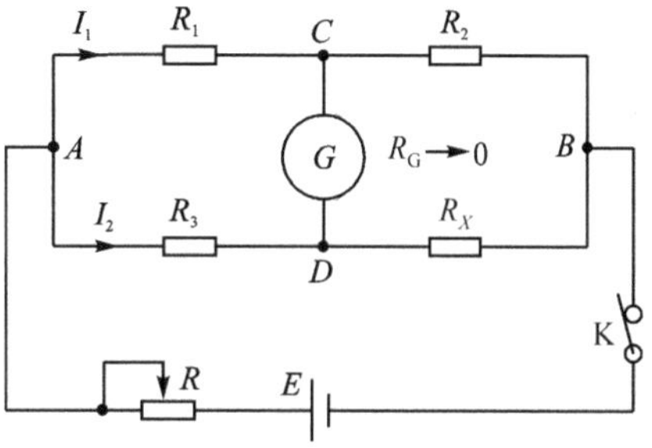

图 1－13－1　惠斯登电桥原理图

$$\begin{cases} I_1R_1 = I_2R_3 \\ I_1R_2 = I_2R_X \end{cases}$$

由该方程组可得

$$R_X = \frac{R_2}{R_1}R_3 \qquad (1-13-1)$$

式(1－13－1)是满足上述所有条件下推出的电桥平衡条件,如果 R_1、R_2、R_3 的阻值已知,或者 R_2 与 R_1 的比值已知以及 R_3 的阻值已知,就可用来计算待测电阻 R_X。可见这是一种拿着已知标准电阻去比较待测电阻的方法,称比较法,既然是比较法,各个桥臂的阻值就不能差的太多。由于电桥平衡是通过读检流计 G 的大小而不是具体数值,只要检流计 G 灵敏度高就行而不涉及其读数的精度,故不会引入读数误差;另外,式(1－13－1)与电源 E 无关,电源 E 的稳定性也不会给测量结果带来影响。这两者就使得电桥测量结果很精确。式(1－13－1)虽然是在电桥平衡条件下推出来的,但检流计 G 即便是零,也不是真正的为零,而是电流小到用该检流计无法测出而已,用更高灵敏度的检流计仍可检出有电流,从而可以进一步调平衡。为了表示检流计不够灵敏带来的误差,引入电桥灵敏度的概念,定义为

$$S = \frac{\Delta n}{\dfrac{\Delta R_3}{R_3}} \qquad (1-13-2)$$

其中 ΔR_3 为把电桥调平衡后,再把 R_3 变化一点的变化量,而 Δn 为由 R_3 变化一点引起的电桥略失平衡导致的检流计指针的偏转格数,用其他桥臂电阻的变化也可满足式(1－13－2)。

【实验器材】

成品箱式惠斯登电桥 1 个、灵敏检流计或数字万用表 1 个、电阻箱 3 个、5～20 kΩ 滑线变阻器 1 个、稳压直流电源或电池组 1 个、待测小碳膜电阻 2 个。

【实验内容】

1. 按图 1－13－1 所示连接线路。滑线变阻器 R 滑到最大阻值,开关 K 在断位。直流电源选取 5 V 左右。

2. 反复调节电阻箱 R_2、R_1 的阻值,正确选择其比值,调节平衡,使得电阻箱 R_3 的各个旋

钮用上的最多,因这样调平衡后可得到最多位数的有效数字。选择 R_2、R_1 的阻值,正确选择其比值的方法是:先选择 R_2、R_1 的某个比值,再调节电阻箱 R_3 最大阻值档的电阻旋钮至少有一个档级可以改善平衡,这就算选对了。电阻箱 R_3 各电阻旋钮的调节方法是:应把其最大阻值级别的那一旋钮先调到中间的挡位,而将其余小于该旋钮的那些小阻值旋钮全归零。调节最大阻值级别的那一旋钮变大或变小,看是否可使电桥接近平衡,如果可以接近平衡,调到不管用时,再增大比它小的那一阻值旋钮增加一挡,如果平衡变差了,再试着增加更小级别的阻值旋钮,如果还不行,说明前一大阻值旋钮应减小一挡,再反过头来重新调节刚才调过的小阻值挡,小阻值挡从零开始逐渐增加,当增加到反而不平衡时要退回一挡,再增加比该旋钮级别更小的那个旋钮……如此反复,直至把其余更小阻值的阻值旋钮全用上。如果开始时调节最大阻值级别的哪一阻值旋钮变大或变小,根本不能使电桥接近平衡或干脆不起作用,说明该阻值旋钮最小的那一挡位阻值也太大,该阻值旋钮应归零才是。

在调节电阻箱几个阻值旋钮时要注意:第一,要先调节高阻值级别旋钮,第二,调节某一钮,级别比它小的所有的阻值旋钮全要置零,否则,永远得不到精确的数值。上述调节方法对电阻箱、电感箱、电容箱以及多旋钮组合调节同一个物理量的电子仪器是普遍适用的,这是各类实验的一个最重要基本技能,一定要熟练掌握!否则,所有用电阻箱、电感箱、电容箱等仪器的实验将不能得到正确的结果!

在电桥往平衡的调节过程中,还要随着平衡的接近,逐渐减小滑线变阻器 R 的阻值,以保护检流计。如果用数字万用表的 DC 毫伏或毫安挡代替检流计 G,应逐步减小其量程。

3. 测量另一只待测电阻。

4. 测量电桥灵敏度。

5. 用成品箱式惠斯登电桥测量上述 3 个待测电阻,将结果加以比较。注意操作要符合厂家给的使用说明,尤其是当电桥很不平衡时检流计开关要点按方式瞬间接通,防止损坏。

6. 选作内容:测量箱式电桥的灵敏度。

【思考讨论】

1. 式(1-13-1)成立的全部条件是什么?

2. 如何提高电桥的测量精度?滑线变阻器还可接在什么位置?

3. 在各个电阻箱允许的范围内,工作电流的大小对测量结果有无影响?

实验 1-14 用电流场模拟静电场

(赵 杰)

带电导体在空间形成的静电场,除极简单的情况外,大多数不能求出它的数学表达式,只能寻求实验的方法来测定。但直接测量静电场时,探针等探测物体和绝缘支架,会产生感应电荷和极化分子,又产生新的电场,与原电场迭加,使原电场产生显著的畸变,使得测量很难。尽管稳恒电流场与静电场在本质上是不同的,但是在一定条件下导电介质中稳恒电流场与静电场的描述具有类似的数学方程,因而可以用稳恒电流场来模拟静电场。研究静电场的分布情况在工程技术中有重要意义,比如:示波管、显像管、带电粒子加速器内的电极形状和结构等都是由此研制成功的。

【实验目的】

1. 理解和掌握学习用电流场模拟描绘和研究静电场分布的原理和方法。

2. 加深对电场强度和电位概念的理解。

【实验原理】

稳恒电流场与静电场可以分别用两组对应的物理量电位 V 与场强 E 来描述,两者具有相似性,例如这两种场都遵守高斯定理和拉普拉斯方程。如果某静电场是由若干个带电体所产生的,且这些带电体各有一定的位置、形状和电位,那么,当我们把与上述带电体具有相同形状的导体放在均匀导电介质中的同样位置上,并在各导体上加上使其电位不变的直流电压,使均匀导电介质中形成电流场,则这两种场的分布规律完全相同。下面就举一个最简单的可求出数学表达式的长直同轴圆柱体的例子。

图 1-14-1,表示的是长直同轴圆柱体的一个横截面,A 为内圆柱体,B 为外圆柱体,A、B 两圆柱体各自带上等量的正、负电荷。内圆柱体半径为 a,外圆柱体内半径为 b,某处的半径为 r。等位面是一系列同轴圆柱面,在垂直于轴线的任意一个截面内,等位线是一系列的同心圆,电力线沿径向向外辐射,只要研究该平面上的电场分布便可知整体。半径为 r 处各点电场强度为

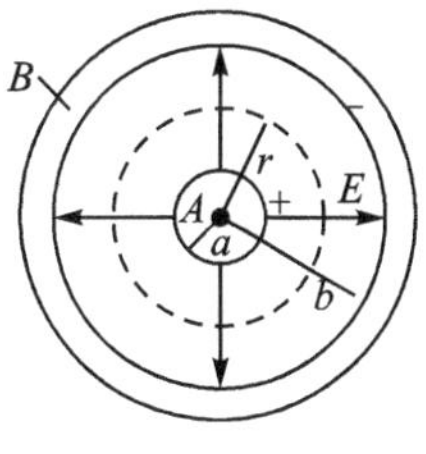

图 1-14-1 同轴圆柱体间的电场

$$E=\frac{\lambda}{2\pi\varepsilon_0 r} \qquad (1-14-1)$$

式中,λ 为 A 或 B 的电荷线密度。半径为 r 处各点与 B 间的电势差为

$$U_r-U_b=\int_r^b E\,\mathrm{d}r=\frac{\lambda}{2\pi\varepsilon_0}\ln\frac{b}{r} \qquad (1-14-2)$$

A、B 两圆柱体之间的电势差为

$$U_a-U_b=\int_a^b E\,\mathrm{d}r=\frac{\lambda}{2\pi\varepsilon_0}\ln\frac{b}{a} \qquad (1-14-3)$$

令外圆柱体 B 接地,则 $U_b=0$,可得

$$U_r=U_a\frac{\ln\frac{b}{r}}{\ln\frac{b}{a}} \qquad (1-14-4)$$

$$E_r=-\frac{\mathrm{d}U_r}{\mathrm{d}r}=\frac{U_a}{\ln\frac{b}{a}}\cdot\frac{1}{r} \qquad (1-14-5)$$

下面把图 1-14-1 中的 A、B 两圆柱体之间接上直流电源,其电压为 U_a-U_b,并在 A、B 两圆柱体之间的空间加入导电率为 ρ 均匀导电介质。在 A、B 两圆柱体的纵向(即垂直于纸面)取长度为 h 的一小段,则从半径 r 到 $r+\mathrm{d}r$ 之间均匀导电介质的电阻

$$\mathrm{d}R=\frac{\rho}{2\pi h}\cdot\frac{\mathrm{d}_r}{r} \qquad (1-14-6)$$

r 和 b 间的电阻

$$R_{rb}=\frac{\rho}{2\pi h}\int_r^b\frac{\mathrm{d}r}{r}=\frac{\rho}{2\pi h}\ln\frac{b}{r} \qquad (1-14-7)$$

a 和 b 间的电阻

$$R_{ab}=\frac{\rho}{2\pi h}\int_a^b\frac{\mathrm{d}r}{r}=\frac{\rho}{2\pi h}\ln\frac{b}{a} \tag{1-14-8}$$

令 $U_b=0$，则径向电流

$$I=\frac{U_a}{R_{ab}}=\frac{2\pi h}{\rho\ln\frac{b}{a}}U_a \tag{1-14-9}$$

由式(1－14－7)和式(1－14－9)及欧姆定律，得 r 处的电位

$$U_r=IR_{rb}=U_a\frac{\ln\frac{b}{r}}{\ln\frac{b}{a}} \tag{1-14-10}$$

由式(1－14－4)和式(1－14－10)可见，静电场和电流场具有相同的电位分布规律。虽然这是在最简单的可用数学方法推导出的情况，但是无数的实验证明，对其他任意形状的复杂场该结论都是普遍适用的。因此，可以用恒定稳压电流场(实验证明，稳压交流电流场也可以)来模拟静电场，通过测量稳压电流场的电位来求得所模拟的静电场的电位分布，还可利用电力线总是垂直于等位线的方法把电力线画出。

由上述原理可见，实验可在二维平面上进行，只要在电极间充以电导率较小的均匀导电介质薄层，电极用良导体材料，即可模拟二维静电场，对于纵向相同的电极，也代表了纵向各处的情况。导电介质可以是导电纸(纸上涂有石墨层)，也可以是容器中的导电液体薄层。图 1－14－2 描述了电压表法及电流表法模拟静电场描绘电路，电压表法(一定要用内阻几兆欧以上的高内阻数字电压表 V，以防电压表的接入降低被测点电压)是在电场中寻找电位相同(电压值相同)的点连成等位线，并且可以选择等电位差梯度画出多条等位线，根据等位线的密度来判断各处的场强分布；电流表法是电流表 G 的一端接在分压器电阻 R 的滑动端子上，另一端接探针，移动探针，找出使电流表指零时的等位点，然后再调节分压器输出到另一个电压值，找出另一些等位点。

【实验器材】

模拟静电场描绘仪(包括电极架、电极、探针)，模拟静电场电源，导电纸。

【实验内容】

1. 按图 1－14－2 所示接线(或按厂家的说明书要求接线)，其中电压表法或电流表法任选其一，如果用电压表法可去掉变阻器 R 电流表 G 和相应的探针。电极的形状先选择长直同轴圆柱体的一个横截面(如图 1－14－2 所示)。

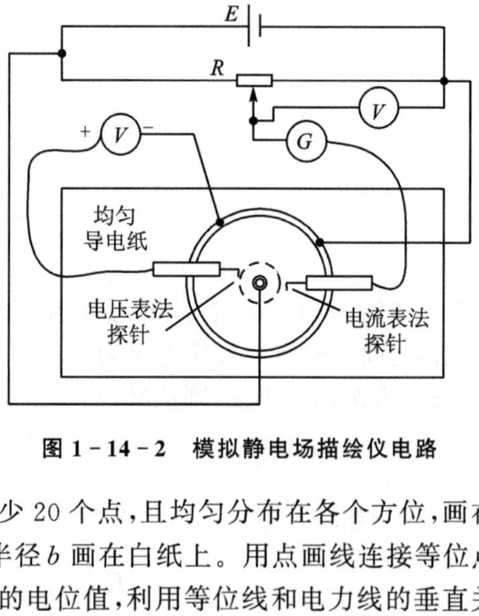

图 1－14－2　模拟静电场描绘仪电路

2. 首先记录两极电位值(电极电压可取 5～10 V，以负极为零电位)，再按等电位间隔(或称等电位梯度)寻找 5～10 组等位点，每组取至少 20 个点，且均匀分布在各个方位，画在白纸(或坐标纸)上。记录内电极半径 a 和外电极内半径 b 画在白纸上。用点画线连接等位点后在白纸上画出各条等位线，并注明每组等位点对应的电位值，利用等位线和电力线的垂直关系

用实线画出电力线。注意操作中探针不要接触电极(电流表法时),动作还要轻,以免划坏导电纸。

实验时一体化的双层电极要对称地放在导电纸上和白纸上,且使二者尽量垂直并充分与导电纸接触。由式(1-14-4)计算各等位线半径 $r_{计算}$,将相关数据记入下表 1-14-1 中。

表 1-14-1 数据记录

各条等位线电位值 U_r/V					
各条等位线半径 $r_{实测}$/mm					
各条等位线半径 $r_{计算}$/mm					
$r_{实测}$与 $r_{计算}$之间的百分误差					

3. 按上述方法,描绘带有等量异号电荷的两条长直平行圆导线间的某个横切面的电场(提示,在导电纸上就是两个等大的小圆电极)。

4. 选作内容:描绘其他电极(比如示波管内聚焦电极)的电场。

【思考讨论】

1. 用稳恒电流场模拟静电场的理论依据是什么?
2. 对电极和导电介质的导电率各有什么要求?
3. 电源电压调高或调低后保持不变,是否影响等位线的形状?
4. 如果电极和导电介质接触不良或导电介质不均匀会对实验结果有何影响? 为什么?

实验 1-15 开尔文双臂电桥

(赵 杰)

由于导线以及接触电阻的影响,惠斯登直流电桥只可以测量阻值不低(大于 1 Ω)的电阻,而开尔文双臂电桥可以测量阻值很低的电阻,它可以排除接触电阻以及导线的电阻带来的影响。

【实验目的】

1. 掌握开尔文双臂电桥和四线电阻的原理。
2. 用开尔文双臂电桥测量一段导线的电阻及金属的电阻率。

【实验原理】

图 1-15-1 所示为开尔文双臂电桥原理。其中 C_1、C_2 之间为一段待测导线,要测量的则是 P_1、P_2 之间区段的导线的电阻 R_X(不包括 P_1、P_2 两点的接触电阻)。H、K 之间为一个四线电阻,各个接点 C_1、C_2、P_1、P_2、H、A、B、K 的接触电阻用较大的小黑点表示,各处的导线都视为其电阻不为零。R_1、R_2、R_3、R_4 为阻值远大于各自两端导线阻值以及 C_1、C_2 之间和 H、K 之间阻值的可变标准电阻。H、K 之间为一个四线电阻,A、B 之间区域的电阻为 R_S(不包括 A、B 两点的接触电阻)。R_0 为 P_2 与 C_2 之间区段的电阻(不包含接触电阻)、C_2 与 H 之间导线电阻和其两端的接触电阻、H 与 A 之间区段的电阻(不包含接触电阻)之和。由于选择的 R_1、R_2、R_3、R_4 各自的阻值远大于各自两端导线阻值和 P_1、P_2、A、B 点的接触电

阻，所以，各自两端导线阻值和 P_1、P_2、A、B 点的接触电阻可忽略不计，或者说消除了其对测量结果的影响。又由于 R_1、R_2、R_3、R_4 的阻值远大于 C_1、C_2 之间和 H、K 之间的阻值，R_1、R_2、R_3、R_4 支路对 C_1、C_2 之间和 H、K 之间的电流分流效应极小可忽略，使得 C_1、C_2 之间和 H、K 之间导体上的电流相等，都为 I_3。因此，当调节 R_1、R_2、R_3、R_4、R_S 的阻值，使检流计 G 的电流趋近零时，E、F 两点等电位，有以下方程组成立：

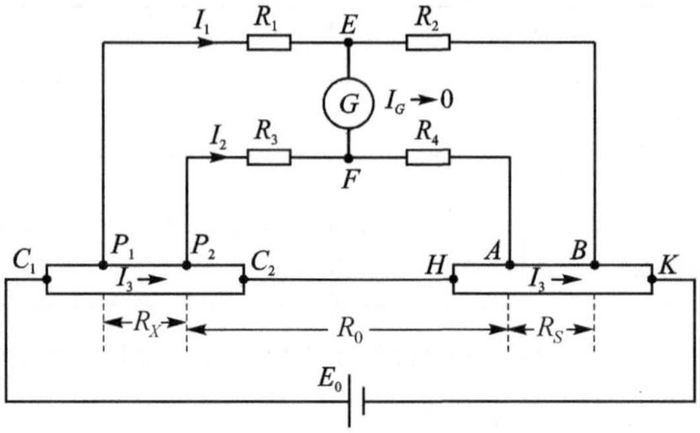

图 1-15-1　双臂电桥原理图

$$\begin{cases} I_1R_1=I_3R_X+I_2R_3 \\ I_1R_2=I_3R_S+I_2R_4 \\ I_2(R_3+R_4)=(I_3-I_2)R_0 \end{cases}$$

由该方程组可得

$$R_X=\frac{R_1}{R_2}R_S+\frac{R_0R_4}{R_3+R_4+R_0}\left(\frac{R_1}{R_2}-\frac{R_3}{R_4}\right) \tag{1-15-1}$$

$$当\frac{R_1}{R_2}=\frac{R_3}{R_4}时，R_X=\frac{R_1}{R_2}R_S \tag{1-15-2}$$

$\frac{R_1}{R_2}=\frac{R_3}{R_4}$ 的关系在成品电桥中是靠同轴转动比率臂来实现的，这就消除了电阻 R_0 的影响。可见，只要满足上述各项条件，就排出了所有引线电阻和接触电阻对测量结果的影响，用式(1-15-2)把低值电阻算出来。四线电阻的接法在低值电阻器件(比如超导体等)测量领域有广泛的应用，可有效地消除引线电阻和接触电阻对测量结果的影响。

通常把端子 P_1、P_2 称为电压端，把端子 C_1、C_2 称为电流端。如果把均匀圆导线的一段电阻 R_X 测出，则该金属的电阻率 ρ 为

$$\rho=R_X\frac{\pi d^2}{4l} \tag{1-15-3}$$

式中，l 为待测圆导线的 P_1、P_2 之间的导线长度；d 为待测圆导线的直径。

【实验器材】

开尔文双臂电桥、千分尺、尺子、待测圆铜导线。

【实验内容】

1. 按厂家给出的面板上的操作要求进行功能预置。比如，对于单双桥组合式的，应将电桥的“电源选择”和“单桥倍率”全打在“双”位。用双臂电桥测量圆铜线 P_1、P_2 之间的电阻。要注意各个接点 C_1、P_1、P_2、C_2 的相应接线柱要全部接上并拧紧，为减小测量圆铜线 P_1、P_2 之

间长度的相对测量误差，可以把 P_1、P_2 之间那段圆铜线选的长一些（也即不必拉直，弯曲后只要各部分之间不短路就行）。用千分尺和直尺分别测量待测圆铜线的直径 d（要在其不同部位测量五次，取其平均值）和 P_1、P_2 之间那段圆铜线的长度 l。

2. 选择“双桥倍率”的挡级，结合调节各相关电阻旋钮，以使所有电阻旋钮全部用上为准，因这样调平衡后可得到最多位数的有效数字。选择“双桥倍率”的挡级方法是：选择“双桥倍率”的某一挡级，调节最大阻值挡的电阻旋钮至少有一个挡级可以改善平衡，这就算选对了。电阻旋钮全用上的调节方法是：应把其最大阻值级别的那一旋钮先调到中间的挡位，而将其余小于该旋钮的那些小阻值旋钮全归零。调节最大阻值级别的那一旋钮变大或变小，看是否可使电桥接近平衡，如果可以接近平衡，调到不管用时，再增大比它小的那一阻值旋钮增加一挡，如果平衡变差了，再试着增加更小级别的阻值旋钮，如果还不行，说明前一大阻值旋钮应减小一挡，再反过头来重新调节刚才调过的小阻值挡，小阻值挡从零开始逐渐增加，当增加到反而不平衡时要退回一挡，再增加比该旋钮级别更小的那个旋钮……，如此反复，直至把其余更小阻值的阻值旋钮全用上。如果开始时调节最大阻值级别的哪一阻值旋钮变大或变小，根本不能使电桥接近平衡或干脆不起作用，说明该阻值旋钮最小的那一挡位阻值也太大，该阻值旋钮应归零才是。

在调节电阻箱几个阻值旋钮时要注意：第一，要先调节高阻值级别旋钮，第二，调节某一钮，级别比它小的所有的阻值旋钮全要置零，否则，永远得不到精确的数值。

3. 改变上述待测圆铜线 P_1、P_2 之间那段圆铜线的长度 l，再进行上述测量多次。

4. 计算待测圆铜线的电阻率。

5. 选作内容：测量铁丝和铝丝的电阻率。

【思考讨论】

1. 式(1－15－2)成立的全部条件是什么？

2. 如何提高双臂电桥的测量精度？

3. 在各个电阻器允许的范围内，工作电流的大小对测量结果有无影响？

实验 1－16　用菲涅耳双棱镜测钠光波长

（罗秀萍）

双棱镜干涉是分波前的双光束干涉，这种干涉和两个相干光源是否实际存在无关。通过本实验，使学生学会用双棱镜产生光的清晰干涉条纹及测定光波波长的正确方法，进一步理解光的干涉本质和产生干涉的必要条件。

【实验目的】

1. 观察双棱镜产生的双光束干涉现象，进一步理解产生干涉的条件。

2. 学会用双棱镜测定光波波长。

【实验原理】

如果两列频率相同，振动方向相同的光沿着几乎相同的方向传播，并且这两列光波的位相差不随时间而变化，那么在两列光波相交的区域内，光强的分布是不均匀的，在某些地方表现为加强，在另一些地方表现为减弱（甚至为零），这种现象称为光的干涉。干涉分为分振幅干涉和分波振面干涉两种。

非涅耳双棱镜是分波振面双光束干涉的重要装置之一，如图 1－16－1 所示。图中，双棱镜 AB 由玻璃制成，有两个非常小的锐角（一般小于 1°），和一个非常大的钝角。当狭缝 S 发出的光波投射到双棱镜 AB 上时，经折射后，其波前便分割成两部分，形成沿不同方向传播的两束相干柱波。通过双棱镜观察这两束光，就好像它们由虚光源 S_1 和 S_2 发出的一样，故在两束光相互交叠区域 P_1P_2 内产生干涉。如果双棱镜的楞脊和光源狭缝平行，且狭缝的宽度较小，便可在白屏 P 上观察到平行于狭缝的等间距干涉条纹。

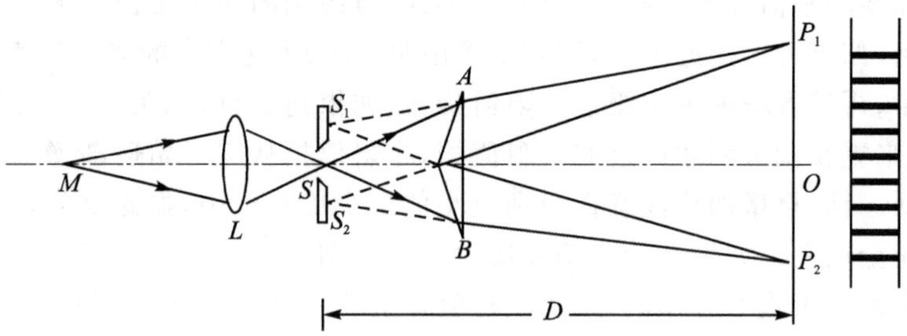

图 1－16－1　双棱镜干涉

设 d 代表两虚光源 S_1 和 S_2 的距离，D 为虚光源所在的平面（近似地在光源狭缝 S 的平面内）至观察屏 P 的距离，且 $D \gg d$，干涉条纹宽度为 Δx，则实验所用光波波长 λ 可由下式表示：

$$\lambda = \frac{d}{D}\Delta x \tag{1-16-1}$$

式（1－16－1）表明，只要测出 d，D 和 Δx，就可算出光波波长。

由于干涉条纹宽度 Δx 很小，必须使用测微目镜进行测量。两虚光源的距离 d，可用一已知焦距为 f' 的会聚透镜 L' 置于双棱镜与测微目镜之间（图 1－16－2），由透镜两次成像法求得。

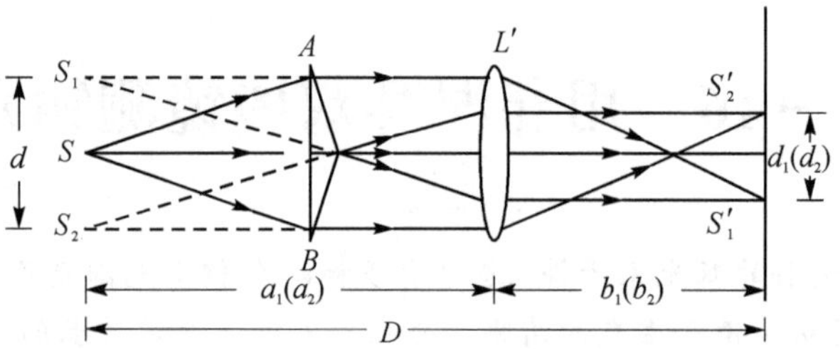

图 1－16－2　两次成像法测虚光源距离

只要使测微目镜到狭缝的距离 $D > 4f'$，前后移动透镜，从测微目镜中看到两虚光源 S_1 和 S_2 经透镜所成的实像。若得到放大的实像时两光源之间的距离为 d_1，而若得到缩小的像其距离为 d_2，从几何关系知，

$$\frac{d}{d_1} = \frac{a_1}{b_1}, \frac{d}{d_2} = \frac{a_2}{b_2} \tag{1-16-2}$$

当物和屏位置不变时，从共轭成像关系知，$a_1 = b_2$，$a_2 = b_1$，所以

$$\frac{d}{d_1}=\frac{d_2}{d} \tag{1-16-3}$$

从而求出

$$d=\sqrt{d_1 d_2} \tag{1-16-4}$$

用测微目镜测出 d_1 和 d_2 后，代入上式即求出两虚光源之间的距离。

【实验器材】

双棱镜、可调单缝、凸透镜、测微目镜、光具座、白屏、钠光灯。

【实验内容】

1. 调节光路

① 将钠光灯、狭缝、双棱镜、凸透镜、白屏与测微目镜放置在光具座上，并目测调整它们中心等高，共轴，双棱镜楞脊与狭缝平行等高。

② 点亮钠光灯，照亮狭缝，用白屏在凸透镜后面检查，经双棱镜折射后的光线，再经凸透镜成像，是否成两条清晰明亮的黄线？是否有叠加区？叠加区能否进入测微目镜？根据观测到的现象，作出判断，再进行必要的调节(共轴)。

③ 拿掉透镜和白屏。调节测微目镜，在视场中看到干涉条纹。在保证视场明亮不影响条纹观察的前提下，使狭缝的宽度尽量小些；若条纹数目少，可改变双棱镜与狭缝间的距离，直到能观察到十条以上的清晰干涉条纹。

2. 测量数据

① 用测微目镜测出干涉条纹的宽度 Δx。为了提高测量精度，可测出 n 条(10～20 条)干涉条纹的间距，再除以 n，即得 Δx。测量时，先用目镜叉丝对准某亮条纹的中心，然后旋转测微螺旋，使叉丝移过 n 个条纹，读出两次读数。重复测量三次，求平均值。

② 用米尺测出狭缝到测微目镜叉丝平面的距离 D。因为狭缝平面和测微目镜叉丝平面均不和光具座滑块的读数准线共面，在测量时应引入相应的修正。测三次，取平均值。

③ 用透镜两次成像法测两虚光源的距离 d。保持狭缝与双棱镜原来的位置不变使测微目镜到狭缝的距离大于 $4f'$，移动透镜，使虚光源在测微目镜中成放大的像，并测出放大像的间距 d_1；再移动透镜，使虚光源在测微目镜中成缩小的像，测出缩小像的间距 d_2。分别测量三次，求平均值。代入式(1-16-4)求出 d。

3. 利用测得的 $\overline{\Delta x}$，$\overline{d}$，$\overline{D}$ 值，求出钠光波长 λ，并计算测量误差。

【注意事项】

1. 使用测微目镜时，首先要确定测微目镜读数装置的分格精度；要注意防止回程误差；旋转读数鼓轮时动作要平稳、缓慢；测量装置要保持稳定。

2. 在测量光源狭缝至观察屏的距离时，因为狭缝平面和测微目镜的分划板平面均不和光具座滑块的读数准线共面，必须引入相应的修正。

3. 测量 d_1、d_2 时，由于实像的位置确定不准，将给 d_1、d_2 的测量引入较大误差，可在透镜 L' 上加一直径约 1 cm 的圆孔光阑(用黑纸)增加 d_1、d_2 测量的精确度。(可对比一下加或不加光阑的测量结果。)

【思考讨论】

双棱镜和光源之间为什么要放一狭缝？为什么缝要很窄才可以得到清晰的干涉条纹？

实验 1-17　用牛顿环干涉测透镜曲率半径

（罗秀萍）

牛顿环是一种典型的双光束等厚干涉，是分振幅产生的定域干涉。在实际生产和科学研究中，人们不但利用牛顿环来进行精密测长，而且可以利用牛顿环的疏密和是否规则均匀来检查光学元件、精密机械表面加工光面的光洁度、平整度，以及半导体器件上的镀膜的厚度。本实验利用牛顿环测定平凸透镜的曲率半径，从而加深对等厚干涉的认识，学会读数显微镜的正确使用。

【实验目的】

1. 掌握牛顿环干涉测透镜曲率半径的方法。
2. 通过实验加深对等厚干涉原理的理解。

【实验原理】

当一曲率半径很大的平凸透镜的凸面与一平玻璃板相接触时，在透镜的凸面与平玻璃板之间将形成一空气薄膜，离接触点等距离的地方，厚度相同，如图 1-17-1 所示。若以波长为 λ 的单色平行光照射到这种装置上，则由空气薄膜上下表面反射的光波将互相干涉。形成的干涉条纹为膜的等厚各点的轨迹，这种干涉是一种等厚干涉。在反射方向观察时，将看到一组以接触点为中心的亮暗相间的圆环形干涉条纹，而且中心为一暗斑；如果在透射方向观察，则看到的干涉条纹与反射光的干涉环纹的光强分布恰为互补，中心是亮斑，原来的亮环处变为暗环，暗环处变为亮环。这种干涉现象最初由牛顿所发现，故称为牛顿环。

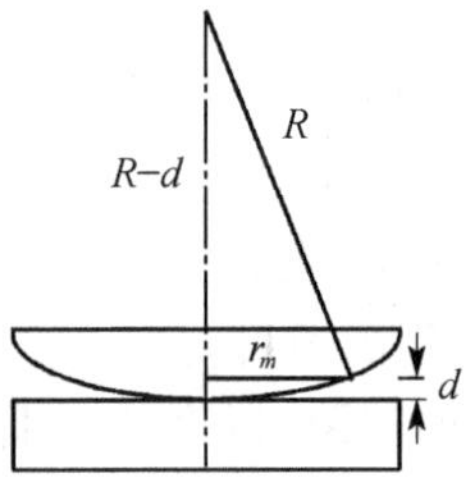

图 1-17-1　牛顿环干涉示意图

设平凸透镜的曲率半径为 R，第 m 级干涉圆环的半径为 r_m，其相应的空气薄膜厚度为 d_m，则空气薄膜上、下表面反射的光程差为

$$\Delta=2nd_m+\frac{\lambda}{2} \tag{1-17-1}$$

其中，$\lambda/2$ 是空气膜下表面反射光线由光疏介质到光密介质在界面反射时发生半波损失引起的，因而引起附加光程差。

由几何关系知，

$$R^2=(R-d_m)^2+r_m^2=R^2-2Rd_m+d_m^2+r_m^2 \tag{1-17-2}$$

因 $R\gg d_m$，故可以略去二级无穷小量 d_m^2，则有

$$d_m=\frac{r_m^2}{2R} \tag{1-17-3}$$

当 $\Delta=(2m+1)\dfrac{\lambda}{2}$ 时，即得反射光相消条件，代入(1-17-1)，得

$$2nd_m+\frac{\lambda}{2}=(2m+1)\frac{\lambda}{2} \tag{1-17-4}$$

因空气的折射率 n 近似为1，把式(1－17－3)代入上式并化简，得

$$r_m^2 = mR\lambda \tag{1-17-5}$$

由式(1－17－5)可见，暗环半径 r_m 与 m 和 R 的平方根成正比，随 m 的增大，环纹越来越密，而且越来越细。只要测出第 m 级暗环半径 r_m，便可算出曲率半径 R。但由于两接触镜之间难免附尘埃，并且在接触时难免发生弹性形变，因而接触镜处不可能是一个几何点，而是一个圆面，所以靠近圆心处环纹比较模糊，以致难以确切判定环纹的干涉级 m，这样，如果只测量一个环纹的半径，必然有较大的误差。为了减小误差，提高测量精度，必须测量距中心较远的两个环纹的半径，例如，测量出第 m_1 个和第 m_2 个环纹的半径 r_{m_1}，r_{m_2}，于是

$$r_{m_2}^2 - r_{m_1}^2 = (m_2 - m_1)R\lambda \tag{1-17-6}$$

式(1－17－6)表明，任意两环的半径平方差和干涉级无关，只与两个环的级数之差 $(m_2 - m_1)$ 有关。因此，只要精确测定两个环的半径，由两个环的半径平方差值就可准确地算出透镜的曲率半径 R，即

$$R = \left| \frac{r_{m_2}^2 - r_{m_1}^2}{(m_2 - m_1)\lambda} \right| \tag{1-17-7}$$

【实验器材】

牛顿环仪、钠光灯、读数显微镜。

【实验内容】

1. 用眼睛直接观察牛顿环仪，调节框上的螺旋使牛顿环呈圆形，并位于仪器的中心。但要注意，不要拧紧螺旋。

2. 将仪器放置好，用钠灯($\lambda = 589.3$ nm)照明，由光源 S 发出的光照射到读数显微镜的玻璃片 G 上，使一部分光由 G 反射进牛顿环仪。

3. 调节读数显微镜的目镜，使目镜中看到的叉丝最为清晰，将叉丝对准牛顿环仪的中心，从下向上移动镜筒对干涉条纹进行调焦，使看到的环纹尽可能清晰，并与显微镜的测量叉丝之间无视差。

4. 用读数显微镜测量干涉环的半径，从第3暗环到第22暗环，测出各环直径两端的位置 X_k，X'_k。要从最外侧的位置 X_{22} 开始，连续测量，直到 X'_{22} 为止。

各环的半径 $r_k = \frac{1}{2}\left| X'_k - X_k \right|$，取 $m_2 - m_1 = 10$，可得 $\Delta_1 = r_{13}^2 - r_3^2$，$\Delta_2 = r_{14}^2 - r_4^2$，…，$\Delta_{10} = r_{22}^2 - r_{12}^2$。由式(1－17－6)可知上列各 Δ 值应相等，取其平均值作为 $(r_{m_2}^2 - r_{m_1}^2)$ 的测量值计算 R。

5. 计算平凸透镜的曲率半径 R。

【注意事项】

1. 干涉环两侧的序数不要数错。

2. 防止实验装置受震引起干涉环的变化。

3. 防止读数显微镜的空程误差，第一个测量值就要注意。

4. 平凸透镜及平板玻璃的表面加工不均匀是此实验的重要的误差来源，为此应测大小不等的多个干涉环的直径去计算 R，可得平均的效果。

【思考讨论】

设计一个实验方案。用扩展后的激光照射在平凸透镜上，由透镜两表面的反射形成的非

定域干涉条纹,测定凸球面的曲率半径。

实验 1-18　迈克耳逊干涉仪的调整和使用

(罗秀萍)

迈克耳逊干涉仪是 1883 年美国物理学家迈克耳逊制成的一种精密干涉仪,是一种典型的分振幅法产生双光束干涉的仪器,在科学研究和光学精密测量方面有广泛的应用。通过该实验熟悉迈克耳逊干涉仪的结构及调节方法,学会观察等倾及等厚干涉现象,学会测量激光、钠黄光的波长、钠光双黄线的波长差。

【实验目的】

1. 掌握迈克耳逊干涉仪的调节和使用方法。

2. 学会观察等倾及等厚干涉现象,学会测量激光,钠黄光的波长,钠光双黄线的波长差。

【实验原理】

1. 迈克耳逊干涉仪的构造介绍

迈克耳逊干涉仪的构造如图 1-18-1,M_1 和 M_2 是在相互垂直的两臂上放置的两个平面反射镜,其背面各有三个调节螺钉,用来调节镜面的方位;M_2 是固定的,M_1 由精密丝杆控制,可沿臂轴前后移动,其移动距离可测量出来。仪器左侧直尺的最小分度值为 1 mm,前方粗动手轮窗口的最小分度值为 10^{-2} mm,右侧微动手轮的最小分度值为 10^{-4} mm,可估读至 10^{-5} mm,三个读数相加确定 M_1 的位置。在两臂相交处,有一与两臂轴各成 45°的平行平面玻璃板 G_1,且在 G_1 的第二表面上涂有半反射膜,它将入射光分成振幅近乎相等的反射光 1 和透射光 2,故 G_1 板称为分光板。G_2 也是一平行平面玻璃板,与 G_1 平行放置,厚度和折射率均与 G_1 相同。由于它补偿了光线 1 和 2 的光程差,故称为补偿板。

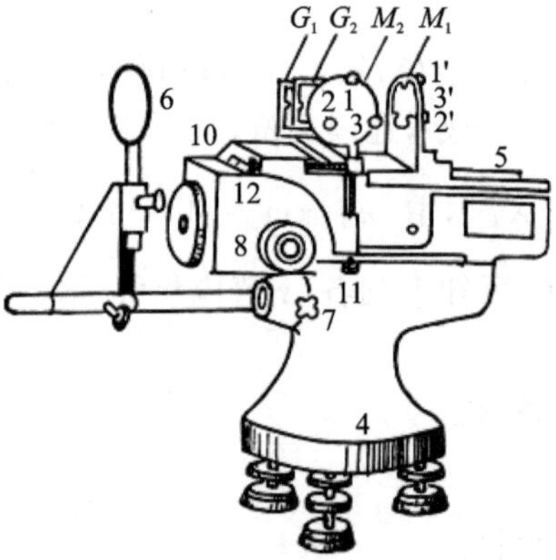

1,2,3,1′,2′,3′—平面反射镜调节螺钉;4—底座;5—平直导轨;6—观察毛玻璃屏;7—锁紧螺钉;8—微动手轮;9—粗动手轮;10—刻度盘观察窗;11—镜竖直微调螺钉;12—镜水平微调螺钉;G_1—分光板;G_2—补偿板;M_1—动镜;M_2—不动镜

图 1-18-1　迈克尔逊干涉仪

2. 迈克耳逊干涉仪的光路及干涉原理

迈克耳逊干涉仪的光路如图 1-18-2 所示。从扩展光源 S 射来的光到达分光板 G_1 后被

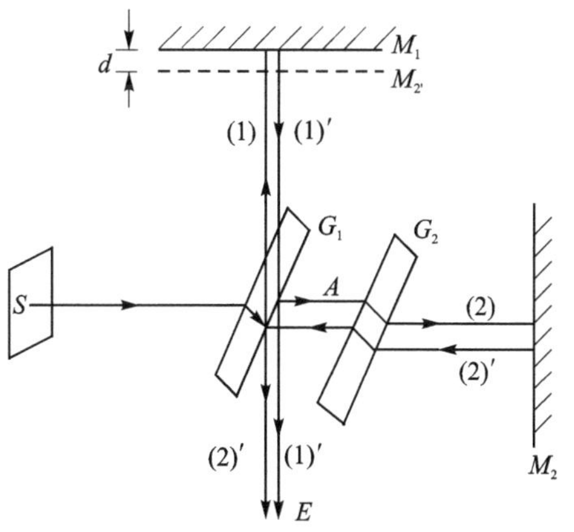

图 1-18-2　迈克尔逊干涉仪光路及干涉原理图

分成两部分，反射光 1 在 G_1 反射后向着 M_1 前进；透射光 2 透过 G_1 后向着 M_2 前进。这两列光波分别在 M_1，M_2 上反射后逆着各自的入射方向返回，最后到达观察屏 E 处。既然这两列光波来自光源上同一点 O，因而是相干光，在 E 处的观察者能看到干涉图样。

由于光在分光板 G_1 的第二面上反射，使 M_2 在 M_1 的附近形成一平行于 M_1 的虚像 M_2'，因而光在迈克耳逊干涉仪中自 M_1 和 M_2 的反射，相当于自 M_1 和 M_2' 的反射。由此可见，在迈克耳逊干涉仪中所产生的干涉与厚度为 d 的空气膜所产生的干涉是等效的。改变 M_1 和 M_2' 的相对方位，就可得到不同形式的干涉条纹。M_1 和 M_2 严格垂直，即 M_1 和 M_2' 严格平行时，可产生等倾干涉条纹；当 M_1 和 M_2' 接近重合，且有一微小夹角时，可得到等厚干涉条纹。

当两反射镜 M_1 与 M_2 严格垂直时，M_1 与 M_2' 相互平行，对于入射角为 θ 的光线，自 M_1 和 M_2' 反射的两束光的光程差为

$$\Delta = 2d\cos\theta \tag{1-18-1}$$

式中，d 为 M_1 与 M_2' 的距离，θ 为光在 M_1 上的入射角。当空气膜厚度 d 一定时，光线 1，2 的光程差仅决定于入射角 θ。有相同的入射角 θ，就有相同的光程差 Δ，θ 的大小决定干涉条纹的明暗性质和干涉级次。这种仅由入射角决定的干涉称为等倾干涉。其干涉条纹是一系列与不同倾角 θ 相对应的同心圆环。其中亮条纹所满足的条件是

$$\Delta = 2d\cos\theta = k\lambda \tag{1-18-2}$$

当 $\theta = 0$ 时，光程差 $\Delta = 2d$，对应于中心处两镜面的两束光具有最大光程差。因而中心条纹的干涉级次最高。

当 d 变大时，要保持光程差不变（即 k 不变），必须使 $\cos\theta$ 减小，即 θ 增大。所以逐渐增大 d 时，可看到干涉条纹从中心向外冒出。每当 d 增大 $\lambda/2$ 时，就从中心冒出一个圆环。反之，当 d 逐渐减小时，干涉圆环的半径会逐渐减小，条纹会不断向里收缩，条纹逐渐变疏变粗。每当 d 减小 $\lambda/2$ 时，就有一个圆环陷入。若转动微动手轮，缓慢移动 M_1 镜，使视场中心有 N 个条纹冒出或陷入，则可知 M_1 移动的距离为

$$\Delta d = N\frac{\lambda}{2} \tag{1-18-3}$$

从而求出所用光源的波长 λ 为

$$\lambda = \frac{2\Delta d}{N} \tag{1-18-4}$$

3. 在迈克耳逊干涉仪上观察不同定域状态的干涉条纹

（1）点光源产生的非定域干涉

点光源 S 经 M_1 和 M_2' 反射产生的现象，等效于沿轴向分布的虚光源 S_1，S_2 所产生的干涉。因从 S_1 和 S_2 发出的球面波在相遇的空间处处相干，故为非定域干涉。如图 1-18-3 所示。

激光束经短焦距扩束透镜后，形成高亮度的点光源照明干涉仪，当观察屏 E 垂直于轴时，屏上出现圆形的干涉。同等倾条纹相似。

(2)面光源产生的定域干涉

扩展面光源(如钠灯)做光源照明迈克耳逊干涉仪时，面光源上的每一点都会在观察屏 E 处产生一组干涉条纹。面光源上无数个点光源在观察屏的不同位置上产生无数组干涉条纹，这些干涉条纹非相干叠加，使得观察屏 E 处出现一片均匀的光强，看不清干涉条纹。此时只有在干涉场的某一特定区域，才可观察到清晰的干涉条纹，这种干涉称为定域干涉。这一特定区域称为干涉条纹定域位置。当 M_1 与 M_2'平行时，条纹的定域位置出现在无穷远处。观察这种条纹时，应去掉观察屏，眼睛直接通过干涉仪的 G_1 向 N_1 方向望进去，在无穷远处可看到清晰的同心圆环。当你的眼睛上下左右移动时，干涉条纹不会有冒出或陷入的现象，干涉条纹的圆心随着眼睛的移动而移动，但各圆的直径不发生变化，这样的干涉条纹才是严格的等倾干涉条纹。若在 E 处加入凸透镜，则干涉条纹出现在透镜的焦平面上。

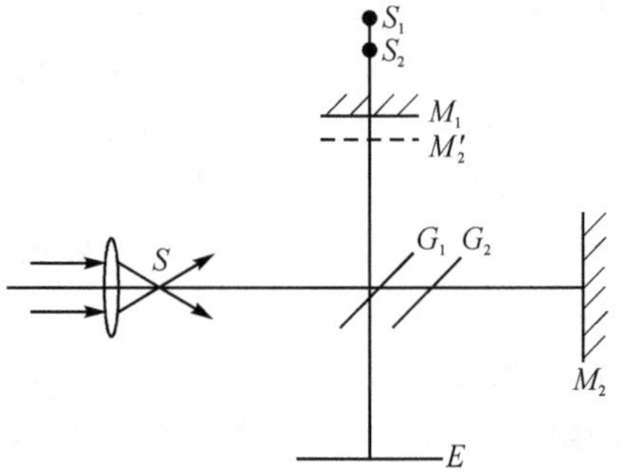

图 1-18-3　点光源产生的非定域干涉

当 M_1 与 M_2'非常接近时，微调 M_2'，使 M_2'与 M_1 之间有一个微小的夹角，此时在镜面 M_1 附近可观察到等厚干涉条纹。它们的形状如图 1-18-4。所示，在 M_1 与 M_2'的交楞附近的条纹是近似平行于交楞的等间距直线，在偏离直线较远的地方，干涉条纹呈弯曲形状，凸面对着交楞。这种等厚干涉条纹定域在薄膜附近，因而观察时，人眼应调焦在反射镜 M_1 附近。

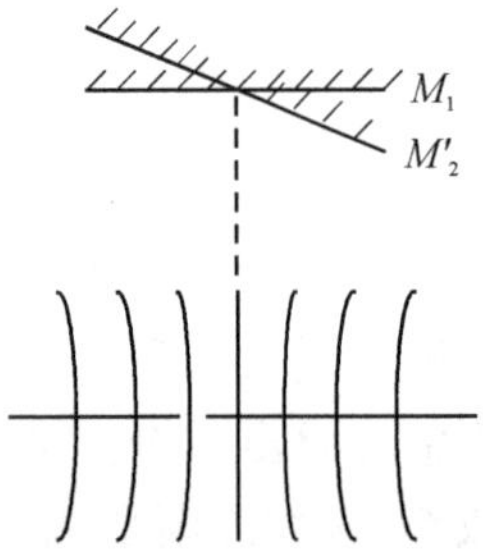

图 1-18-4　等厚干涉条纹

若用白光加毛玻璃做光源，可观察到彩色条纹。因为白光是复色光，它的干涉只能在 M_1 与 M_2'重合位置(等光程)附近出现，因而只有几条彩色干涉条纹。

4. 利用迈克耳逊干涉仪测定钠光的波长差

当用钠光做光源，在迈克耳逊干涉仪上调出等倾干涉条纹后，如不断地转动微动手轮，即改变两束光的光程差，可以发现在无限远处的干涉条纹有时清晰，有时模糊，甚至当 d 变化到一定数值时，会完全看不到条纹；当继续改变 M_1 的位置时，条纹会慢慢清晰起来。即干涉条纹的可见度周期性的变化。这是因为钠光包含有波长差 $\Delta\lambda$ 的两个波长 λ_1 和 λ_2，这两个波长在无穷远处各自都产生一套干涉条纹。它们相互叠加的结果，会使条纹的清晰度发生周期性变化。当光程差为 λ_1 和 λ_2 的不同整数倍时，即 $\Delta=k_1\lambda_1=k_2\lambda_2$ 时，λ_1 产生亮条纹的地方，也是 λ_2 产生亮条纹的位置，此时干涉条纹最清晰。而当光程差为 λ_1 的整数倍，但又是 λ_2 的半波长的奇数倍时，即 $\Delta=k_1\lambda_1=(2k_2+1)\lambda_2/2$，$\lambda_1$ 产生亮条纹的地方，正好是 λ_2 光波产生暗条纹的地方，此时干涉条纹叠加的结果，使干涉条纹变模糊。若 λ_1 与 λ_2 的光强相等，则条纹的可见度几乎为零，视场里出现一片均匀的黄光，看不到条纹。从某一可见度最清晰到下一个可见度最清晰的间隔，也是从某一可见度为零到另一可见度为零的间隔，两束光光程差的变化为

$$\Delta L=2\Delta d=k\lambda_1=(k+1)\lambda_2$$

式中，Δd 是反射镜 M_1 移动的距离，即视场的 可见度由清晰——模糊——再清晰变化一周期时动镜 M_1 移动的距离

因而
$$\frac{\lambda_1-\lambda_2}{\lambda_2}=\frac{1}{k}=\frac{\lambda_1}{2\Delta d}$$

所以波长差
$$\Delta\lambda=\lambda_1-\lambda_2=\frac{\lambda_1\cdot\lambda_2}{2\Delta d}\approx\frac{(\bar{\lambda})^2}{2(d_1-d_2)} \tag{1-18-5}$$

式中，$\bar{\lambda}$ 为钠黄光的平均波长，一般取 589.3 nm。分母中的(d_1-d_2)是视场里可见度出现模糊—清晰—再模糊这一周期变化时动镜 M_1 移动的距离。

【实验器材】

迈克耳逊干涉仪、He-Ne 激光器、钠灯、扩束镜。

【实验内容】

1. 调节迈克耳逊干涉仪

① 先粗调底座下方三只调平螺钉，使仪器大致水平。调节 M_1，M_2 镜后面的三个调节螺钉及 M_2 镜座上的两个微调螺钉，使它们均处在适中的位置。调节 M_1 镜的位置，使 M_1 到分光板 G_1 的距离大致与 M_2 到 G_1 的距离相等。

② 调节 He-Ne 激光器，使光束与 M_2 大致垂直。调节 M_1 后面的三个螺钉，使由 M_1 反射的最亮点与激光器的发光点重合，再调节 M_2 后面的三个螺钉，使由 M_2 反射的最亮点也与激光器的发光点重合。此时，在观察屏上就能看到小范围的条纹。表明 M_1 与 M_2 镜已经相互垂直，干涉仪已基本调好。注意，调节 M_1 与 M_2 时，三个螺钉要适当调整，不能只拧一个螺钉，不可将螺钉拧得太紧，也不能完全松开。

③ 在激光器后分光板前，放上扩束透镜，使激光束充满 G_1，在观察屏上，就可看到同心圆条纹。这就是点光源产生的非定域干涉条纹。若干涉条纹的圆心不在观察屏中心，可以调节 M_2 下方的两个微调螺钉，旋转竖直方向的螺钉，可以使圆心在竖直方向上移动，旋转水平方向的螺钉，可以使圆心在水平方向上移动。最后，把圆心调到观察屏的中间。

2. 测定 He - Ne 激光光波的波长

转动微动手轮，改变平面镜 M_1 的位置，可观察到干涉条纹中心有条纹不断"冒出"或"陷入"。测出 100 个条纹在视场中心冒出(或陷入)，平面镜 M_1 移动的距离 $\Delta d=d_1-d_2$。重复测量十次，求平均值。并由式(1 - 18 - 4)求出激光波长。已知 He-Ne 激光的波长 $\lambda_0=$ 632.8 nm。

3. 测定钠光光波的波长

测量完激光波长后，旋转粗动手轮，使条纹陷入，在条纹陷入过程中，要始终使条纹圆心在观察屏中心，若有偏移，调节 M_2 镜下方的两个微调螺钉。当观察屏上仅看到一二个条纹时，拿掉激光器，换上钠灯，眼睛沿 G_1M_1 方向望进去，在无穷远处一般可看到钠光的干涉条纹。如果条纹模糊，转动微动手轮，使条纹变清晰。若眼睛上下左右移动时，中心有条纹冒出或陷入，就应仔细调节 M_2 下方的微调螺钉。若眼睛竖直方向移动时，有条纹冒出或陷入，应调节竖直方向的微调螺钉；若眼睛水平方向移动时，有条纹冒出或陷入，应调节水平方向的微调螺钉。当眼睛稍有移动时，仅圆心移动，但条纹的直径不变，中心不出现冒出条纹或陷入条纹的现象。此时缓慢转动微动手轮，测出 100 个条纹在视场中冒出(或陷入)时，平面镜 M_1 移动的距离，$\Delta d=d_1-d_2$，重复测量几次，求出平均值，并由式(1 - 18 - 4)，求出钠光波长 λ。

4. 测定钠光双线的波长差

缓慢转动微动手轮，观察钠光条纹的可见度从清晰——模糊——清晰——模糊的周期性变化。当视场中条纹刚出现模糊时，记下 M_1 的位置 d_1，当再一次出现模糊时，记下读数 d_2，求出相邻两次的间隔 $\Delta d = d_1 - d_2$，重复三次求平均值。由式(1-18-5)求出双线差 $\Delta\lambda$。

【注意事项】

1. 注意防潮、防尘、防震；不能触摸元件的光学面，不要对着仪器说话、咳嗽等。

2. 实验前和实验结束后，所有螺丝均应处于放松状态，调节时应先使之处于中间状态，以便有双向调节的余地，调节动作要均匀缓慢。

3. 旋转读数手轮进行测量时，要防止回程误差。

【思考讨论】

1. 分析并说明迈克耳逊干涉仪中所看到的明暗相间的同心圆环与牛顿环有何异同？

2. 分析扩束激光和钠光产生的同心圆环的差别。

3. 调节钠光的干涉条纹时，如确实用激光已调节好，改换钠光后，但条纹并未出现，试分析可能的原因。

4. 如何判断和检验钠光形成的干涉条纹属于严格的等倾干涉条纹？

实验 1-19　单缝衍射相对光强分布的测定

（罗秀萍）

光的衍射现象分为夫琅禾费衍射和菲涅耳衍射两大类，本实验研究夫琅禾费衍射光强分布问题，加深对单缝和双缝衍射原理的理解，掌握用光电元件和 CCD 测量相对光强分布的方法。

【实验目的】

1. 进一步了解夫琅禾费单缝衍射光强的分布规律，加深对光的衍射理论的理解。

2. 掌握测量光强分布的方法。

【实验原理】

夫琅禾费单缝衍射

平行光的衍射称为夫琅禾费衍射，它的特点是只用简单的计算就可以得出准确的结果，便于和实验比较和实用。

如图 1-19-1 所示，光源从 S_1 出发经透镜 L_1 形成的平行光垂直照射到狭缝 S_2，根据惠更斯-菲涅耳原理，狭缝上各点可以看成是新的子波源，新波源向各方向发出球面次波，次波在透镜 L_2 的后焦平面叠加形成一组明暗相间的条纹。和狭缝平面垂直的光束汇聚于屏上 P_0 处，是中央亮纹的中心，其光强度设为 I_0，与 P_0 光束成 θ 角的衍射光束则汇聚于屏上 P 处的光强度

$$I_\theta = I_0 \frac{\sin^2 u}{u^2}, \qquad u = \frac{\pi a \sin\theta}{\lambda} \tag{1-19-1}$$

式中，a 为狭缝宽度；λ 为单色波的波长。

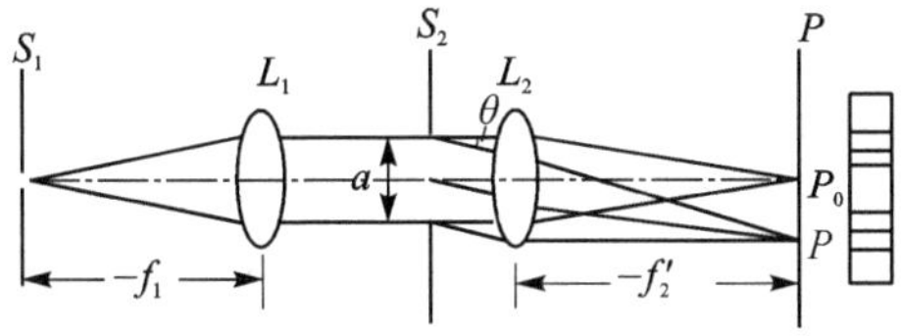

图 1-19-1　夫琅禾费衍射光路图

当 $\theta=0$ 时，$u=0$，这时光强最大，称为主极强。主极强的强度决定于光源的亮度，还和缝宽 a 的平方成正比。

当 $\sin\theta=\dfrac{k\lambda}{a}$，$(k=\pm1,\pm2,\cdots)$时，$u=k\pi$，则有 $I_\theta=0$，也就是出现暗条纹。实际上 θ 往往是很小的，因此可以近似地认为暗纹在 $\theta=\dfrac{k\lambda}{a}$处。因此可见，主极强两侧暗纹之间 $\Delta\theta=2\dfrac{\lambda}{a}$，而其他相邻暗条纹之间 $\Delta\theta=\dfrac{\lambda}{a}$。

除了中央主极强以外，两相邻暗纹之间都有一次极强。数学计算得出，这些次极强在下列位置：

$$\theta\sim\sin\theta=\pm1.43\frac{\lambda}{a},\ \pm2.46\frac{\lambda}{a},\ \pm3.47\frac{\lambda}{a},\cdots$$

这些次极强的相对强度为

$$\frac{I_\theta}{I_0}=0.047,0.017,0.008,\cdots$$

若用 He-Ne 激光器作光源，由于 He-Ne 激光束具有方向性好、亮度高、光束细锐等优点，因而准直透镜 L_1 可省略不用。如果观察屏 P 放置在距狭缝较远处，即 D 远大于缝宽 a，则透镜 L_2 亦可省略。

【实验器材】

光具座、He-Ne 激光器、可调狭缝、光强分布测定仪、组合光栅。

【实验内容】

测定夫琅禾费单缝衍射的光强分布：

① 安排好实验仪器。打开激光器电源。一般应在激光器点燃半小时后再作测量，以保证光强的稳定性。

② 调节 He-Ne 激光束，使其沿水平方向垂直地入射到可调狭缝上。调节缝宽和取向，使观察屏上衍射图样清晰对称。

③ 拿掉观察屏，换上光强分布测定仪，调节其高低，使它在移动过程中，入射缝始终处于衍射光带的中央。

④ 转动读数鼓轮，使光电池的入射缝移到衍射图样的三级极小以外。然后反向转动读数鼓轮，每隔 0.5～1 mm 记录一次位置 L 及其对应的电流值。在每个主极大、次极大或极小位置附近可多取一些点。测量范围应包括±2 级极小位置。重复测量三次。

⑤ 根据测量数据，在坐标纸上做出衍射光强分布图，纵坐标为相对光强 I/I_0，横坐标为位

置 L，并对实验结果进行分析。

【注意事项】

一般的衍射花样是一种对称图形。如果采集到的图形左右不对称，这主要是各光学元件的几何关系没有调好引起的。实验时，应①调节单缝的平面与激光束垂直。检查方法是，观察从缝上反射回来的衍射光，应在激光孔附近；②调节组合光栅架上的俯仰或水平调节手轮，使缝与光强仪采光窗的水平方向垂直。

【思考讨论】

当缝宽增加一倍时，单缝衍射花样的光强和条纹的宽度将会怎样改变？若缝宽减半，又怎样改变？

实验 1－20　分光计的调整和使用

（罗秀萍）

【实验目的】

1. 了解分光计的结构，掌握调节和使用分光计的方法。

2. 掌握测定棱镜角的方法。

【实验器材】

分光计、钠灯、三棱镜。

分光计是一种常用的光学仪器，实际上就是一种精密的测角仪。在几何光学实验中，主要用来测定棱镜角、光束的偏向角等，而在物理光学中，如果加上分光元件（棱镜、光栅）即可作为分光仪器，用来观察光谱，测量光谱线的波长等。下面以 JJY 型分光计为例，说明它的结构原理和调节方法。

1. 分光计的结构

分光计主要由底座、望远镜、准直管、载物平台和刻度圆盘等几部分组成，每部分均有特定的调节螺钉，图 1－20－1 为 JJY 型分光计的结构外形图。

① 分光计的底座要求平稳而坚实。在底座的中央固定着中心轴，刻度盘和游标内盘套在中心轴上，可以绕中心轴旋转。

② 准直管固定在底座的立柱上，它是用来产生平行光的。准直管的一端装有消色差物镜，另一端装有狭缝的套管，狭缝的宽度可通过调节手轮 28 进行调节。其调节范围为 0.002～2 mm。松开狭缝装置锁紧螺钉，可以调节狭缝到物镜的距离。

③ 望远镜安装在支臂上，支臂与转座固定在一起，套在主刻度盘上。它是用来观察目标和确定光线进行方向的。物镜 L_0 为消色差物镜，目镜为阿贝式目镜，其结构如图 1－20－2 所示。

望远镜在目镜和叉丝之间装有小反射镜 P，绿色的照明光线经小棱镜 P 反射后叉丝的一小部分，由于小棱镜在视场中挡掉了一部分光线，故呈现出阴影。望远镜筒下面的螺丝 12、13 是用来调节望远镜的光轴位置的。16 为望远镜止动螺丝，放松时，望远镜可绕轴自由转动，旋紧时，望远镜被固定。螺丝 16、17 放松时，望远镜可独自绕轴转动；16 放松而 17 旋紧时，刻度

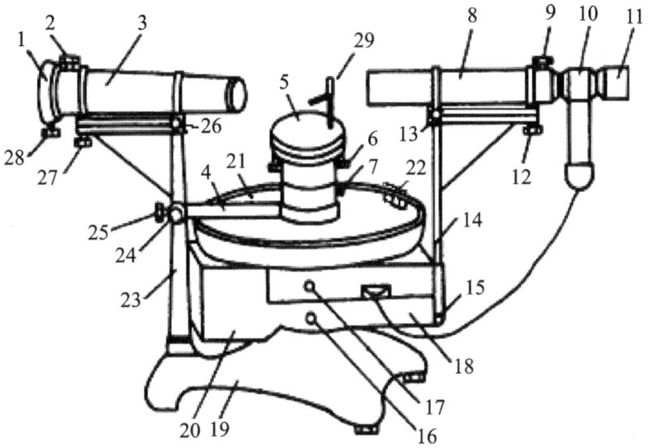

1—狭缝装置;2—狭缝装置锁紧螺钉;3—平行光管部件;4—制动架(二);5—载物台;6—载物台调平螺钉;7—载物台锁紧螺钉;8—望远镜部件;9—目镜锁紧螺钉;10—阿贝式自准直目镜;11—目镜视度调节手轮;12—望远镜调节螺钉;13—望远镜光轴水平调节螺钉;14—支臂;15—望远镜微调螺钉;16—转座与度盘止动螺钉;17—望远镜止动螺钉;18—制动架(一);19—底座;20—转座;21—度盘;22—游标盘;23—力柱;24—游标盘微调螺钉;25—游标盘止动螺钉;26—平行光管水平调节螺钉;27—平行光管光轴高低调节螺钉;28—狭缝宽度调节手轮

图1-20-1 分光计结构外形图

盘可随望远镜一起旋转。若16、17都旋紧,调节微调螺丝15可使望远镜转一个微小角度。旋转目镜视度调节手轮11,可以调节目镜到叉丝的距离。松开目镜锁紧螺钉9,可以调节叉丝到物镜的距离。望远镜调节螺钉12用来调节望远镜光轴的倾斜度。

④ 载物平台是一个用以放置棱镜、光栅等光学元件的圆形平台。它套在转轴上并与读数圆盘上的游标盘相连,并由止动螺丝25控制其与转轴的连接,松开止动螺丝25,游标盘连同载物平台可绕轴旋转。24为微调螺丝,当旋紧螺丝17和25时,借助微调螺丝24可对载物平台的旋转角度进行微调。松开螺丝7,载物平台可单独绕轴旋转或沿轴升降。调平螺丝6有三个,用来调节台面的倾斜度。

⑤ 望远镜和载物平台的相对方位可由刻度盘上的读数确定。主刻度盘上有0°~360°的圆刻度,最小刻度为0.5°。为了提高角度测量精确,在内盘上相隔180°处设有两个游标$V_{左}$和$V_{右}$,游标上有30个分格,它和主刻度盘上29个分格相当,最小分度值为1′。记录测量数据时,必须同时读取两个游标的读数(为了消除度盘的刻度中心和仪器转轴之间的偏心差)。望远镜在某一位置时两个游标的读数为(V_1,V_2),望远镜在另一位置时,两个游标的读数为(V_1',V_2'),同一个游标两次读数的差值即为望远镜或载物平台转过的角度,然后求平均。即$\theta=1/2\left[(V_1'-V_1)+(V_2'-V_2)\right]$,安置游标位置要考虑具体实验情况,主要注意读数方便,且尽可能在测量过程中刻度盘0°线不通过游标。

记录与计算角度时,左、右游标分别进行,注意防止混淆,算错角度。

2. 分光计的调节

为了精确测量角度,必须使待测角平面平行于读数圆盘平面。由于制造仪器时已使读数圆盘平面垂直于中心转轴,因而也必须保持测角平面垂直于中心转轴。如图1-20-3所示。

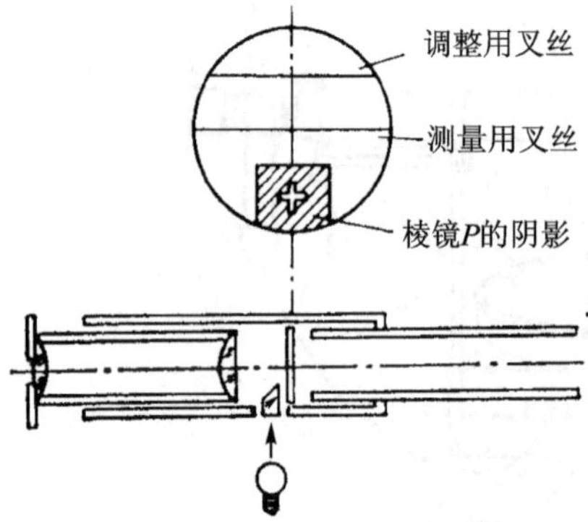

图 1-20-2　望远镜的结构

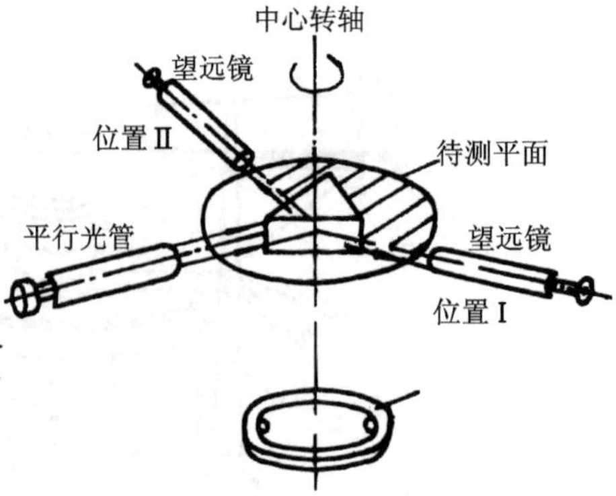

图 1-20-3　分光计的调节

为满足此要求，测量前必须对分光计进行调节，以达到三个要求：准直管出射平行光；望远镜能接收平行光；经过待测光学元件的光线（如入射、折射、反射、衍射光线等）构成的平面应与仪器的中心轴垂直。即要求准直管、望远镜的光轴垂直于转轴。为保证这些条件，必须对分光计的调节进行下述调节，其中尤以望远镜的调节最为重要，其他调节均以望远镜为准。

（1）粗　调

① 调节目镜，看清测量用十字叉丝。

② 用望远镜观察尽量远处的物体，调节目镜鼓轮，使远处物体的像和目镜中的十字叉丝同时清楚。

③ 将载物台平面和望远镜轴尽量调成水平（目测）。

在分光计的调节过程中，粗调很重要，如果粗调不认真，可能给细调造成困难。

（2）细　调

将平面镜放在载物台上。

① 应用自准直原理调望远镜适合平行光。

点亮“小十字叉丝”照明用小灯；将望远镜垂直对准三棱镜的一个反射面 AB，如果从望远镜中看不到绿色的“小十字叉丝”的反射像，就要慢慢左右转动载物平台去找（粗调认真，均不难找到反射像），如果仍然找不到反射像时，就要稍许调节载物平台下的螺钉和望远镜下的螺钉，再慢慢左右转动平台去找。看到“小十字叉丝”的反射像后，调节叉丝到物镜的距离，使“小十字叉丝”反射像清楚且和测量用十字叉丝间无视差。转动载物平台，使望远镜的光轴垂直对准平面镜的另一光学面，找到“小十字叉丝”的反射像。

② 用逐次逼近法调望远镜光轴与中心转轴垂直（即将观察面调成与读数平面平行）。

由镜面反射的“小十字叉丝”像和调整叉丝如果不重合，转动载物平台先使其与竖直叉丝重合；然后调节望远镜光轴倾斜使两叉丝间的距离减少一半，再调平台螺钉 b_1，使二者重合。转动载物平台，使另一镜面 AC 对准望远镜，看到反射的“小十字叉丝”像。如果它和调整叉丝不重合，再同上由望远镜和螺钉 b_3 各调回一半。

注意：时常发现从平面镜的第一面见到了绿色小“小十字叉丝”像，而在第二面则找不到，这可能是粗调不细致，经第一面调节后，望远镜光轴和平台面均显著不水平，这时要重新粗调；如果望远镜光轴及平台面无明显倾斜，这时往往是“小十字叉丝”像在调整叉丝上方视场之外，可适当调望远镜倾斜（使望远镜一侧升高些）去找。

反复进行以上的调整，直至不论转到哪一反射面，绿“十字叉丝”像均能和调整叉丝重合，则望远镜光轴与中心轴已垂直。此调节法称为逐次逼近法或各半调节法，如图 1－20－4 所示。

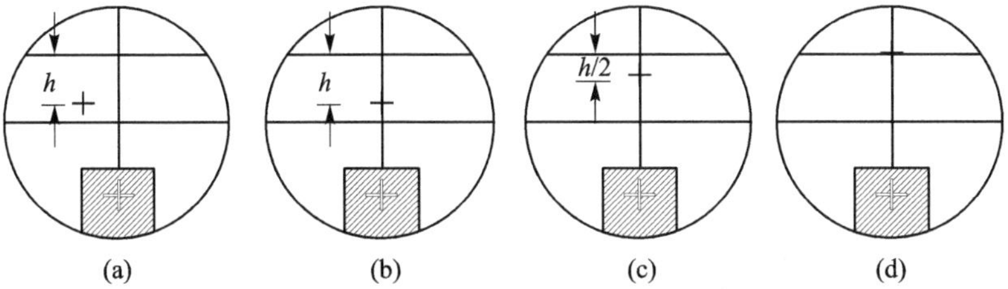

图 1－20－4　逐次逼近法调节分光计

③ 调节准直管使其产生平行光，使其光轴与望远镜的光轴重合。

关闭望远镜叉丝照明灯，用光源照亮准直管狭缝；转动望远镜，对准准直管；将狭缝宽度适当调窄，前后移动狭缝，使从望远镜看到清晰的狭缝像，并且狭缝像和测量叉丝之间无视差。这时狭缝已位于准直管物镜的焦平面上，即从准直管出射平行光。

调准直管倾斜，使狭缝像的中心位于望远镜测量叉丝的交点上。这时准直管和望远镜的光轴平行，并近似重合。

【实验内容】

1. 调节分光计本体

按前述方法将分光计本体调节好。

2. 调节待测元件

即调节棱镜折射的主截面与仪器的主轴截面垂直。三棱镜的棱镜角 A 是三棱镜主截面上三角形两边之间的夹角。应用分光计测量时，必须使待测光路平面与棱镜的主截面一致。由于分光计的观察面已调节好并垂直于仪器的主轴，即调节三棱镜的两个折射面 AB 和 AC，使之均能垂直于望远镜的光轴。

将三棱镜放置在载物平台上，使折射面 AB 与平台调节螺丝 b_1 和 b_3 的连线相垂直，这时调节螺丝 b_1 或 b_3，能改变 AB 面相对于主轴的倾斜度，而调节螺丝 b_2 对 AB 面的倾斜度不产生影响。

转动载物平台，使望远镜对准棱镜的光学面 AB，微调螺丝 b_1 或 b_3，使在望远镜中看到的反射回来的“小十字叉丝” 像与调整用叉丝中心重合。转动载物平台使三棱镜的光学面 AC 正对望远镜，微调螺丝 b_2，使望远镜中看到的“小十字叉丝” 像与调整用叉丝重合。反复进行上述调节，直到从 AB、AC 两光学面反射回来的“小十字叉丝”像均与调整用叉丝中心重合。此时，AB、AC 两光学面便平行于中心转轴，即棱镜折射的主截面与仪器的主轴垂直。

3. 测棱镜角

采用自准直法测棱镜角。

将待测棱镜置于载物平台上。固定望远镜，点燃小灯照亮目镜中的叉丝，旋转棱镜台，使棱镜的一个折射面对准望远镜，用自准直法调节望远镜的光轴与此折射面严格垂直，即使“小十字叉丝”的反射像和调整叉丝完全重合。记录刻度盘上两游标读数 v_1，v_2；再转动游标盘连带载物平台，依同样方法使望远镜光轴垂直于棱镜的第二个折射面，记录相应的游标读数 v_1'，v_2'；同一游标两次读数之差等于棱镜角 A 的补角 θ

$$\theta=\frac{1}{2}\left[(v_2'-v_2)+(v_1'-v_1)\right]$$

即棱镜角 $A=180^\circ-\theta$。重复测量几次，计算棱镜角 A 的平均值和平均值的标准偏差。

【注意事项】

应将三棱镜的折射棱靠近棱镜台的中心放置，否则由棱镜两折射面所反射的光将不能进入望远镜。

实验 1-21　用透射光栅测定光波波长

（罗秀萍）

通过本实验加深对光栅分光作用的基本原理的理解，学会用透射光栅测定光栅常量、光波波长和光栅角色散的方法，巩固分光计的调节与使用方法。

【实验目的】

1. 加深对光栅分光原理的理解。
2. 用透射光栅测定光栅常量、光波波长和光栅角色散。

【实验原理】

光栅是一种常用的分光光学元件。广泛应用在单色仪、摄谱仪等光学仪器中。实际上，光栅就是一组数目极多的等宽、等距并平行排列的狭缝。应用透射光工作的称为透射光栅，应用反射光工作的称为反射光栅。本实验用的是平面透射光栅。

如图 1-21-1 所示，设 S 为位于透镜 L_1 物方焦面上的细长狭缝光源，G 为光栅，相邻狭缝的间距为 d。自 L_1 射出的平行光垂直地照射在光栅 G 上。透镜 L_2 将与光栅法线成 θ 角的衍射光会聚于像方焦面上的 P_θ 点，则产生衍射亮条纹的条件为

$$d\sin\theta=k\lambda \qquad (1-21-1)$$

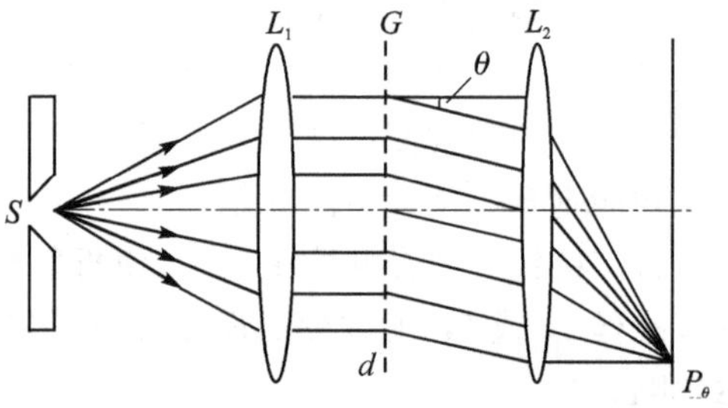

图 1-21-1　平面衍射光栅

式中，θ 是衍射角，λ 是光波波长，k 是级数（$k=0,\pm1,\pm2,\cdots$），d 称为光栅常量。

式(1-21-1)称为光栅方程。衍射亮条纹实际上是光源狭缝的衍射象，是一条锐细的亮线。当 $k=0$ 时，在 $\theta=0$ 的方向上，各种波长的亮线重叠在一起，形成明亮的零级像。对于 k 的其他数值，不同波长的亮线出现在不同的方向上形成光谱，此时各波长的亮线称为光谱线。而与 k 的正、负两组值相对应的两组光谱，则对称地分布在零级像的两侧。因此，若光栅常量 d 为已知，当测定某谱线的衍射角 θ 和光谱级 k，则可由式 1-21-1 求出该谱线的波长；反之，如果波长 λ 是已知的，则可求出光栅常量 d。

由光栅方程 1-21-1 对 λ 微分，可得光栅的角色散

$$D\equiv\frac{d\theta}{d\lambda}=\frac{k}{d\cos\theta} \qquad (1-21-2)$$

角色散是光栅、棱镜等分光元件的重要参数，它表示单位波长间隔内两单色谱线之间的角

间距。由式 1-21-2 可知，光栅常量 d 愈小，角色散愈大。而且光栅衍射时，如果衍射角不大，则 $\cos\theta$ 近于不变，光谱的角色散几乎与波长无关，即光谱随波长的分布比较均匀，这和棱镜的不均匀色散有明显的不同。

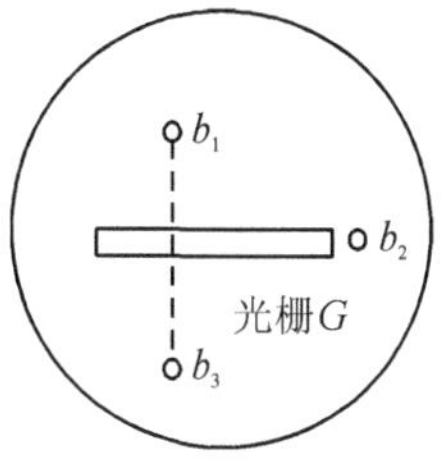

图 1-21-2　光栅位置

分辨本领是光栅的又一重要参数，它表征光栅分辨光谱细节的能力。设波长为 λ 和 $\lambda+\mathrm{d}\lambda$ 的不同光波，经光栅衍射形成两条谱线刚刚能被分开，则光栅分辨本领 R 为

$$R=\frac{\lambda}{\mathrm{d}\lambda} \tag{1-21-3}$$

根据瑞利判据，当一条谱线强度的极大值和另一条谱线强度的第一极小值重合时，则可认为该两谱线刚刚被分辨。由此可以推出，

$$R=kN \tag{1-21-4}$$

式中，k 为光谱级次，N 是光栅刻线的总数。

【实验器材】

分光计、平面透射光栅、汞灯。

【实验内容】

1. 分光计的调节

按实验 1-20 有关内容，调节分光计，即：

① 望远镜接收平行光（对无穷远调焦）。

② 望远镜、准直光管主轴均垂直于主轴。

③ 准直管发出平行光。

2. 光栅位置的调节

① 根据前述原理的要求，光栅面应调节到垂直于入射光。

② 根据衍射角测量的要求，光栅衍射面应调节到和观测面度盘平面一致。

用汞灯照亮准直光管的狭缝。使望远镜对准准直光管，从望远镜中观察狭缝的像，使其和叉丝的竖直线重合，固定望远镜。

参照图 1-21-2 放置光栅，点亮目镜叉丝照明灯（移开狭缝照明灯）左右转动载物台，看到反射的“绿十字”像，调节螺钉 b_2 或 b_3 使绿十字像和目镜中的调整叉丝重合。这时光栅面已垂直于入射光。

关闭目镜叉丝照明灯，汞灯重新照亮狭缝。转动望远镜观察光谱，如果左右两侧的光谱线相对于目镜中叉丝的水平线高低不等时，说明光栅的衍射面和观察面不一致，这时可调节平台上的螺钉 b_2，使它们一致。

3. 测定光栅常量 d

根据式（1-21-1），只要测出第 k 级光谱中波长 λ 已知的谱线的衍射角 θ，就可求出 d 值。以汞灯光谱中的绿线（546.07 nm）为已知波长。转动望远镜到光栅的一侧，使叉丝的竖直线对准第（+1）级绿线的中心，记录两游标值；将望远镜转向光栅的另一侧，使叉丝竖直线对准第（−1）级绿线的中心，记录两游标值。同一游标的两次读数之差是衍射角 θ 的二倍。重复测量三次，计算 d 值。

4. 测量未知波长

由于光栅常量 d 已经测出，因此只要测出未知波长的第 k 级谱线的衍射角 θ，就可求出其波长值 λ。

选取汞灯光谱中的最亮的紫线，双黄线作为未知波长的测量目标。衍射角的测量同上。

5. 测量光栅的角色散

用汞灯作光源，测量其一级和二级光谱中二黄线的衍射角，计算其衍射角之差 $\Delta\theta$，结合测出的二谱线的波长差，求角色散 $D=\dfrac{\Delta\theta}{\Delta\lambda}$。

6. 考察光栅的分辨本领

以汞灯为光源，观察它的一级光谱的二黄线，在此是考查所用光栅，当二黄线刚能被分辨时，光栅的刻线数应限制在多少？

转动望远镜看到汞光谱的二黄线，在准直管和光栅之间放置一宽度可调的单缝，使单缝的方向和准直管狭缝一致，由大到小改变单缝的宽度，直至二黄线刚刚被分辨开。反复试几次，取下单缝，用移测显微镜测出缝宽 A。则在单缝掩盖下，光栅的露出部分的刻线数 N 为

$$N=\frac{A}{d}$$

由此求出光栅露出部分的分辨本领 $R(=kN)$，并和由式 1－21－3 求出的理论值相比较。

【注意事项】

1. 光栅位置调节的两项要求逐一调节后，应再重复检查，因为调节后一项时，可能对前一项的状况有些破坏。

2. 光栅位置调好之后，在实验中不应移动。

3. 本实验如使用复制刻划光栅，可选用光栅常量较大的光栅，以便于观察高级次光谱中不同级次光谱的重叠现象；如使用全息光栅，因衍射光能大部分集中于一级光谱，高级次光谱难于观察，从测量效果考虑，应选用光栅常量小的光栅。

【思考讨论】

1. 比较棱镜和光栅分光的主要区别。

2. 分析光栅面和入射平行光不严格垂直时对实验有何影响？

实验 1－22　薄透镜焦距的测定

（罗秀萍）

【实验目的】

1. 掌握光具座上各元件的共轴调节。

2. 掌握薄透镜焦距的常用测定方法。

【实验原理】

如图 1－22－1 所示，设薄透镜的像方焦距为 f'，物距为 S，对应的像距为 S'，则透镜成像的高斯公式为

$$\frac{1}{S'}-\frac{1}{S}=\frac{1}{f'} \tag{1-22-1}$$

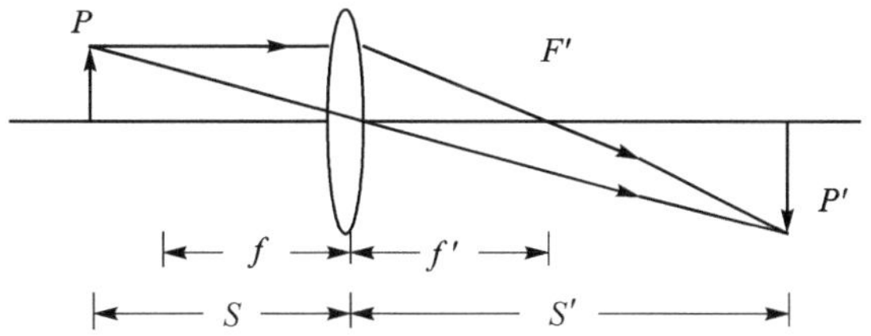

图 1-22-1　透镜成像图

$$f'=\frac{SS'}{S-S'} \tag{1-22-2}$$

应用上式时，必须注意各物理量所适用的符号定则。规定：距离自参考点（薄透镜光心）量起，与光线进行方向一致时为正，反之为负。运算时已知量须添加符号，未知量则根据求得结果中的符号判断其物理意义。

1. 测量会聚透镜焦距的方法

（1）由物距与像距求焦距

因为实物经会聚透镜后，在一定条件下成实像，故可用白屏接收实像加以观察，通过测定物距和像距，利用式(1-22-2)即可算出 f'。

（2）由透镜两次成像求焦距（又称共轭法或贝塞尔法）

保持物体与白屏的相对位置不变，并使其间距离 l 大于 $4f'$，则当会聚透镜置于物体与白屏之间时，可以找到两个位置，白屏上都能得到清晰的像，如图 1-22-2 所示。透镜两个位置（Ⅰ与Ⅱ）之间的距离的绝对值为 d，运用物像的共轭对称性质，容易证明：

$$f'=\frac{l^2-d^2}{4l} \tag{1-22-3}$$

式(1-22-3)表明，只要测出 d 和 l，就可以算出 f'。可以看出利用(1)、(2)成像时都是把透镜看成无限薄的，物距和像距都近似地用从透镜光心算起的距离来代替，而这种方法中则毋须考虑透镜本身的厚度。因此，用这种方法测出的焦距一般较为准确。

（3）光的可逆性原理求焦距

如图 1-22-3 所示，当物体放在透镜 L 的物方焦面上时，物体上各点发出的光经透镜后将成为平行光；如果在透镜的后面放一与透镜光轴垂直的平面反射镜 M，则平行光经过 M 反射后将沿原来的路线反方向进行，反射光再次通过透镜后仍会聚于透镜的焦平面上，这个像与原物大小相等，是倒立的实像。物与透镜之间的距离就是透镜 L 的像方焦距 f'。这个方法是利用调节实验装置本身使之产生平行光以达到调焦的目的，所以又称为自准直法。

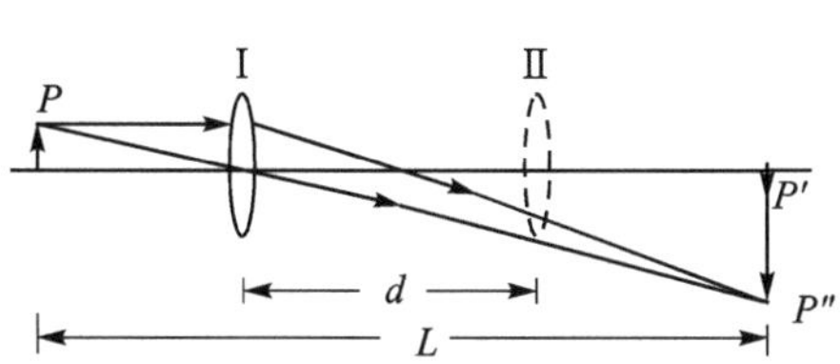

图 1-22-2　共轭法测焦距

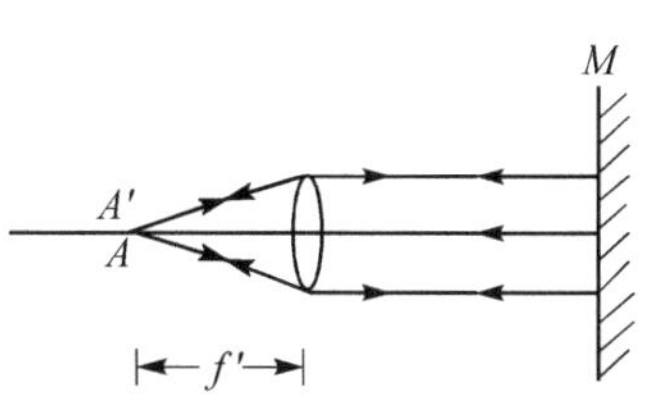

图 1-22-3　自准直法测凸透镜焦距

2. 测定发散透镜焦距的方法

凹透镜是发散透镜，不能对实物成像，可用一个凸透镜做辅助透镜，利用虚物成像法来测出凹透镜的焦距，如图 1－22－4 所示。物点 P 发出的光线经过凸透镜 L_1 之后会聚于像点 P'。将待测凹透镜 L_2 置于 L_1 和 P'之间，然后移动 L_2 和白屏到合适的位置，使在白屏上得到清晰的实像 P''。对于凹透镜来说 P'为虚物，P''为实像。则 $\overline{O_2P'}$为物距，$\overline{O_2P''}$为像距，即 $\overline{O_2P'}=S$，$\overline{O_2P''}=S'$，由物像公式得

$$f'_{凹}=\frac{SS'}{S-S'}$$

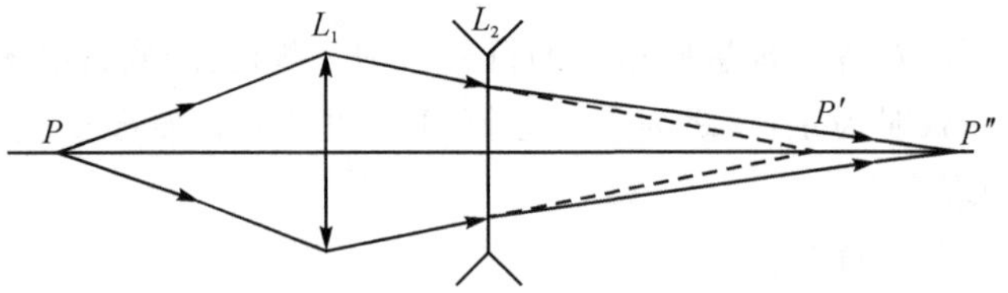

图 1－22－4　利用辅助透镜测量凹透镜焦距

【实验器材】

光具座、会聚透镜（两块）、发散透镜、物屏、白屏、平面反射镜、光源。

【实验内容】

1. 共轴调节

(1) 粗　调

将光源、物屏、待测透镜和白屏依次放在光具座上，并将它们靠拢，用眼睛观察进行粗调，使各元件的中心大致在与导轨平行的同一条直线上，并使物平面、像平面和透镜面相互平行且垂直于光具座导轨。

(2) 细　调

将像屏和物屏固定，并使物屏和像屏的间距大些，($l>4f'$)，移动凸透镜，观察像屏上先后出现的放大像与缩小像，调节物屏和透镜的高低左右，使屏上放大像与缩小像的中心重合。

2. 测量凸透镜的焦距

① 物距像距法测凸透镜焦距如图 1－22－1 所示，使物屏与白屏之间相隔一定距离，移动待测透镜，直至白屏上呈现出物的清晰像，记录物、像及透镜的位置，依式(1－22－2)算出 f'。改变屏的位置，重复几次，求其平均值。

② 两次成像法测凸透镜焦距，将物屏与白屏固定在大于 $4f'$的位置，测出它们之间的距离 l，如图 1－22－2 移动透镜，使屏上得到清晰的像，记录透镜的位置，由式(1－22－3)求出 f'。改变像屏的位置，重复几次，求其平均值。

③ 自准直法测凸透镜焦距：按图 1－22－3 所示，放置透镜、平面反射镜，移动透镜，直到物屏上出现一个等大的、倒立的清晰实像。记录物屏测出物及透镜的位置，二者之差即透镜的焦距。重复几次，求其平均值。

3. 测量凹透镜的焦距

按图 1－22－4 所示，先用辅助会聚透镜 L_1 把物体 P 成像在 P'处的像屏上，记录 P'的位

置，将像屏向后移动，然后将凹透镜 L_2 置于 L_1 与 P' 之间的适当位置，使屏上重新得到清晰的像 P''，记录 L_2，P'' 位置，求出物距 S 和像距 S'，代入式(1－22－2)，算出 f'(注意 S，S' 应取的符号)。改变凹透镜的位置，重复几次，求平均值。

【注意事项】

人眼对成像的清晰度的分辨能力不是很强，因而像屏在一小范围 $\Delta S'$ 内移动时，人眼所见的像是同样清晰的，此范围为景深。为了减少由此引入的误差，可由近向远和由远向近移动白屏，去探测像的位置，并取两位置的平均值为像的位置。

实验 1－23　棱镜玻璃折射率的测定

（罗秀萍）

【实验目的】

1. 用最小偏向角法测定棱镜玻璃的折射率。
2. 熟悉分光计的使用方法。

【实验原理】

棱镜玻璃的折射率，可用测定最小偏向角的方法求得。如图 1－23－1 所示，光线 P 经待测棱镜的两次折射后，沿 $O'P'$ 方向射出时产生的偏向角为 δ。在入射光线和出射光线处于光路对称的情况下，即 $i_1 = i_2'$，偏向角最小，记为 δ_m，可以证明：棱镜玻璃的折射率 n 与棱镜角 A、最小偏向角 δ_m 有如下关系

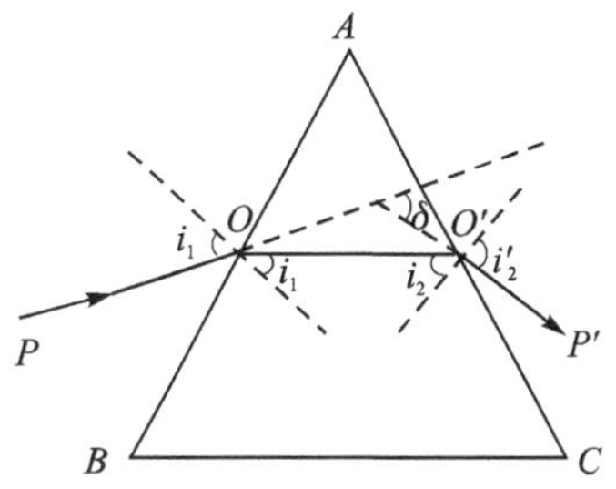

图 1－23－1　三棱镜的光路图

$$n = \frac{\sin \dfrac{A+\delta_m}{2}}{\sin \dfrac{A}{2}} \qquad (1-23-1)$$

因此，只要测出 A 与 δ_m 就可从式(1－23－1)求得折射率 n。

由于透明材料的折射率是光波波长的函数，同一棱镜对不同波长的光具有不同的折射率。所以当复色光经棱镜折射后，不同波长的光将产生不同的偏向而被分散开来。通常棱镜的折射率是对钠黄光波长 589.3 nm 而言。

【实验器材】

分光计、钠灯、三棱镜。

【实验内容】

1. 调节分光计

按实验 1－20 所述方法将分光计调节好，并用自准直法测出棱镜角 A。

2. 测最小偏向角

① 用钠灯照亮狭缝，使准直管射出平行光束。

② 将待测棱镜放置在棱镜台上，转动望远镜，找到钠光经棱镜折射后形成的黄色谱线。

③ 将刻度内盘固定。慢慢转动棱镜台，改变入射角 i_1，使谱线往偏向角减小的方向移动，同时转动望远镜跟踪该谱线。

④ 当棱镜台转到某一位置，该谱线不再移动，这时无论棱镜台向何方向移动，该谱线均向相反方向移动，即偏向角都增大。这个谱线反向移动的极限位置就是棱镜对该谱线的最小偏向角的位置。将望远镜移至此位置，并使竖直叉丝对准黄色谱线的中心，记录刻度盘读数 v_1，v_2。

⑤ 将棱镜转到对称位置，使光线向另一侧偏转，同上寻找谱线的极限位置，记录相应的游标读数为 v_1'，v_2'。

同一游标左、右两次数值之差 $|v_1'-v_1|$、$|v_2'-v_2|$ 是最小偏向角的 2 倍，即

$$\delta_m = (|v_1'-v_1| + |v_2'-v_2|)/4$$

⑥ 重复测量几次，求 δ_m 的平均值及其标准偏差。

3. 计　算

用测得的顶角 A 及最小偏向角 δ_m，计算棱镜玻璃的折射率 n 及其标准偏差。

【思考讨论】

设计一种不测最小偏向角而能测棱镜玻璃折射率的方案(使用分光计去测)。

第2部分 提高型实验

实验2-1 液体黏滞系数的测定与研究

(杨学锋 王红梅)

黏滞系数是反映流体理化特性的一个重要参数。它与液体的性质和温度有关。石油在管道中的传输,机械工业润滑油的选择,物体在液体中的运动都与液体的黏滞系数有关。

【实验目的】

1. 测定液体的黏滞系数。
2. 研究液体的黏滞系数随温度变化的规律。

【实验仪器】

一体化PH-IV型变温黏滞系数实验仪。

【实验原理】

各种实际液体具有不同程度的黏滞性。当液体流动时,平行于流动方向的各层流体速度都不相同,即存在着相对滑动,于是各层之间就有摩擦力产生,这一摩擦力称为黏滞力。它的方向平行于接触面,其大小与速度梯度及接触面积成比。比例系数 η 称为黏度(黏滞系数)。本实验采用中空长圆柱体(针)在待测液体中垂直下落,通过测量针的收尾速度确定黏度。

当针在待测液体中沿容器中轴垂直下落时,经过一段时间,针所受重力与黏滞阻力以及针上下端面压力差达到平衡,针变为匀速运动,这时针的速度称为收尾速度,此速度可通过测量针内两磁铁经过传感器的时间间隔 T 求得。

在恒温条件下,求黏度 η 的公式为

$$\eta=\frac{g\times R_2^2(\rho_s-\rho_L)}{2\times V_\infty}\times\frac{1+\frac{2}{3Lr}}{1-\frac{3}{2CwLr}\times\left(\ln\frac{R_1}{R_2}-1\right)}\times\left(\ln\frac{R_1}{R_2}-1\right)\qquad(2-1-1)$$

式中,R_1 为容器内筒半径;R_2 为落针外半径;V_∞ 为针下落收尾速度;g 为重力加速度;ρ_s 为针的有效密度;ρ_L 为液体密度;η 为液体黏度;Cw 和 Lr 为壁和针长的修正系数。

$$Cw=1-2.04k+2.09k^3-0.95k^5\qquad(2-1-2)$$

式中,$k=\frac{R_2}{R_1}$;$Lr=\frac{L-2R_2}{2R_2}$。

在实际情况下,式(2-1-1)可作简化,并考虑到 $V_\infty=\frac{L}{T}$,其中,L 为两磁铁同名磁极的间距;T 为两磁铁经过传感器的时间间隔。

则式(2-1-1)可改写为

$$\eta=\frac{gR_2^2t}{2L}(\rho s-\rho_L)\left(1+\frac{2}{3l_r}\right)\left(\ln\frac{R_1}{R_2}-\frac{R_1^2-R_2^2}{R_1^2+R_2^2}\right) \quad (2-1-3)$$

在变温条件下，还必须考虑到液体密度随温度的改变，即

$$\rho_L=\rho_0/[1+\beta(t+t_0)] \quad (2-1-4)$$

β 值可用实验方法确定，大约 $\beta=0.93\times10^{-3}$ ℃

$$\rho_0=\rho_{20\ ℃}=963\ \mathrm{kg/m^3},\qquad t_0=20\ ℃$$

这样，将式(2-1-4)代入式(2-1-5)，即可计算黏度 η。

因为将计算 η 的程序已固化在 EPROM 中，所以，利用单片机可计算并显示黏度 η，实现了智能化。

【实验内容】

1. 将待测液体(如蓖麻油)注满容器，用底脚螺丝来调节黏度计本体，通过水准仪观察平台是否水平，即圆筒容器是否垂直。

2. 将仪器本体的橡皮管连接到控温系统上。下面的橡皮管连接控温系统后面板上的出水孔，上面的橡皮管接入水孔。用漏斗往水箱内注水，使水位管的水位达到管的 2/3，加水完毕，经检查确认没有渗漏后，擦干仪器及机身，再把控温装置接到 220 V 交流电源上。

3. 将霍尔传感器安装在黏度计的铝板上，让探头与圆筒容器垂直，并尽量接近圆筒。传感器的输出电缆接到控温机箱后面板上的航空插座上。

4. 加热液体。接通控温系统的电源，按下控温按钮，启动水泵，将温度控制器编码开关调到某一温度，(例如高于室温 5 ℃)，对待测液体浴加热，到达设定温度后，红色指示灯亮进行保温，由于热惯性，需待一段时间后，才能达到平衡，记下容器中酒精温度计的读数(此为液体温度)。

5. 按控温机箱上的复位键，显示“PH-2”，表示已经进入复位状态。

6. 按“2”键显示“H”表示毫秒计进入计时待命状态。

7. 将投针装置的磁铁拉起，让针落下，稍待片刻，数显表显示时间(单位：ms)。第一次按 A 键显示落针的有效密度(2 260 kg/m^3，第二次按 A 键显示蓖麻油的有效密度(950 kg/m^3)，以上两数值均可修改，第三次按 A 键显示该设定温度下的液体黏度。

8. 用取针装置将针拉起，重复测量 3 次。

9. 设定其他温度，每次增加 5 ℃，继续加热液体，测定该温度下液体的黏度，做黏度与温度关系曲线。

【思考与讨论】

本实验方法能否测定水的黏滞系数？

【仪器简介】

一体化 PH-IV 型变温黏滞系数实验仪如图 2-1-1(a)所示。用透明玻璃管制成的内外两个圆筒容器，竖直固定在水平机座上，机座底数实验仪由本体、落针、霍尔传感器、控温计时系统四部分组成。本体结构有调水平的螺丝。内筒盛放待测液体(如蓖麻油)，内外筒之间通过控温系统灌水，用以对内筒水浴加热。外筒的一侧上、下端各有一接口，用橡胶管与控温系统的水泵相连，机座上树立一块铝合金支架，其上装有霍尔传感器和取针装置。圆筒容器顶部盒子上装有投针装置(发射器)，它包括喇叭形的导环和带永久磁铁的拉杆。装此导环为便于取针和让针沿容器中轴线下落。用取针装置把针由容器底部提起，针沿导环到达盖子顶部，被

拉杆的磁铁吸住。拉起拉杆，针因重力作用而沿容器中轴线下落。

针如图 2-2-1(b)所示，它是有机玻璃制成的空细长圆柱体，下端为半球形，上端为圆台状，便于拉杆相吸。内部两端装有永久磁铁，异名磁极相对。开关型霍尔传感器，做成圆柱体，外部有螺纹，可用螺母固定在仪器本体的铝板上。输出信号通过屏蔽电缆、航空插头接到单板机计时器上。传感器由 5 V 直流电源供电，外壳用非磁金属材料(铜)封装，每当磁铁经过霍尔传感器前端时，传感器即输出一个矩形脉冲，同时有 LED(发光二极管)指示。

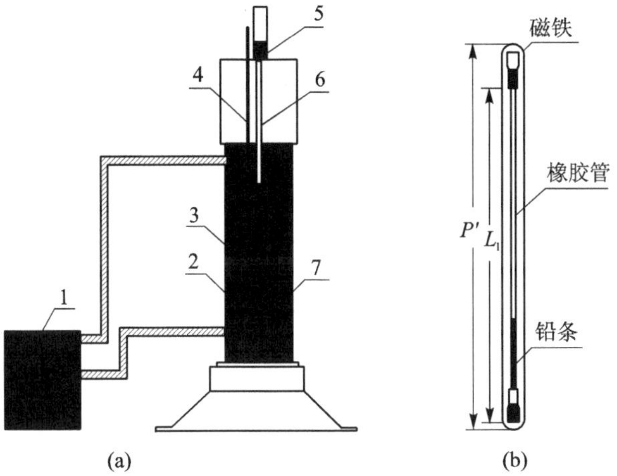

1—水泵；2—待测液体；3—水；4—酒精温度计；5—控杆；6—落针；7—霍尔传感器

图 2-1-1　黏滞系数实验仪

以单片机为基础的 SD-A 型多功能毫秒计用以计时和处理数据。霍尔传感器产生的脉冲经整形后，从航空插座输入单板机，由计时器完成两次脉冲之间的计时，接受参数输入，并将结果计算和显示出来。

控温系统由水泵，加热装置及控温装置组成。微型水泵运转时，水流自黏度计本体的底部流入，自顶部流出，形成水循环，对待测液体进行水浴加热。

规格和主要技术参数：

内筒内半径　$R_1 = 18.5$ mm

蓖麻油密度　ρ_L(20 ℃时)$=950$ kg/m^3

针外半径　$R_2 = 3.5$ mm　针内半径 2.0 mm

针有效密度　$\rho_s = 2\ 260$ kg/m^3　针质量 $m = 16.0 \times 10^{-3}$ kg

针内同名磁极间距　$L = 170$ mm

【注意事项】

1. 让针沿圆筒中心轴线下落。

2. 落针过程中，针应保持竖直状态，若针头部偏向霍尔控头，数据偏大；若针尾部偏向霍尔探头，数据偏小。

3. 用取针装置将针拉起悬挂在容器上端后，由于液体受到扰动，处于不稳定状态，应稍待片刻，再将针投下，进行测量。

4. 取针装置将针拉起悬挂后，应将取针装置上的磁铁旋转，离开容器，以免对针的下落造成影响。

5. 建议实验者先在复位后用计停键手动测量落针时间，然后用霍尔探头自动测量，训练实验技巧。

6. 取针和投针时均需小心操作，以免把仪器本体弄倒，打坏圆筒容器。

实验 2-2 用凯特摆测量重力加速度

（杨学锋 王红梅）

1818 年凯特提出的倒摆，经雷普索里德做了改进后，成为当时测量重力加速度 g 最精确的方法。波斯坦大地测量研究所曾用五个凯特摆用了 8 年时间（1896—1904），测得当地的重力加速度 $g=(981.274\pm0.003)\,\mathrm{cm/s^2}$，许多地区的 g 值都曾以此为根据。凯特摆测量重力加速度的方法不仅在科学史上有着重要的价值，而且在实验设计上亦有值得学习的技巧。

【实验目的】

1. 学习凯特摆的实验设计思想和技巧。
2. 掌握一种比较精确的测量重力加速度的方法。

【实验仪器】

凯特摆、光电探头、米尺和周期测定仪。

【实验原理】

图 2-2-1 是复摆的示意图。设一质量为 m 的刚体，其重心 G 到转轴 O 的距离为 h，绕 O 轴的转动惯量为 I，当摆幅很小时，刚体绕 O' 轴摆动的周期 T 为

$$T=2\pi\sqrt{\frac{I}{mgh}} \qquad (2-2-1)$$

式中，g 为当地的重力加速度。

设复摆绕通过重心 G 的轴的转动惯量为 I_G，当 G 轴与 O 轴平行时，有

$$I=I_G+mh^2 \qquad (2-2-2)$$

代入式(2-2-1)得

$$T=2\pi\sqrt{\frac{I_G+mh^2}{mgh}} \qquad (2-2-3)$$

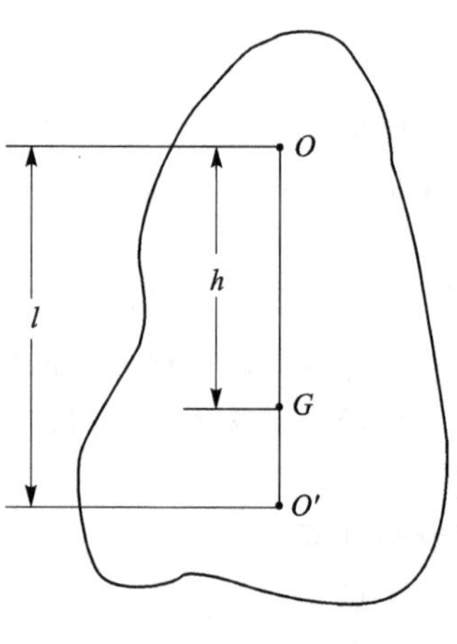

图 2-2-1 复摆示意图

对比单摆周期的公式 $T=2\pi\sqrt{\frac{l}{g}}$，可得

$$T=\frac{I_G+mh^2}{mh} \qquad (2-2-4)$$

l 为复摆的等效摆长，因此只要测出周期和等效摆长便可求得重力加速度。

复摆的周期能测得非常精确，但利用式(2-2-4)来确定 l 是很困难的。因为重心 G 的位置不易测定，因而重心 G 到悬点 O 的距离 h 也是难以精确测定的。同时由于复摆不可能做成理想的、规则的形状，其密度也难绝对均匀，想精确计算 I_O 也是不可能的，利用复摆上两点的共轭性可以精确求得 l。在复摆重心 G 的两旁，总可找到两点 O 和 O'，使得该摆以 O 为悬点的摆动周期 T_1 与以 O' 为悬点的摆动周期 T_2 相同，那么可以证明 $|OO'|$ 就是要求的等效摆

长 l。

图 2-2-2 是凯特摆摆杆的示意图。对凯特摆而言，两刀口间的距离就是该摆的等效摆长 l。在实验中当两刀口位置确定后，通过调节 A、B、C、D 四摆锤的位置可使正、倒悬挂时的摆动周期 T_1 和 T_2 基本相等，即 $T_1 \approx T_2$。由式(2-2-3)可得

$$T_1 = 2\pi\sqrt{\frac{I_G + mh_1^2}{mgh_1}} \tag{2-2-5}$$

$$T_2 = 2\pi\sqrt{\frac{I_G + mh_2^2}{mgh_2}} \tag{2-2-6}$$

式中，T_1 和 h_1 为摆绕 O 轴的摆动周期和 O 轴到重心 G 的距离。

当 $T_1 \approx T_2$ 时，$h_1 + h_2 = l$ 即为等效摆长。由式(2-2-5)和式(2-2-6)消去 I_G，可得

$$\frac{4\pi^2}{g} = \frac{T_1^2 + T_2^2}{2l} + \frac{T_1^2 - T_2^2}{2(2h_1 - l)} = a + b \tag{2-2-7}$$

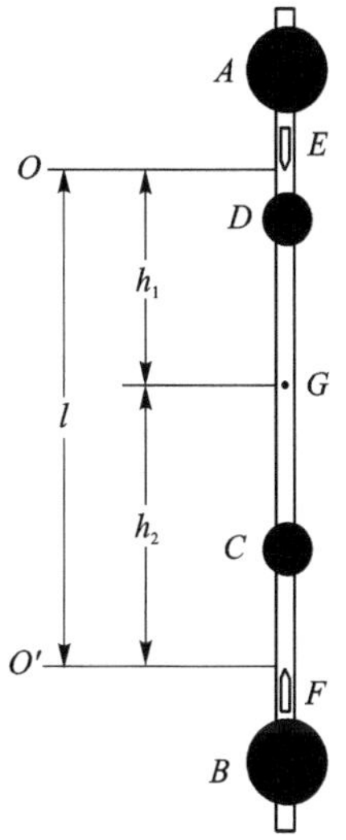

图 2-2-2　凯特摆示意图

式中，l、T_1、T_2 都是可以精确测定的量，而 h_1 则不易测准。由此可知，a 项可以精确求得，而 b 项则不易精确求得。但当 $T_1 = T_2$ 以及 $|2h_1 - l|$ 的值较大时，b 项的值相对 a 项是非常小的，这样 b 项的不精确对测量结果的影响就微乎其微了。

【实验内容】

1. 仪器调节

凯特摆由底座、压块、支架、v 形刀承和一根长 1 m 的金属摆杆组成，如图 2-2-2 所示。金属摆杆上嵌有两个对称的刀口 E 和 F，作悬挂之用，一对大小形状相同、但质量不同的大摆锤 A、B 分别位于摆杆的两端，另一对小摆锤 D、C 位于刀口 E 和 F 的内侧，摆锤 A、D 由金属制成，摆锤 C、B 由塑料制成。就摆杆的外形而言，摆杆各部分处于对称状态，其目的在于抵消实验时空气浮力的影响以及减小阻力的影响，调节刀口 E 和 F 可以改变等值单摆长 l。调节摆锤 A、B、C、D 的位置，可以改变摆杆系统的质量分布。h_1 和 h_2 分别为悬点 O 和 O' 到摆杆体系重心的距离。当四个摆锤调节到某一合适的位置时，以 O 为悬点和以 O' 为悬点的摆动周期相等。当 l、h_1(或 h_2)和四个摆锤的位置确定之后，只要测出摆动周期 T($T \approx T_1$)，便可求得重力加速度 g。

选定两刀口间的距离即该摆的等效摆长 l。固定刀口时要注意使两刀口相对摆杆基本对称，两刀口相互平行，用米尺测出 l 的值，取参考 g 值($g \approx 9.80\ \text{m/s}^2$)，利用 $T = 2\pi\sqrt{\frac{l}{g}}$ 粗略估算 T 值，作为调节 $T_1 = T_2$ 时的参考值。将摆杆悬挂到支架上水平的 V 形刀承上，调节底座上的螺丝，借助于铅垂线，使摆杆能在铅垂面内自由摆动，倒过来悬挂也是如此。

将光电探头放在摆杆下方，调整它的位置和高度，让摆针在摆动时经过光电探测器。让摆杆做小角度的摆动，待其摆动若干次稳定后，按下数字测试仪的“复位”按钮，开始计时。

2. 测量摆动周期 T_1 和 T_2

调节四个摆锤的位置，使 T_1 与 T_2 逐渐靠近，一般粗调用大摆锤，微调用小摆锤。当 T_1 和 T_2 比较接近估算值 T 时，最好移动小塑锤，使 T_1 与 T_2 的差值小于 0.001 s。当周期的调

节达到要求后，将测试仪的计停开关拨到“计数”挡，测量凯特摆正、倒摆动 10 个周期的时间，$10T_1$ 和 $10T_2$ 各测量 5 次取平均值。

3. 计算重力加速度 g

将摆杆从刀承上取下，平放在刀口上，使其平衡，平衡点即重心 G 的所在，测出 $|GO|$ (h_1) 或 $|GO'|$ ($l-h_1$) 的值，代入式(2-2-7)中计算 g 值，并计算误差。

【思考讨论】

1. 凯特摆的外形为什么是对称的？刀承和大、小摆锤为什么都要做对称调整？

2. 凯特摆测重力加速度时，避免了什么量的测量？降低了哪个量的测量精度？

实验 2-3　用波尔共振仪研究受迫振动

(杨学锋　王红梅)

振动是自然界最普遍的运动形式之一，阻尼振动和受迫振动在物理和工程技术中得到广泛重视。本实验中，用玻尔共振仪定量测定机械受迫振动的幅频特性和相频特性，并利用频闪方法来测定动态物理量——相位差。

【实验目的】

1. 研究波尔共振仪中弹性摆轮受迫振动的幅频，相频特性。

2. 研究不同阻尼力矩对受迫振动的影响，观察共振现象。

3. 学习用频闪法测定运动物体的某些量，如相位差。

【实验仪器】

BG-2 型玻尔共振仪。

【实验原理】

振动系统在周期性外力(即强迫力)的作用下进行的振动叫做受迫振动。

利用玻尔共振仪研究受迫振动时，振动仪上绕轴摆动的圆形摆轮同时受到三个力矩的作用：一是蜗卷弹簧提供的与角位移 θ 成正比的、方向指向平衡位置的弹性恢复力矩，一是阻尼线圈提供的与角速度 $\mathrm{d}\theta/\mathrm{d}t$ 成正比、方向与摆轮角速度方向相反的阻尼力矩，一是电机提供的按余弦规律变化的周期性强迫力矩。

设摆轮的转动惯量为 I，蜗卷弹簧的弹性力矩系数为 K，阻尼力矩系数为 b，强迫外力矩的幅值和频率为 M_0 和 ω，由刚体的转动定律可列出摆轮的运动方程：

$$I\frac{\mathrm{d}^2\theta}{\mathrm{d}t^2}=-K\theta-b\frac{\mathrm{d}\theta}{\mathrm{d}t}+M_0\cos\omega t \tag{2-3-1}$$

令 $\omega_0^2=\dfrac{K}{I}$，$2\beta=\dfrac{b}{I}$，$m=\dfrac{M_0}{I}$，则式(2-3-1)可变形为

$$\frac{\mathrm{d}^2\theta}{\mathrm{d}t^2}+2\beta\frac{\mathrm{d}\theta}{\mathrm{d}t}+\omega_0^2\theta=m\cos\omega t \tag{2-3-2}$$

式(2-3-2)的通解为

$$\theta=\theta_1\mathrm{e}^{-\beta t}\cos(\omega_1 t+\alpha)+\theta_2\cos(\omega t+\varphi) \tag{2-3-3}$$

此解表明：摆轮的运动可分成两部分，第一部分，$\theta=\theta_1 e^{-\beta t}\cos(\omega_1 t+\alpha)$ 随时间的推移而趋于消失；二是与强迫力矩同频率的周期性振动，它是受迫振动最终的稳定振动状态。

振幅和相位差为

$$\theta_2=\frac{m}{\sqrt{(\omega_0^2-\omega^2)^2+4\beta^2\omega^2}} \tag{2-3-4}$$

$$\varphi=\tan^{-1}\left(\frac{-2\beta\omega}{\omega_0^2-\omega^2}\right) \tag{2-3-5}$$

图 2-3-1 和图 2-3-2 分别表示了在不同 β 时稳定受迫振动的幅频特性和相频特性。

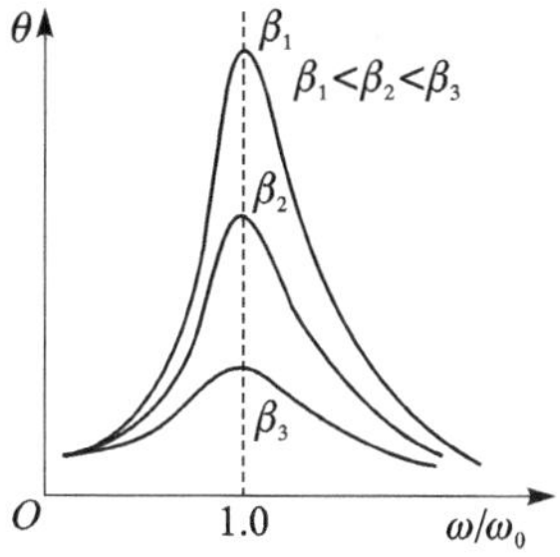

图 2-3-1　受迫振动稳定时的幅频特性

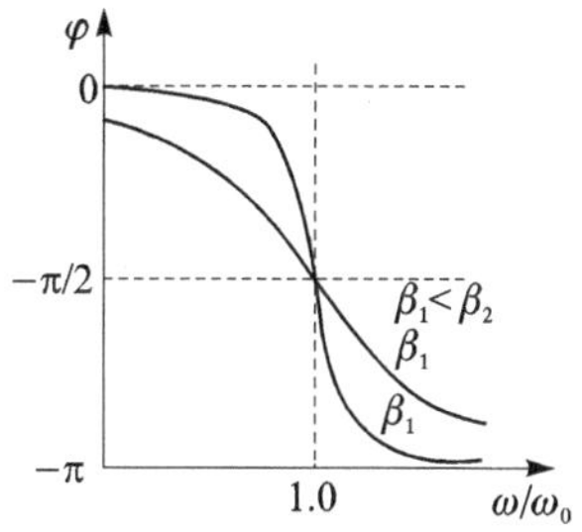

图 2-3-2　受迫振动稳定时的相频特性

将式(2-3-4)对 ω 求极值可得强迫力的频率 $\omega=\sqrt{\omega_0^2-2\beta^2}$ 时，θ_2 有极大值，系统达到共振。共振时，摆轮的频率、振幅及相位差为

$$\omega_r=\sqrt{\omega_0^2-2\beta^2}\qquad \theta_r=\frac{m}{2\beta\sqrt{\omega_0^2-\beta^2}}\qquad \varphi_r=\tan^{-1}\left(\frac{-\sqrt{\omega_0^2-2\beta^2}}{\beta}\right) \tag{2-3-6}$$

表明，阻尼系数 β 越小($\omega_0\gg\beta$)，共振时的频率越接近系统的固有频率、振幅越大、相位差越接近 90°。

【实验内容】

1. 测对应振幅时的 $T_0(\omega_0)$

将带刻线的有机玻璃转盘指针 F 放在 0°位置，断开电机开关，周期选择扳向“1”，然后将阻尼开关拨向“0”处，将振幅拨到 150°，松手后，先观察周期变化情况，如周期不变化，则不必一一记录，如变化大，选择记录步骤中对应振幅的周期值，即此时的 $T_0(\theta)$，一直到 30°。最好两人配合记录振幅和周期于表 2-3-1 中。

2. 测定阻尼系数 β

① 打开电源开关，关断电机开关，将阻尼选择开关拨向试验时位置(通常选取“2”或“1”处，此开关位置选定后，在实验过程中不能任意改变，也不能将整机切断电源，否则由于电磁铁剩磁现象将引起 β 值变化，只有在某一阻尼系数 β 的所有实验数据测试完毕，要改变 β 值时才允许拨动此开关)。

② 将带刻线的有机玻璃转盘指针 F 放在 0°位置，周期选择拨向“10”，(即一次记 10 个周期的时间)用手轻轻拨动摆轮使 θ_0 处在 130°～150°之间，然后放手，记录 10 个连续振幅值 θ_1，$\theta_2,\cdots,\theta_{10}$，然后利用公式 $\ln\dfrac{\theta_0 e^{-\beta T}}{\theta_0 e^{-\beta(t+nT)}}=n\beta T=\ln\dfrac{\theta_1}{\theta_n}$($n$ 为阻尼振动的周期次数)，用逐差法求出 ln

$\dfrac{\theta_i}{\theta_{i+5}}$的平均值，代入上式，求出 β 值。重复上述过程 2 次，求 β 值。将实验数据记录于表 2－3－2。

3. 测定受迫振动的幅频特性和相频特性曲线

保持阻尼开关在原位置，打开电机电源，改变电动机的转速，即改变强迫力矩频率 ω，当受迫振动稳定后，读取摆轮的振幅值和周期值，并利用闪光灯测定受迫振动角位移与强迫力矩间的相位差。（在共振点附近曲线变化较大，因此测量数据要相对密集些，此时电机转速极小变化会引起 $\delta\varphi$ 很大变化，在共振点附近每次强迫力周期旋钮指示值变化约 0.02，当 φ 小于 60°、大于 110°后可变化 0.1～0.15 之间。先测 90°→150°，再测 90°→30°，反之亦可。电机转速旋钮上的读数是一个参考数值，建议在不同 ω 时都记下此值，以便实验中快速寻找重复测量时参考）。

列表 2－3－3 并处理数据，然后作 $\theta \sim \omega/\omega_0$ 和 $\varphi \sim \omega/\omega_0$ 曲线。

【数据处理】

1. 测量摆轮的自由摆动周期

表 2－3－1　不同振幅下的自由摆动周期

阻尼旋钮位置									
振幅 θ/°									
周期 T_0/s									

2. 计算阻尼系数

表 2－3－2　测量阻尼系数数据

	摆动周期	$10T$/s	T/s	阻尼旋钮位置
次数 n	振幅 θ_n/°	次数 n	振幅 θ_n/°	$\beta=\dfrac{1}{5T}\ln\dfrac{\theta_i}{\theta_{i+5}}$
1		6		
2		7		
3		8		
4		9		
5		10		

3. 测量摆轮受迫振动的幅频和相频特性

表 2－3－3　测量受迫振动幅频和相频特性数据

阻尼旋钮位置													
电机转速刻度盘值													
强迫力周期 T/s													
振幅 θ/°													

续表 2-3-3

阻尼旋钮位置													
相位差 $\varphi/°$							90						
φ(度)													
$\omega/\omega_0=T_0/T$							1						

在坐标纸上绘制 $\theta\sim\omega/\omega_0$ 和 $\varphi\sim\omega/\omega_0$ 曲线。

【思考讨论】

1.受迫振动的振幅和相位差与哪些因素有关?

2.实验中采用什么方法来改变阻尼力矩的大小?

【仪器介绍】

BG-2型玻尔共振仪由振动仪与电器控制箱和闪光灯组成,如图2-3-3所示。铜质圆形摆轮安装在机架转轴上,可绕转轴转动。蜗卷弹簧的一端与摆轮相连,另一端与摇杆相连,在摆轮下方装有阻尼线圈。

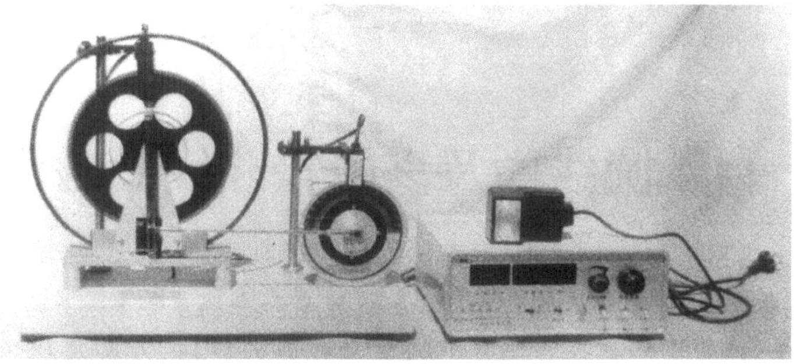

图 2-3-3　BG-2型共振仪

自由振动时摇杆不动,蜗卷弹簧对摆轮施加与角位移成正比的弹性恢复力矩。阻尼振动时,电流通过阻尼线圈产生的磁场会在摆轮中形成局部的电涡流,电涡流磁场与线圈磁场的相互作用将形成与运动速度成正比的电磁阻尼力矩。受迫振动时电动机的转动通过连杆—摇杆—蜗卷弹簧传递给摆轮,产生强迫外力矩,使摆轮作受迫振动。

摆轮的圆周上开有凹槽,其中一个用白漆线标志凹槽比其他凹槽长出许多。摆轮正上方的光电门架上装有两个光电门,一个对准长凹槽,用于测量摆轮的周期;另一个对准短凹槽,用于测量摆轮的振幅。电动机轴上安装的光电门用于测量强迫力的周期。置于角度盘下方的闪光灯受摆轮长凹槽光电门的控制,每当摆轮长凹槽通过平衡位置时,触发闪光灯。在受迫振动达到稳定后,在闪光灯照射下可以看到角度指针好像一直停在某刻度处,这一现象称为频闪现象,利用频闪现象可从角度盘直接读出摇杆相位超前于摆轮相位的数值。

电器控制箱的前面板如图2-3-4所示。"振幅显示"窗显示摆轮的振幅。"周期显示"窗显示摆轮或强迫力的周期,用"摆轮—强迫力"开关切换。用"周期选择"开关可选择显示单次或10次周期时间。"复位"按钮仅在"周期选择"为10时起作用,按一下复位钮周期显示数字复 0,开始新的测量,测单次周期时会自动复位。“强迫力周期”旋钮系带有刻度的十圈电位器,调节此旋钮可改变电机转速即改变强迫力的周期,其显示的数字仅供实验时作参考,以便大致确定不同强迫力周期时多圈电位器的相应位置。“阻尼选择”旋钮通过改变阻尼线圈内电流的大小,改变摆轮系统的阻尼力的大小,其中 0 挡无电磁阻尼力,1～5 挡电磁阻尼力依次增大。“闪光灯”开关用于控制闪光灯的工作,为使闪光灯管不易损坏,仅在测量相位差时才扳向接通。“电机”开关用来控制电机的启动与关闭。

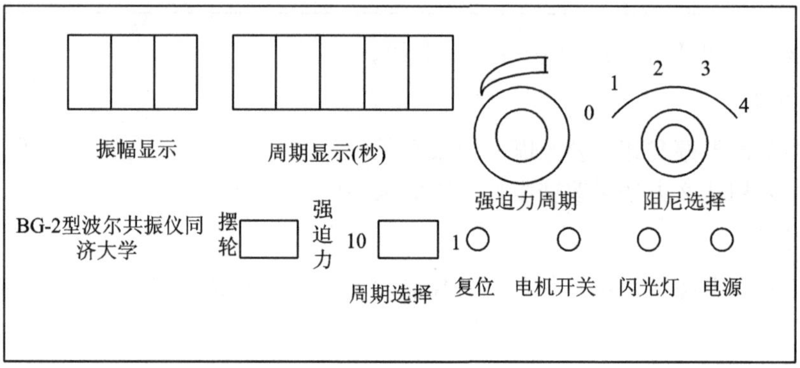

图 2-3-4 电器控制箱面板

实验 2-4 圆线圈及亥姆霍兹线圈磁场的测量

（赵 杰）

近年来,集成霍耳传感器由于体积小,测量分辨率和准确度高,易于移动和定位,所以被广泛应用于磁场测量,用它探测载流线圈及亥姆霍兹线圈的磁场,准确度比用探测线圈高得多。本实验将利用 SS95A 型集成霍耳传感器测量圆线圈及亥姆霍兹线圈的磁场分布。

【实验目的】

1. 测量单个载流圆线圈轴线上各点磁感应强度。
2. 验证磁场叠加原理。
3. 研究亥姆霍兹线圈的磁场分布。

【实验原理】

1. 根据毕奥—萨伐尔定律,载流线圈在轴线(通过圆心并与线圈平面垂直的直线)上某点的磁感应强度为

$$B=\frac{\mu_0\cdot\bar{R}^2}{2(\bar{R}^2+x^2)^{3/2}}N\cdot I \tag{2-4-1}$$

式中,$\mu_0=4\pi\times10^{-7}$ H/m 为真空磁导率;$\bar{R}$ 为线圈的平均半径(本仪器 10.0 cm);x 为圆心到该点的距离;N 为线圈匝数(本仪器 500 圈);I 为通过线圈的电流强度。因此,圆心处的磁感应强度 B_0 为

$$B_0=\frac{\mu_0}{2\bar{R}}N\cdot I \tag{2-4-2}$$

2. 亥姆霍兹线圈(见图 2-4-1)是一对彼此平行、参数相同、相互串联或并联的共轴圆形线圈,两线圈内的电流方向一致,大小相同,线圈之间的距离 d 正好等于圆形线圈的半径 R。这种线圈的特点是能在其公共轴线中点附近产生较广的均匀磁场区,所以在生产和科研中有较大的使用价值,也常用于弱磁场的计量标准。

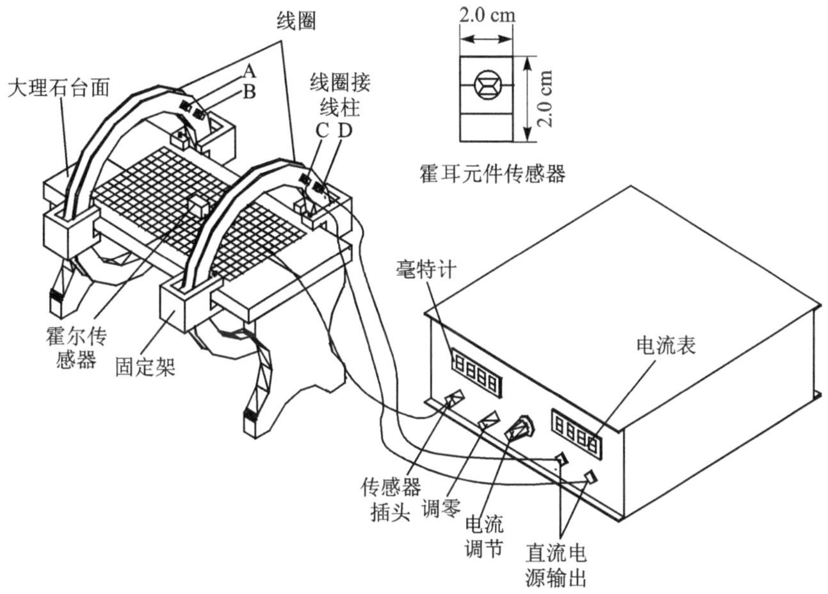

图 2-4-1　圆线圈及亥姆赫兹线圈磁场测量仪结构图

设 z 为亥姆霍兹线圈中轴线上某点离亥姆霍兹线圈的中心点 O 处的距离,则亥姆霍兹线圈轴线上任意一点的磁感应强度为

$$B'=\frac{1}{2}\mu_0\cdot N\cdot I\cdot R^2\left\{\left[R^2+\left(\frac{R}{2}+z\right)^2\right]^{-3/2}+\left[R^2+\left(\frac{R}{2}-z\right)^2\right]\right\} \qquad (2-4-3)$$

而在亥姆霍兹线圈上中心 O 处的磁感应强度 B_0' 为

$$B_0'=\frac{8}{5^{3/2}}\frac{\mu_0\cdot N\cdot I}{R} \qquad (2-4-4)$$

【实验器材】

圆线圈、亥姆霍兹线圈磁场测量实验仪。

【实验内容】

1. 载流圆线圈和亥姆霍兹线圈轴线上各点磁感应强度的测量

① 按图 2-4-1 接线,只接一个线圈 C、D 接线柱。测量电流 $I=100$ mA 时,单线圈 a 轴线上各点磁感应强度 $B(a)$,每隔 1.00 cm 测一个数据。实验中,随时观察毫特斯拉计探头是否沿线圈轴线移动。每测量一个数据,必须先在直流电源输出电路断开($I=0$)调零后,才可再接通直流电源测量和记录数据(排除地磁场的影响)。

② 将测得的圆线圈中心点的磁感应强度与理论公式计算结果进行比较。

③ 在轴线上某点转动毫特斯拉计探头,观察一下该点磁感应强度的方向。

2. 亥姆霍兹线圈轴线上各点磁感应强度的测量

① 将两线圈间距 d 调整至 $d=10.00$ cm,则组成了一个亥姆霍兹线圈位置结构。

② 调线圈电流值 $I=100$ mA，分别测量两线圈单独通电时，轴线上各点的磁感应强度值 $B(a)$ 和 $B(b)$，然后将两线圈正串联或正并联（以第二个线圈接通后磁场加强为准）后，调节电流 $I=100$ mA，再测量在轴线上的磁感应强度值 $B(a+b)$，将数据记入表 2-4-1 中。

表 2-4-1　实验数据

x/cm	−7.00	−6.00	…	0.00	1.00	2.00	…	7.00
$B(a)$/mT			…				…	
$B(b)$/mT			…				…	
$B(a+b)$/mT			…				…	
$(B(a)+B(b))$/mT								

由上表证明在轴线上的任意点都具有 $B(a+b)=B(a)+B(b)$，即亥姆霍兹线圈轴线上任一点磁感应强度是两个单线圈单独在该点上产生磁感应强度之和，并找出均匀磁场区域。

3. 分别把亥姆霍兹线圈间距调整为 $d=R/2$ 和 $d=2R$，测量在电流为 $I=100$ mA 轴线上各点的磁感应强度值 $B(a+b)$。

4. 以两个线圈轴线 x 为横轴（原点 O 选在亥姆霍兹线圈的中心），磁感应强度 $B(a+b)$ 为纵轴，作间距 $d=R/2$、$d=R$、$d=2R$ 时，两个线圈轴线上磁感应强度 $B(a+b)$ 与位置 x（或称 z）之间关系图，即 $B-z$ 图，分析三者的差别，找出哪条曲线具有准均匀磁场区域。

5. 选做设计性实验内容：测量地磁场的水平分量。

实验 2-5　用霍尔位移传感器测杨氏模量

（赵　杰）

霍尔传感器不仅可以用来测磁场，还可用来测机械位移。本实验用弯曲法测量固体材料杨氏模量，用霍尔位移传感器检测待测固体材料的形变位移，从而计算杨氏模量。

【实验目的】

1. 理解霍尔位移传感器的结构和原理。
2. 学会对霍尔位移传感器进行定标。
3. 用弯曲法测量金属的杨氏模量。

【实验原理】

1. 霍尔位移传感器

如图 2-5-1 所示，霍尔元件置于磁感应强度为 B 的磁场中，在垂直于磁场方向通以电流 I，则与这二者相垂直的方向上将产生霍尔电势差，即

$$U_H=K\cdot I\cdot B \qquad (2-5-1)$$

式中，K 为元件的霍尔灵敏度。如果保持霍尔元件的电流 I 不变，而使其在一个均匀梯度的磁场中移动时，则输出的霍尔电势差变化量为

$$\Delta U_H=K\cdot I\cdot\frac{\mathrm{d}B}{\mathrm{d}Z}\cdot\Delta Z \qquad (2-5-2)$$

式中，ΔZ 为位移量。此式说明若 $\frac{\mathrm{d}B}{\mathrm{d}Z}$ 为常数时，ΔU_H 与 ΔZ 成正比。

为实现均匀梯度的磁场，用两块相同的磁铁（磁铁截面积及表面磁感应强度相同）相对放置，即 N 极与 N 极相对，两磁铁之间留一等间距间隙，霍尔元件平行于磁铁放在该间隙的中轴上。间隙大小要根据测量范围和测量灵敏度要求而定，间隙越小，磁场梯度就越大，灵敏度就越高。磁铁截面要远大于霍尔元件，以尽可能减小边缘效应影响，提高测量精确度。

若磁铁间隙内中心截面处的磁感应强度为零，霍尔元件处于该处时，输出的霍尔电势差应该为零。当霍尔元件偏离中心沿 Z 轴发生位移时，由于磁感应强度不再为零，霍尔元件也就产生相应的电势差输出，其大小可以用数字电压表测量。由此可以将霍尔电势差为零时元件所处的位置作为位移参考零点。霍尔位移传感器的灵敏度为

$$K=\frac{\Delta U}{\Delta Z} \tag{2-5-3}$$

霍尔电势差与位移量之间存在一一对应关系，当位移量较小（<2 mm），这一对应关系具有良好的线性。

2. 杨氏模量

如图 2－5－2 所示，在横梁弯曲的情况下，杨氏模量 Y 可以用下式表示：

$$Y=\frac{d^3 \cdot Mg}{4a^3 \cdot b \cdot \Delta Z} \tag{2-5-4}$$

式中，d 为两刀口之间的距离；M 为所加砝码的质量；a 为横梁的厚度；b 为梁的宽度；ΔZ 为梁中心由于外力作用而下降的距离；g 为重力加速度。

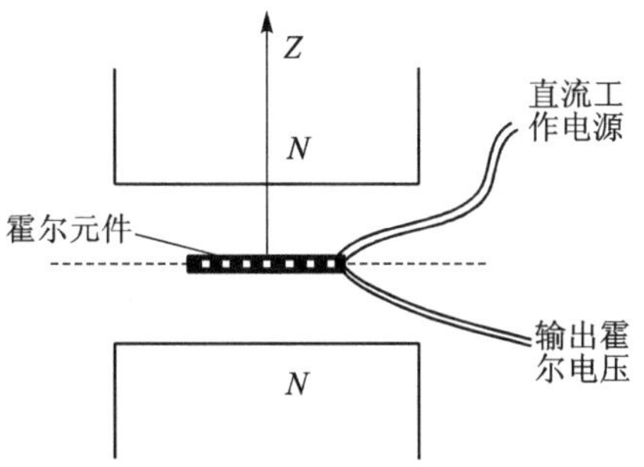

图 2－5－1　霍尔位移传感器结构图

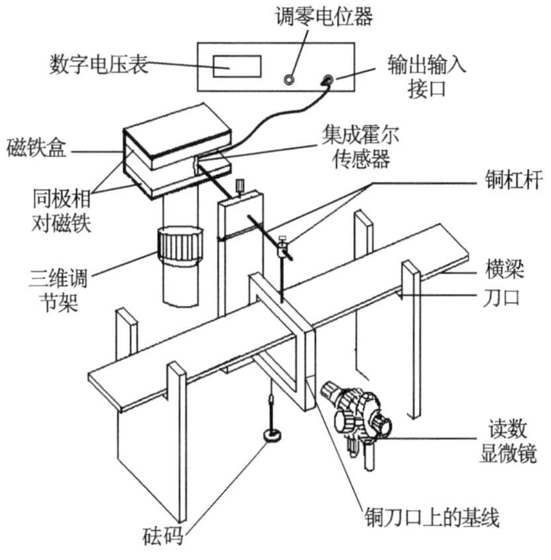

图 2－5－2　霍尔位移传感器杨氏模量实验仪结构图

【实验器材】

霍尔位置传感器测杨氏模量装置一台（底座固定箱、读数显微镜、95 型集成霍尔位置传感器、磁铁两块等）、霍尔位置传感器输出信号测量仪一台（包括直流数字电压表）。

【实验内容】

1. 安装实验仪器

按图 2－5－2 所示进行安装。接通电源，调节磁铁或仪器上调零电位器使在初始负载的

条件下仪器指示处于零值。大约预热十分钟左右，指示值即可稳定。调节读数显微镜目镜，直到眼睛观察镜内的十字线和数字清晰，然后移动读数显微镜使通过其能够清楚看到铜刀口上的基线，再转动读数旋钮使刀口点的基线与读数显微镜内十字刻线吻合。

2. 霍尔位移传感器的定标

在进行测量之前，要求符合安装要求，并且检查杠杆的水平、刀口的垂直、挂砝码的刀口处于梁中间，杠杆安放在磁铁的中间，注意不要与金属外壳接触，一切正常后加砝码，使梁弯曲产生位移 ΔZ；精确测量霍尔传感器输出电压 U 与固定砝码架的位移 Z 的关系，也就是用读数显微镜对传感器输出电压进行定标，测量数据记入表 2－5－1 中，验证 $U-Z$ 之间呈很好的线形关系，利用式 2－5－3 求出霍尔位移传感器的灵敏度 K。

表 2－5－1　霍尔位移传感器静态特性测量

M/g	0.00	20.00	40.00	60.00	80.00	100.00
Z/mm	0.00					
U/mV	0.00					

3. 杨氏模量的测量

用直尺测量横梁的长度 d，游标卡尺测其宽度 b，千分尺测其厚度 a，利用霍尔位移传感器上述已经定标的 K 值，测出某金属样品在重物作用下的位移，测量数据记入表 2－5－2 中，计算其杨氏模量 Y。

表 2－5－2　待测样品的位移测量

M/g	0.00	20.00	40.00	60.00	80.00	100.00
Z/mm	0.00					

【注意事项】

1. 梁的厚度必须测准确。在用千分尺测量黄铜厚度 a 时，将千分尺旋转时，当将要与金属接触时，必须用微调轮。当听到“嗒、嗒、嗒”三声时，停止旋转。

2. 读数显微镜的准丝对准铜挂件(有刀口)的标志刻度线时，注意要区别是梁的边沿，还是标志线。

3. 霍尔位置传感器定标前，应先将霍尔传感器调整到零输出位置，这时可调节电磁铁盒下的升降杆上的旋钮，达到零输出的目的，另外，应使霍尔位置传感器的探头处于两块磁铁的正中间稍偏下的位置，这样测量数据更可靠一些。

4. 加砝码时，应该轻拿轻放，尽量减小砝码架的晃动，这样可以使电压值在较短的时间内达到稳定值，节省了实验时间；

5. 实验开始前，必须检查横梁是否有弯曲，如有，应矫正。

实验 2-6　电子束的偏转和聚焦

（赵　杰）

【实验目的】

1. 理解电子束的电偏转、电聚焦、磁偏转、磁聚焦的原理，掌握实验方法；

2. 学习测量电子荷质比的一种方法。

【实验原理】

1. 示波管的结构

示波管的结构如图 2-6-1 所示。

① 电子枪：它发射电子并把电子加速和聚焦成电子束。

② 电偏转系统：由两对互相垂直的平行金属板组成，偏转板上加不同的电压可控制打到荧光屏上亮点的位置。

③ 在管子末端的荧光屏，用来显示电子束的轰击亮点。

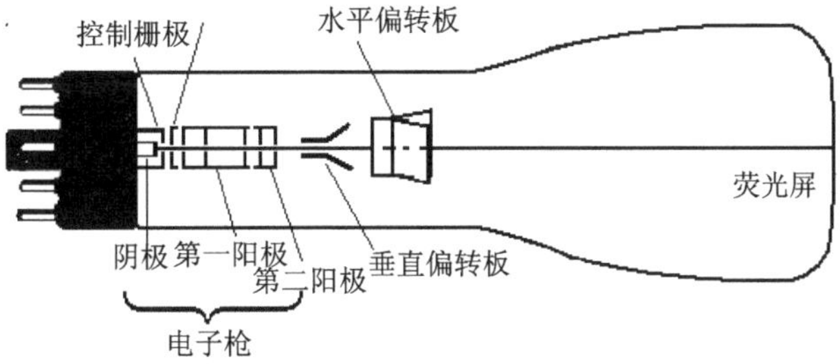

图 2-6-1　示波管结构图

2. 电子的加速和电偏转

为了描述电子的运动，我们选用了一个直角坐标系，其 z 轴沿示波管管轴，x 轴是示波管正面所在平面上的水平线，y 轴是示波管正面所在平面上的竖直线。

从阴极发射出来通过电子枪各个小孔的一个电子，它在从阳极 A_2 射出时在 z 方向上具有速度 v_z；v_z 的值取决于 K 和 A_2 之间的电位差 $V_2=V_B+V_C$（参见图 2-6-2）。

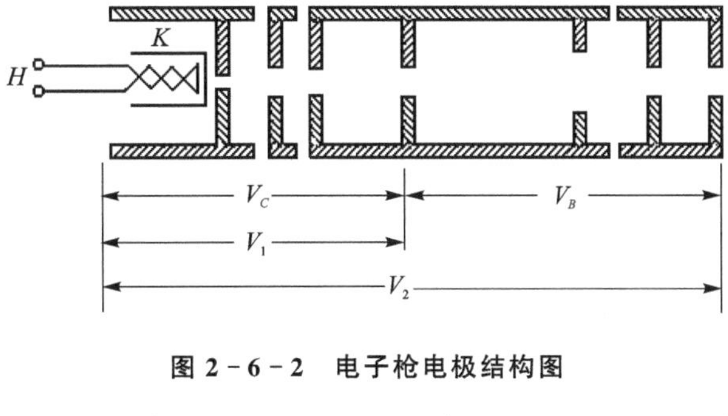

图 2-6-2　电子枪电极结构图

电子从 K 移动到 A_2，位能降低了 $e\cdot V_2$；因此，如果电子逸出阴极时的初始动能可以忽略

不计,那么它从 A_2 射出时的动能 $\frac{1}{2}m \cdot v_z^2$ 就由下式确定:

$$\frac{1}{2}m \cdot v_z^2 = e \cdot V_2 \tag{2-6-1}$$

此后,电子再通过偏转板之间的空间。如果偏转板之间没有电位差,那么电子将笔直地通过。最后打在荧光屏的中心,形成一个小亮点。但是,如果两个垂直偏转板之间加有电位差 V_d,使偏转板之间形成一个竖向电场 E_y,那么作用在电子上的电场力便使电子获得一个竖向速度 v_y,但却不改变它的轴向速度分量 v_z,这样,电子在离开偏转板时运动的方向将与 z 轴成一个夹角 θ,即

$$\tan\theta = \frac{v_y}{v_z} \tag{2-6-2}$$

如图 2-6-3 所示,如果知道了偏转电位差和偏转板的尺寸,那么以上各个量都能计算出来。

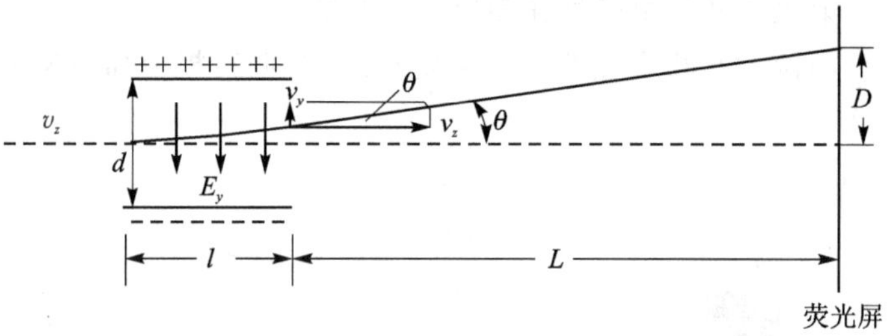

图 2-6-3 电子在电场中的运动

设距离为 d 的两个偏转板之间的电位差 V_d 在其中产生一个竖向电场 $E_y = V_d/d$,从而对电子作用一个大小为 $F_y = eE_y = eV_d/d$ 的竖向力。在电子从偏转板之间通过的时间 Δt 内,这个力使电子得到一个横向动量 mv_y,而它等于力的冲量,即

$$m \cdot v_y = F_y \cdot \Delta t = e \cdot V_d \cdot \frac{\Delta t}{d} \tag{2-6-3}$$

于是

$$v_y = \frac{e}{m} \cdot \frac{V_d}{d} \cdot \Delta t \tag{2-6-4}$$

然而,这个时间间隔 Δt,也就是电子以轴向速度 v_z 通过距离 l(l 等于偏转板的长度)所需要的时间,因此 $l = v_z \Delta t$。由这个关系式解出 Δt,代入冲量-动量关系式,结果得

$$v_y = \frac{e}{m} \cdot \frac{V_d}{d} \cdot \frac{l}{v_z} \tag{2-6-5}$$

这样,偏转角 θ 就可得出

$$\tan\theta = \frac{v_y}{v_z} = \frac{e \cdot V_d \cdot l}{d \cdot m \cdot v_z^2} \tag{2-6-6}$$

再把能量关系式(2-6-1)代入式 2-6-6,最后得到

$$\tan\theta = \frac{V_d}{V_2} \cdot \frac{l}{2d} \tag{2-6-7}$$

示波管 l、d 为常数,式(2-6-7)表明,偏转角 θ 随偏转电压 V_d 的增加而增大,降低加速电位压 V_2 也能增大偏转角 θ,因这减小了电子轴向速度,延长了偏转电场对电子的作用时间。

电子束离开偏转区域以后便又沿一条直线行进，这条直线是电子离开偏转区域那一点的电子轨迹的切线。这样，荧光屏上的亮点会偏移一个垂直距离 D，而这个距离由关系式 $D=L\tan\theta$ 确定；这里 L 是偏转板到荧光屏的距离，于是有

$$D=L\cdot\frac{V_d}{V_2}\cdot\frac{l}{2d} \tag{2-6-8}$$

3. 电聚焦原理

图 2-6-4 的上部分是电极之间的聚焦电力线和等位线分布图，下面圆圈里面的是其局部放大电子受力图。电子进入 A_1 和 A_2 之间的左半个区域后，被电场力的竖向分量 $F_{聚焦}$ 推向轴线（因电子是逆着电力线箭头方向受力的）。同时，电场力的水平分量（轴向分量）使电子加速前进；同理，电子进入 A_1 和 A_2 之间的右半个区域后，被电场力的竖向分量 $-F_{聚焦}$ 推离轴线。但是由于电子在这个区域比前一个区域运动得更快，向外的冲量比前面区域的向内的冲量要小，所以电子经过左右区域总的效果仍然是使电子靠拢轴线，相当于对电子束起电聚焦作用。

4. 电子的磁偏转原理

图 2-6-5 中电子从电子枪发射出来时，其速度 v 由能量关系式决定：

$$\frac{1}{2}m\cdot v^2=e\cdot V_2=e\cdot(V_B+V_C)$$

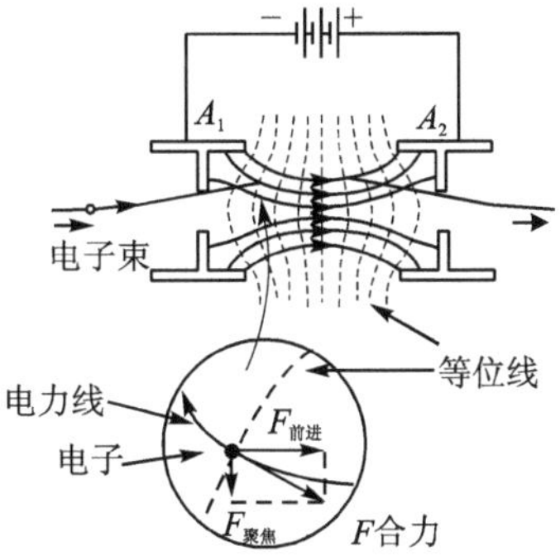

图 2-6-4　电子束的电聚焦

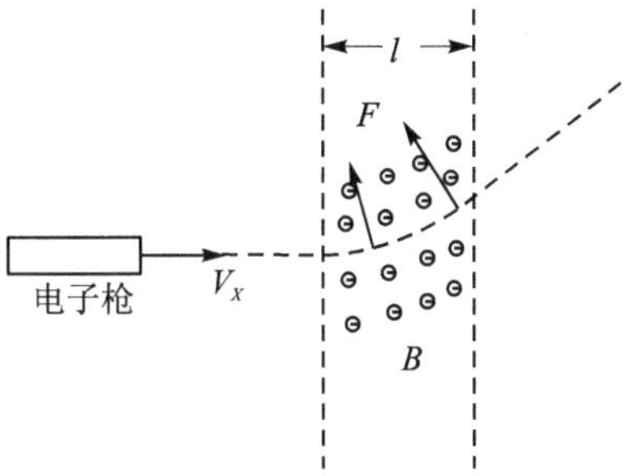

图 2-6-5　电子束的磁偏转

电子束进入长度为 l 的区域，这里有一个垂直于纸面向外的均匀磁场 B，由此引起的磁场洛伦兹力的大小为 $F=e\cdot v\cdot B$，而且它始终垂直于速度，此外，由于这个力所产生的加速度在每一瞬间都垂直于 v，此力的作用只是改变 v 的方向而不改变它的大小，也就是说。粒子以恒定的速率运动。电子在磁场力的影响下作圆弧运动。因为圆周运动的向心加速为 v^2/R，而产生这个加速度的力（有时称为向心力）必定为 $m\cdot v^2/R$，所以圆弧的半径很容易计算出来。向心力等于 $F=e\cdot v\cdot B$，因而 $m\cdot v^2/R=e\cdot v\cdot B$ 即 $R=mv/eB$。电子离开磁场区域之后，重新沿一条直线运动，最后，电子束打在荧光屏上某一点，这一点相对于没有偏转的电子束的位置移动了一段距离，即电子束的磁偏转。

5. 磁聚焦和电子荷质比的测量原理

置于长直螺线管中的示波管，在不受偏转电压的情况下，可在荧光屏上得到一个小亮点。若第二加速阳极 A_2 的电压为 V_2，则电子的轴向运动速度用 v_z 表示，则有

$$v_z=\sqrt{\frac{2e\cdot V_2}{m}} \tag{2-6-9}$$

当给其中一对偏转板加上偏转电压时，电子将获得垂直于轴向的电场力和速度 v_r，此时荧光屏上便出现一条直线，再给螺线管通一直流电流 I，于是螺线管内便产生磁场，其磁场感应强度用 B 表示。运动电子在磁场中受到罗伦磁力 $F=ev_rB$ 的作用（v_z 方向受力为零），这个力使电子在垂直于磁场（也垂直于螺线管轴线）的平面内作圆周运动，设其圆周运动的半径为 R，则有

$$e \cdot v_r \cdot B=\frac{m \cdot v_r^2}{R}$$

即

$$R=\frac{m \cdot v_r}{e \cdot B} \tag{2-6-10}$$

圆周运动的周期为

$$T=\frac{2\pi \cdot R}{v_r}=\frac{2\pi \cdot m}{e \cdot B} \tag{2-6-11}$$

电子既在轴线方面作直线运动，又在垂直于轴线的平面内作圆周运动。它的轨道是一条螺旋线，其螺距用 h 表示，则有

$$h=v_z \cdot T=\frac{2\pi \cdot m}{e \cdot B} \cdot v_z \tag{2-6-12}$$

从(2-6-11)、(2-6-12)两式可以看出，电子运动的周期和螺距均与 v_r 无关，或者说与偏转电压无关。虽然各个点电子的径向速度不同，但由于轴向速度相同（因加速电压相同），由一点（电子枪末端）出发的电子束，经过一个（或几个）周期以后，它们又会在距离出发点相距一个螺距的地方重新相遇，这就是磁聚焦的基本原理，由式(2-6-12)可得

$$e/m=8\pi^2 \cdot V_2/(h^2 \cdot B^2) \tag{2-6-13}$$

长直螺线管的磁感应强度 B，可以由下式计算：

$$B=\frac{\mu_0 \cdot N \cdot I}{\sqrt{L^2+D^2}} \tag{2-6-14}$$

电子荷质比：

$$e/m = 8\pi^2 \cdot V_2 \cdot (L^2+D^2)/(\mu_0^2 \cdot N^2 \cdot h^2 \cdot I^2) \tag{2-6-15}$$

真空中的磁导率 $\mu_0=4\pi\times10^{-7}$ h/m。本仪器的参数：螺线管内的线圈匝数：$N=526$ T；螺线管的长度：$L=0.234$ m；螺线管的直径：$D=0.090$ m；螺距（Y 偏转板至荧光屏距离）$h=0.145$ m。

【实验仪器】

DZS-D 型电子束实验仪。

【实验步骤】

1. 电偏转

(1) 将"X 偏转"的"输出"接线柱和电偏转电压表的输入"V"接线柱相连接，注意要同颜色的相接。

(2) 开启电源开关，将"电子束—荷质比"选择开关打向"电子束"位置，调节"亮度"和"聚焦"旋钮适当调大，使屏上光点聚焦。注意：光点不能太亮，防烧坏荧光屏。

(3) 调节 X 偏转的 "X 调节"旋钮，使电压表的指示为零，再调节调零的 X 旋钮，使光点位于荧屏垂直中线上。同 X 调零，将 Y 调零后，使光点位于示波管的中心原点。

(4) 测量 D 随 V_d(X 轴)变化:调节阳极电压旋钮,使阳极电压 $V_2=600$ V。将电偏转电压表接到电偏转水平电压输出的两接线柱上,测量 V_d 值和对应的光点的位移量 D 值,提高电压转电压,每隔 5 V 测一组 V_d、D 值,把数据记录到表 2-6-1 中。

表 2-6-1　实验数据

V_d/V(V_2=600 V)											
D/mm											
V_d/V(V_2=700 V)											
D/mm											

(5) 作 $D-V_d$ 图,求出曲线斜率得电偏转灵敏度 S_X 值。

(6) 然后调节阳极电压 $V_2=700$ V,重复以上实验步骤,对比总结阳极电压 V_2 对电偏转灵敏度 S_X 的影响。

2. 电聚焦

① 不必接线,开启电源开关,将"电子束—荷质比"选择开关拨到电子束,适当调节辉度。调节聚焦,使屏幕上光点聚焦成一细光点。光点不要太亮,防烧坏荧光屏。

② 通过调节"X 偏转"和"Y 偏转"旋钮,使光点位于 X、Y 轴的中心。

③ 调节阳极电压 V_2=600 V,700 V,800 V,900 V,1000 V,调节聚焦旋钮(改变聚焦电压)使光点分别达到最佳的聚焦效果,测量并记录各对应的聚焦电压 V_1。

④ 求出 V_2/V_1 比值。

3. 磁偏转

① 将"磁偏转电流输出"插孔接"磁偏转电流插座"插孔。

② 开启电源开关,将"电子束—荷质比"选择开关打向电子束位置,辉度适当调节,并调节聚焦良好亮度适中。

③ 光点调零。在磁偏转输出电流为零时,通过调节"X 偏转"和"Y 偏转"旋钮,使光点位于 Y 轴的中心原点。

④ 测量偏转量 D 随磁偏电流 I 的变化,给定阳极电压 V_2(600 V),调节磁偏电流调节旋钮(改变磁偏电流的大小),每 10 mA 测量一组 D 值记入表 2-6-2 中。

表 2-6-2　实验数据

I/mA						…
D/mm						…

⑤ 作 $D-I$ 图,求曲线斜率得磁偏转灵敏度。

⑥ 选作内容:改变 V_2(700 V),再测一组 $D-I$ 数据。对比研究阳极电压大小对磁偏转灵敏度的影响。

4. 磁聚焦和电子荷质比的测量

① 将"励磁电流输出"插座接磁聚焦螺线管"励磁电流输入"插座。

② 把励磁电流调节旋钮逆时针旋到底(最小)。

③ 开启电源开关,"电子束～荷质比"转换开关置于"荷质比"方向,此时荧光屏上出现一条直线,把阳极电压调到 700 V。

④ 开启励磁电流电源，逐渐加大电流使荧光屏上的直线一边旋转一边缩短，直到磁聚焦后变成一个小光点。读取电流值，然后将电流调为零。再将电流换向开关(在励磁线圈下面)扳到另一方，再从零开始增加电流使屏上的直线反方向旋转并缩短，直到再一次得到一个小光点，读取电流值并记录入表 2－6－3 中，据式(2－6－15)求电子荷质比。

表 2－6－3　实验数据

	700/V	800/V
$I_{正向}$/A		
$I_{反向}$/A		
$I_{平均}$/A		
电子荷质比 $\frac{e}{m}$/C · kg^{-1}		

⑤选作内容：改变阳极电压为 800 V，重复步骤③。

⑥实验结束，并把励磁电流调节旋钮逆时针旋到底。

实验 2－7　单色仪的定标

(罗秀萍)

单色仪是常用的基本光谱仪器，可用它来产生各种波长的单色光。常用来测量介质的光谱特性、光源的光谱能量分布及光电探测器的光谱响应等。单色仪也是其他光谱仪器的主要组成部分之一。本实验通过用汞光谱单色仪在可见光区进行定标，并测量滤色片的透射率，使学生掌握单色仪的结构、原理和使用方法。

【实验目的】

1. 了解棱镜单色仪的构造原理和使用方法。
2. 以汞灯的主要谱线为基准，对单色仪在可见光区进行定标。
3. 掌握用单色仪测定滤光片光谱透射率的方法。

【实验原理】

单色仪是一种分光仪器，它通过色散元件分光作用，把一束复色光分解成它的“单色”组成部分。单色仪依采用的色散元件的不同，可分为棱镜单色仪和光栅单色仪两大类。单色仪运用的光谱区很广，从紫色、可见、近红外到远红外。对于不同的光谱区域，一般需换不同的棱镜或光栅。例如应用石英棱镜作为色散元件，则主要应用于紫外光谱区，并需用光电倍增管作为探测器；若棱镜材料用 NaCl(氯化钠)、LiF(氟化锂)或 KBr(溴化钾)等，则可运用于广阔的红外光谱区；用真空热电偶等作为光探测器。本实验所用玻璃棱镜单色仪适用于可见光区，用人眼或光电池作为探测器。图 2－7－1 所示为反射

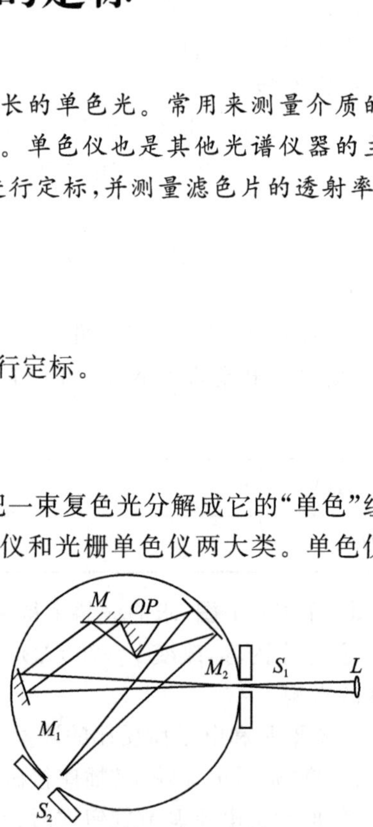

图 2－7－1　反射式棱镜单色仪结构示意图

式棱镜单色仪的结构示意图，其外壳是圆形的，下方有驱动棱镜台转动的丝杆和读数鼓轮，外侧装有缝宽可调的入射狭缝 S_1 和出射狭缝 S_2。其光学系统由下列三部分组成：

1. 入射准直系统

由入射缝 S_1 和凹面镜 M_1 组成，因 S_1 固定在 M_1 的焦面上，它使 S_1 发出的入射光束成为平行光束。

2. 色散系统

平行入射的复色光由平面镜 M 反射后经棱镜 P 色散，并按波长排列向不同方向偏折，成为一系列单色的平行光。棱镜 P 和平面镜 M 作为一个整体安装在同一转台上。它是恒向偏向角系统，这种设计保证在入射准直系统的位置不变的情况下，随着棱镜的转动只有满足最小偏向角条件的入射光，通过棱镜后才能从出射狭缝射出。

3. 出射聚光系统

由聚焦凹面镜 M_2 和出射缝 S_2 组成，它将色散后沿不同方向传播的单色平行光经 M_2 反射后，会聚在 M_2 的焦面，即出射缝 S_2 的平面上，因 S_2 输出的是波段很窄的光，通常称为单色光。

在仪器的底部有读数鼓轮，它与万向接头转动杆及把手相连。当转动把手时，棱镜就转动，单色仪底部鼓轮的读数与棱镜的位置相对应，因此其读数与出射缝处出射光的波长相对应。

本实验采用汞灯作为已知线光谱的光源，在可见光波段其主要谱线的相对强度、波长等相关数据参见图 2－7－2 和表 2－7－1。

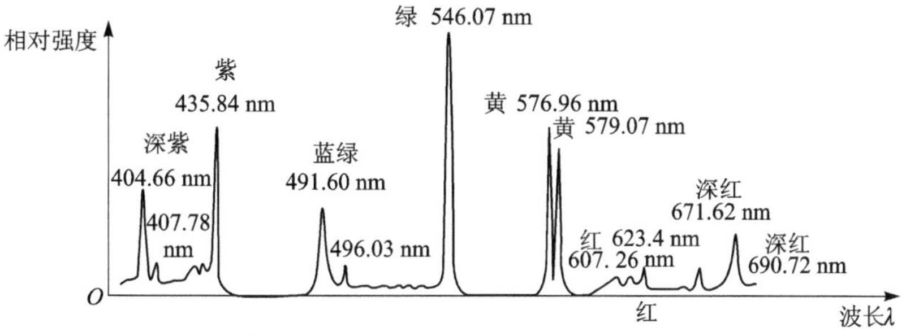

图 2－7－2　可见光波段范围内汞灯主要谱线相对强度和波长

表 2－7－1　汞灯主要光谱线波长表

颜　色	波长/nm	强　度	颜　色	波长/nm	强　度
紫色	Δ 404.66	强	黄色	Δ 576.96	强
	Δ 407.78	中		Δ 579.07	强
	410.81	弱		585.92	弱
	433.92	弱		589.02	弱
	434.75	中	橙色	Δ 607.26	弱
	Δ 435.84	强		Δ 612.33	弱

续表 2-7-1

颜　色	波长/nm	强　度	颜　色	波长/nm	强　度
蓝绿色	Δ 491.60	强	红色	623.44	中
	Δ 496.63	中	深红色	Δ 671.62	中
绿色	535.41	弱		Δ 690.72	中
	536.51	弱		708.19	弱
	Δ 546.07	强			
	567.59	弱			

注：Δ 可选为定标曲线。

【实验器材】

反射式棱镜单色仪、汞灯、读数显微镜、滤光片、会聚透镜(两片)、毛玻璃。

练习 1　棱镜单色仪的定标

由于棱镜单色仪不是直接用波长分度标度，而是用相应的鼓轮读数来表示。单色仪出厂时，一般都附有定标曲线的数据或图表供查阅，但是经过长期使用或重新装调后，其数据会发生改变，这就需要重新定标，即利用已知波长的光谱线来定标鼓轮的读数，作出鼓轮(L)与波长(λ)的关系曲线。

单色仪定标曲线的定标是借助于波长已知线光谱光源来进行的，为了获得较多的点，必须有一组光源。通常采用汞灯、氦灯、钠灯、氖灯以及铜、锌、铁作电极的弧光光源等。

本实验选用汞灯作为已知线光谱的光源，在可见光区(400～760 nm)进行定标。在可见光波段，汞灯主要谱线的相对强度和波长如图 2-7-2 及表 2-7-1 所示。

【实验内容】

1. 观察入射狭缝和出射狭缝的结构，了解缝宽的调节和读数以及狭缝使用时的注意事项。因为两个缝的宽度直接影响出射光的强度和单色性，所以必须根据需要适当选择缝宽。

2. 将汞灯对准入射狭缝 S_1，人眼从出射狭缝 S_2 处朝单色仪里的 M_2 望去，可见到光源的像。调节灯的高低左右，使光源的清晰像正好位于 M_2 的中央，适当减小 S_1、S_2 的缝宽，然后在光源与 S_1 之间同轴放入一会聚透镜，移动透镜位置，使光源的像聚焦在 S_1 中央。

3. 将读数显微镜置于出射缝处，对出射狭缝 S_2 与刀口进亮度行调整，使读数显微镜视场中观察到的汞谱线最清晰。为使谱线尽量细锐并有足够的，应使入射缝 S_1 尽可能小，出射缝 S_2 可适当放大些。根据可见光区汞灯主要谱线的波长、颜色、相对强度和谱线间距辨认谱线，并选表 2-7-1 中打“Δ”者为定标曲线。

4. 使读数显微镜的十字叉丝对准出射狭缝的中心位置，缓慢转动鼓轮，直到各谱线中心依次对准显微镜的叉丝时，分别记下鼓轮读数(L)与其所对应的波长(λ)，测量几次取其平均值。

5. 以光谱线波长(λ)为横坐标，以鼓轮读数为(L)为纵坐标画曲线，即得单色仪的定标曲线。

练习 2　用单色仪测滤光片的透射率

当波长为 λ，光强为 $I_0(\lambda)$ 的单色光束垂直入射于透明物体上时，由于物体对不同波长的光的透射能力不一样，所以透过物体后的光强 $I_t(\lambda)$ 也不一样。通常定义物体的光谱透射率 $T(\lambda)$ 为

$$T(\lambda)=\frac{I_T(\lambda)}{I_0(\lambda)} \tag{2-7-1}$$

若以白炽灯为光源，出射的单色光由光电池接收，用灵敏电流计显示其读数，则出射的单色光电流 $i_0(\lambda)$ 与入射光 $I_0(\lambda)$、单色仪的光谱透射率 $T_0(\lambda)$ 和光电池的光谱灵敏度 $S(\lambda)$ 成正比，即

$$i_0(\lambda)=kI_0(\lambda)T_0(\lambda)S(\lambda) \tag{2-7-2}$$

式中，k 为比例系数。若将一光谱透射率为 $T(\lambda)$ 的透明物体（滤光片）插入被测光路，则相应的光电流可表示为

$$\begin{aligned} i_T(\lambda)&=kI_T(\lambda)T_0(\lambda)S(\lambda) \\ &=kI_0(\lambda)T(\lambda)T_0(\lambda)S(\lambda) \end{aligned} \tag{2-7-3}$$

由式(2-7-2)和式(2-7-3)可得

$$T(\lambda)=\frac{I_T(\lambda)}{I_0(\lambda)}=\frac{i_T(\lambda)}{i_0(\lambda)} \tag{2-7-4}$$

本练习要求用单色仪测定滤光片的光谱透射率 $T(\lambda)$，作出 $T(\lambda)-\lambda$ 曲线。

【实验内容】

1. 安排好实验仪器。光源用白炽灯，它的发射光谱是连续光谱。选择适当的缝宽(约 0.1 mm)。

2. 转动鼓轮，使单色仪输出波长为 690 nm，不加滤光片，记录电流计偏转格数 $i_0(\lambda)$，加上滤光片时偏转为 $i_T(\lambda)$。求滤光片对该波长的透射率 $T(\lambda)$。

3. 继续转动鼓轮，使输出中的波长从 690 nm 向紫光区移动，每隔一定的波长间隔（约 20 nm）测量一次，求出透射率 $T(\lambda)$ 并记录波长 λ。

4. 作 $T(\lambda)-\lambda$ 曲线，求出光谱透射率的半宽度。

【思考讨论】

如发现单色仪定标曲线上相对于已知波长的鼓轮刻度 L 偏离了 ΔL，能否将原定标曲线平移 ΔL 后继续使用，为什么？

实验 2-8　光具组基点的测定

（罗秀萍）

实际的光学系统都是由多个透镜组成的。为使成像变得简单，可以求出透镜组的三对基点，利用这些基点，把此光学系统等效成一个光具组，从而根据成像公式确定像的大小和位置，使成像问题大大简化。通过本实验，使学生了解节点测试仪的构造及其工作原理，进一步了解光学系统基点的性质，并直观地验证节点和主平面的性质，通过实验证明薄透镜成像公式对透镜组也是成立的。

【实验目的】

1. 加强对光具组基点的认识。

2. 学习测定光具组基点和焦距的方法。

【实验原理】

1. 共轴球面系统的基点、基面具有如下的特性

(1) 主点和主面

若将物体垂直于系统的光轴放置在第一主点 H 处，则必成一个与物体同样大小的正立像于第二主点 H'处，即主点是横向放大率 $\beta=+1$ 的一对共轭点。过主点垂直于光轴的平面，分别称为第一、第二主面(图 2-8-1 中的 MH，$M'H'$)。

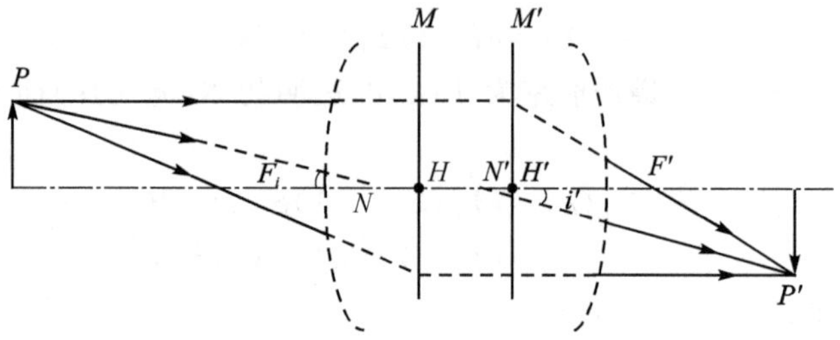

图 2-8-1　光具组基点基面

(2) 节点和节面

节点是角放大率 $\gamma=+1$ 的一对共轭点，入射光线(或其延长线)通过第一节点 N 时，出射光线(或其延长线)必通过第二节点 N'，并与 N 的入射光线平行。过节点垂直于光轴的平面分别称为第一、第二节面。

当共轴球面系统处于同一媒质时，两主点分别与两节点重合。

(3) 焦点和焦面

平行于系统主轴的平行光束，经系统折射后与主轴的交点 F'称为像方焦点；过 F'垂直于主轴的平面称为像方焦面。第二主点 H'到像方焦点 F'的距离，称为系统的像方焦距 f'。此外还有物方焦点 F、焦面和焦距 f。

显然，薄透镜的两主点与透镜的光心重合，而共轴的球面系统两主点的位置，将随各组合透镜或折射面的焦距和系统的空间特性而异。下面以两个薄透镜的组合为例进行讨论，设两薄透镜像方焦距分别为 f'_1和 f'_2，两透镜之间距离为 d，则透镜组的像方焦距 f'可由下式求出

$$f'=\frac{f'_1 f'_2}{(f'_1-f'_2)-d} \qquad f=-f' \tag{2-8-1}$$

两主点位置

$$l'=\frac{-f'_2 d}{(f'_1+f'_2)-d}$$

$$l=\frac{f'_1 d}{(f'_1+f'_2)-d} \tag{2-8-2}$$

计算时注意 l'是从第二透镜光心量起，l 是从第一透镜光心量起。

2. 测节器的原理。

设有一束平行光入射于由两片薄透镜组成的光具组，光具组与平行光束共轴，光线通过光具组后，会聚于像屏的 Q 点，此 Q 点即光具组的像方焦点 F'，如图 2-8-2 所示。以垂直于平行光的某一方向为轴，将光具组转动一小角度，可有如下两种情况：

① 回转轴恰好通过光具组的第二节点 N'。

因为入射第一节点 N 的光线必从第二节点 N' 射出，而且出射光平行于入射光，现在 N' 未动，入射光方向未变，所以通过光具组的光束，仍会聚于焦平面上的 Q 点，但是这时光具组的像方焦点 F' 已离开 Q 点，如图 2－8－3 所示。严格讲，回转后像的清晰度稍差。

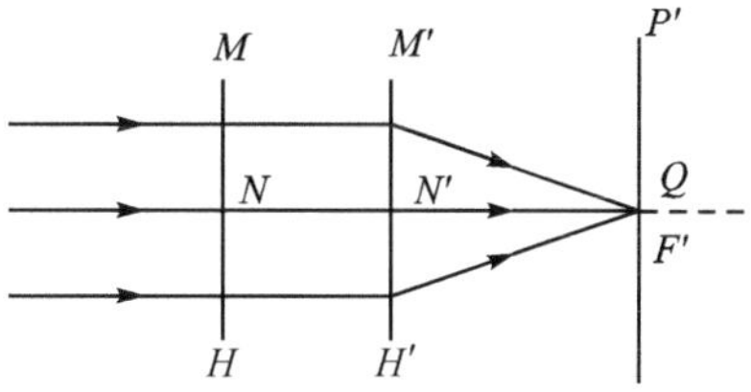

图 2－8－2　光具组成像光路图

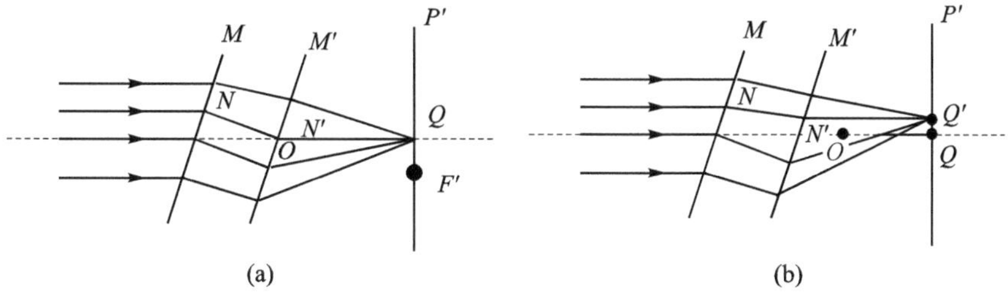

图 2－8－3　回转轴通过光具组第二节点的光路示意图

② 回转轴未通过光具组的第二节点 N'。

由于第二节点 N' 未在回转轴上，所以光具组转动后，N' 出现移动，但由 N' 的出射光线和前一情况相比将出现平移，光束的会聚点将从 Q 移到 Q'。

测节器是一个可绕铅直轴 OO' 转动的水平滑槽 R，待测基点的光具组 Ls（由薄透镜组成的共轴系统）可放置在滑槽上，但位置可调，并由槽上的刻度尺指示 Ls 的位置。测量时轻轻地转动一点滑槽，观察白屏 P' 上的像是否移动，参照上述分析去判断 N 是否位于 QQ' 轴上，如果 N' 未在 QQ' 上，就调整 Ls 在槽中位置，直至 N' 在 OO' 轴上，则从轴的位置可求出 N' 对 Ls 的位置。

【实验器材】

光具座、透镜组、测节器、平行光管、像屏、物屏。

【实验内容】

1. 测量透镜 L_1 和 L_2 的焦距 f_1'，f_2'。

2. L_1 和 L_2 按 $d<(f_1'+f_2')$ 组合成光具组置于测节器的滑槽上。

3. 将平行光管 S、物屏 P、测节器 R 及白屏 P' 置于光具座上，调节共轴。

4. 照亮物屏 P，移动白屏 P' 得到清晰的像，轻轻少许转动滑槽，从像的移动判断 N' 的位置，逐渐移动光具组 Ls，直至其第二节点 N' 在转轴 OO' 上为止。记录 OO' 轴和焦点 F' 相对于 L_2 的位置重复几次。

5. 将光具组转 180°，此时原来的节点 N 成为 N'，同上测量。

6. 绘图表示光具组、主面及焦点的位置，计算焦距 f' 之值。

7. 取 $d>(f_1'+f_2')$，重复上述 4～6 的内容。

实验 2-9　偏振现象的观察与分析

（罗秀萍）

光的干涉和衍射现象表明光是一种波动，光的偏振现象显示了光的横波性。本实验通过观察各类偏振现象，加深对光偏振基本规律的认识，掌握起偏和检偏的几种方法，熟悉偏振基本规律。

【实验目的】

1. 观察光的偏振现象，加深对偏振光的了解。

2. 掌握产生和检验偏振光的原理和方法。

【实验原理】

能使自然光变成偏振光的装置或器件，称为起偏器。用来检验偏振光的装置或器件，称为检偏器。实际上，能产生偏振光的器件，同样可用作检偏器。

1. 平面偏振光的产生

（1）由二向色性晶体的选择吸收产生偏振

有些晶体（如电气石、人造偏振片）对两个相互垂直振动的电矢量具有不同的吸收本领，这种选择吸收性，称为二向色性。当自然光通过二向色性晶体时，其中一成分的振动几乎被完全吸收，而另一成分的振动几乎没有损失，因此，透射光就成为平面偏振光。利用偏振片可以获得截面较宽的偏振光束，而且造价低廉，使用方便。偏振片的缺点是有颜色，光透过率稍低。

（2）由晶体双折射产生偏振

当自然光入射于某些各向异性晶体时，在晶体内折射后分解为两束平面偏振光，并以不同的速度在晶体内传播，可用某一方法使两束光分开，除去其中一束，剩余的一束就是平面偏振光。尼科耳棱镜是这种元件之一。它由两块经特殊切割的方解石晶体黏合而成。透过尼科耳棱镜的平面偏振光的偏振面平行于晶体的主截面，垂直于主截面的偏振光被除掉。

2. 圆偏振光和椭圆偏振光的产生

当振幅为 A 的平面偏振光垂直入射到表面平行于光轴的双折射晶片时，若振动方向与晶片光轴的夹角为 α，则在晶片表面上寻常 o 光和非常 e 光的振幅分别为 $A\sin\alpha$ 和 $A\cos\alpha$，它们的相位相同。进入晶片后，o 光和 e 光之间将产生位相差 δ

$$\delta=\frac{2\pi}{\lambda_0}(n_o-n_e)d \tag{2-9-1}$$

式中，λ_0 表示光在真空中的波长；n_o 和 n_e 分别为晶体中 o 光和 e 光的折射率。

① 如果晶片的厚度使产生的位相差 $\delta=\frac{1}{2}(2k+1)\pi, k=0,1,2,\cdots$，这样的晶片称为 1/4 波片。平面偏振光通过 1/4 波片后，透射光一般是椭圆偏振光，当 $\alpha=\pi/4$ 时，则为圆偏振光；但当 $\alpha=0$ 和 $\pi/2$ 时，椭圆偏振光退化为平面偏振光。

换言之，1/4 波片可将平面偏振光变成椭圆偏振光或圆偏振光；反之，它也可将椭圆偏振光或圆偏振光变成平面偏振光。

② 如果晶片的厚度使产生的相差 $\delta=(2k+1)\pi, k=0,1,2,\cdots$，这样的晶片称为半波片。

如果入射平面偏振光的振动面与半波片光轴的交角为 α，则通过半波片后的光仍为平面偏振光，但其振动面对于入射光的振动面转过 2α 角。

3. 平面偏振光通过检偏器后光强的变化

强度为 I_0 的平面偏振光通过检偏器后的光强 I_θ 为

$$I_\theta = I_0 \cos^2\theta \tag{2-9-2}$$

式中，θ 为平面偏振光偏振面和检偏器主截面的夹角，此关系即马吕斯(Malus)定律。它表示改变 θ 角可以改变透过检偏器的光强。

当起偏器和检偏器的取向使得通过的光量极大时，称它们为平行(此时 $\theta=0$)。当二者的取向使系统射出的光量极小时，称它们为正交(此时 $\theta=90°$)。

【实验器材】

光具座、氦-氖激光器、偏振片、半波片、1/4 波片、硅光电池、数字电流计。

【实验内容】

1. 验证马吕斯定律

如图 2-9-1 安置仪器，使激光器 L 射出的光束，穿过起偏器 N_1 和检偏器 N_2 射到硅光电池 P_c 上，使 N_1、N_2 正交，记录灵敏电流计上的示值。以下将检偏器每转一角度(10°～15°)记录一次，直至转动 90°为止，应重复几次。

自己设计利用这些数据验证马吕斯定律的方案。

2. 考察半波片对偏振光的影响

① 使用图 2-9-1 的装置，调 N_1、N_2 为正交，在 N_1 和 N_2 间平行放置半波片，以光线方向为轴将波片转 360°，记录出现消光的次数和 N_2 位置(角度)。

② 使 N_1 和 N_2 正交，半波片的光轴和 N_1 的主截面成 α(10°～15°)角，转 N_2 使之消光，记录 N_2 的位置。改变 α 角，每次增加 10°～15°，同上测量直至 α 等于 90°。

解释以上观察记录。

3. 椭圆偏振光、圆偏振光的产生与检验

实验装置同上，将半波片换成 1/4 波片。

① 使 N_1、N_2 正交，以光线方向为轴将波片转 360°，记录观测的现象。

② 使用起偏器 N_1 和 1/4 波片产生椭圆偏振光，旋转检偏器 N_2 观测光强的变化。记录波片光轴相对 N_1 主截面的夹角 α，以及转动 N_2 光强极大、极小时 N_2 主截面与波片光轴的夹角 β。α 取不同值重复观测。

③ 使用 N_1 和 1/4 波片产生圆偏振光(思考：应当怎样安置 1/4 波片?)，旋转 N_2 进行观测并记录。

④ 为了区别椭圆偏振光和部分偏振光、圆偏振光和自然光，要在检偏器前再加一个 1/4 波片去观测。

参照②、③获得椭圆偏振光和圆偏振光，设计如何获得部分偏振光，使用 1/4 波片和检偏器作对比检验，即椭圆偏振光与部分偏振光对比；圆偏振光与自然光对比。要考虑第二个 1/4 波片如何放置。

【思考讨论】

强度为 I_0 的自然光通过偏振片后，其强度 $I < I_0/2$，为什么？

实验 2-10　利用光电效应测定普朗克常量

（李海彦）

用光电效应测定普朗克常数是近代物理中关键性实验之一。学习其基本方法，对了解量子物理学的发展及光的本性认识，都十分有益的。根据光电效应制成的各种光电器件在工农业生产、科研和国防等各个领域有着广泛的应用。通过本实验了解光的量子性和光电效应的基本规律，验证爱因斯坦方程，并由此求出普朗克常数。

【实验目的】

1. 通过实验加深对光的量子性的了解。
2. 通过光电效应实验，验证爱因斯坦方程，并测定普朗克常量。

【实验原理】

当一定频率的光照射到某些金属表面上时，可以使电子从金属表面逸出，这种现象称为光电效应。所产生的电子，称为光电子。光电效应是光的经典电磁理论所不能解释的。1905 年爱因斯坦依照普朗克的量子假设，提出了光子的概念。他认为光是一种微粒—光子；频率为 ν 的光子具有能量 $E=h\nu$，h 为普朗克常量。根据这一理论，当金属中的电子吸收一个频率为 ν 的光子时，便获得这光子的全部能量 $h\nu$，如果这能量大于电子摆脱金属表面的约束所需要的脱出功 w，电子就会从金属中逸出。按照能量守恒原理有

$$h\nu=\frac{1}{2}mv_m^2+w \tag{2-10-1}$$

式(2-10-1)称为爱因斯坦方程，其中 m 和 v_m 是光电子的质量和最大速度，$mv^2/2$ 是光电子逸出表面后所具有的最大动能。它说明光子能量 $h\nu$ 小于 w 时，电子不能逸出金属表面，因而没有光电效应产生；产生光电效应的入射光最低频率 $\nu_0=w/h$，称为光电效应的极限频率（又称红限）。不同的金属材料有不同的脱出功，因而 ν_0 也是不同的。

在实验中将采用“减速电势法”进行测量并求出普朗克常量 h。实验原理如图 2-10-1 所示。当单色光入射到光电管的阴极 K 上时，如有光电子逸出，则当阳极 A 加正电势，K 加负电势时，光电子就被加速；而当 K 加正电势，A 加负电势时，光电子就被减速。当 A、K 之间所加电压 U 足够大时，光电流达到饱和值 I_m，当 $U\leqslant -U_0$，并满足方程

$$eU_0=\frac{1}{2}mv_m^2 \tag{2-10-2}$$

时，光电流将为零，此时的 U_0 称为截止电压。光电流与所加电压的关系如图 2-10-2 所示。

将式(2-10-2)代入式(2-10-1)可得

$$U_0=\frac{h}{e}\nu-\frac{w}{e} \tag{2-10-3}$$

式(2-10-3)表示 U_0 与 ν 间存在线性关系，其斜率等于 h/e，因而可以从对 U_0 与 ν 的数据分析中求出普朗克常量 h。

实际实验时测不出 U_0，测得的是 U_0 与导线和阴极间的正向接触电势差 U_c 之差 U_0'，即测得的 U_0' 是

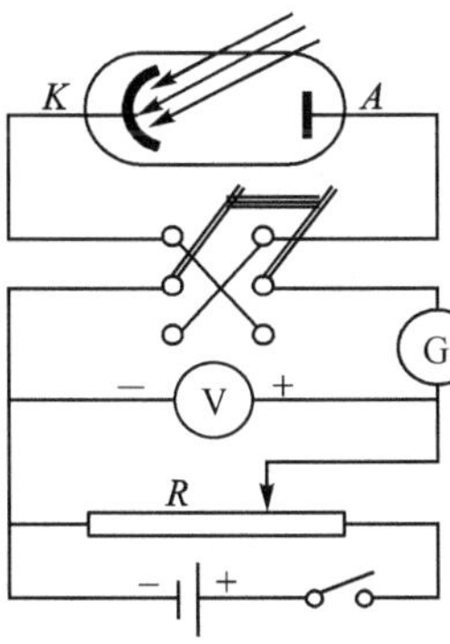

图 2-10-1　光电效应实验原理图

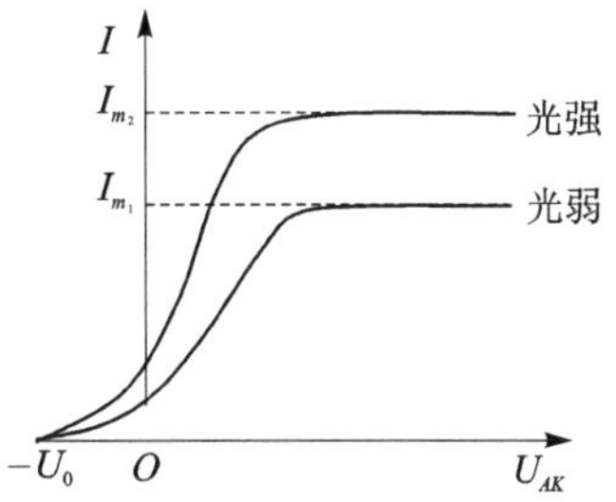

图 2-10-2　不同入射光强时 $I-U_{AK}$ 曲线

$$U_0'=U_0-U_c$$

将此式代入式(2-10-3),可得

$$U_0'=\frac{h}{e}\nu-\left(U_c+\frac{w}{e}\right) \tag{2-10-4}$$

由于 U_c 是不随 ν 而变的常量,所以 U_0' 与 ν 间也是线性关系,测量不同频率光的 U_0' 值,可求得此线性关系的斜率 b,由于 $b=\frac{h}{e}$,所以

$$h=be \tag{2-10-5}$$

即从测量数据求出斜率 b,乘以电子电荷($e=1.602\times10^{-19}$ C)就可求出普朗克常量。

由光电效应测定普朗克常量 h,需要排除一些干扰,才能获得一定精度的可以重复的结果。主要影响的因素有:

① 暗电流和本底电流。光电管在没有受到光照时,也会产生电流,称为暗电流,它是由热电流、漏电流两部分组成;本底电流是周围杂散光射入光电管所致,它们都随外加电压的变化而变化,故排除暗电流和本底的影响是十分必要的。

② 反向电流。由于制作光电管时阳极 A 上往往溅有阴极材料,所以当光射到 A 上或由于杂散光漫射到 A 上时,阳极 A 也往往有光电子发射;此外,阴极发射的光电子也可能被 A 的表面所反射。当 A 加负电势,K 加正电势时,对阴极 K 上发射的光电子而言起了减速作用,而对阳极 A 发射或反射的光电子而言却起了加速作用,使阳极 A 发出的光电子也到达阴极 K,形成反向电流。这样实测的光电流应为阴极电流、暗电流和本底电流以及反向电流之和。

【实验器材】

智能光电效应仪由汞灯及电源、滤色片、光阑、光电管、智能实验仪构成。

实验仪有手动和自动两种工作模式,具有数据自动采集、存储,实时显示采集数据,动态显示采集曲线(连接计算机),及采集完成后查询数据的功能。

【实验内容】

1. 测试前准备

仔细阅读光电效应实验指导及软件操作说明书。

将实验仪及汞灯电源接通(汞灯及光电管暗箱遮光盖盖上),预热 20 min。调整光电管与汞灯距离为约 40 cm 并保持不变。用专用连接线将光电管暗箱电压输入端与实验仪电压输出端(后面板上)连接起来(红—红,蓝—蓝)。

将“电流量程”选择开关置于所选挡位(测截止电压时处于 10^{-13} A 挡，测伏安特性时处于 10^{-10} A 挡)，进行测试前调零。实验仪在开机或改变电流量程后，都会自动进入调零状态。调零时应将高低杠暗箱电流输出端 K 与实验仪微电流输入端断开，旋转“调零”旋钮使电流指示为 000.0。调节好后，用专用电缆将电流输入连接起来，按“调零确认/系统清零”键，系统进入测试状态。

2. 测普朗克常量 h

在测量各谱线的截止电压 U_0 时，可采用零电流法，即直接将各谱线照射下测得的电流为零时对应的电压 U_{AK} 的绝对值作为截止电压 U_0。此法的前提是阳极反向电流、暗电流和本底电流都很小，用零电流法测得的截止电压与真实值相差较小。且各谱线的截止电压都相差 ΔU 对 U_0-v 见式(2-10-4)中曲线的斜率无大的影响，因此对 h 的测量不会产生大的影响。

测量截止电压：

测量截止电压时，“伏安特性测试/截止电压测试”状态键应为截止电压测试状态。“电流量程”开关应处于 10^{-13} A 挡。

(1) 手动测试

使“手动/自动”模式键处于手动模式。

将直径 4 mm 的光阑及 365.0 nm 的滤色片装在光电管暗箱光输入口上，打开汞灯遮光盖。

此时电压表显示 U_{AK} 的值，单位为伏；电流表显示与 U_{AK} 对应的电流值 I，单位为所选择的“电流量程”。用电压调节键→、←、↑、↓可调节 U_{AK} 的值。

从低到高调节电压(绝对值减小)，观察电流值的变化，寻找电流为零时对应的 U_{AK}，以其绝对值作为该波长对应的 U_0 的值。

依次换上 404.7 nm，435.8 nm，546.1 nm，577.0 nm 的滤色片，重复以上测量步骤。

(2) 自动测量

按“手动/自动” 模式键切换到自动模式。

此时电流表左边的指示灯闪烁，表示系统处于自动测量扫描范围设置状态，用电压调节键可设置扫描起始和终止电压。

对各条谱线，扫描范围大致设置为：365 nm，－1.90～1.50 V；405 nm，－1.60～－1.20 V；436 nm，－1.35～－0.95 V；546 nm，－0.80～－0.40 V；577 nm，－0.65～－0.25 V。

实验仪设有 5 个数据存储区，每个存储区可存储 500 组数据，并有指示灯表示其状态。

灯亮表示该存储区已有数据，灯不亮为空存储区，灯闪烁表示系统预选的或正在存储数据的存储区。

设置好扫描起始和终止电压后，按动相应的存储区按键，仪器将先清除存储区原有数据，等待约 30 s，然后按 4 mV 的步长自动扫描，并显示、存储相应的电压、电流值。

扫描完成后，仪器自动进入数据查询状态，此时查询指示灯亮，显示区显示扫描起始电压和相应的电流值。用电压调节键改变电压值，就可查阅到在测试过程中，扫描电压为当前显示值时相应的电流值。读取电流为零时对应的 U_{AK}，以其绝对值作为该波长对应的 U_0 值。将测量数据记于表 2-10-1 中。

按“查询”键，查询指示灯灭，系统回复到扫描范围设置状态，可进行下一次测量。

表 2-10-1　$U_0-\nu$ 关系　　光阑孔 $\varphi=2$ mm

波长 λ_i/nm		365.0	404.7	435.8	546.1	577.0
频率 $\nu_i/10^{14}$ Hz		8.214	7.408	6.879	5.490	5.196
截止电压 U_{oi}/V	手动					
	自动					

3. 测光电管的伏安特性曲线

将"伏安特性测试/截止电压测试"状态键切换到伏安特性测试状态。"电流量程"开关拨至 10^{-10} A 挡，并重新调零。

将直径 4 mm 的光阑及所选谱线的滤色片装在光电管暗箱光输入口上。

测伏安特性曲线可选用"手动/自动"两种模式之一，测量的最大范围为 −1～50 V，自动测量时步长为 1 V，仪器功能及使用方法如前所述。

记录所测 U_{AK} 及 I 的数据到表 2-10-2 中，在坐标纸上作对应于以上波长及光强的伏安特性曲线。

表 2-10-2　$I-U_{AK}$ 关系

U_{AK}/V																	
$I/10^{-10}$ A																	
U_{AK}/V																	
$I/10^{-10}$ A																	

【注意事项】

1. 实验过程中注意随时盖上汞灯遮光盖，严禁让汞光不经过滤光片直接入射光电管窗口。
2. 实验结束时应盖上光电管暗箱和汞灯的遮光盖。

【思考讨论】

1. 当加在光电管两端的电压为零时，光电流不为零，为什么？
2. 光电管一般都用逸出功小的金属做阴极，用逸出功大的金属做阳极，为什么？

实验 2-11　声波的多普勒效应

（赵　杰）

对于机械波、声波、光波和电磁波而言，当波源和观察者(或接收器)之间发生相对运动，或者波源、观察者不动而传播介质运动时，或者波源、观察者、传播介质都在运动时，观察者接收到的波的频率和发出的波的频率不相同的现象，称为多普勒效应。

多普勒效应在核物理，天文学、工程技术，交通管理，医疗诊断等方面有十分广泛的应用。如用于卫星测速、光谱仪、多普勒雷达，多普勒彩色超声诊断仪等。

【实验目的】

1. 测量超声接收器运动速度与接收频率的关系，验证多普勒效应。

2. 测量声速。

【实验器材】

多普勒效应实验仪由多普勒效应测试架、主机、运动控制器组成。其中主机内的信号发生器与发射换能器相连，主机内的接收显示器与接收换能器和各个光电门相连，运动控制器与步进电机相连，用步进电机来控制小车和接收换能器的共同运动速度。

各个不同的厂家的仪器结构不尽相同，但测量原理是大同小异的，一种多普勒效应测试架如图 2－11－1 所示。

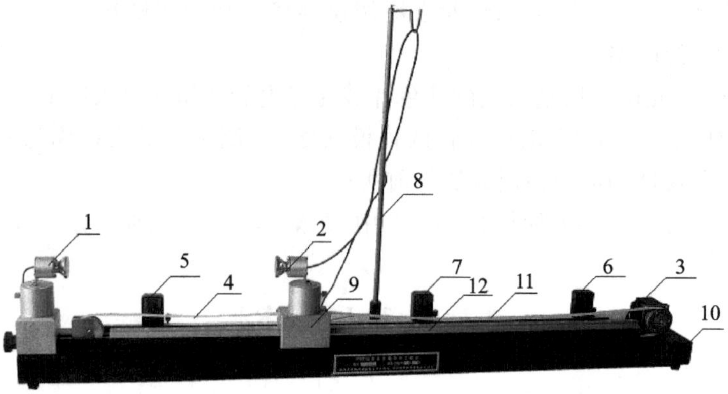

1—发射换能器；2—接收换能器；3—步进电机；4—同步带；5—左限位光电门；6—右限位光电门；7—测速光电门；8—接收线支架；9—小车；10—底座；11—标尺；12—导轨

图 2－11－1　多普勒效应测试架结构图

【实验原理】

1. 声波的多普勒效应

设声源在原点，声源振动频率为 f，接收点在 x，运动和传播都在 x 方向。对于三维情况，处理稍复杂一点，其结果相似。声源、接收器和传播介质不动时，在 x 方向传播的声波的数学表达式为：

$$p=p_0\cos\left(\omega t-\frac{\omega}{u}x\right) \tag{2-11-1}$$

① 声源运动速度为 V_S，介质和接收点不动。

设声速为 u，在时刻 t，声源移动的距离为

$$V_S\left(t-\frac{x}{u}\right)$$

因而声源实际的距离为

$$x=x_0-V_S\left(t-\frac{x}{u}\right)$$

$$x=\frac{x_0-V_St}{1-\dfrac{V_S}{u}}=\frac{x_0-V_St}{1-M_S} \tag{2-11-2}$$

式中，$M_S=V_S/u$ 为声源运动的马赫数，声源向接收点运动时 V_S（或 M_S）为正，反之为负，将式(2－11－2)代入式(2－11－1)

$$p=p_0\cos\left[\frac{\omega}{1-M_S}\left(t-\frac{x_0}{u}\right)\right]$$

可见接收器接收到的频率 f_s 变为原来的$\frac{1}{1-M_S}$，即

$$f_S=\frac{f}{1-M_S} \tag{2-11-3}$$

② 声源、介质不动，接收器运动速度为 V_r，同理可得接收器接收到的频率。

$$f_r=(1+M_r)f=\left(1+\frac{V_r}{u}\right)f \tag{2-11-4}$$

式中 $M_r=V_r/u$ 为接收器运动的马赫数，接收点向着声源运动时 V_r（或 M_r）为正，反之为负。

本实验只研究第二种情况：声源、介质不动，接收器运动速度为 V_r。根据式(2-11-4)可知，改变 V_r 就可得到不同的 f_r，从而验证了多普勒效应。另外，若已知 V_r、f，并测出 f_r，则可算出声速 u，可将用多普勒频移测得的声速值与用时差法测得的声速作比较。若将仪器的超声换能器用作速度传感器，就可用多普勒效应来研究物体的运动规律。

2. 用光电门测物体运动速度的方法

在运动物体上有一个 U 型挡光片，当它以速度 v 经过光电门时(见图 2-11-2(a)所示)，U 形挡光片两次切断光电门的光线。设挡光片的挡光前沿间距为 Δx(见图 2-11-2(b)所示)，两次切断光线的时间间隔被光电计时器记下为 Δt，则在此时间间隔中物体运动的速度 v 的平均值为

$$\bar{v}=\frac{\Delta x}{\Delta t} \tag{2-11-5}$$

若挡光片的挡光前沿间距的 Δx 比较小，则时间间隔 Δt 也就较小，此时速度的平均值 $\bar{v}$ 就近似可作为即时速度 v。

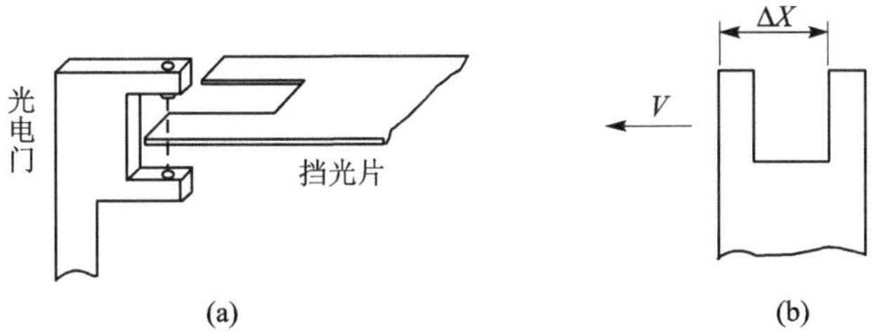

图 2-11-2　光电门测速原理图

【实验内容】

1. 认真阅读厂家使用说明书，熟悉仪器性能，掌握仪器使用方法。

2. 自行设计测量超声接收换能器的运动速度与接收频率的关系的实验方法和具体步骤，验证多普勒效应。

3. 选作内容：用时差法测声速(自行设计实验方法和具体步骤)。

【数据记录与处理】

1. 把不同速度下多普勒效应实验数据记录到表 2-11-1 中；

2. 与理论值比较，计算多普勒效应实验的相对误差，验证多普勒效应方程。

表 2-11-1　多普勒效应实验数据记录　　实验环境温度：________℃

次数	小车运动速度/($m\cdot s^{-1}$)	接收传感器频率/Hz	多普勒频移/Hz	多普勒频移理论值/Hz	相对误差/%
1					
2					
3					
4					
5					
6					

【思考讨论】

1. 马赫是什么单位？它是怎么定义的？

2. 请举例说明多普勒效应在生活中的现象和应用。

实验 2-12　高温超导的研究

（赵　杰　陈书来）

根据固体物理理论，实际的金属材料由于存在杂质和缺陷对电子运动的散射，在温度趋向绝对零度时，金属的电阻率将趋近一个定值，称为剩余电阻率。但是，1911 年荷兰物理学家昂尼斯发现，利用液氦把汞冷却到 4.2 K 左右时，水银的电阻率突然由正常的剩余电阻率值减少到接近零。近些年，美国、中国科学家又分别独立地发现了 Y-Ba-Cu-O 体系超导体，起始转变温度为 92 K 及以上，这些起始转变温度高于液氮温度的氧化物超导体称为高温超导体。

超导电性的应用十分广泛，超导材料现已应用在高能物理、电力工程、电子技术、生物磁学、航空航天、医疗诊断、超导磁悬浮列车、超导微波器件等领域。在超导体研究中尤以超导体转变温度(T_c)的提高作为最前沿的课题，而超导体转变温度(T_c)的测量则是研究中一项最基本又最重要的内容。

【实验目的】

1. 了解超低温获得的常用方法和注意事项，低温容器（杜瓦瓶）结构原理及使用。

2. 掌握用电压表法和电脑采集数据两种方法法测量钇钡铜氧($Y_1Ba_2Cu_3O_7$)超导体的电阻随温度变化曲线，测定转变温度 T_c。

【实验原理】

1. 超导体的主要电磁特性

(1) 零电阻现象

金属的电阻是由晶格上原子的热振动以及杂质原子对电子的散射造成的。在低温时，一般的金属总具有一定的电阻，其电阻率 $\rho=\rho_0+AT^5$，式中，ρ_0 是 $T=0$ K 时的电阻率，也叫剩余电阻率，它取决于金属的纯度和晶格的完整性，由于一般的金属内部总有杂志和晶格缺陷，即便趋于绝对零度下其电阻率 ρ_0 也不为零。当把某些金属、合金或氧化物冷却到某一确定温度 T_c 以下时，其直流电阻突然下降到零，我们把这种现象称为物质的超导电性，具有超导电性的材料称为超导体，电阻突然消失的某一确定温度 T_c 称超导体的临界温度。在 T_c 以上，超导体具有有限的电阻值，超导体处于正常态。由正常态向超导态的过渡是在一个有限的温度间隔内完成的，这温度间隔称转变宽度 ΔT_c，它取决于材料的纯度和晶格的完整性，理想样品的 $\Delta T_c \leqslant 10^{-3}$ K。通常把样品的电阻值降到转变前正常态电阻值的一半时的温度称为超导体的临界温度 T_c，如图 2-12-1 所示。

本实验是在高温超导样品上通以恒定电流，测量高温超导样品上某个区段电压的变化，当温度降低至 T_c 时，样品电压突然降低直至接近于零，说明样品的电阻接近于零，由此求得 T_c，如图 2-12-2 所示。将高温超导样品与电压表和电流表的连接方式接成四线电阻的形式，为的是排除引线电阻对测量结果的影响。

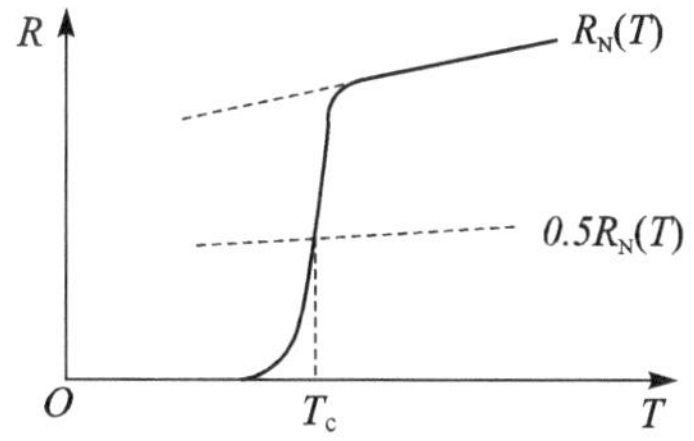

图 2-12-1　超导体电阻变曲线

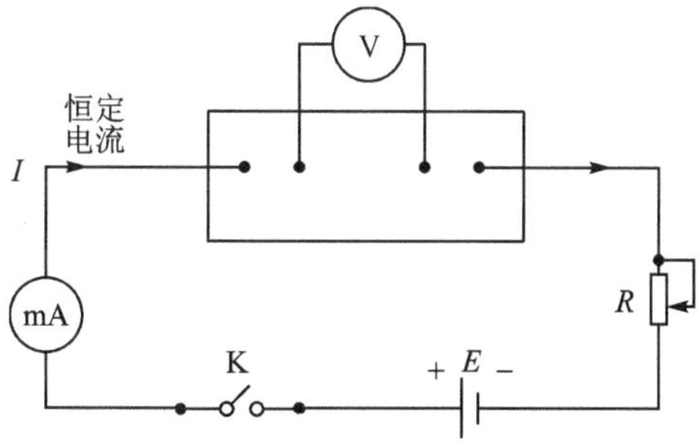

图 2-12-2　测量电路

(2) 迈斯纳(Meissner)效应

当把超导体置于外加磁场中时，磁通不能穿透超导体，超导体内的磁感应强度始终保持为零($B=0$)，超导体的这种特性称迈斯纳效应，又称完全抗磁性。超导体的零电阻现象和迈斯纳效应这两个特性既相互独立，又相互联系。迈斯纳效应不能由零电阻现象派生出来，但零电阻现象却是迈斯纳效应的必要条件。

对于超导体，它在磁场中的状态仅仅取决于外加磁场和温度的具体数值，而与过程无关。就是说，超导体有其确定的热力学状态，无论是先降温还是先加磁场，磁场都不能透入超导体内部。所以，迈斯纳效应是独立于零电阻特性的另一个基本属性。

超导体的迈斯纳效应是由于表面屏蔽电流(也称迈斯纳电流)产生的磁通密度在导体内部完全抵消了外磁场引起的磁通密度，使其净磁通密度为零。它的状态是唯一确定的，从超导体到正常状态的转变是可逆的。

迈斯纳效应可以通过磁悬浮实验来直观演示：当一个永久磁体被放置到超导样品附近时，由于永久磁体的磁力线不能进入超导体，在永久磁体和超导体之间存在的斥力可以克服磁体的重力，而使永久磁体悬浮在超导体表面一定的高度。

(3) 超导体的临界参数

约束超导现象出现的因素不仅仅是温度. 实验表明，即使在临界温度下，如果改变流过超导体的直流电流，当电流强度超过某一临界值时，超导体的超导态将受到破坏而回复到常导态。如果对超导体施加磁场，当磁场强度达到某一值时，样品的超导态也会受到破坏。破坏样品的超导电性所需要的最小极限电流值和磁场值，分别称为临界电流 I_c(常用临界电流密度 J_c 表示)和临界磁场 H_c。

临界温度 T_c、临电流密度 J_c 和临界磁场 H_c 是超导体的三个临界参数，这三个参数与物质的内部微观结构有关。在实验中要注意，要使超导体处于超导态，必须将其置于这三个临界值以下。只要其中任何一个条件被破坏，超导态都会被破坏。

2. 低温实验的特点

(1) 冷　源

低温实验中最常使用的冷源是液态氮和液态氦，常压下液态氮的沸点是 77 K，液态氦的沸点是 4.2 K，若降低蒸汽压还能进一步降温，液氮可降到其三相点 63.15 K，液氦可降到 1 K 左右。

液态氮一般由空气液化分馏而得，价格便宜，制造、储存和使用都很方便。由于低温液体沸点很低，汽化潜热很小，因此必须保存在绝热性能良好的容器——杜瓦瓶中。制造液态氦的技术则复杂得多，因而价格昂贵，用液氦做实验时要用液氮预冷，储存液氦的杜瓦瓶要套在液氮杜瓦瓶中。因此，高温超导将实现超导的条件由液氦变为液氮，为超导的实际应用开辟了广阔的前景。

(2) 低温的测量

温度的测量是低温实验技术的重要方面。温差热电偶体积小、热容小、反应快、制作简便，但灵敏度不够高，复现性较差，一般用于精度不高的测量。电阻温度计利用金属或半导体的电阻随温度变化的性质，稳定性好，适宜于精密的测量。1～100 K 时多用锗电阻温度计，30 K 以上时一般用铂电阻温度计。

(3) 杜瓦瓶是存放液氮的具有多层保温层的高度保温容器，一旦发现外部结霜或结露，意味着保温性下降，就不能再用了。

3. 超导样品温度——电阻变化曲线测量原理

为了得到逐渐变化的温度，如 77～300 K，本实验的方法是将样品及装置套上金属外壳，浸泡在杜瓦瓶的低温液体中，由于样品和铂电阻温度传感器不是与金属外壳直接接触，而是两者之间带有一层空气，杜瓦瓶内液氮温度为 77 K，这样金属外壳内的空气温度以及超导样品和铂电阻温度传感器的温度就不是快速一下子降到 77 K，而是要经过一段时间才逐渐降到 77 K(降温速度取决于杜瓦瓶内的液氮液位高度)，每一个温度值对应一个超导电阻值，可记录下来一组数据或电脑采集数据。

【实验器材】

高温超导实验仪、液氮杜瓦瓶、电脑、打印机等。

【实验内容】

1. 焊接超导样品在四引线焊点上。拧上金属外壳。按图 2-12-3 连接好仪器，打开主机电源开关，打开电脑。

2. 超导样品放大器的“放大倍数”按钮选择 10 000 倍，把“样品电流”按钮按下去，调节“电流调节”旋钮，使样品电流在 18.6 mA 左右，样品电压在 2.45 V 左右。记录下此时的样品电流和样品电压。

3. 将“温度计电压”和“样品电压”按钮全抬起。

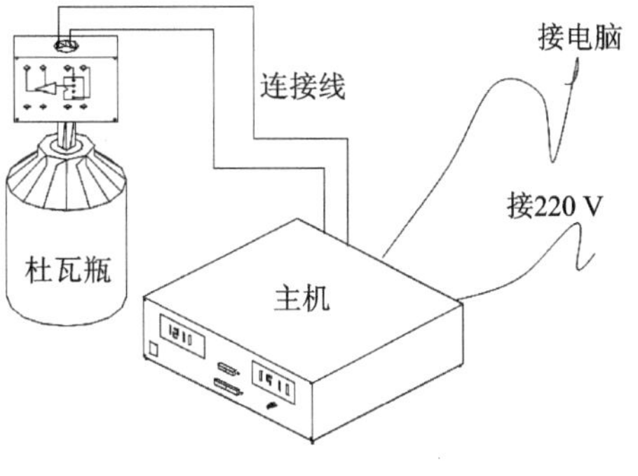

图 2-12-3　仪器连接图

4. 把探棒放入杜瓦瓶中，立即点击软件的运行按钮，并马上记录“温度计电压”和“样品电压”的数值(每隔 0.1 V 温度计电压记录一对数据)，一直记录到“样品电压”为零。利用测量的数据找出样品电压开始剧烈变小的(转折温度对应点)对应的温度计电压，再除以温度计电压放大倍数 40 得到铂电阻温度传感器的原始电压值，利用该电压值从铂电阻温度计的电压——温度关系数据表中找出高温超导样品的转折温度并记录。

5. 保存电脑的超导曲线并打印。

6. 关机，拔出探棒(手不要接触探棒下部，防止冻伤)，用电吹风吹热探棒上的金属外壳，拧下金属外壳，焊下超导样品存于有硅胶干燥剂的小瓶内。

7. 观察迈斯纳效应。把铷铁硼永久磁铁放在 YBaCuO 超导体之上，然后把它们置于泡沫塑料盒内，缓缓充入液氮，让液氮浸没样品，注意观察小磁铁的位置变化；或者也可以先把样品冷却至超导态，然后才把小磁铁放到样品上面。注意观察两次结果的差异，试解释之。

8. 分析实验数据，总结规律。

【注意事项】

1. 使用液氮时要格外小心灌注液氮时开始要缓慢，让容器预冷后再灌入所需量。液氮容器不能用普通塑料盆等无保温性能的容器，也不能把液氮倒在塑料板和玻璃、陶瓷上，否则可发生炸裂等事故。盛装液氮的容器必须留有供蒸气逸出的逸气口，以防液氮气化后容器压强逐渐增大而引起爆炸。操作过程中防止人体接触液氮，否则会造成严重冻伤。

2. 氧化物超导体受潮后失效，因此注意不能长时间暴露在大气中，测量完毕后样品要注意放在含有硅胶干燥剂的密封小瓶内干燥保存。

实验 2-13　密里根油滴实验测定基本电荷

(李海彦)

美国物理学家密立根经历了十年多的时间设计并完成的密立根油滴实验是近代物理学中直接测定电子电荷的著名实验。他对带电油滴在静电场中的运动进行细致的研究和实验，发现它们所带电量存在一个最大公约数，就是基本电荷量，即一个电子电量 $e=1.602\times10^{-19}$ C，从而证明了电荷的不连续性。

【实验目的】

1. 通过对带电油滴在重力场和静电场中运动的实验研究，验证电荷的不连续性，并测量电子的电量。

2. 通过实验中对油滴的选择、捕捉和跟踪，培养学生严肃认真的实验态度和耐心细致的工作作风。

【实验原理】

油滴实验测量电子电荷的基本原理是利用带电油滴在电场力、重力及在空气中运动时的黏滞力作用下，使油滴处于静止或匀速运动，通过测量所加电场的电压及匀速运动的速度，从而测出带电油滴所带电荷。通过测量不同油滴或改变油滴所带电荷量，从实验数据发现电荷的值是非连续变化的，并且存在最大公约数，即 e 值，说明基本电荷的存在，即电子电荷。

1. 平衡测量法

用喷雾器将雾状油滴喷入两块相距为 d 的水平放置的平行极板之间。如果在平行极板上加电压 V，则板间场强为 V/d，由于摩擦，油滴在喷射时一般都是带电的。调节电压 V，可使作用在油滴上的电场力与重力平衡，油滴静止在空中，如图 2－13－1 所示。此时

$$mg=q\frac{V}{d} \tag{2-13-1}$$

要根据式(2－13－1)测出油滴所带电量 q，还必须测出油滴质量 m。当平行极板未加电压时，油滴受重力作用而加速下落，但由于空气的黏滞力与油滴速度成正比(根据 Stokes 定律)，达到某一速度时，阻力与重力平衡，油滴将匀速下降，如图 2－13－2 所示。此时

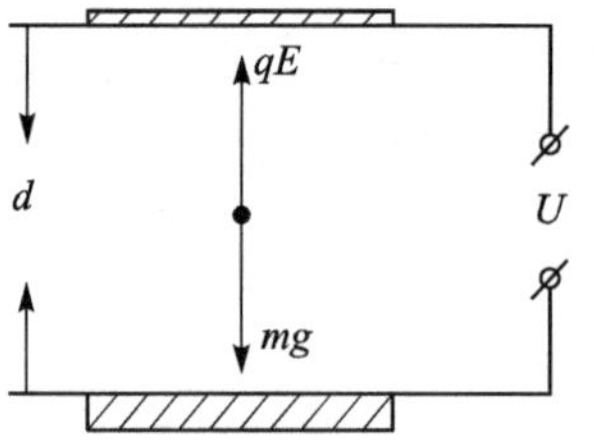

图 2－13－1　油滴平衡静止

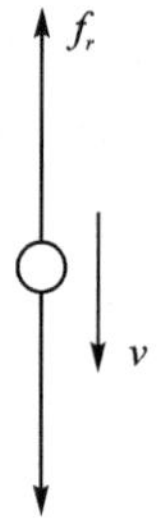

图 2－13－2　油滴匀速下降

$$mg=f_r=6\pi\eta r v_g \tag{2-13-2}$$

式中，η 为空气黏滞系数；r 为油滴半径；v_g 为油滴下降速度。设油滴密度为 ρ，则：

$$m=\frac{4}{3}\pi r^3\rho \tag{2-13-3}$$

由式(2－13－2)与式(2－13－3)得

$$r=\sqrt{\frac{9\eta v_g}{2\rho g}} \tag{2-13-4}$$

Stokes 定律是以连续介质为前提的。在实验中，油滴半径 $r\approx 10^{-6}$ m，对于这样小的油滴，已不能将空气看作连续介质，因此，空气黏滞系数应做如下修正：

$$\eta'=\frac{\eta}{1+\dfrac{b}{Pr}}$$

式中，$b=8.23\times10^{-3}$ m · Pa，为常数；P 为大气压强。

将 η' 代入式(2－13－4)得

$$r=\sqrt{\frac{9\eta v_g}{2\rho g}\cdot\frac{1}{1+\dfrac{b}{Pr}}} \tag{2-13-5}$$

根号中的 r 处于修正项中，将式(2－13－4)代入式(2－13－3)得

$$m=\frac{4}{3}\pi\left[\frac{9\eta v_g}{2\rho g}\cdot\frac{1}{1+\frac{b}{Pr}}\right]^{3/2}\cdot\rho \tag{2-13-6}$$

如果在时间 t 内，油滴匀速下降距离为 l，则油滴匀速下降的速度 v_g 可求得

$$v_g=l/t_g \tag{2-13-7}$$

将式(2－13－7)代入式(2－13－6)，再代入式(2－13－5)得到

$$q=\frac{18\pi}{\sqrt{2\rho g}}\left[\frac{\eta l}{t_g\left(1+\frac{b}{Pr}\right)}\right]^{3/2}\frac{d}{V} \tag{2-13-8}$$

式(2－13－8)即平衡法测量油滴电荷计算公式。

2. 动态测量法

动态法不同于平衡法之处在于油滴所受电场力不与重力平衡，而是电场力大于重力，让油滴在电场力作用下反转运动，即向上运动。同油滴向下运动一样，油滴向上运动同样也受到与运动速度成正比的空气阻力，运动一段距离后便以速度 v_E 做匀速运动。此时油滴受力情况为

$$qv_E/d=mg+6\pi\eta rv_g \tag{2-13-9}$$

当去掉电场力后(极板短路)，油滴在重力作用下加速下降，并达到匀速下降，如同平衡测量法，此时

$$mg=6\pi\eta rv_g$$

代入式(2－13－9)得

$$q=mg\,\frac{d}{v_E}\left(1+\frac{v_E}{v_g}\right)$$

如果油滴向上和向下匀速运动时，测量速度取同一距离计取时间，则上式可写为

$$q=mg\,\frac{d}{v_E}\left(1+\frac{t_g}{t_E}\right)$$

将式(2－13－4)代入其中得

$$q=\frac{18\pi}{\sqrt{2\rho g}}\left[\frac{\eta l}{t_g\left(1+\frac{b}{Pr}\right)}\right]^{3/2}\cdot\frac{d}{V_E}\left(1+\frac{t_g}{t_E}\right) \tag{2-13-10}$$

此式即动态法测量油滴电荷计算公式。

式(2－13－4)、式(2－13－8)、式(2－13－10)中 ρ 与 η 都是温度的函数。g、P 随时间、地点的不同而变化。但在一般的要求下，ρ 与 η 可按表 2－13－1 求得数据：

表 2－13－1　所求数据表

温度/℃	0	10	20	30	40
$\rho/(\mathrm{kg\cdot m^{-3}})$	991	986	981	979	970
$\eta/(\mathrm{kg\cdot m^{-1}\cdot s^{-1}})$	1.71	1.76	1.83	1.88	1.91

$b=8.23\times10^{-3}$ Pa·m　　$g=9.80$ m·s^{-2}

$P=101.32$ Pa　　$d=5.00\times10^{-3}$ m

$l=2.00\times10^{-3}$ m(在显微镜视场中，分划板上 4 格的距离)

把以上参数代入式(2－13－4)、式(2－13－8)与式(2－13－10)中得到($t=20$ ℃)

$$q=\frac{1.43\times 10^{-14}}{\left[t_g\left(1+0.02\sqrt{t_g}\right)\right]^{3/2}\cdot V_E} \quad (2-13-11,平衡法)$$

$$q=\frac{1.43\times 10^{-14}}{\left[t_g\left(1+0.02\sqrt{t_g}\right)\right]^{3/2}\cdot V_E}\cdot\left(1+\frac{t_g}{t_E}\right) \quad (2-13-11,动态法)$$

把测得的 V、t 代入式(2-13-11)就可以求得油滴上所带的电量 q。

对于不同的油滴,测得的电荷量是一些不连续变化的值,有一最大公约数,即基本电荷量 e。

对于同一油滴,用紫外线照射,通过空气电离使其所带电荷量发生变化,测得油滴电荷量是一些不连续的值,而是基本电荷量 e 的整数倍。

由于测量的油滴不够多,可以用 e 去除 q,看 q/e 是否接近整数 n,再用 n 去除 q,得到实验测出的电子电量 e。

【实验器材】

密里根油滴仪。

密里根油滴仪由油雾盒、油滴照明装置、调平系统、测量显微镜、电源、计时器、喷雾器等。

图 2-13-3 是油滴仪的示意图,其中油滴盒是由两块经过精磨的金属平板,中间垫以胶木圆环构成的平行板电容器。在上板中心处有落油孔,使微小油滴可进入电容器中间的电场空间,胶木圆环上有进光孔、观察孔。进入电场空间内的油滴由照明装置照明,油滴盒可通过调平螺旋调整水平,用水准仪检查。油滴盒防风罩前装有测量显微镜,用来观察油滴。在目镜头中装有分划板,如图 2-13-4 所示。

电源部分提供三种电压:

① 2 V 油滴照明电压。

② 500 V 直流平衡电压。该电压可以连续调节,并从电压表上直接读出。由平衡电压换向开关换向,以改变上、下电极板的极性。换向开关倒向"+"侧时能达到平衡的油滴带正电,反之带负电。换向开关放在"0"位置时,上、下电极板短路,不带电。

③ 300 V 直流升降电压。该电压可以连续调节,但不稳定。它可通过升降电压换向开关叠加在平衡电压上,以便把油滴移到合适的上、下位置上。升降电压高,油滴移动速度快,反之则慢。该电压在电压表上无指示。

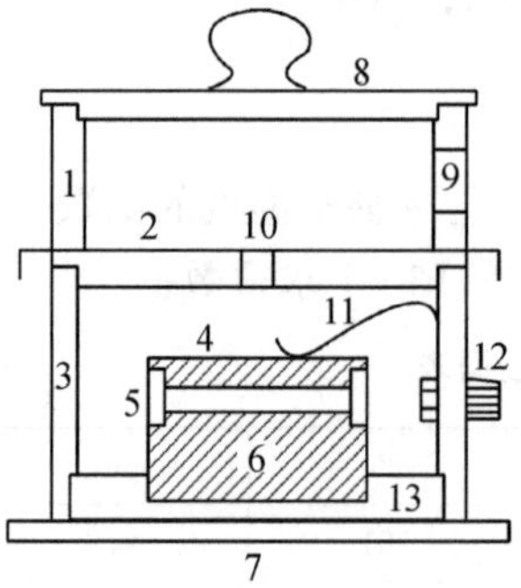

1—油雾室;2—油雾孔开关;3—防风罩;4—上电极板;5—胶木圆环;6—下电极板;7—底板;8—上盖板;9—喷雾口;10—油雾孔;11—上电极板压簧;1—上电极板电源插孔;13—油滴盒基座

图 2-13-3 油滴仪示意图

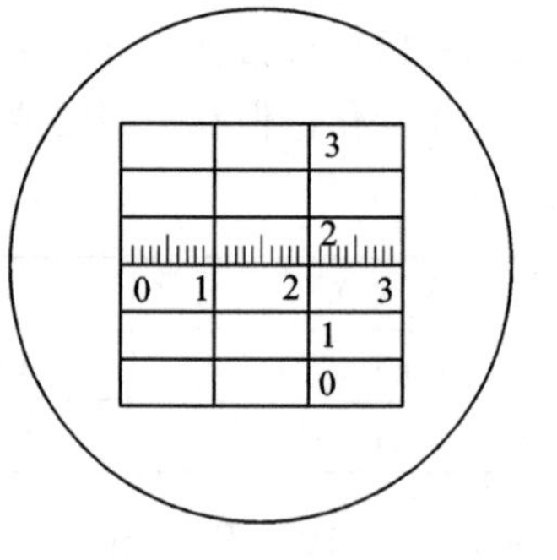

图 2-13-4 分划板刻度

【实验内容】

1. 仪器调节

① 将油滴照明灯接 2 V 交流电源，平行极板接 500 V 直流电源，插孔都在仪器背后。平衡电压开关和升降电压开关都拨在中间"0"位置上，上、下极板被短路，极板上因为各种原因积累的电荷可以迅速中和掉。

② 调节调平螺丝，使水准仪水泡居中，平行极板处于水平位置。接通电源，指示灯和油滴照明灯亮。

③ 将调焦针（放在油雾室内的一根细钢丝）插入上电极板 0.4 mm 孔内（注意：这时平衡电压开关和升降电压开关必须置于"0"位，使上、下电极板短路，以免打火），转动目镜进行视场调节，直到完全看清分划板上的方格线。轻轻转动对焦手轮，使调焦针清楚地成像在分划板上。

④ 在喷雾器中注入实验油数滴，将油从油滴仪的喷口喷入，数秒钟后从显微镜看进去，视场中出现大量油滴，有如夜空繁星。如油滴太暗可转动照明灯底座，微调对焦手轮使油滴清晰。

2. 测量练习

(1) 练习控制油滴

在视场中看到油滴后，关闭油雾孔开关，旋转平衡电压悬钮，将平衡电压调至 300 V 左右待用。扳动平衡电压开关使平衡电压加到平行极板上。油滴立即以各种速度上下运动，直到视场剩下几颗油滴时，选择一颗近于停止不动或运动非常缓慢的油滴，仔细调节平衡电压，使这一颗油滴平衡。然后调平衡电压让它下降，下降一段距离后，按照原来的极性再加平衡电压和升降电压，油滴上升。如此反复多次练习以掌握控制油滴的方法。

(2) 练习选择油滴

本实验的关键是选择合适的油滴。太大的油滴必须带较多的电荷才能平衡，结果不易测准。油滴太小则由于热扰动和布朗运动，涨落很大。可以根据平衡电压的大小（约 200 V 左右）和油滴匀速下降的时间（约 15～30 s）来判断油滴的大小和带电量的多少。

(3) 练习测速度

任选几个不同速度的油滴，用秒表测出下降 2～4 格所需时间。

3. 正式测量

(1) 平衡法

① 选好一颗适当的油滴，加平衡电压使之基本不动。加升降电压，使油滴缓缓移动至视场上方的某条刻度线上，仔细调节平衡电压，记下平衡电压值。

② 去掉平衡电压，油滴开始加速下降，下降一格后基本匀速，开始计时，取 $l=2$ mm，记下时间间隔 t。

③ 由于涨落，对每一颗油滴进行 8～10 次测量。另外，要选择不同油滴（不少于 5 个）进行反复测量。

在测量过程中，油滴可能前后移动，油滴亮度变暗甚至模糊不清，应当微微旋动对焦手轮使油滴重新对焦。

④ 将所测数据代入式(2-13-8)计算油滴电荷。

（2）动态法

取平衡电压约 200 V、匀速下降的时间约 15～30 s 的油滴，在极板上加上 400 V 左右的电压，使油滴反转匀速运动，测量油滴反转运动 $l=2$ mm 所用时间间隔 t。重复测量，具体方法和步骤自拟。

【思考讨论】

1. 实验中应该选择什么样的油滴？如何选择？

2. 喷油时“平衡电压”拨动开关应该处在什么位置？为什么？

实验 2-14　夫兰克-赫兹实验

（李海彦）

1914 年，夫兰克(J. Frank)和赫兹(G. Hertz)采用慢电子轰击原子的方法，利用两者的非弹性碰撞将原子激发到较高能级。直接证明了原子内部量子化能级的存在，给玻尔的原子理论提供了直接的而且是独立于光谱研究方法的实验证据。

【实验目的】

1. 通过对氩原子第一激发态电位的测量，学习夫兰克和赫兹研究原子内部能量量子化的基本思想和实验方法，

2. 了解电子与原子弹性碰撞和非弹性碰撞的机理。

【实验原理】

夫兰克-赫兹实验原理图如图 2-14-1 所示。

在充氩的夫兰克-赫兹管中，阴极 K 通过灯丝加热有热电子发射，在阴极 K 与栅极 G_1 间电压 V_{G_1K} 的控制下，进入栅极 G_1 和 G_2 之间，经 G_2 与 K 间加速电压 V_{G_2K} 的加速，使电子获得一定的能量，由于仪器制造时 G_1K 间距离很小，而 G_1G_2 间距相对很大，故通过加速获得能量的电子主要在 G_1G_2 空间与气态汞原子发生碰撞并交换能量，当电子获得的能量恰好是原子激发态能量的整数倍时，与原子多次碰撞将能量全部传递给原子，此时电子没有剩余能量克服 G_2A 间遏止电压 V_{G_2A} 的作用到达板极 A，因而无板极电流。当电子获得的能量不是原子激发态能量的整数倍时，与原子碰撞将会有剩余的能量，因而电子有能量克服遏止电压的作用到达板极 A 形成极板电流。这样随着栅极电压 V_{G_2K} 的增加，板极电流 I_A 会有明显起伏，形成如图 2-14-2 所示的曲线。

当加速电压刚刚开始升高时，由于电压较低，电子的能量较小，电子与原子发生弹性碰撞。穿过第二栅极的电子所形成的板流 I_A 将随加速电压 V_{G_2K} 的增加而增大；如图 2-14-2 所示的 oa 段，加速电压 V_{G_2K} 达到氩原子的第一激发电位 V_0 时，电子在第二栅极附近与氩原子相碰撞，将自己从加速电场中获得的全部能量交给后者，并且使后者从基态激发到第一激发态。而电子本身由于把全部能量交给了氩原子，即使穿过了第二栅极也不能克服反向拒斥电场而被折回第二栅极(被筛选掉)。所以板极电流 I_A 将显著减小(图 2-14-2 所示 ab 段)。随着第二栅极电压的增加，电子的能量也随之增加，在与氩原子相碰撞后还留下足够的能量，可以克服反向拒斥电场而达到板极 A，这时电流又开始上升(bc 段)。直到加速电压是二倍氩原子

的第一激发电位时，电子在 KG_2 间又会二次碰撞而失去能量，因而又会造成第二次板极电流的下降（cd 段）。同理，凡在

$$V_{G_2K}=nV_0 \qquad (n=1,2,3\cdots) \tag{2-14-1}$$

的地方板极电流 I_A 都会相应下跌，形成规则起伏变化的 $I_A-V_{G_2K}$ 曲线。而各次板极电流 I_A 下降相对应的阴、栅极电压差 $V_{n+1}-V_n$ 应该是氩原子的第一激发电位 V_0。

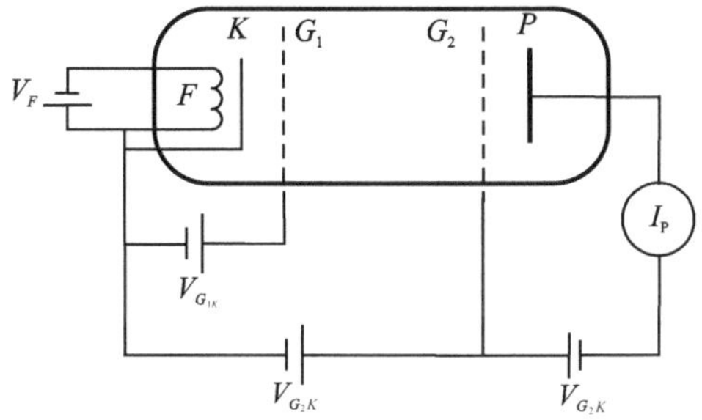

图 2-14-1　夫兰克-赫兹实验原理图

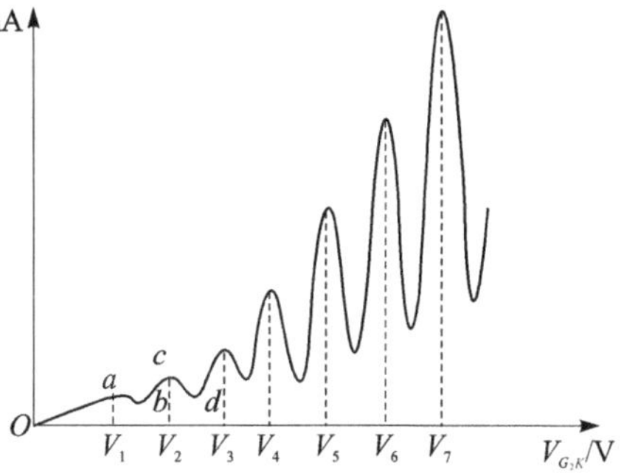

图 2-14-2　夫兰克-赫兹管 $I_A-V_{G_2K}$

【实验器材】

微机夫兰克-赫兹实验仪、计算机。

本实验采用 ZKY-FH 智能夫兰克-赫兹实验仪，它由夫兰克-赫兹管、工作电源及扫描电源、微电流测量仪三部分组成。夫兰克-赫兹管中充有氩，不需要加热。工作电源及扫描电源提供灯丝电压（0～6.3 V）、第一栅压（0～5 V）、第二栅压（0～100 V）、拒斥电压（0～12 V）。

智能夫兰克-赫兹实验仪前面板功能说明。

智能夫兰克-赫兹实验仪前面板如图 2-14-3 所示，以功能划分为 8 个区：

区 1、区 2 是夫兰克-赫兹管输入、输出电压的连接插孔；区 3 是测试电流指示区，四个电流量程挡位按键用于选择不同的最大电流量程档；区 4 是测试电压指示区，四个电压源按键用于选择不同的电压源；区 6 是调整按键区，用于改变当前电压源电压设定值；区 5 是测试信号输入输出区；区 7 是工作状态指示区，通信指示灯指示实验仪与计算机的通信状态；启动按键与工作方式按键共同完成多种操作；区 8 是电源开关。

智能夫兰克-赫兹实验仪与计算机连接，其工作方式分联机测试和联机显示两种。在与计算机联机测试的过程中，操作控制是由计算机完成的，实验仪面板上的 7 的自动测试指示灯亮，通信指示灯闪亮；所有按键都被屏蔽禁止；在区 3、区 4 的电流、电压指示表上可观察到即时的测试电压值 F-H 管的板极电流值；在计算机的显示屏上也能看到测试波形。联机显示时，所有操作在智能夫兰克-赫兹实验仪上进行，计算机只显示测试波形。

【实验内容】

1. 仔细阅读智能夫兰克-赫兹实验仪用户使用说明书。

2. 开机后，进入工作界面。先设置电流量程、灯丝电压、V_{G_1K}，V_{G_2K}，G_{2A}，V_{G_2K}。注意：一定要按照要求的范围进行数据设置。

3. 把灯丝电压固定在推荐值（见仪器标签），拒斥电压在 5～7 V 范围内取几个不同的值，用联机测试测量 $I-V_{GK}$ 曲线。并找出峰点或谷点的电压值，计算不同拒斥电压下的氩原子

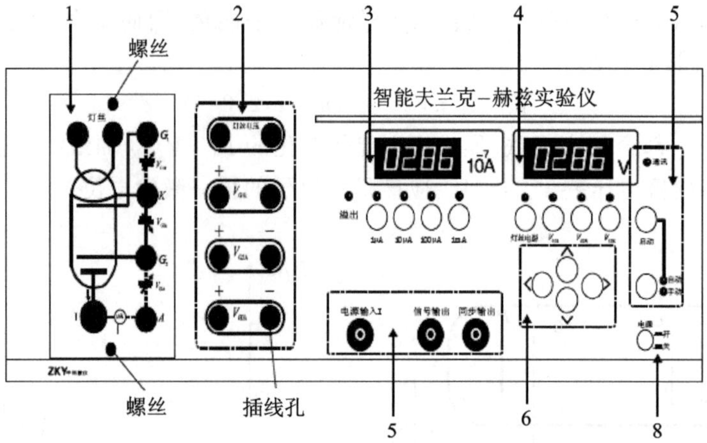

图 2-14-3　智能夫兰克-赫兹实验仪前面板图

的第一激发电位。

4. 在某一拒斥电压值下，观察并记录 $I_A - V_{GK}$ 曲线随灯丝电压的变化(可先后在 3～4.5 V 范围内取三种灯丝电压)。

【思考讨论】

1. 记录的 $I_A - V_{GK}$ 曲线为什么呈现周期性变化?

2. 取不同的灯丝电压时，$I_A - V_{GK}$ 曲线有何变化? 为什么?

实验 2-15　塞曼效应

(李海彦)

荷兰物理学家塞曼在 1896 年发现把产生光谱的光源置于足够强的磁场中，磁场作用于发光体使光谱发生变化，一条谱线即会分裂成几条偏振化的谱线，这种现象称为塞曼效应。这个现象的发现是对光的电磁理论的有力支持，证实了原子具有磁矩和空间取向量子化。塞曼效应是研究原子内部能级结构的重要方法。

【实验目的】

1. 观察波长为 546 nm 的汞谱线的塞曼分裂，并把实验结果与理论结果相比较，计算电子荷质比。

2. 掌握法布里-珀罗标准具的原理和调节方法。

【实验原理】

1. 谱线在磁场中的塞曼分裂

原子中电子的轨道磁矩和自旋磁矩合成原子的总磁矩。总磁矩在磁场中将受到力矩的作用而绕磁场方向旋进。旋进所引起的附加能

$$\Delta E = Mg\mu_B B \qquad (2-15-1)$$

式中，M 为磁量子数；μ_B 为波尔磁子；B 为磁感应强度；g 为朗德因子。朗德因子表征原子的总磁矩和总角动量的关系，定义为

$$g = 1 + \frac{J(J+1) - L(L+1) + S(S+1)}{2J(J+1)} \qquad (2-15-1)$$

式中，L 为总轨道角动量量子数；S 为总自旋角动量量子数；J 为总角动量量子数。对于 LS 耦合，当 J 一定时，磁量子数 M 只能取 $J, J-1, J-2, \cdots, -J$，共 $2J+1$ 个值。所以，无磁场时的一个能级，在外磁场的作用下将分裂成 $2J+1$ 个等间隔的子能级，能级间距为 $g\mu_B B$。

无外磁场时，能级 E_1 和 E_2 之间的跃迁产生频率为 ν 的光，即 $h\nu = E_2 - E_1$。而在磁场中，能级 E_1 和 E_2 都发生分裂，一条光谱线将变为几条光谱线。如果是分裂为三条，称为正常塞曼效应，多于三条的称为反常塞曼效应。新谱线的频率 ν' 与能级的关系为

$$h\nu' = (E_2 + \Delta E_2) - (E_1 + \Delta E_1) = h\nu + (M_2 g_2 - M_1 g_1)\mu_B B \qquad (2-15-3)$$

分裂后谱线与

$$\Delta\nu = \nu' - \nu = \frac{(M_2 g_2 - M_1 g_1)\mu_B B}{h} \qquad (2-15-4)$$

代入波尔磁子 $\mu_B = \dfrac{he}{4\pi m}$ 得到

$$\Delta\nu = (M_2 g_2 - M_1 g_1)\frac{eB}{4\pi m} \qquad (2-15-5)$$

若用波数表示，则

$$\Delta\bar{\nu} = (M_2 g_2 - M_1 g_1)\frac{eB}{4\pi mc} \qquad (2-15-6)$$

引入洛伦兹单位

$$L = \frac{eB}{4\pi mc} = B \times 46.7\ \mathrm{m^{-1} \cdot T^{-1}}$$

则

$$\Delta\bar{\nu} = (M_2 g_2 - M_1 g_1)L \qquad (2-15-7)$$

塞曼跃迁的选择定则为：$\Delta M = 0, \pm 1$。$\Delta M = 0$ 时，谱线为振动方向平行于磁场的线偏振光，只能在垂直于磁场的方向上才能观察到，但当 $\Delta J = 0$ 时，$M_2 = 0$ 到 $M_1 = 0$ 的跃迁被禁止，这种谱线称为 π 线。$\Delta M = \pm 1$ 时，垂直于磁场观察时，谱线为振动垂直于磁场的线偏振光，沿磁场正向观察时，$\Delta M = +1$ 的谱线为右旋圆偏振光，$\Delta M = -1$ 的谱线为左旋圆偏振光，这种谱线称为 σ 线。

以汞的 546.1 nm 绿光谱线为例，说明谱线的分裂情况。该谱线是从 $(6S7S)^3S_1$ 到 $(6S6P)^3P_2$ 能级跃迁产生的。表 2-15-1 列出了各能级的量子数和 g、M、Mg 的值。

表 2-15-1　各能级的量子数和 g、M、Mg 的值

	L	J	S	g	M	Mg
初态	0	1	1	2	1,0,−1	2,0,−2
末态	1	2	1	3/2	2,1,2,−1,−2	3,3/2,0,−3/2,−3

在外磁场作用下能级的分裂如图 2-15-1 所示。

2. 观测塞曼分裂的方法

塞曼分裂的波长差很小，例如波长 $\lambda = 500$ nm 的谱线，在 $B = 1$ T 的磁场中，分裂谱线的波长差约 10^{-11} m，如此小的波长差，一般的摄谱仪器是无法分辨的，必须采用分辨率较高的干涉型谱仪，如迈克尔迅干涉仪、法布里-波罗(Fabry - Perot)标准具等。实验中，采用法布里-波罗标准具，其简称 F-P 标准具。F-P 标准具的光路如图 2-15-2 所示。

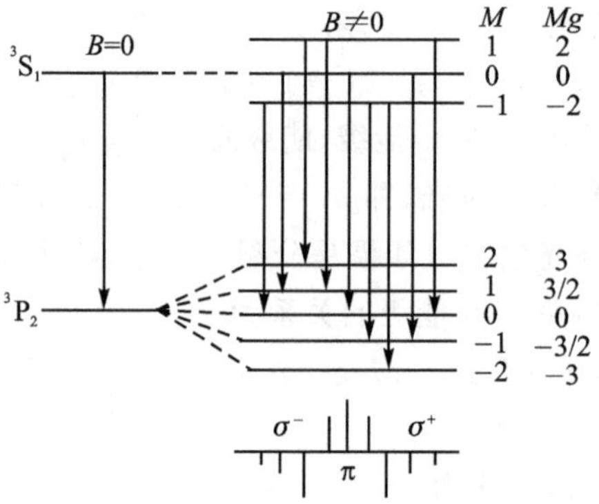

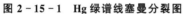

图 2-15-1　Hg 绿谱线塞曼分裂图

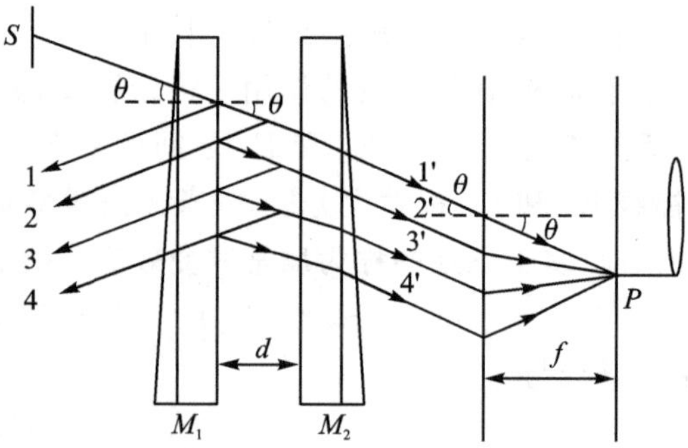

图 2-15-2　F-P 标准具结构与光路图

F-P 标准具由平行放置的两块平面玻璃或石英板组成，在两板相对的平面上镶有较高反射率的薄膜。为消除两平板背面反射光的干涉，每块板都做成楔形。两平行的镀膜平面中间夹有一个间隔圈，用热膨胀系数很小的石英或铟钢精加工而成，用以保证两块平面玻璃之间的间距不变。F-P 标准具带有三个螺丝，可精确调节两玻璃板内表面之间的平行度。自扩展光源 S 上任一点发出的单色光射到标准具板的平行平面上，经过 M_1 和 M_2 表面的多次反射和透射，分别形成一系列相互平行的反射光束 1，2，3，4，…和透射光速 l'，$2'$，$3'$，$4'$，…在透射的光束中，相邻两光束的光程差为 $\delta=2nd\cos\theta$，这一系列平行并有确定光程差的光束在无穷远处或透镜的焦平面上成干涉像。当光程差为波长的整数倍时产生干涉极大值。一般情况下 F-P 标准具反射膜间是空气介质，$n\approx1$，因此干涉极大值为

$$2d\cos\theta=k\lambda \tag{2-15-8}$$

式中，k 为整数，称为干涉级。由于 F-P 标准具的间隔 d 是固定的，在波长 λ 不变的情况下，不同的干涉级对应不同的入射角 θ，因此，使用扩展光源时，F-P 标准具产生等倾干涉，干涉条纹是一组同心圆环。中心圆环级次最大，$k_{\max}=2d/\lambda$，级次越向外越小。

F-P 标准具有两个特征参量：自由光谱范围和分辨本领，分别说明如下：

① 自由光谱范围。同一光源发出、具有微小波长差的单色光 λ_1 和 λ_2（设 $\lambda_1<\lambda_2$），经过 F-P 标准具后形成各自的干涉圆环系列。同一干涉级，波长大的干涉环直径小，如图 2-15-3 所示。

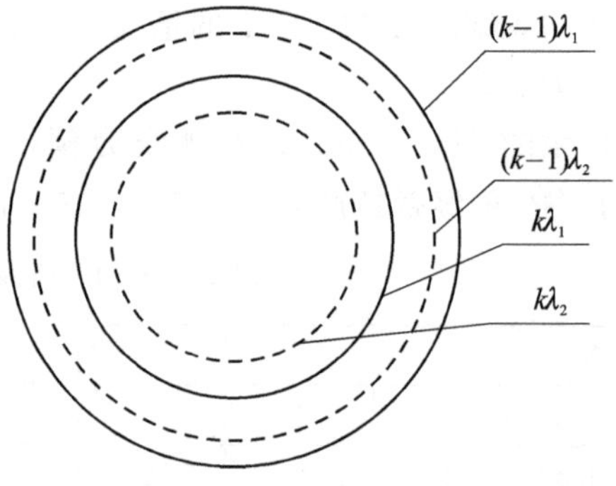

图 2-15-3　F-P 标准具等倾干涉图

如果 λ_1 和 λ_2 的波长差逐渐加大，使得 λ_1 的第 m 级亮环与 λ_2 的第 $m-1$ 级亮环重合，则

$$2d\cos\theta=m\lambda_1=(m-1)\lambda_2$$

所以

$$\Delta\lambda=\lambda_2-\lambda_1=\frac{\lambda_2}{m}$$

由于 F-P 标准具中，在大多数情况下，$\cos\theta\approx1$，所以式中，$m\approx2d/\lambda_1$，考虑到波长差很小，因此存在

$$\Delta\lambda=\frac{\lambda_1\lambda_2}{2d}\approx\frac{\lambda^2}{2d}$$

$\Delta\lambda$ 定义为 F－P 标准具的自由光谱范围，也称为色散范围，它表明在给定间隔圈厚度 d 的 F－P 标准具中，若入射光的波长在 $\lambda \sim \lambda+\Delta\lambda$ 之间，所产生的干涉圆环不重叠，若被研究的谱线波长差大于自由光谱范围，两套花纹之间就要发生重叠或错级，给分析辨认带来困难。因此，在使用 $F-P$ 标准具时，应根据被研究对象的光谱波长范围来确定间隔圈的厚度。

② 分辨本领。定义 $\lambda/\Delta\lambda$ 为光谱仪的分辨本领，对于 F－P 标准具，分辨本领为 $\lambda/\Delta\lambda = kF$，$k$ 为干涉级数，F 为 F－P 标准具的精细常数(精细度)，表示在相邻两个干涉级之间能够分辨的最大条纹数，依赖于平板内表面反射膜的反射率 R，具体表示为 $F=\pi\sqrt{R}/(1-R)$。显然，反射率越高，精细度越高，仪器能够分辨的条纹数就越多。为了获得高分辨率，R 一般在 90%左右，使用标准具时，光近似于垂直入射，$\sin\theta\approx 0$，若 $d=5$ mm，$\lambda=546.1$ nm，可以得到 $\Delta\lambda=0.001$ nm，可见F－P 标准具是一种分辨本领很高的光谱仪器，正因为如此，它才能被用来研究单个谱线的精细结构。当然，由于 F－P 标准具的板内表面加工精度有一定的误差，加上反射膜层的不均匀，以及有散射耗损等因素，仪器的实际分辨本领要比理论值低。

(1) F－P 标准具的调节

调节标准具后的三个压紧弹簧螺丝，以改变两个内表面的平行度。如果标准具的两个内表面严格平行，上下左右移动眼睛观察，花纹不随眼睛移动而变化。多次反复调节，可以看到清晰的干涉环。

(2) 用 F－P 标准具测量塞曼分裂谱线波长差

应用 F－P 标准具测量各分裂谱线的波长或波长差，是通过测量干涉环的直径来实现的，如图 2－15－2 所示，用透镜把 F－P 标准具的干涉圆环成像在焦平面上，出射角为 θ 的圆环直径 D 与透镜焦距 f 间满足关系：$\tan\theta=\dfrac{D}{2f}$。对于近中心的圆环，θ 很小，$\tan\theta\approx\theta$，所以

$$\cos\theta=1-2\sin^2\frac{\theta}{2}\approx 1-\frac{\theta^2}{2}=1-\frac{D^2}{8f^2}$$

代入式(2－15－8)得

$$2d\left(1-\frac{D^2}{8f^2}\right)=k\lambda \tag{2-15-9}$$

由式(2－15－9)可推得，同一波长 λ 的相邻 k 和 $k-l$ 级圆环直径的平方差为

$$\Delta D^2=D_{k-1}^2-D_k^2=\frac{4f^2\lambda}{d} \tag{2-15-10}$$

可见 ΔD^2 是与干涉级次无关的常数。

设波长 λ_a 和 λ_b 的第 k 级干涉圆环的直径分别为 D_a 和 D_b，根据上两式得波长差为

$$\Delta\lambda_{ab}=\frac{\lambda^2}{2d}\frac{D_b^2-D_a^2}{D_{k-1}^2-D_k^2} \tag{2-15-11}$$

用波数表示

$$\Delta\bar{\nu}_{ab}=\frac{1}{2d}\frac{D_b^2-D_a^2}{D_{k-1}^2-D_k^2} \tag{2-15-12}$$

由于 F－P 标准具间隔圈厚度 d 比波长 λ 大得多，中心处圆环的干涉级数 k 是很大的，因此用 $(k-2)$ 或 $(k-3)$ 等近中心圆环代替 k 或 $(k-1)$ 引入的误差可忽略不计。

(3) 用 F－P 标准具观测塞曼分裂，计算荷质比 e/m

根据式(2－15－7)，对于正常塞曼效应分裂的波数差为 $\Delta\bar{\nu}=L=\dfrac{eB}{4\pi mc}$，代人式(2－15－

12)，得

$$\frac{e}{m}=\frac{2\pi c}{dB}\left(\frac{D_b^2-D_a^2}{D_{k-1}^2-D_k^2}\right) \qquad (2-15-13)$$

对于反常塞曼效应，分裂后相邻谱线的波数差是洛伦兹单位 L 的某一倍数，注意到这一点，用同样的方法也可计算电子荷质比。

【实验器材】

塞曼效应实验仪由电磁铁、F－P 标准具(2 mm)、干涉滤光片、会聚透镜、偏振片、望远镜或 CCD(连接计算机)、导轨、1/4 波片、笔型汞灯、高斯计组成。

汞灯光由会聚透镜成平行光，经滤光片后 546.1 nm 光入射到 F－P 标准具上，由偏振片鉴别 π 成分和 σ 成分，再经成像透镜将干涉图样成像在测量望远镜(或 CCD 光敏面、摄谱仪底版)上。观察塞曼效应纵效应时，可将电磁铁极中的芯子抽出，磁极转 90°，光从磁极中心通过。将 1/4 波片置于偏振片前方，转动偏振片可以观测 σ 成分的左旋和右旋圆偏振光。

【实验内容】

通过实验观察 Hg(546.1 nm)绿线在外磁场中的分裂情况并测量电子荷质比。

1. 按图 2－15－4 调节光路系统共轴。
2. 打开汞灯电源，等待一定时间，使汞灯工作稳定。
3. 打开磁铁电源并调节，使产生适当强度的磁场。
4. 在垂直于磁场方向，观察有无磁场时的图谱，比较偏振片在不同角度时的图谱差异，根据原理中的介绍进行分析。
5. 对 π 成分的塞曼分裂条纹，测量相邻三组条纹每个圆环的直径，计算波长差。用特斯拉计测量磁场 B。
6. 计算电子荷质比，并与公认值($e/m=1.76\times10^{11}$ C/kg)比较。
7. 在平行于磁场方向观察塞曼分裂。

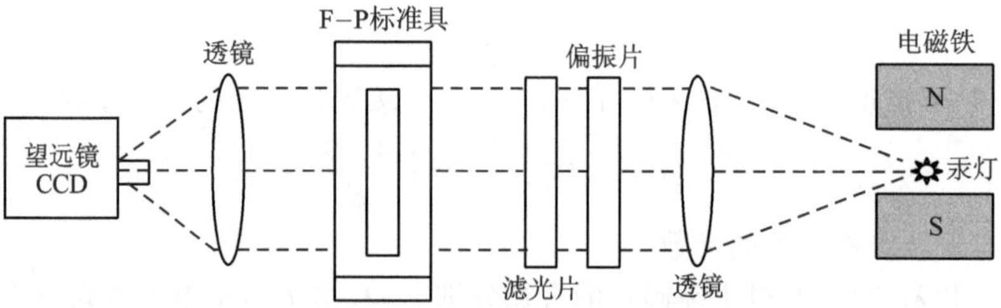

图 2－15－4　塞曼效应实验装置图

【注意事项】

1. 汞灯电源电压为 1 500 V，要注意高压安全。
2. F－P 标准具及其他光学器件的光学表面都不要用手或其他物体接触。

【思考讨论】

1. 反常塞曼效应中光线的偏振性质如何？并加以解释。
2. 在实验中，如果要求沿磁场方向观察塞曼效应，在实验装置的安排上应做什么变化？观察到的干涉花纹将是什么样子？

第3部分　综合设计研究创新型实验

实验3-1　单摆的设计与研究

（杨学锋）

本实验需测定长度和时间。长度和时间都是最基本的物理量。1983年第17届国际计量大会通过的长度单位米的最新定义为：米是光在真空中1/299 792 458s时间间隔内所经路径的长度，1967年第13届国际计量大会通过的秒的定义为：秒是铯—133原子基态的两个超精细能级跃迁所对辐射的9 192 631 770个周期的持续时间。

【实验目的】

1. 进行简单的设计性实验基本方法的训练。
2. 学会应用误差均分原则选用适当仪器和测量的方法，学习累计放大法的原理和应用。
3. 根据精度要求测定重力加速度，研究单摆周期与摆长和摆角的关系。

【实验仪器】

单摆装置、游标卡尺、千分尺、米尺、电子秒表、天平、通用电脑计数器及光电门等。

【设计要求】

1. 利用单摆装置，测定重力加速度 g

① 误差均分原理，自行设计实验方案，合理选择仪器和方法。

② 精度要求 $\Delta g/g < 1\%$。

③ 长 $l \approx 100.00$ cm，摆球直径 $D \approx 2.00$ cm，摆动周期 $T \approx 2.0$ s，米尺 $\Delta_{米} = 0.05$ cm，$\Delta_{卡} = 0.002$ cm，千分尺 $\Delta_{千} = 0.000\ 5$ cm，人开关停表总的反应时间 $\Delta_{人} = 0.2$ s。

④ $g_{标} = 979.952\ \text{cm/s}^2$，计算的百分误差 $\delta = \dfrac{|g_{标} - g|}{g_{标}} \times 100\%$。

2. 研究摆长和周期的关系

3. 研究摆角和周期的关系

周期 T 与摆角 θ 之间的关系，可取其泰勒展开式的二阶近似表达式为

$$T = 2\pi\sqrt{\frac{l}{g}}\left[1 + \left(\frac{1}{2}\right)^2 \sin^2\frac{\theta}{2}\right] \tag{3-1-1}$$

【思考与讨论】

为什么要求悬线质量很轻，小球的质量足够大而体积要足够小？

【参考设计方案】

1. 测定重力加速度 g

单摆的一级近似周期公式为

$$T=2\pi\sqrt{\frac{l}{g}}$$

$$g=4\pi^2\frac{l}{T^2} \tag{3-1-2}$$

$$\frac{\Delta g}{g}=\frac{\Delta l}{l}+2\frac{\Delta T}{T}\leqslant 1\%$$

按误差均分原理，有

$$\frac{\Delta l}{l}\leqslant 0.5\% \quad 和 \quad \frac{2\Delta T}{T}\leqslant 0.5\%$$

而

$$l\approx 100.00\ \text{cm},\quad T\approx 2\ \text{s}$$

所以

$$\Delta l\leqslant 100\times 0.5\%=0.5\ \text{cm}$$

$$\Delta T\leqslant\frac{1}{2}\times 2\times 0.5\%=0.005\ \text{s}$$

显然，测量 l 用 $\Delta_{米}=0.05$ cm 的米尺即可满足要求，要用停表测 T，$\Delta_{人}=0.2$ s，因而应满足 $\frac{0.2\ \text{s}}{n}\leqslant 0.005$ s。所以 $n\geqslant 40$，故用停表测连续摆动 50 个周期可满足要求。

2. 研究摆长与周期的关系

由

$$T=2\pi\sqrt{\frac{l}{g}}$$

$$T^2=4\pi^2\frac{l}{g}$$

可见，l 和 T^2 是线性关系。

3. 研究摆角与周期的关系

摆角 θ 与周期 T 之间的关系，取其泰勒展开式的二级近似

$$T=2\pi\sqrt{\frac{l}{g}}\left[1+\left(\frac{1}{2}\right)^2\sin^2\frac{\theta}{2}\right] \tag{3-1-3}$$

故，T 和 $\sin^2\frac{\theta}{2}$ 是线性关系。

因单摆摆动是阻尼振动，连续摆动摆角会变小，故用秒表测周期不适合。因此测周期可选用通用电脑计数器。

【实验内容】

1. 取摆长约为 100 cm，用米尺测其长度（小球直径用千分尺测量），重复 6 次。用秒表测连续摆动 50 个周期所用的时间，重复 6 次。

2. 使摆线长从 80 cm 开始，每次增加约 10 cm，直到约 130 cm，测出相应的摆长和周期。

3. 取摆长约 100 cm，固定。使摆角从 3°开始每次增加 2°，直到 15°，用电脑计数器测单个周期，重复 6 次。

【数据处理】

1. 测定重力加速度

由式（3-1-2）计算 g，并求百分误差

$$\delta=\frac{|g_{标}-g|}{g_{标}}\times 100\%$$

2.研究 T 和 l 之间的关系

① 作 T^2-l 图线。

② 由 T^2-l 图线得出结论：T^2 和 l 之间为线性关系。

③ 根据 T^2-l 图线的斜率求 g，并求百分误差。

3.研究 T 和 θ 的关系

① 作 $T-\sin^2\frac{\theta}{2}$ 图线。

② 由 $T-\sin^2\frac{\theta}{2}$ 图线得出结论：T 和 $\sin^2\frac{\theta}{2}$ 之间为线性关系。

【附　录】

1.游标卡尺

游标是为了提高角度、长度微小量的测量精度而采用的一种读数装置，长度的测量用的游标卡尺就是用游标原理制成的典型量具。游标卡尺的外形结构如图 3－1－1 所示。

当拉动尺框时，两个量爪做相对移动而分离，其距离大小的数值从游标和尺身上读出。下量爪用于测量各种外尺寸；刀口型量爪用于测量深度不深于 12 mm 的孔的直径和各种内尺寸；深度尺固定在尺框背面，能随着尺框在尺身的导槽（在尺身背面）内滑动，用于测量各种深度尺寸，测量时尺身的端面 A 是测定定位基准。

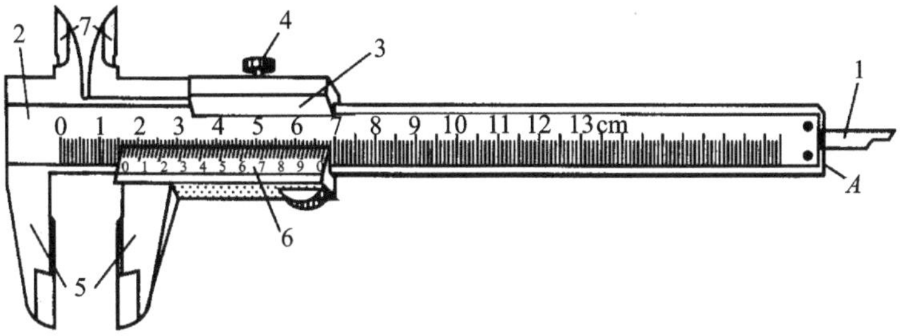

1—深度尺；2—尺身；3—尺框；4—紧固螺钉；5—下量爪；6—游标；7—刀口型量爪

图 3－1－1　游标卡尺

(1) 游标读数原理

游标量具是由主尺（固定不动）和沿主尺滑动的游标尺组成的。主尺一格（两条相邻刻线间的距离）的宽度与游标尺一格的宽度之差，称为游标分度值。目前，游标卡尺的主尺刻度为每格 1 mm，游标卡尺分度值有 0.10 mm、0.05 mm、0.02 mm 三种。把游标尺等分为十个分格，叫“十分游标”。图 3－1－2 是它的读数原理示意图。游标上有 10 个分格，其总长正好等于主尺的 9 个分格。主尺上一个分格是 1 mm，因此，游标上 10 个分格的总长等于 9 mm，它的一个分格长度是 0.9 mm，与主尺的一格的宽度之差（游标分度值）为 0.10 mm。

从图 3－1－2(a) 中两尺（游标尺和主尺）的“0”线对齐开始向右移动游标尺，当移动 0.1 mm 时，两尺上的第一根线对齐，两根“0”线间相距为 0.1 mm；当移动 0.2 mm 时，两尺上的第二根线对齐，两根“0”线间相距为 0.2 mm，显而易见，当游标尺移动 0.9 mm 时，两尺的第九根线对齐，这时两根“0”线相距为 0.9 mm，该值就是游标尺在该位置时主尺的小数值。

可见，利用游标原理可以准确地判断游标尺的“0”线与主尺上刻线间相互错开的距离。该距离的大小，就是主尺的小数值。当量爪(5)之间加一纸片时，游标尺上第二根线与主尺的第二根线对齐，则纸片厚度为 0.2 mm，见图 3－1－2(b)。

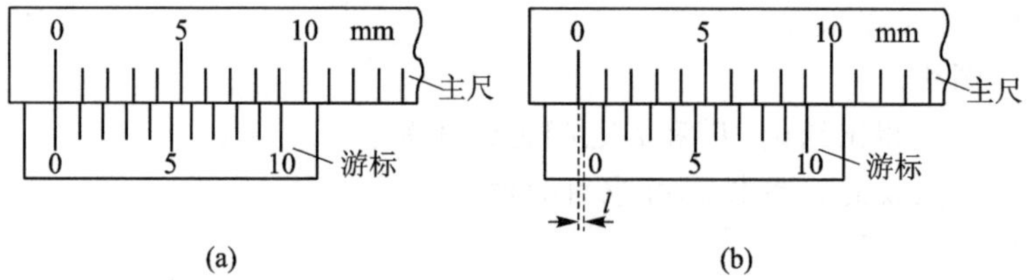

图 3－1－2　十分游标的主尺与游标尺

(2) 游标卡尺的读数

游标尺的“0”线是读毫米的基准. 主尺上挨近游标“0”线左边最近的那根刻线的数字就是主尺的毫米值(整数值)；然后再看游标尺上哪一根线与主尺上的刻线对齐，该线的序号乘游标分度值之积，就是主尺的小数值(也可在游标尺上直接读出)。将整数与小数相加，就是所求的数值，见图 3－1－3 读数时要注意，主尺上刻的数字是厘米数，例如主尺上刻 13 时表示 13 cm，即 130 mm；游标尺上刻的数字是游标分度值，例如刻 0.05 mm、0.02 mm 和 0.10 mm 分别表示游标分度值为 0.05 mm、0.02 mm 和 0.10 mm。

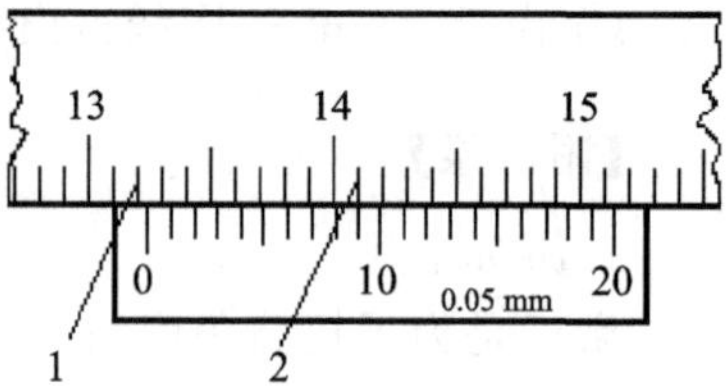

1—整数；2—小数

图 3－1－3　游标卡尺的读数

从图中看到，整数是 132 mm，因为主尺的第 132 根刻线挨近游标尺的“0”线的左边；小数是 0.05 mm×9＝0.45 mm，因为游标尺的第 9 根刻线与主尺上第一根刻线对齐，故两次读数之和为 132.45 mm。

(3) 游标卡尺的零点修正

测量之前，检查游标尺和主尺在量爪合拢时，零线是否重合，如不重合，应记下零点读数加以修正。例如，读数值为 l_1，零点读数为 l_0，则待测量 $l=l_1-l_0$(l_0 可正可负)。

2. 千分尺

千分尺是比游标卡尺更精密的测量仪器，常见的一种如图 3－1－4 所示，其准确度至少可达到 0.01 mm，其主要工作部分是测微螺旋。

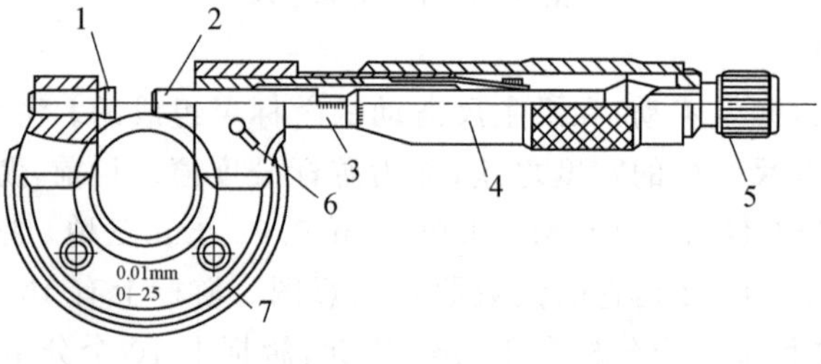

1—测量砧台；2—测微螺杆；3—螺母套筒；4—微分套筒；5—棘轮；6—锁紧手柄；7—弓架

图 3－1－4　千分尺

千分尺由一根精密的测微螺杆和螺母套筒组成，其螺距为 0.5 mm。在固定套筒上刻有毫米分度标尺，基线上下两排刻度相同，并相互均匀错开，相邻一上一下刻度之间的距离为 0.5 mm。测微螺杆的后端有一个 50 分度的微分套筒，当其相对于螺母套筒转过一周时，测微螺杆就会在螺母套筒内沿轴线方向前进或后退 0.5 mm。同理，当微分套筒转过一个分度时，测微螺杆就会前进或后退 0.5 mm / 50 = 0.01 mm。

读千分尺和读游标尺一样，也分为三步：

① 读整数。微分筒的端面是读取数的基准，读数时，看微分筒端面左边固定套筒上露出的刻线的数字，该数字就是主尺的读数，即整数。

② 读小数。固定套筒的基线是读取小数的基准，读数时，看微分筒上是哪一条刻线与固定的基线重合，如果固定在套筒上的 0.5 mm 刻线没有露出，则微分筒上与基线重合的那条刻线就是测量的小数；如果固定套筒上的 0.5 mm 刻线已经露出，则从微分筒上读得的数字再加上 0.5 mm 才是测得的小数。这点要特别注意，不然会少读或多读 0.5 mm，造成读数错误。

当微分筒上没有任何一条刻线与基线恰好重合时，应该估读到小数点后第三位数。

③ 求和。将上述两次读数相加，即为所求的测量结果，如图 3-1-5。

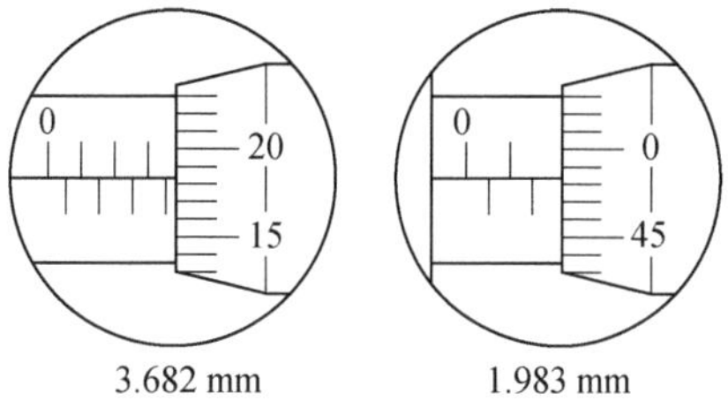

图 3-1-5　千分尺的读数

3. 电脑通用计数器

MUJ-ⅡB 电脑通用计数器是实验室常用的计时仪器。通过功能转换，它可完成测周期、计数、测速度、加速度等多种功能。图 3-1-6 为 MUJ-ⅡB 电脑通用计数器前后面板示意图。

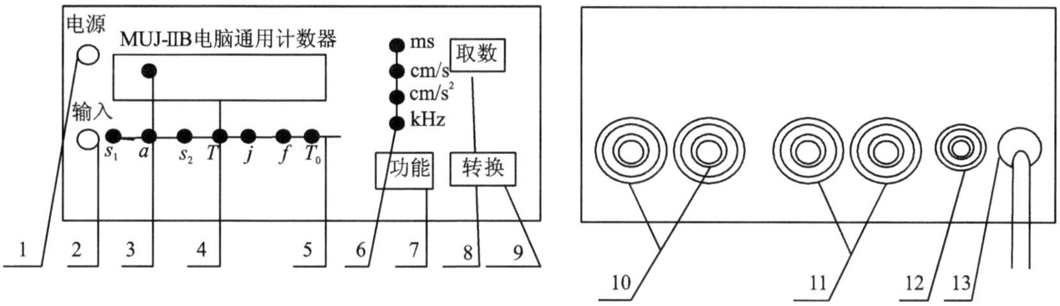

1—电源开关；2—测频输入口；3—选出指示；4—LED 显示屏；5—功能转换指示灯；6—测量单位指示灯；7—功能选择复位键；8—数值提取键；9—数值转换键；10—P_1 光电门插口；11—P_2 光电门插口；12—电源保险；13—电源线

图 3-1-6　MUJ—ⅡB 电脑通用计数器前后面板示意图

功能转换键：用于七种功能的选择及对显示数据的取消或复位。先清零复位，后转换功能。

数值转换键：用于挡光片宽度设定、简谐运动周期值的设定及测量单位的转换。每次开机时，挡光片宽度会自动设定为 1.0 cm 时间自动设定为 10 个周期。当所用挡光片宽度与设定的挡光片宽度数值不相符时，可重新设定。在已存入实验数据的情况下，按住数值转换键不放，就可重新选择所需要的挡光片面型宽度，否则速度和加速度的数值将是错误的。新设定的数值将保留到关闭电源为止。

数值提取键：做完实验后，数据自动存入。当存储满后，实验数据不再存入，可用此键提出前几次实验值。取完数据后，可用功能复位键改变实验功能及改变挡光片设定宽度的方法实现复位清零。

使用电脑通用计数器进行各种功能测量的方法如下：

① 计时(s_1)。测量 p_1 口或 p_2 口两次挡光时间间隔及滑块通过两光电门的速度。

连接好光电门,功能设定在计时状态;让带有U形挡光片的滑块通过光电门,即可显示需要的测量数据。

② 加速度(a)。测量滑块通过每个光电门的速度和通过相邻光电门的时间或这段路程的加速度。

功能设定在加速度状态;在使用两个光电门的情况下,让带U形挡光片的滑块通过光电门,计数器将循环显示下列数据:

1	第一个光电门;
×××××	第一个光电门测量值;
2	第二个光电门;
×××××	第二个光电门测量值;
1—2	第一至第二光电门;
×××××	第一至第二光电门测量值。

③碰撞(s_2)。将 p_1 和 p_2 各接一只光电门。

设定碰撞功能;使两只带U形挡光片的滑块相撞,计数器将显示下列数据:

P1.1	P1 口光电门第一次通过;
×××××	P1 口光电门第一次测量数据;
P1.2	P1 口光电门第二次通过;
×××××	P1 口光电门第二次测量数据;
P2.1	P2 口光电门第一次通过;
×××××	P2 口光电门第一次测量数据;
P2.2	P2 口光电门第二次通过;
×××××	P2 口光电门第二次测量数据。

注意:未被挡光的那一次将被省略。

④ 周期(T)。测量简谐运动1~100周期的时间。

设定周期功能;按住数值转换键,确定所需要周期数;在滑块上安装挡光片,使滑块做简谐运动,当达到设定周期时,将自动显示总时间。

⑤ 计数(J)。测量遮光次数。

⑥ 测频。可测正弦、方波、三角波及调幅波,由测频输入口输入。

⑦ 测周期。与测频相同。

实验 3-2 牛顿第二定律的验证

(杨学锋)

牛顿第二定律的数学表述是:$F=ma$。它是质点动力学的基本方程,给出了力、质量和加速度三个物理量之间的定量关系。验证牛顿第二定律应从两个方面着手:① 系统总质量不变,考察合外力和加速度的关系;② 合外力不变,考察总质量和加速度的关系。

【实验目的】

1. 掌握实验装置的调整和数字计数器的使用方法。

2. 通用实验验证 $F=ma$ 的关系式，加深对牛顿第二定律的理解。

【实验原理】

1. 实验装置

图 3-2-1 所示的实验装置是一种阻力很小的力学装置。它是利用两头挂有砝码组的细线在实验台两端滑轮上作近似无摩擦的直线运动，极大地减少了以往在力学实验中由于摩擦力而出现的较大误差，使试验结果接近理论值。利用此实验装置可以观察和研究在近似无摩擦的情况下物体的各种直线运动规律。

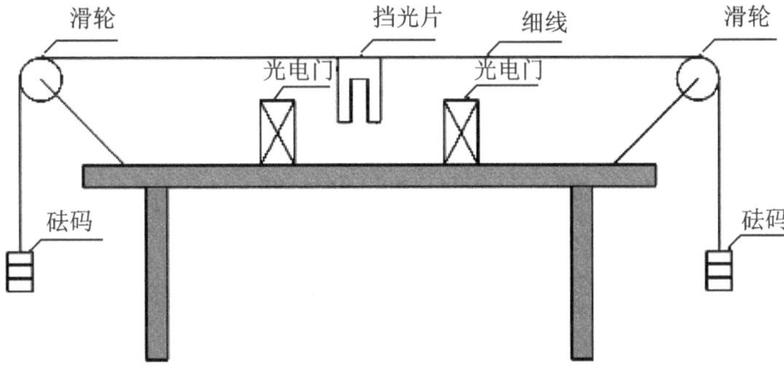

图 3-2-1　实验装置图

2. 光电门、挡光片和计算机通用计数器

光电门(安装在实验台上)和挡光片(安装在细线上)是用来测量细线运动速度的装置。光电门由红外发光二极管和光敏三极管组成，平时红外发光二极管发射的光直接射在光敏三极管的光敏面上，使光敏三极管输出高(或低)电平，当红外发光二极管发射的光被挡光片挡住时光敏三极管则输出低(或高)电平。数字计数器则用来记录光电门被挡光片两前沿挡光的时间间隔。设挡光片两前沿距离为 Δx，光电门被挡光片两前沿挡光的时间间隔为 Δt，则滑块通过光电门时的平均速度为 $v=\dfrac{\Delta x}{\Delta t}$。

【实验内容】

1. 固定系统总质量不变，系统所受合外力变化，研究加速度与合外力的关系

(1) 操　作

保持系统总质量不变：在细线左右两端各悬挂 75 g 砝码(含砝码盘)，从细线左端砝码盘上取下一个质量为 5 g 的砝码加到右端砝码盘上，由此改变了合外力；用手轻压左侧砝码，使挡光片移至左侧滑轮边，放手，挡光片从左向右加速运动。重复以上测量，记录数字计数器测量数据。

(2) 数据记录及处理

m(左砝码质量 m_1＋右砝码质量 m_2)＝ 150 g，测量数据记录于表 3-2-1 中。

表 3-2-1　实验数据

$m_1/(\times10^{-3}\text{kg})$	$m_2/(\times10^{-3}\text{kg})$	$F/(\times10^{-3}\text{N})$	$a/(\times10^{-2}\text{m/s}^2)$
75	75	0.00	0.00
70	80		
65	85		
60	90		
55	95		

作加速度与合外力的关系图线，如图 3-2-2 所示，为一直线，故加速度与合外力为正比关系；直线的斜率为 k_1，其倒数 $1/k_1$ 即为系统质量。

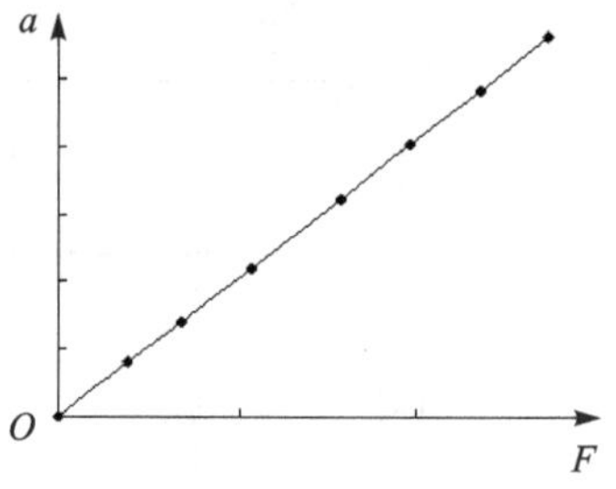

图 3-2-2　a-F 关系图线

2. 固定合外力不变，系统总质量变化，研究加速度与系统总质量的关系

(1) 操　作

保持固定合外力不变，细线左端挂 $m_1=30$ g，右端挂 $m_2=40$ g，用手轻压左侧砝码，使挡光片移至左侧滑轮边，放手；挡光片从左向右加速运动，用数字计数器记录数据。同在左、右端增加质量为 5 g 的砝码，固定合外力不变，由此改变了系统的总质量，重复以上测量。

(2) 数据记录及处理

右砝码质量－左砝码质量＝ 10 g，m ＝ 左砝码质量＋右砝码质量。测量数据记录于表 3-2-2 中。

表 3-2-2　实验测量数据

$m_1/(\times10^{-3}\text{kg})$	$m_2/(\times10^{-3}\text{kg})$	$m/(\times10^{-3}\text{kg})$	$a/(\times10^{-2}\ \text{m/s}^2)$	$1/a/(\times10^{2}\ \text{s}^2/\text{m})$
30	40	70		
35	45	80		
40	50	90		
45	55	100		
50	60	110		

作加速度的倒数与系统质量的关系图线，如图 3-2-3 所示，为一直线，故加速度与系统质量为反比关系。可利用最小二乘法进行线性拟合，得直线斜率倒数，即为合外力。

【思考与讨论】

请分析实验误差产生的原因。

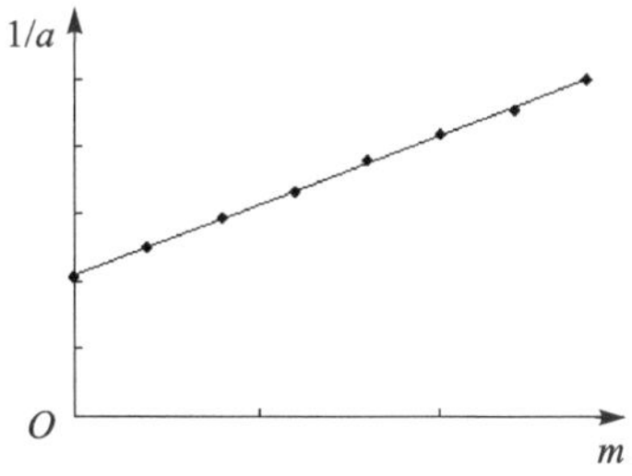

图 3-2-3 1/a-m 关系图线

实验 3-3 磁悬浮导轨研究匀变速直线运动的规律

（杨学锋 赵 杰）

磁悬浮是磁性原理和控制技术综合应用的技术，经过一百多年的努力，这项技术被用在了很多行业，其中最典型的两大应用领域是磁悬浮列车和磁悬浮轴承。磁悬浮列车的原理是将列车的车厢用磁力悬浮起来，列车可以以非常高的速度运行；磁悬浮轴承是通过磁场力将转子和轴承分开，实现无接触的新型支承组件。

【实验目的】

1. 研究物体运动时所受外力与加速度的关系。
2. 考察匀变速直线运动规律，学习作图处理实验数据。
3. 测定重力加速度。
4. 学习磁悬浮导轨的使用。

【实验原理】

1. 匀变速直线运动

图 3-3-1 所示为摩擦很小的斜面，从高向低沿此斜面滑行的物体 M，忽略空气阻力的情况下，可视为匀变速直线运动。相关公式如下：

$$v = v_0 + at \tag{3-3-1}$$

$$s = v_0 t + \frac{1}{2}at^2 \tag{3-3-2}$$

$$v^2 = v_0^2 + 2as \tag{3-3-3}$$

如图 3-3-1 所示，斜面上 P 位置作为起点，在低一点位置 P_0 放置第一光电门，P_1 位置放置第二光电门，物体 M 从 P 点静止开始下滑，测量 P_1 处的 t_1 及 v_1；然后将第二光电门移至 P_2 位置，物体 M 重新从 P 点静止开始下滑，测量 P_2 处的 t_2 及 v_2；然后再将第二光电门移至 P_3 位置，物体 M 重新从 P 点静止开始下滑，测量 P_3 处的 t_3 及 v_3…以 t 为横坐标，v 为纵坐标作 $v-t$ 图，若图形是一条斜直线，说明物体作匀变速直线运动，斜直线的斜率就为加速度 a，截距为 v_0。

同样取 $s_i = P_i - P_{i-1}$，作 $s/t-t$ 图和 v^2-s 图，若为直线，则也说明物体作匀变速直线运动，两斜直线的斜率分别为加速度 $a/2$ 和 $2a$，截距分别为 v_0 和 v_0^2。

2. 重力加速度 g 的测定

图 3-3-2 所示为重力加速度 g 的测量实验图，物体 M 沿此斜面向低处滑，其加速度为

$$a = g\sin\theta$$

由于 θ 角小于 $5°$，所以 $\sin\theta \approx \tan\theta$，得

$$g = a/\sin\theta = \frac{a}{\frac{h}{L}} = \frac{a}{h} \cdot L \qquad (3-3-4)$$

测出 $\sin\theta$ 或者 L、h 的值，再把测得的 a 代入式 3－3－4，就可测定重力加速度 g。

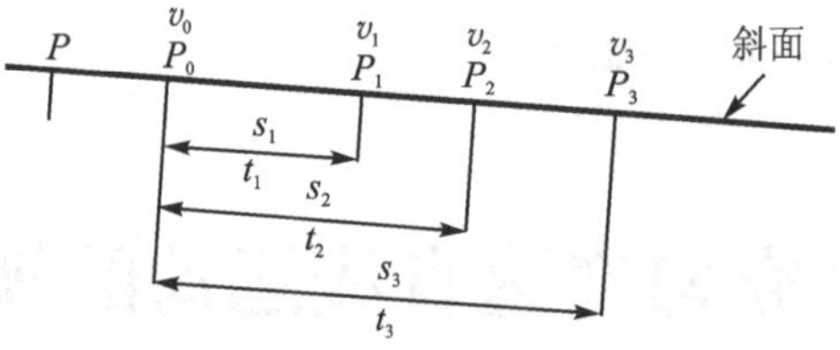

图 3－3－1　摩擦很小的斜面

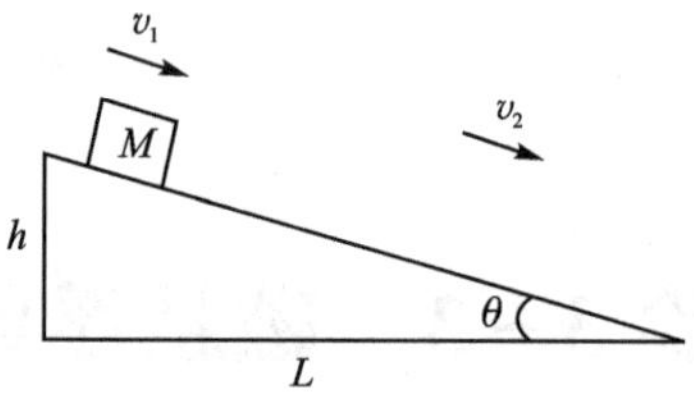

图 3－3－2　重力加速度 g 的测量实验图

3. 系统质量保持不变，改变系统所受外力，考察加速度 a 和外力 F 的关系

据牛顿第二定律 $F = ma$，即 $a = F/m$，又斜面上 $F = g\sin\theta$，故

$$a = k \cdot F$$

由图 3－3－1 所示，设置不同角度 θ_1、θ_2、θ_3、… 的斜面，测出物体运动的加速度 a_1、a_2、a_3、…，作 $a-F$ 拟合直线图，求出斜率 $k = 1/m$，即可求得 $m = 1/k$。

【实验装置】

图 3－3－3 所示为磁悬浮导轨示意图，磁悬浮导轨是一个 1.5 m 长有机玻璃凹形槽。槽底中间紧贴一连串强磁性钕铁硼磁钢，形成一条磁钢带；另外在滑块底部也紧贴一连串强磁性钕铁硼磁钢。滑块放入凹形槽，两条相对的磁钢带磁场极性相同，产生斥力（磁悬浮力），使滑块向上浮起，直至与重力平衡，如图 3－3－4 所示。滑块左右有槽壁限挡，使其始终保持在磁钢带上方。

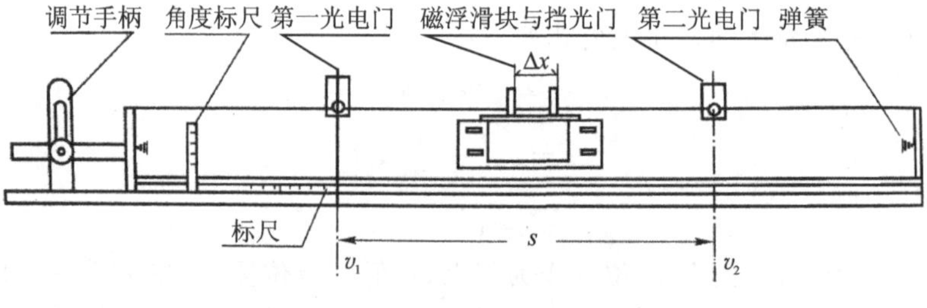

图 3－3－3　磁悬浮导轨示意图

根据实验要求，调节手柄可改变磁悬浮导轨一端高度，使其成为斜面（有角度指示）。

【实验内容】

1. 调整磁悬浮导轨水平度

两种方法：

① 水平仪放入凹形槽内底部，调节导轨一端的支撑脚，使导轨水平。

② 轻推一个滑块在磁悬浮导轨中以一定的初速度从左向右作减速运动，测出加速度；再反向做一次，比较两次加速度值，若相近，说明导轨水平。

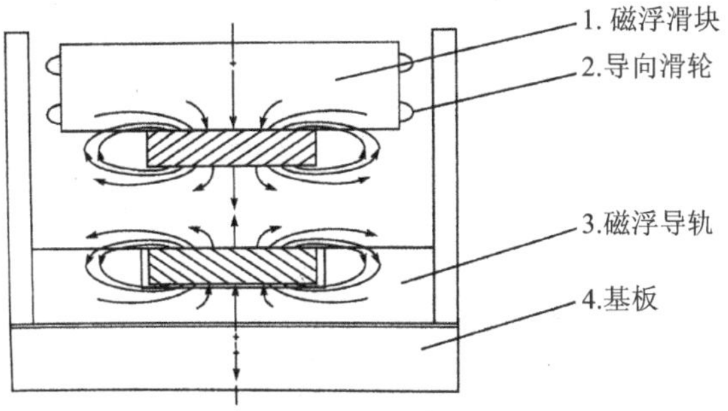

图 3-3-4　凹形槽内磁悬浮力示意图

2. 匀变速直线运动

调整导轨为斜面(见图 3-3-1),倾斜角为 θ(不小于 20°为宜)。把第一光电门放到导轨的 P_0 处,第二光电门依次放到 $P_1, P_2, P_3, \cdots$处。每次使滑块由同一位置 P 从静止开始下滑,依次测得挡光片 Δx 通过 $P_0, P_1, \cdots P_i$ 处光电门的时间为 $\Delta t_0, \Delta t_1, \cdots \Delta t_i$ 及由 P_0 到 P_i 的时间 t_i。数据记录于表 3-3-1 中。

表 3-3-1　实验测量数据

$P_0=$　　　　$\Delta x=$　　　　$\theta=$

i	P_i	$s_i=P_i-P_0$	Δt_0	v_0	Δt_i	v_i	t_i
1							
2							
3							
4							
5							

根据 $v_2=v_0^2+2as$,以 s_i 为横坐标,v_i^2 为纵横坐标作图,若图形是一条直线,说明物体作匀变速直线运动,求出斜率 $k=2a$,得到加速度 a。而 $g=a/\sin\theta$,与公认值 g 比较得百分误差。

3. 改变倾斜角求重力加速度 g

两光电门之间距离固定为 s。改变斜面倾斜角 θ,滑块每次从同一位置下滑,依次经过二光电门,记录其加速度 a。数据记录于表 3-3-2 中。

表 3-3-2　实验测量数据

i	θ_i	a_i	$\sin\theta_i$	g_i	平均值$\overline{g}$
1					
2					
3					
4					
5					

① 根据 $g=a/\sin\theta$,分别算出每个倾斜角度下的重力加速度 g;

② 计算测得的重力加速度的平均值 $\bar{g}$，与本地区公认值 g 标相比较，求出

$$E_g = (|\bar{g} - g_{标}| / g_{标}) \times 100\%$$

4. 考察加速度 a 和外力 F 的关系

称量滑块质量标准值 $m_{标}$，利用上一内容的实验数据，计算不同倾斜角时，系统所受外力 $F = m_{标}\, g\sin\theta$，作 $a-F$ 拟合直线图，求出斜率 k，$k=1/m$，即可求得 $m=1/k$。比较 m 和 $m_{标}$，并求出百分误差。实验数据记录于表 3－3－3 中。

表 3－3－3　实验测量数据

$\Delta x=$　　　　$s=s_2-s_1=$　　　　$m_{标}=$

i	θ_i	$\sin\theta_i$	$F=m_{标}\, g\sin\theta$	a_i
1				
2				
3				
4				
5				

【思考与讨论】

如何对测量的加速度值进行修正？

实验 3－4　磁单摆混沌现象的观察与研究

（杨学锋　王红梅）

混沌是始于 20 世纪 60 年代，近几十年来急剧兴起的一门科学，对混沌的研究成为当代物理学的热门与前沿课题。混沌是研究非线性动力学系统复杂化行为的一门学科，其基本理论是经物理学领域内出现的前沿课题。通过学习这些知识，结合实验演示，可以掌握复杂现象的物理本质。混沌理论是抽象的，混沌现象却是普遍的，在许多非线性系统中，存在着混沌现象，例如非线性振荡电路，受周期力（驱动力和阻尼力）作用的摆、湍流、激光运行系统、超导约夫森系统。

【实验目的】

1. 了解混沌知识。
2. 观察混沌现象。

【实验仪器】

磁单摆混沌实验仪。

【实验原理】

图 3－4－1 所示为磁单摆混沌实验仪。图 3－4－2 所示为圆形磁铁分布示意图，图中三个圆形磁铁分布在一个平面内，位于正三角形的三个顶点上，磁铁中心至三角形中心的距离为 50 mm，磁铁直径 35 mm，厚 4 mm，表面磁感应强度相近，为 0.25 T 左右。磁铁的 S 极均向上。上述正三角形的中心上方悬挂一钢质小球，小球在三个磁铁磁场的作用下运动，其运动轨迹出现混沌现象，即钢球的摆动处于貌似无序和有序、有规律和无规律的游荡，略有不同的初

始位置、微小扰动的冲量都会使钢球的运动轨迹难以预测，在时间先后、空间位置上呈现大相径庭运动轨迹，如图 3－4－3所示。

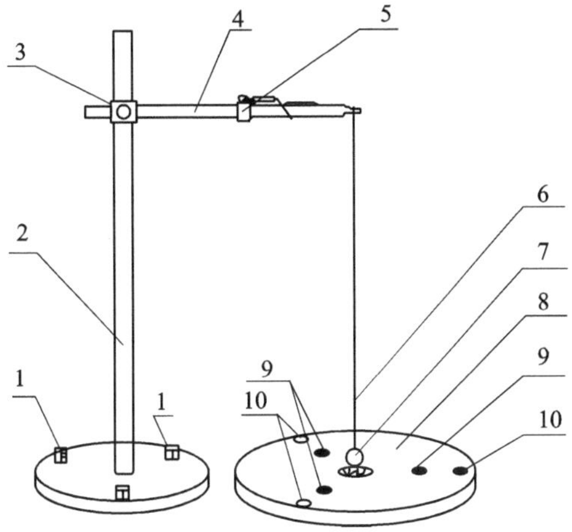

1—立柱水平调节旋钮；2—铜质立柱；3—横梁高度、长度调节固定旋钮；4—悬线横梁；5—悬线长度调节固定夹；6—钢球悬球；7—钢球；8—有机玻璃圆盘；9—磁钢直径 35 mm；10—有机玻璃圆盘水平调节旋钮

图 3－4－1　磁单摆混沌实验仪

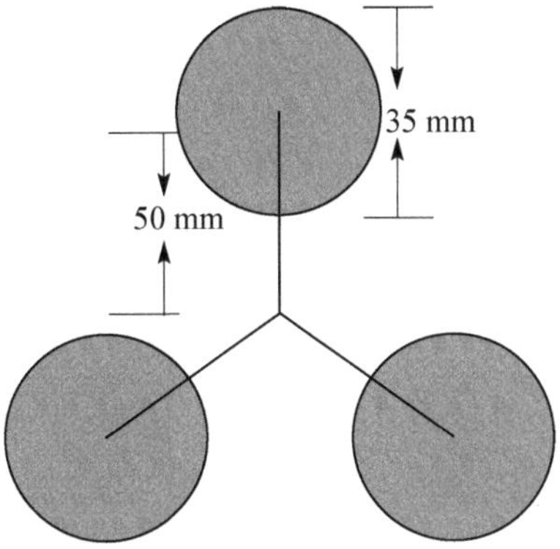

图 3－4－2　圆形磁铁分布示意图

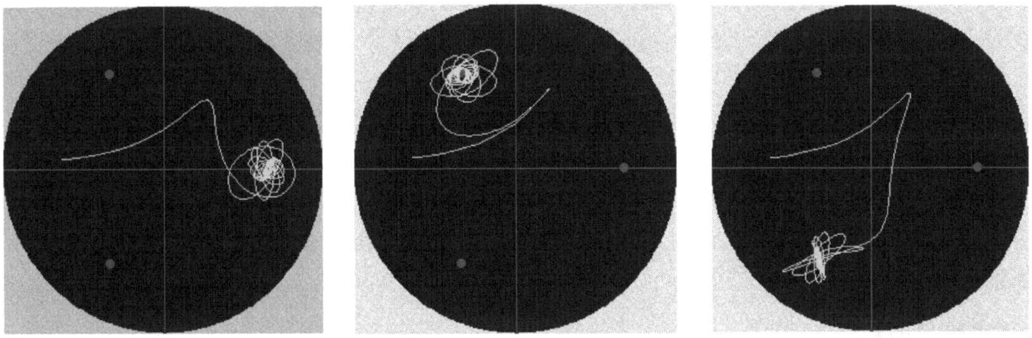

(a)　(b)　(c)

图 3－4－3　钢球的运动轨迹

拉开钢球到某个特定位置，钢球开始向左摆还是向右摆的机会是相同的，在由上述磁铁做

成的三角形平面内，存在着磁铁对小球水平作用力为零的位置，这些磁场作用力相等的位置可以连成几条不稳定线，其图形称为"美茜蒂丝—本茨星"。小球在通过由磁铁做成的三角形平面时，受到的磁场作用力有关：由磁铁做成的不均匀磁场、钢球位置影响磁场强度分布。这些影响是相互的、历史的，所以深入研究其运动规律是很有意义的。

【实验内容】

实验仪器如图 3－4－1 所示放置。

1. 用水准仪调仪器底盘水平，即调整安装横梁立柱垂直。

2. 用水准仪调整有机玻璃盘的水平。

3. 固定横梁在立柱上，使横梁上的穿线孔距立柱为 25 cm。

4. 调横梁悬线夹，使悬线长度为 45 cm。

5. 调节系绳钢球的位置，使其位于由磁钢为顶点的正三角形的中心上方。距有机玻璃平面 1.5 cm 左右为宜。

6. 拉小球偏离平衡位置，可超出正三角形区域后，释放小球使其摆动。

7. 小球在三个磁场铁磁场作用下运动时，其轨迹显现混沌现象。

8. 绘制小球开始摆动的位置和摆动的轨迹。

【归纳与总结】

用自己的语言归纳实验规律和混沌特征(以下内容仅供参考)。

什么是混沌？撇开数学上严格的定义不谈，我们可以说混沌是在决定性(deterministic)动力学系统中出现的一种貌似随机的运动。动力学系统通常由微分方程、差分方程或简单的迭代方程所描述，"决定性"指方程中的系数都是确定的，没有概率性的因素。从数学上说，对于确定的初值，决定性的方程应给出确定的解，描述着系统确定性的行为。但在某些非线性系统中，这种过程会因初始值极微小的扰动而产生很大的变化，即系统对初值依赖的敏感性。由于这种初值敏感性，从物理上看，过程好像是随机的。这种"随机假性"与方程中有反映外界干扰的随机项或随机系数而引起的随机性不同，是决定性系统内部所固有的，可称之内禀随机性(intrinsic stochas-ticitv)。

【思考与讨论】

用两台以上仪器，调相同实验参数，比较观察钢球运动轨迹的不同点、相似点。

实验 3－5　落球法测定液体的黏滞系数

(杨学锋　赵杰)

液体黏滞系数又称液体黏度，是液体的重要性质之一，在工程、生产技术及医学方面有着重要的应用。

【实验目的】

1. 落球法测量液体的黏滞系数。

2. 研究不同温度下液体黏滞系数的变化规律。

3. 学习激光光电传感器测量时间和物体运动速度的实验方法。

4. 观测落球法测量液体黏滞系数的实验条件是否满足，必要时进行修正。

【实验原理】

1. 液体的黏滞系数

当金属小球在黏性液体中下落时，它受到三个铅直方向的力：小球的重力 mg（m 为小球质量）、液体作用于小球的浮力 ρgV（V 是小球体积，ρ 是液体密度）和黏滞阻力 F（其方向与小球运动方向相反）。如果液体无限深广，在小球下落速度 v 较小的情况下，有

$$F = 6\pi\eta rv \tag{3-5-1}$$

式(3-5-1)称为斯托克斯公式。式中，r 是小球的半径；η 称为液体的黏度，其单位是 Pa·s。

小球开始下落时，由于速度尚小，所以阻力也不大；但随着下落速度的增大，阻力也随之增大。最后，三个力达到平衡，即

$$mg = \rho gV + 6\pi\eta rv \tag{3-5-2}$$

于是，小球作匀速直线运动，由式(3-5-2)可得

$$\eta = \frac{(m-\rho V)g}{6\pi vr} \tag{3-5-3}$$

令小球的直径为 d，并将 $m=\frac{\pi}{6}d^3\rho'$，$v=\frac{l}{t}$，$r=\frac{d}{2}$ 代入式(3-5-3)得

$$\eta = \frac{(\rho'-\rho)gd^2t}{18l} \tag{3-5-4}$$

其中，ρ' 为小球材料的密度，l 为小球匀速下落的距离，t 为小球下落 l 距离所用的时间。

2. 实验条件

实验时，待测液体必须盛于容器中(见图 3-5-1)，故不能满足无限深广的条件。实验证明，若小球沿筒的中心轴线下降，式(3-5-4)须做如下改动方能符合实际情况：

$$\eta = \frac{(\rho'-\rho)gd^2t}{18\ l} \times \frac{1}{\left(1+2.4\frac{d}{D}\right)\left(1+1.6\frac{d}{H}\right)} \tag{3-5-5}$$

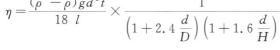

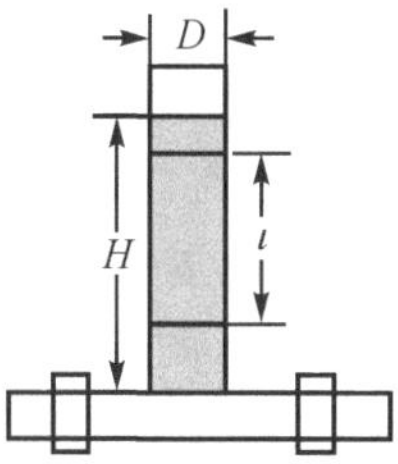

图 3-5-1　实验装置

式中，D 为容器内径；H 为液柱高度。

3. 液体黏滞系数与温度的关系

黏滞系数由液体的性质和温度决定，随着液体温度的升高，其黏滞系数会迅速减小。蓖麻油的黏滞系数 η 随温度 θ 的变化近似满足指数衰减关系，即

$$\eta = Ae^{-B\theta} \tag{3-5-6}$$

式中，系数 A、B 均为正数；θ 为热力学温度。

【实验器材】

变温黏滞系数测试实验仪主机、实验架、水箱、玻璃容器、激光器、水泵、加热器、温度计、温度传感器、重锤、引导管、小钢球等。变温黏滞系数测试实验装置如图 3-5-2 所示。

【实验内容】

1. 调整黏滞系数测定仪及实验准备

① 仪器按结构图组装完成后，往玻璃容器内筒中加入适量的待测液体(高度 430～440 mm 为

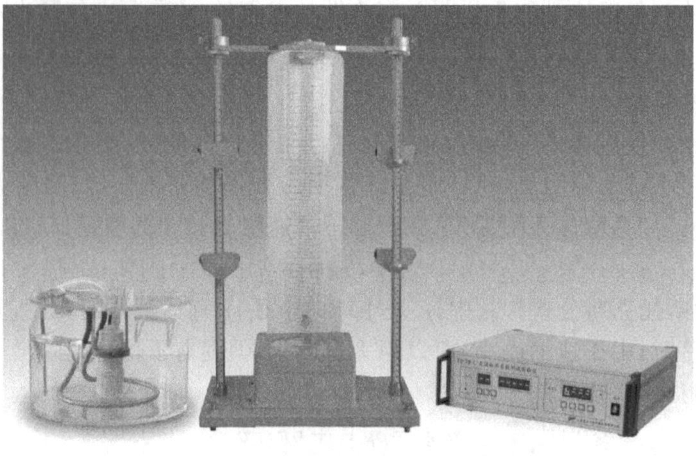

图 3-5-2　变温黏滞系数测试实验装置

宜)，如蓖麻油，往水箱中加入适量的水(比提手高 1 cm 左右)。连接好主机和水泵的电源线、计时数据传输线、温度数据传输线(把温度传感器放入水中)、进水管和出水管。开启主机电源，接通水泵开关给玻璃容器灌水。此时最好将出水管拔出水面，尽量避免水箱中水泡的产生，以便水泵的正常工作和观测计时的正常进行。当水灌满后，把出水管浸没水中并调整好温度传感器的位置，让它们不要碰到加热器。

② 打开主机电源后，可看见实验架上的上、下两个激光发射器发出红光。在仪器横梁中间部位放重锤部件，微调底板上的水平调节螺丝使仪器较为水平即可。调节上、下两个发射器，使其红色激光束对准锤线(也是小球下落路径)。两发射器摆放位置稍微靠下，以保证计时阶段小球已是匀速下落；两光束间距尽量大些，以减小计时和下落距离测量的相对误差。

③ 收回重锤部件，调节上、下两个接收器，使红色激光束对准接收孔。当主机面板上触发指示灯亮时，就表示两个接收器同时接收到了光束。尽量使光束从接收孔中心垂直射入，以便减少气泡对计时的干扰。若有气泡经过激光束时，会附加些折射，这就可能导致非目的性计时。

2. 记录小球每次下落 L 距离的时间

用温度计测量室温下待测液的温度，然后在仪器横梁中间部位放入铜质球导管，让小球从铜质球导管中下落，记录每次小球下落 L 距离的时间，取各次计时的平均值作为下落时间。

3. 记录不同温度下小球下落时间

在主机上设置好要达到的温度值(建议不高于 50 ℃，因为温度太高，小球匀速下落条件难以满足，且影响仪器使用寿命)，按确定按钮后仪器开始给循环水加热。每隔 3min 用搅拌棒伸入待测液中搅拌一次(先把铜质球导管和横梁小心取下)，这样可以加快待测液的升温速率、缩短热量扩散达到均匀的时间。等主机温度表稳定显示预期温度以及待测液温度稳定不变时，记下此时待测液的温度(待测液温度一般小于设定的水温值)。然后把横梁小心装上，放入重锤检查激光是否打在锤线上，若拆装横梁后不能正常计时，可重复步骤 1 中①中若干步骤调好激光器位置。最后重复步骤 1 中②得到不同温度下小球的下落时间。

4. 记录及计算相关数据

记录实验时待测液的深度 H，用电子分析天平测量 30 颗小钢球的质量 m，用千分尺测出小球直径 d，计算小钢球的密度 ρ'。用液体密度计测量待测液的密度 ρ。用游标卡尺测量筒

的内径 D。

5. 验证小球在计时阶段已是匀速下落(选做)

当待测液稳定在某温度下时，先按上面步骤测得小球下落 L 距离所用的时间 t_1，然后把上面一组激光发射、接收器下移，使得两激光束之间的距离变为 $L/2$，继续重复上面步骤测得小球下落的半程时间 t_2。比较 $t_1/2$ 和 t_2，若两者近似相等，则说明小球在计时阶段已是匀速下落。

【数据处理】

待测液体是甘油，测量数据记录于表 3-5-1 中。计时距离 L=(发射器间距+接收器间距)/2=91.0 mm。经多次测量得到小球直径 d=1.990 mm，小球密度 $\rho'=7.86\times10^3\ kg/m^3$。

甘油的密度 $\rho=1.260\times10^3\ kg/m^3$、油高 H=430 mm，量筒内径 D=60 mm。

表 3-5-1　不同温度下甘油黏度测量数据

温度/℃	计时距离/mm	第一次计时/s	第二次计时/s	第三次计时/s	第四次计时/s	第五次计时/s	平均时间/s	黏滞系数 η/(Pa·s)

1P(Poise)=1(dyn·s)/cm^2=0.1 Pa·s

根据以上数据作黏滞系数与温度的关系图线。将实验数据再做处理，作 $\ln\eta-\theta$ 关系图，从图中即可看出黏滞系数 η 与温度 θ 成负指数关系。

【注意事项】

1. 主机接通电源后不要打开水箱盖(被封闭的加热器内通有 220 V 电压)。实验室插座接地端应确保接地，以保证与之相连的加热器外壳和水箱中的水不带电。

2. 激光束不能直射人的眼睛，以免损伤眼睛。

3. 实验时应避免水泵空转，以延长水泵使用寿命。实验过程中若加水应先关闭水泵电源，以防注水时产生大量水泡使得水泵空转。

4. 水箱中水位不能过低，整个实验过程都应确保水能浸没加热器发热部分(底部大圈)和水泵转叶。

5. 温度传感器和出水管不要碰到加热器，以免烫坏变形。

6. 引导管的内壁和投放的小球应保持清洁，以保证小球顺利滑出引导管。

7. 应保证实验用水的清洁，仪器用过一段时间后要清洗，以确保计时的顺利进行和水泵的正常工作。

【思考讨论】

如何判断小球在作匀速运动?

实验 3-6 三线摆法测量物体的转动惯量

(赵杰 杨学锋)

转动惯量是描述刚体转动中惯性大小的物理量,它与刚体的质量分布及转轴位置有关。正确测定物体的转动惯量,在工程技术中具有十分重要的意义。如正确测定炮弹的转动惯量,对炮弹命中率有着不可忽视的作用。机械装置中飞轮的转动惯量大小,直接对机械的工作有较大影响。

【实验目的】

1. 学习用激光光电传感器精确测量三线摆扭转运动的周期。
2. 学习用三线摆法测量物体的转动惯量,测量相同质量的圆盘和圆环绕同一转轴扭转的转动惯量,说明转动惯量与质量分布的关系。
3. 验证转动惯量的平行轴定理。

【实验原理】

转动惯量是物体转动惯性的量度。物体对某轴的转动惯量的大小,除了与物体的质量有关外,还与转轴的位置和质量的分布有关。有规则物体的转动惯量可以通过计算求得,但对几何形状复杂的刚体,计算则相当复杂。而用实验方法测定,就简便得多。三线摆就是通过扭转运动测量刚体转动惯量的常用装置之一。

三线摆是将一个匀质圆盘,以等长的三条细线对称地悬挂在一个水平的小圆盘下面构成的。每个圆盘的三个悬点均构成一个等边三角形。如图 3-6-1 所示,当底圆盘 B 调成水平,三线等长时,B 盘可以绕垂直于它并通过两盘中心的轴线 O_1O_2 作扭转摆动,扭转的周期与下圆盘(包括其上物体)的转动惯量有关,三线摆法正是通过测量它的扭转周期去求已知质量物体的转动惯量。

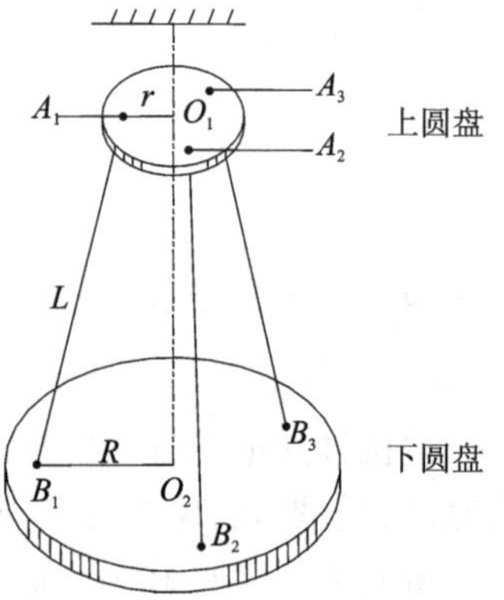

图 3-6-1 三线摆示意图

当摆角很小,三悬线很长且等长,悬线张力相等,上下圆盘平行,且只绕 O_1O_2 轴扭转的条件下,下圆盘 B 对 O_1O_2 轴的转动惯量 J_0 为

$$J_0=\frac{m_0gRr}{4\pi^2H}T_0^2 \qquad (3-6-1)$$

式中,m_0 为下圆盘 B 的质量;r 和 R 分别为上圆盘 A 和下圆盘 B 上线的悬点到各自圆心 O_1 和 O_2 的距离(注意 r 和 R 不是圆盘的半径);H 为两盘之间的垂直距离;T_0 为下圆盘扭转的周期。

若测量质量为 m 的待测物体对于 O_1O_2 轴的转动惯量 J,只须将待测物体置于圆盘上,设此时扭转周期为 T,对于 O_1O_2 轴的转动惯量为

$$J_1=J+J_0=\frac{(m+m_0)gRr}{4\pi^2H}T^2 \qquad (3-6-2)$$

于是得到待测物体对于 O_1O_2 轴的转动惯量为

$$J=\frac{(m+m_0)gRr}{4\pi^2 H}T^2-J_0 \tag{3-6-3}$$

式(3－6－3)表明，各物体对同一转轴的转动惯量具有相叠加的关系，这是三线摆方法的优点。为了将测量值和理论值比较，安置待测物体时，要使其质心恰好和下圆盘 B 的轴心重合。

本实验还可验证平行轴定理。如把一个已知质量的小圆柱体放在下圆盘中心，质心在 O_1O_2 轴，测得其直径 $D_{小柱}$，由 $J_2=\frac{1}{8}mD^2_{小柱}$ 算得其转动惯量 J_2；然后把其质心移动距离 d，为了不使下圆盘倾翻，用两个完全相同的圆柱体对称地放在圆盘上，如图 3－6－2 所示。设两圆柱体质心离开 O_1O_2 轴距离均为 d（即两圆柱体的质心间距为 $2d$）时，它们对于 O_1O_2 轴的转动惯量为 J'_2，设一个圆柱体质量为 M_2，则由平行轴定理可得

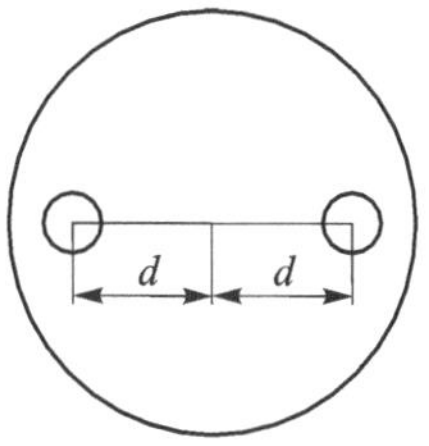

图 3－6－2　平衡圆盘

$$M_2d^2=\frac{J'_2}{2}-J_2 \tag{3-6-4}$$

由此算出的 d 值和用长度器实测的值比较，在实验误差允许范围内两者相符的话，就验证了转动惯量的平行轴定理。

【实验仪器】

转动惯量测定仪平台、米尺、游标卡尺、计数计时仪、水平仪，样品为圆盘、圆环及圆柱体 3 种。图 3－6－3 所示为转动惯量测定仪结构图。

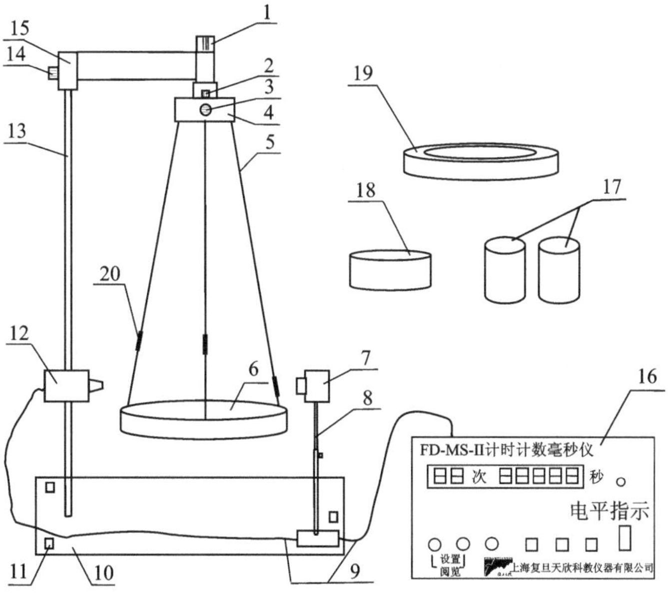

1—启动盘锁紧螺母；2—摆线调节锁紧螺栓；3—摆线调节旋钮；4—启动盘；
5—摆线(其中一根线挡光计时)；6—悬盘；7—光电接收器；8—接收器支架；
9—连接线；10—导轨；11—调节脚；12—半导体激光器；13—支杆；14—悬臂锁紧螺栓；
15—悬臂；16—计数计时仪；17—小圆柱样品；18—圆盘样品；19—圆环样品；20—挡光标记

图 3－6－3　转动惯量测定仪结构图

【实验内容】

1. 调节三线摆

① 调节上盘(启动盘)水平。将圆形水平仪放到旋臂上，调节底板调节脚，使其水平。

② 调节下悬盘水平。将圆形水平仪放至悬盘中心，调节摆线锁紧螺栓和摆线调节旋钮，使悬盘水平。

2. 调节激光器和计时仪

① 将光电接收器放到一个适当位置，后调节激光器位置，使其和光电接收器在一个水平线上。此时可打开电源，将激光束调整到最佳位置，即激光打到光电接收器的小孔上，计数计时仪右上角的低电平指示灯状态为暗。注意此时切勿直视激光光源。

② 调整启动盘，使一根摆线靠近激光束。此时也可轻轻旋转启动盘，使其在 5°内转动起来。

③ 设置计时仪的预置次数，20 或者 40，即半周期数。

3. 测量下悬盘的转动惯量 J_0

① 按图 3-6-4 所示，$r=\frac{\sqrt{3}}{3}a$，算出上下圆盘悬点到盘心的距离 r 和 R，用游标卡尺测量悬盘的直径 D_1。

② 用米尺测量上下圆盘之间的距离 H。

③ 称量悬盘的质量 M_0。

④ 测量下悬盘摆动周期 T_0，为了尽可能消除下圆盘扭转振动之外的运动，三线摆仪上圆盘 A 可方便地绕 O_1O_2 轴作水平转动。测量时，先使下圆盘静止，然后转动上圆盘，通过三条等长悬线的张力使下圆盘随着做单纯的扭转振动。轻轻旋转启动盘，使下悬盘做扭转摆动(摆角<5°)，记录 10 个或 20 个周期的时间。

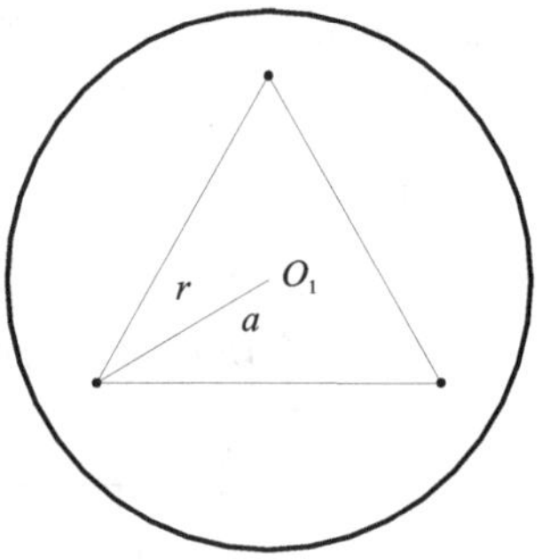

图 3-6-4

⑤ 算出下悬盘的转动惯量 J_0。

4. 测量悬盘加圆环的转动惯量 J_1

① 在下悬盘上放上圆环并使它的中心对准悬盘中心。

② 测量悬盘加圆环的扭转摆动周期 T_1。

③ 测量并记录圆环质量 M_1，圆环的内、外直径 $D_{内}$ 和 $D_{外}$。

④ 算出悬盘加圆环的转动惯量 J_1，圆环的转动惯量 J_{M1}。

5. 测量悬盘加圆盘的转动惯量 J_3

① 在下悬盘上放上圆盘并使它的中心对准悬盘中心。

② 测量悬盘加圆盘的扭转摆动周期 T_3。

③ 测量并记录圆盘质量 M_3、直径 $D_{圆盘}$。

④ 算出悬盘加圆环的转动惯量 J_3，圆盘的转动惯量 J_{M3}。

6. 圆环和圆盘的质量接近，比较它们的转动惯量，得出质量分布与转动惯量的关系。将测得的悬盘、圆环、圆盘的转动惯量值分别与各自的理论值比较，算出百分误差。

7. 验证平行轴定理

① 将两个相同的圆柱体按照下悬盘上的刻线，对称地放在悬盘上，相距一定的距离 $2d=$

$D_{槽}-D_{小柱}$。

② 测量扭转摆动周期 T_2。

③ 测量圆柱体的直径 $D_{小柱}$，悬盘上刻线直径 $D_{槽}$ 及圆柱体的总质量 $2M_2$。

④ 算出两圆柱体质心离开 O_1O_2 轴距离均为 d（即两圆柱体的质心间距为 $2d$）时，它们对于 O_1O_2 轴的转动惯量 J'_2。

⑤ 由 $J=\frac{1}{8}mD^2$ 算出单个小圆柱体处于轴线上并绕其转动的转动惯量 J_2。

⑥ 由式(3－6－4)算出的 d 值和用长度器实测的 d' 值比较，计算百分误差。

【数据处理】

将实验各步骤测量数据按要求记录于表 3－6－1、表 3－6－2、表 3－6－3 中。

表 3－6－1　各周期的测定

测量项目		悬盘质量 $M_0=$	圆环质量 $M_1=$	两圆柱体总质量 $2M_2=$	圆盘质量 $M_3=$
摆动周期数 n		10	10	10	10
10 周期时间 t/s	1				
	2				
	3				
	4				
平均值 $\bar{t}$/s					
平均周期 $T_i=\bar{t}/n$		$T_0=$	$T_1=$	$T_2=$	$T_3=$

表 3－6－2　上、下圆盘几何参数及其间距

测量项目		D_1/cm	H/cm	a/cm	b/cm	$R=\frac{\sqrt{3}}{3}\bar{a}$/cm	$r=\frac{\sqrt{3}}{3}\bar{b}$/cm
次数	1						
	2						
	3						
平均值							

表 3－6－3　圆环、圆柱体几何参数

测量项目		$D_{内}$/cm	$D_{外}$/cm	$D_{圆盘}$/cm	$D_{小柱}$/cm	$D_{槽}$/cm	$2d=D_{槽}-D_{小柱}$/cm
次数	1						
	2						
	3						
平均值							

【思考讨论】

三线摆在摆动中受到空气的阻尼，振幅会越来越小，它的周期是否会变化？为什么？

实验 3－7　空气密度和气体普适恒量的测定

（赵东来　赵杰）

空气密度是非常重要的物理量，许多精密测量都要考虑空气阻力、浮力的影响，这就涉及空气密度的测量。另外，在质量、压力、流量等的测量以及在空气成分分析、监测大气污染时常常要测量空气密度。

【实验目的】

1. 抽真空法测量空气的密度，并换算成干燥空气在标准状态下（0 ℃、1 标准大气压）的数值，与标准状态下的理论值比较。

2. 从理想气体状态方程出发，推导出变压强下气体普适常数的表达式，利用逐次降压的方法测出气体压强 p_i 与总质量 m_i 的关系并作图，由直线拟合求得气体普适常数 R，与理论值比较。

【实验原理】

1. 真　空

气压低于一个大气压（约 10^5 Pa）的空间，统称为真空。其中，按气压的高低，通常又可分为粗真空（$10^3 \sim 10^5$ Pa）、低真空（$10^3 \sim 10^{-1}$ Pa）、高真空（$10^{-1} \sim 10^{-6}$ Pa）、超高真空（$10^{-6} \sim 10^{-12}$ Pa）和极高真空（低于 10^{-12} Pa）5 种。其中在物理实验和研究工作中经常用到的是低真空、高真空和超高真空 3 种。

用以获得真空的装置总称真空系统；获得低真空的常用设备是机械泵；用以测量低真空的常用器件是真空表、热偶规等。

2. 真空表

大气压：地球表面上的空气柱因重力而产生的压力。它和所处的海拔高度、纬度及气象状况有关。

差压（压差）：两个压力之间的相对差值。

绝对压力：介质（液体、气体或蒸汽）所处空间的所有压力。

负压（真空表压力）：如果绝对压力和大气压的差值是一个负值，那么这个负值就是负压力，即负压力＝绝对压力－大气压＜0 。

3. 空气密度

空气的密度 ρ 由式（3－7－1）求出

$$\rho = \frac{m}{V} \tag{3-7-1}$$

式中，m 为空气的质量；V 为相应的体积。

取一只比重瓶，设瓶中有空气时的质量为 m_1，而比重瓶内抽成真空时的质量为 m_0，那么瓶中空气的质量 $m = m_1 - m_0$。如果比重瓶的容积为 V，则 $\rho = \dfrac{m_1 - m_0}{V}$。由于空气的密度与大气压强、温度和绝对湿度等因素有关，故由此而测得的是在当时实验室条件下的空气密度

值。如要把所测得的空气密度换算为干燥空气在标准状态下(0 ℃、1 标准大气压)的数值,则可采用式(3-7-2)计算:

$$\rho_n=\rho\frac{p_n}{p}(1+\alpha t)\left(1+\frac{3}{8}\frac{p_\omega}{p}\right) \quad (3-7-2)$$

式中,ρ_n 为干燥空气在标准状态下的密度;ρ 为在当时实验条件下测得的空气密度;p_n 为标准大气压强;p 为实验条件下的大气压强;α 为空气的压强系数(0.003 674 ℃$^{-1}$);t 为空气的温度(℃);p_ω 为空气中所含水蒸气的分压强(即绝对湿度值),p_ω=相对湿度×$p_{\omega 0}$,其中 $p_{\omega 0}$ 为该温度下饱和水汽压强。

在通常的实验室条件下,空气比较干燥,标准大气压与大气压强比值接近于1,式(3-7-2)近似为

$$\rho_n=\rho(1+\alpha t) \quad (3-7-3)$$

4.气体普适常数的测量

理想气体状态方程为

$$pV=\frac{m}{M}RT \quad (3-7-4)$$

本实验将空气作为实验气体。空气的平均摩尔质量 M 为 28.8 g/mol。空气中氮气约占80%,氮气的摩尔质量为 28.0 g/mol;氧气约占 20%,氧气的摩尔质量为 32.0 g/mol。

取一只比重瓶,设瓶中装有空气时的总质量为 m_1,而瓶的质量为 m_0,则瓶中的空气质量为 $m=m_1-m_0$,此时瓶中空气的压强为 p,热力学温度为 T,体积为 V。理想气体状态方程可改写为

$$p=\frac{mT}{MV}R \quad (3-7-5)$$

即 $p=\frac{m_1T}{MV}R+C$。其中,$C=-\frac{m_0T}{MV}$,为常数。设实验室环境压强为 p_0,真空表读数为 p',则 $p'=p-p_0<0$,式(3-7-5)改写为

$$p'=\frac{m_1T}{MV}R+C'-p_0=\frac{m_1T}{MV}R+C(C\text{ 为常数}) \quad (3-7-6)$$

式中,$C=C'-p_0$,测出在不同的真空表负压读数 p' 下 m_1 的值,然后作出 p'-m_1 关系图,求出直线的斜率 $k=\frac{RT}{MV}$,便可得到气体普适常数的值。

【实验仪器】

真空泵、真空表、真空电磁阀、比重瓶、电子物理天平(0~1 kg,最小分度 0.01 g)及水银温度计(0~50 ℃,最小分度 0.1 ℃)实验装置如图 3-7-1 所示。

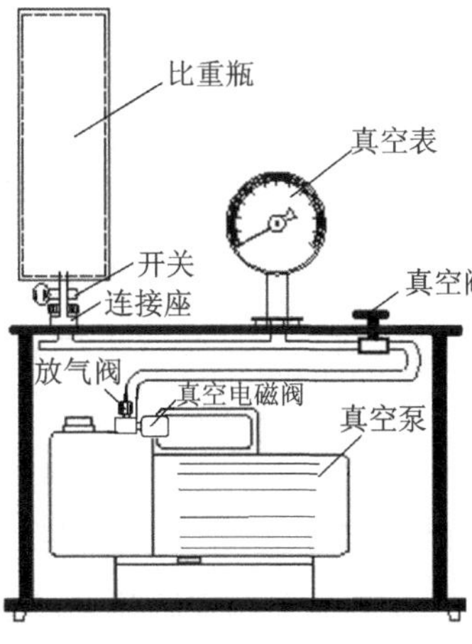

图 3-7-1　实验装置

【实验内容】

1.测量空气的密度

(1)测量比重瓶的容积

从连接座上取下比重瓶(一手拿住比重瓶,一手压下连接座的连接圈,将比重瓶从连接座中拔下来),

用游标卡尺量出比重瓶的外径 D，量出长度 L（比重瓶内部尺寸不可直接测量，提供：上底板厚度 $\delta_1=5.52$ mm，下底板厚度 $\delta_2=5.63$ mm，侧壁厚度 $\delta_0=4.78$ mm），算出比重瓶的容积 V。

(2)测量比重瓶质量 m_0，含空气总质量 m_1

将比重瓶开关打开，放到电子物理天平上称出含空气的比重瓶总质量 m_1，然后将其竖直插入连接座（连接座与真空表和真空阀相接）。关闭放气阀（旋紧），接上真空泵电源，打开真空泵开关（打开开关前应检查真空泵油位是否在油标中间位置），开始抽真空，待真空表读数非常接近−0.1 MPa时（注意：只需要等几分钟即可，连续抽真空最长不能超过30min），先关上比重瓶开关，最后才关闭真空泵。将比重瓶从连接座中拔下来，注意这个动作应该缓慢进行。将比重瓶放到电子物理天平上称出比重瓶内抽成真空时的质量 m_0。由 $\rho=\dfrac{m_1-m_0}{V}$ 算出实验室条件下的空气密度。

(3)计算标准状态下空气的密度

由水银温度计读出实验室温度 t(℃)，由 $\rho_n=\rho(1+\alpha t)$ 算出标准状态下空气的密度，与理论值比较。

2. 测定普适气体常数 R

① 用水银温度计测量环境温度 t_1(℃)。此实验过程较长，环境温度可能发生变化，应该测出实验始末温度，并取平均值。

② 在实验内容1的基础上，将比重瓶重新插入连接座，打开比重瓶开关，逐渐缓慢旋松放气阀（微漏气），整个系统的压强会缓慢降下来，等真空表读数由−0.1 MPa变到−0.09 MPa时，迅速关闭比重瓶开关，关闭放气阀（旋紧），动作缓慢地将比重瓶拔下来。

③ 称出比重瓶在−0.09 MPa时的质量 m_1。

④ 又将比重瓶重新插入连接座，打开比重瓶开关，逐渐缓慢旋松放气阀（微漏气），待真空表读数变到−0.08 MPa时，迅速关闭比重瓶开关，关闭放气阀（旋紧）。动作缓慢地将比重瓶拔下来，称出比重瓶在−0.08 MPa的质量。

⑤ 重复步骤④，测出真空表读数分别为−0.07 MPa、−0.06 MPa、−0.05 MPa、−0.04 MPa、−0.03 MPa、−0.02 MPa、−0.01 MPa、0 MPa时比重瓶的质量。

⑥ 再次测量环境的温度 t_2(℃)。

⑦ 作出 p'-m_1 图，拟合出直线的斜率 $k=\dfrac{RT}{MV}$，算出气体普适常数的值。

【数据处理】

1. 设计表格并记录所需测量的物理量及其测量值。

2. 已知普适气体常量 R（公认值）= 8.31 J/mol·K，1标准大气压 $=1.013\times10^5$ Pa，干燥空气在标准状态时的密度 p_n（公认值）= 1.293 kg/m。

【注意事项】

1. 一定要先关比重瓶开关，最后才停真空泵，防止真空泵中的油倒吸入比重瓶中。

2. 比重瓶从连接座中拔下来，这个动作应该缓慢进行，防止外界空气突然进入真空表将真空表的指针打坏。

3. 手不能长时间接触比重瓶，防止传热引起瓶内气体温度改变。

4.真空阀检修用，实验时真空阀应旋松打开。

【思考讨论】

1.环境温度变化过大对实验结果有什么影响？

2.分析绝对湿度 p_w 与实验条件下的大气压强 p 的比值变化情况。

实验 3－8　固体线胀系数的测定

（赵东来　赵杰）

绝大多数物质都具有"热胀冷缩"的特性，这是由物体内部分子热运动加剧或减弱造成的。该性质在工程设计和机械制造过程中，都应考虑到，否则，将影响结构的稳定性和仪表的精度，甚至会造成工程的损毁。

【实验目的】

1.学习并掌握测量金属线膨胀系数的一种方法。

2.会用千分表测量长度的微小增量。

【实验仪器】

金属线膨胀系数测量仪（实验仪及测试架）、测试用铁棒、铜棒、铝棒、千分表。

【实验原理】

材料的线膨胀是材料受热膨胀时，在一维方向的伸长。线胀系数是选用材料的一项重要指标。特别是研制新材料，须测定材料线胀系数。

固体受热后其长度的增加称为线膨胀。经验表明，在一定的温度范围内，原长为 L 的物体，受热后其伸长量 ΔL 与其温度的增加量 Δt 近似成正比，与原长 L 亦成正比，即

$$\Delta L = \alpha \cdot L \cdot \Delta t \qquad (3-8-1)$$

式中，比例系数 α 称为固体的线膨胀系数（简称线胀系数）。大量实验表明，不同材料的线胀系数不同，塑料的线胀系数最大，金属次之，殷钢、熔融石英的线胀系数很小。殷钢和石英的这一特性在精密测量仪器中有较多的应用。几种材料的线胀系数列于表 3－8－1 中。

表 3－8－1　几种材料的线胀系数

材料	铜、铁、铝	普通玻璃、陶瓷	殷钢	熔凝石英
数量级/$℃^{-1}$	$\times 10^{-5}$	$\times 10^{-6}$	$<2\times 10^{-6}$	$\times 10^{-7}$

实验还发现，同一材料在不同温度区域，其线胀系数不一定相同。某些合金在金相组织发生变化的温度附近，同时会出现线胀量的突变。另外还发现线胀系数与材料纯度有关，某些材料掺杂后，线膨胀系数变化很大。因此测定线胀系数也是了解材料特性的一种手段。但是，在温度变化不大的范围内，线胀系数仍可认为是一常量。

为测量线胀系数，将材料做成条状或杆状。由式（3－8－1）可知，测量初始杆长 L、受热后温度从 t_1 升高到 t_2 时的伸长量 ΔL 和受热前后的温度升高量 Δt（$\Delta t = t_2 - t_1$），则该材料在（t_1，t_2）温度区域的线胀系数为

$$\alpha = \frac{\Delta L}{L \cdot \Delta t} \tag{3-8-2}$$

式(3－8－2)的物理意义是固体材料在(t_1, t_2)温度区域内，温度每升高1 ℃时材料的相对伸长量，其单位为$℃^{-1}$。

测量线胀系数的主要问题是如何测伸长量ΔL。对于微小的伸长量，用普通量具(如钢尺或游标卡尺)是测不准的，可采用千分表(分度值为0.001 mm)、读数显微镜、光杠杆放大法、光学干涉法等方法。本实验就用千分表分度值为0.001 mm千分表测微小的线胀量。

【实验内容】

1. 在室温下用米尺测量样品铁、铜、铝杆等金属杆的长度2～3次，记录到表3－8－2中，求出L原有长度的平均值。

2. 打开电源开关，设置好温度控制器加热温度，金属杆加热温度设定值可根据金属杆所需要的实际温度值设置。

3. 连接温度传感器探头连线，连接加热部件接线柱，合上隔热罩上盖。

4. 旋松千分表固定架螺栓，拉出千分表，将待测金属杆样品($\phi 8 \times 400$ mm)插入测试架右侧的加热导热铜管口子内，再插入短隔热棒(不锈钢)，用力推紧后，安装千分表，旋紧千分表固定架螺栓，注意被测物体与千分表测量头保持在同一直线。

5. 为了保证接触良好，一般可使千分表初读数为0.1～0.2 mm左右，只要把该数值作为初读数对待即可，不必调零。如认为有必要，可以通过转动表面，把千分尺主指针读数基本调零，而副指针无调零装置。

6. 正常测量时，按下加热按钮(高速或低速均可，但低速挡功率小)，加热时实测温度会比设定温度低0.1～2.2 ℃，该温度差与周围环境散热条件有关，实测温度显示窗显示实验样品的实际温度，实验中须保持该温度10 min以上，以使实验样品内外温度均匀。加热实验样品时，实测温度以一定的速率上升，出现1～2次温度波动后，实测温度会趋于稳定，并保持实测温度±0.1 ℃/10 min。

7. 量并记录数据。当被测介质温度为35 ℃时，读出千分表数值L_{35}，记入表3－8－3中。接着在温度为40 ℃，45 ℃，50 ℃，55 ℃，60 ℃，65 ℃，70 ℃时，记录对应的千分表读数L_{40}，L_{45}，L_{50}，L_{55}，L_{60}，L_{65}，L_{70}。

8. 用逐差法求出温度每升高5 ℃金属杆的平均伸长量，由(3－8－2)式即可求出金属杆在(35 ℃，70 ℃)温度区间的线膨胀系数。

9. 风扇是快速冷却加热管用的。

【数据处理】

表3－8－2　实验数据

测量次数	1	2	3	平均值
铁杆有效长度/mm				
铜杆有效长度/mm				
铝杆有效长度/mm				

表 3-8-3　实验数据

样品温度/℃	35	40	45	50	55	60	65	70
测铁杆千分表读数 $L_i/(\times10^{-6}\ m)$								
测铜杆千分表读数 $L_i/(\times10^{-6}m)$								
测铝杆千分表读数 $L_i/(\times10^{-6}m)$								

用逐差法处理数据(也可以用最小二乘法处理),并计算 $\alpha_{铁}$、$\alpha_{铜}$、$\alpha_{铝}$。

【注意事项】

1. 安装千分表时应注意哪些事项?
2. 读取测试样品温度时的注意事项。

【思考讨论】

1. 该实验的误差来源主要有哪些?
2. 如何利用逐差法来处理数据?

实验 3-9　温度传感器的温度特性研究与应用

(赵杰　赵东来)

【实验目的】

1. 测量铂电阻 Pt100、铜电阻 Cu50、PN 结、LM35、AD590、正温度系数热敏电阻(PTC)、负温度系数热敏电阻(NTC)、热电偶 8 种典型温度传感器的温度特性。

2. 了解温度传感器的原理与应用,学会用温度传感器组装数字式温度测量仪表。

3. 熟悉几种常用的温度传感器组装温度测量仪表(显示)与温度控制装置(可控加热)。

【实验原理】

温度传感器是利用一些金属、半导体材料与温度有关的特性制成的。常用温度传感器的类型特点如表 3-9-1 所列。本实验通过测量几种常用的温度传感器的特征物理量随温度的变化,了解这些温度传感器的工作原理。

1. *Pt*100 铂电阻温度传感器

*Pt*100 铂电阻是一种利用铂金属导体电阻随温度变化的特性制成的温度传感器。铂的物理性质、化学性质都非常稳定,抗氧化能力强,复制性好,容易批量生产,而且电阻率较高,因此铂电阻大多用于工业检测中的精密测温和作为温度标准。显著的缺点是高质量的铂电阻价格十分昂贵,并且温度系数偏小,由于其对磁场的敏感性,所以会受电磁场的干扰。按 *IEC* 标准,铂电阻的测温范围为－200～650 ℃。每百度电阻比 W(100)＝1.385 0,当 R_0＝100 Ω 时,

称为 $Pt100$ 铂电阻，$R_0=10\ \Omega$ 时，称为 $Pt10$ 铂电阻。其允许的不确定度 A 级为：$\pm(0.15\ ℃+0.002|t|)$，B 级为：$\pm(0.3\ ℃+0.05|t|)$。铂电阻的阻值与温度之间的关系如下：

表 3-9-1　常用的温度传感器的类型和特点

类型	传感器	测温范围/℃	特　点
热电阻	铂电阻	-200～650	准确度高、测量范围大
	铜电阻	-50～150	
	镍电阻	-60～180	
	半导体热敏电阻	-50～150	电阻率大、温度系数大、线性差、一致性差
热电偶	铂铑-铂(S)	0～1 300	用于高温测量、低温测量两大类，须有恒温参考点(如冰点)
	铂铑-铂铑(B)	0～1 600	
	镍铬-镍硅(K)	0～1 000	
	镍铬-康铜(E)	-20～750	
	铁-康铜　(J)	-40～600	
其他	PN 结温度传感器	-50～150	体积小、灵敏度高、线性好、一致性差
	IC 温度传感器	-50～150	线性好、一致性好

当温度 $t=-200\sim0\ ℃$之间时，其关系式为

$$R_t=R_0[1+At+Bt^2+C(t-100\ ℃)t^3] \qquad (3-9-1)$$

当温度在 $t=0\sim650\ ℃$之间时关系式为

$$R_t=R_0(1+At+Bt^2) \qquad (3-9-2)$$

式(3-9-1)和式(3-9-2)中，R_t，R_0 分别为铂电阻在温度 t ℃，0 ℃时的电阻值；A，B，C 为温度系数。对于常用的工业铂电阻有

$$A=3.908\ 02\times10^{-3}℃^{-1}$$

$$B=-5.801\ 95\times10^{-7}℃^{-1}$$

$$C=-4.273\ 50\times10^{-12}℃-1$$

在 0～100 ℃范围内 R_t 的表达式可近似线性为

$$R_t=R_0(1+A_1t) \qquad (3-9-3)$$

式(3-9-3)中，A_1 温度系数近似为 $3.85\times10^{-3}\ ℃^{-1}$；Pt100 铂电阻的阻值，其 0 ℃时，$R_t=100\ \Omega$；而 100 ℃时 $R_t=138.5\ \Omega$。

2. 热敏电阻(NTC，PTC)温度传感器

热敏电阻是利用半导体电阻阻值随温度变化的特性来测量温度的，按电阻值随温度升高而减小或增大，分为 NTC 型(负温度系数)、PTC 型(正温度系数)和 CTC(临界温度)。热敏电阻电阻率大，温度系数大，但其非线性大，置换性差，稳定性差，通常只适用于一般要求不高的温度测量。以上 3 种热敏电阻特性曲线如图 3-9-1 所示。

在一定的温度范围内(小于 450 ℃)热敏电阻的电阻 R_t 与温度 T 之间有如下关系：

$$R_t=R_0\mathrm{e}^{B\left(\frac{1}{T}-\frac{1}{T_0}\right)} \qquad (3-9-4)$$

式(3-9-4)中，R_t，R_0 是温度为 T(K)，T_0(K)时的电阻值(K 为热力学温度单位)；B 是热敏

电阻材料常数，一般情况下 B 为 2 000～6 000 K。

对一定的热敏电阻而言，B 为常数，对上式两边取对数，则有

$$\ln R_T = B\left(\frac{1}{T}-\frac{1}{T_0}\right)+\ln R_0 \tag{3-9-5}$$

由式(3－9－5)可见，$\ln R_T$ 与 $1/T$ 成线性关系，作 $\ln R_T \sim (1/T)$ 曲线，用直线拟合，由斜率可求出常数 B。

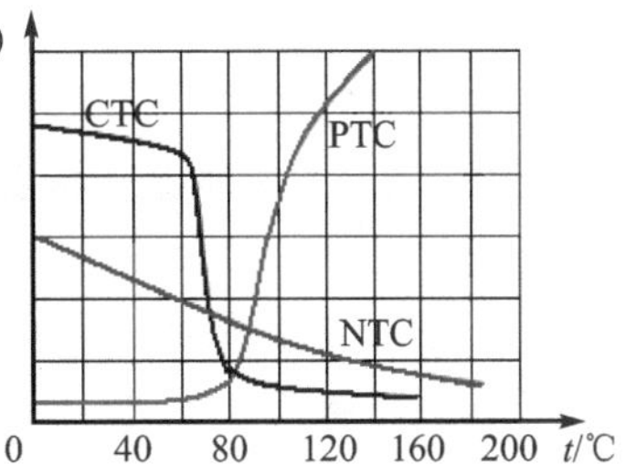

图 3－9－1　3 种热敏电阻的温度特性曲线

3. 电压型集成温度传感器(LM35)

LM35 温度传感器，标准 T_0－92 工业封装，其准确度一般为±0.5 ℃。由于其输出为电压，且线性极好，故只要配上电压源，数字式电压表就可以构成一个精密数字测温系统。内部的激光校准保证了极高的准确度及一致性，且无须校准。输出电压的温度系数 K_V＝10.0 mV/ ℃，利用下式可计算出被测温度 t(℃)：

$$U_0 = K_V t = 10\ (\text{mV/℃}) \cdot t$$

即

$$t(℃) = U_0/10\ \text{mV} \tag{3-9-6}$$

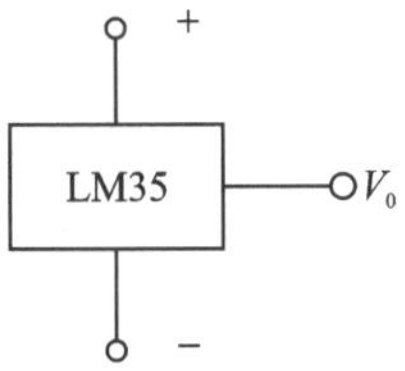

图 3－9－2　LM35 电路符号

LM35 温度传感器的电路符号如图 3－9－2 所示，V_0 为输出端，实验测量时只要直接测量其输出端电压 V_0，即可知待测量的温度。

4. 电流型集成电路温度传感器(AD590)

AD590 是一种电流型集成电路温度传感器，其输出电流大小与温度成线性关系，它的线性度极好。AD590 温度传感器的温度适用范围为－55～150 ℃，灵敏度为 1 μA/K，具有高准确度、动态电阻大、响应速度快、线性好、使用方便等特点。AD590 是一个二端器件，电路符号如图 3－9－3 所示。

AD590 等效于一个高阻抗的恒流源，其输出阻抗＞10 MΩ，能大大减小因电源电压变动而产生的测温误差。

AD590 的工作电压为 4～30 V，测温范围是－55～150 ℃，对应于热力学温度 T，每变化 1 K，输出电流变化 1 μA。其输出电流 I_0(μA)与热力学温度 T(K)严格成正比，电流灵敏度表达式为

$$\frac{I}{T}=\frac{3k}{eR}\ln 8 \tag{3-9-7}$$

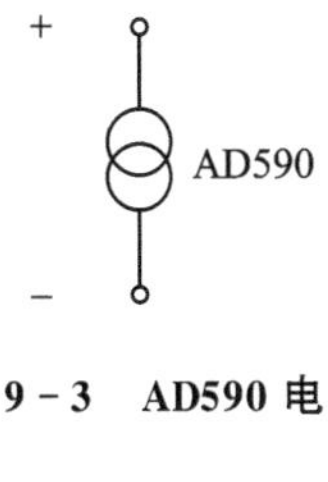

图 3－9－3　AD590 电路符号

式(3－9－7)中，k，e 分别为波尔兹曼常数和电子电量；R 为内部集成化电阻。将 k/e＝0.086 2 mV/K，R＝538 Ω 代入式(3－9－7)得

$$\frac{I}{T}=1.000\ \mu\text{A/K} \tag{3-9-8}$$

在 T＝0 ℃时，其输出为 273.15 μA (AD 590 有几种级别，一般准确度差异在±(3～5) μA)，因此，AD590 的输出电流 I_0 的微安数值就代表着被测温度的热力学温度值(K)。AD590 的电流-温度($I-T$)特性曲线如图 3－9－4 所示，其输出电流表达式为

$$I = AT + B \tag{3-9-9}$$

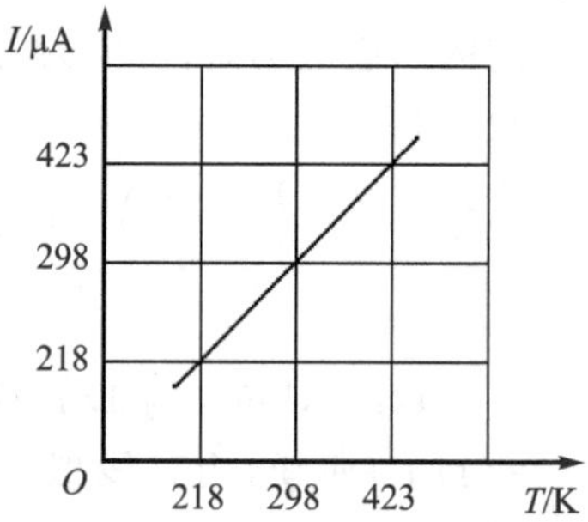

图 3-9-4　AD590 电流温度特性曲线

式中，A 为灵敏度；B 为 0 K 时输出电流。如需要显示摄氏温标(℃)，则要加温标转换电路，其关系式为

$$t = T + 273.15 \tag{3-9-10}$$

AD590 温度传感器的准确度在整个测温范围内 ≤±0.5 ℃，线性极好。利用 AD590 的上述特性，在最简单的应用中，用一个电源、一个电阻、一个数字式电压表即可进行温度的测量。由于 *AD*590 以热力学温度 *K* 定标，在摄氏温标应用中，应该进行摄氏温度的转换。

5. 热电偶温度传感器

热电偶亦称温差电偶，是由 A、B 两种不同材料的金属丝的端点彼此紧密接触而组成的。当两个接点处于不同温度时(见图 3-9-5)，在回路中就有直流电动势产生，该电动势称温差电动势或热电动势。当组成热电偶的材料一定时，温差电动势 E_X 仅与两接点处的温度有关，并且两接点的温差在一定的温度范围内有如下近似关系式：

$$E_X \approx \alpha(t - t_0) \tag{3-9-11}$$

式中，α 为温差电系数，对于不同金属组成的热电偶，α 是不同的，其数值上等于两接点温度差为 1 ℃时所产生的电动势。

图 3-9-5　由两种不同金属材料构成的热电偶温度传感器的示意图

【实验仪器】

物理设计性(热学)实验装置 1 套、直流电源。

【实验内容】

1. 测量各种温度传感器的温度特性

(1) 用直流电桥法测量 Pt100(Cu50)金属的电阻的温度特性

按图 3-9-6 所示接线。先把传感器插入冰水混合的保温瓶(杯)中，温度为 0 ℃，使数字电压表读数为 0 mV；再把温度传感器插入加热井中，然后开启加热器，"加热电流"旋钮顺时转，加热电流增加，加热速率增加(注意：加热速率不宜太快)。控温系统每隔 10 ℃设置一次(室温以上设为整十数，如 20、30…)，待控温稳定 2 min 后，调节电阻箱 R_3 使输出电压为零，电桥平衡，则按式(3-9-1)测量计算待测 Pt100 铂电阻的阻值，R_3 为五盘十进精密电阻箱(用户自备)，数据记入表 3-9-2 中。

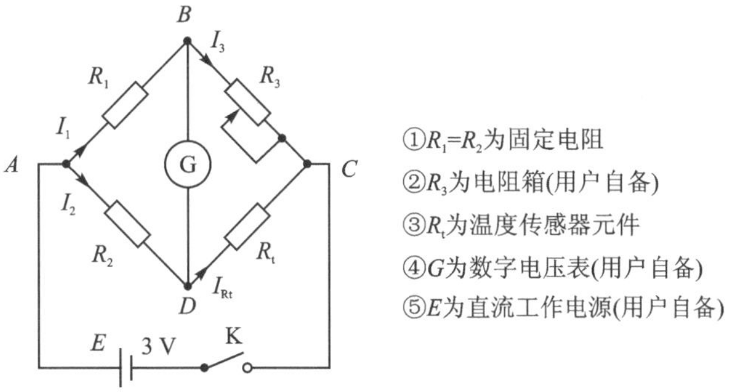

图 3-9-6　用单臂电桥测量 PT100(Cu50)金属电阻的温度特性的实验线路图

表 3-9-1　Pt100 温度特性测试数据表

项目＼序号	1	2	3	4	5	6	7	8	9	10	11
t/℃											100
R_X/Ω											
R_t/Ω											

将测量数据 R_X(Ω)用最小二乘法直线拟合,求出结果:

温度系数 A=__________,相关系数 r=__________。

(2) 用恒电流法测量 NTC 热敏电阻的温度特性

如图 3-9-7 所示,接通电路后,先监测 R_1 上电流是否为 1 mA,即测量 U_{R_1}(U_1=1.00 V,R_1=1.000 kΩ)。把 PTC 热敏电阻放入加热井,操作方法同上。控温稳定 2 min 后按式(3-9-4)测试热敏电阻的阻值。数据记入表 3-9-3 中。

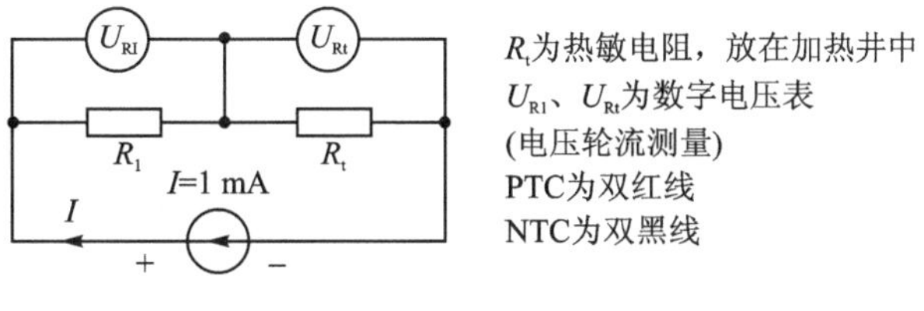

图 3-9-7　恒电流法测量热敏电阻 PTC、NTC 的电路图

表 3-9-3　热敏电阻温度特性表

项目＼序号	1	2	3	4	5	6	7	8	9	10	11
t(℃)											100
R_t(Ω)											

$\ln R_T$ 与 $1/T$ 成线性关系，作 $\ln R_T \sim 1/T$ 曲线，用直线拟合，由斜率可求出材料常数 B。$B=$__________，相关系数 $r=$__________。

(3) 电压型集成温度传感器(LM35)温度特性的测试

按图 3-9-8 所示接线，操作方法同上，待温度恒定 2 min 测试传感器(LM35)的输出电压，数据记入表 3-9-4。

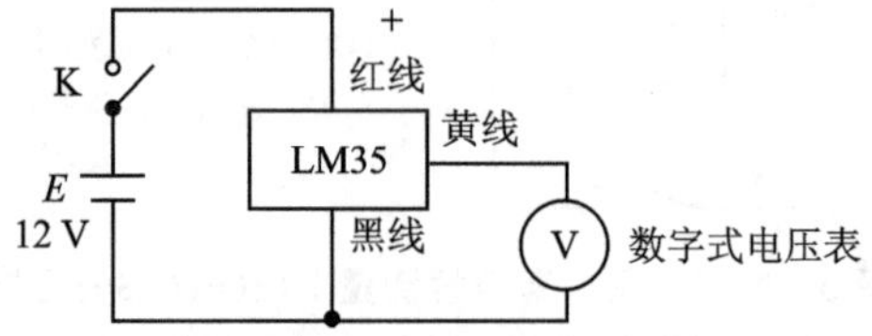

图 3-9-8　测量电压型温度传感器 LM35 温度特性实验线路图

表 3-9-4　LM35 温度特性测试数据表格

序号 项目	1	2	3	4	5	6	7	8	9	10	11
t/℃											100
U_0/V											

将表格中数据用最小二乘法进行拟合得 $A=$__________，$r=$__________。

(4) 电流型集成温度传感器(AD590)温度特性的测试

按图 3-9-9 所示接线，把温度传感器放入加热井中，每隔 10 ℃控温系统设置一次，每次待温度稳定 2 min 后，测试 1 kΩ 电阻上电压。操作方法同上。测试数据记入表 3-9-5 中。

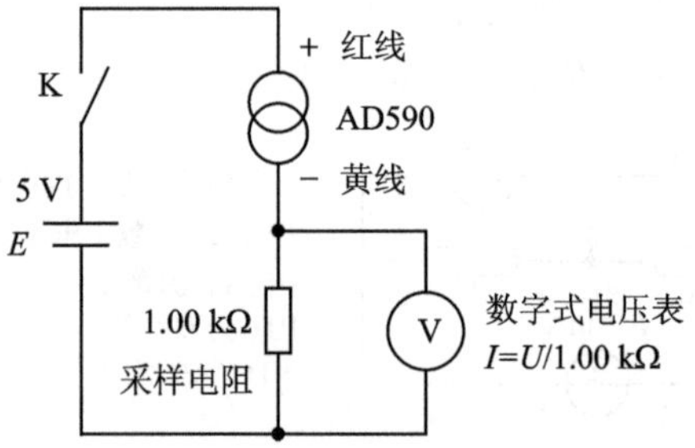

图 3-9-9　AD590 集成电路温度传感器温度特性测量实验线路图

表 3-9-5　AD590 温度特性测试数据表

序号 项目	1	2	3	4	5	6	7	8	9	10	11
t/℃											100
U/V											
I/μA											

I 为从 1.000 kΩ 电阻上测得电压换算所得($I=U/R$,用最小二乘法进行直线拟合得:
$A=$ ________ μA/K ,$r=$ ________ 。

2.温度传感器的应用——用 AD590 温度传感器测量温度和控制温度

这里以 AD590 集成电路电流型温度传感器举例说明温度显示与温度控制过程。

(1) 温度显示分析

如图 2-9-10 所示,因为 $V①=1.25$ V,要使输出电压为 0 mV,则 $V②=2.731\ 6$ V,要求运放 A1 的放大倍数为:$A_{V1}=\dfrac{2.731\ 6}{1.25}=2.185$(倍),由于 $A_{V1}=1+\dfrac{\text{R3}+\text{RX1}}{\text{R4}}=1+\dfrac{1+\text{RX1}}{1}\Rightarrow$ RX1=0.185(kΩ),当温度升到 100 ℃时,输出电压 $V③-V②=3.731\ 6-2.731\ 6=1.000$ V=1000 mV,当传感器的测试点温度从 0~100 ℃,“温度指示”对应输出电压为 0~1 000 mV,由于温度传感器工作在线性区域,所以“温度指示”的显示灵敏度为 10 mV/℃。这样,用 AD590 集成电路电流型温度传感器设计组装的温度测试仪表就完成了。

(2)温度控制分析

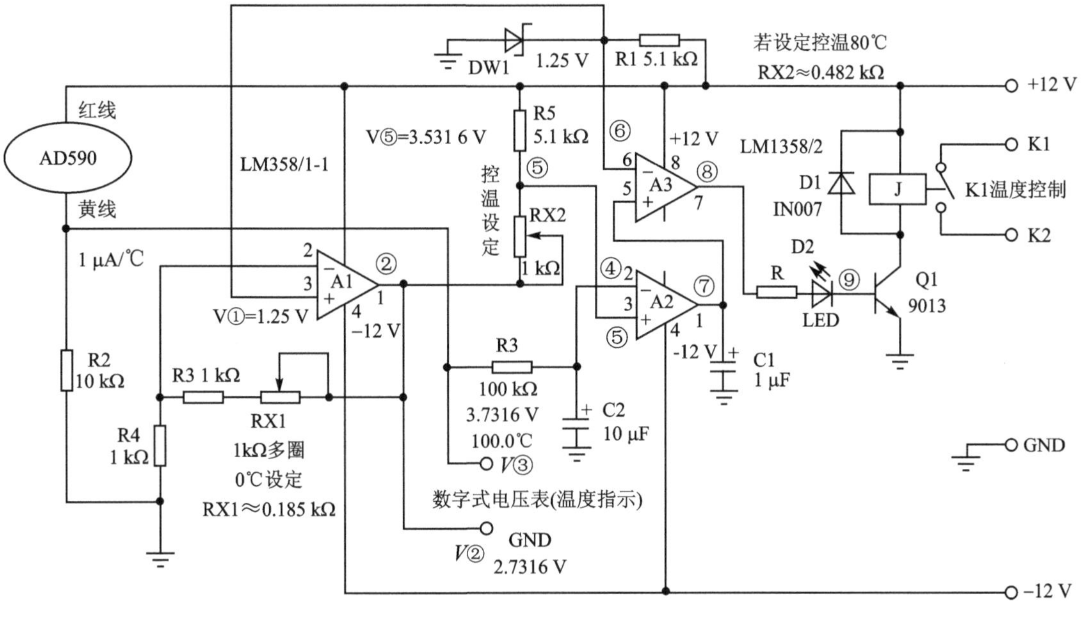

图 3-9-10　用 AD590 温度传感器组装数显温度计和温度控制仪的实验路线

若设置控制温度为 80 ℃,根据计算,对应 $V③=3.531\ 6$ V,调节 $V⑤=V③=3.531\ 6$ V,则有 $\dfrac{\text{RX2}}{\text{R5}+\text{RX2}}=\dfrac{0.8}{12-2.731\ 6}\Rightarrow$ RX2=0.482 kΩ,这就是温度控制的装置值。当温度低于设置温度 80 ℃时,$V④\approx V③<V⑤$→运放 A2 导通→A3 导通→Q1 导通,这时候,发光管 LED 点亮,继电器 J 吸合,使常开触点闭合,控制加热器开始工作。当加热温度到达或略超过设置温度 80 ℃时,$V④\geqslant V⑤$→运放 A2 截止→A3 截止→Q1 截止,发光管 LED 熄灭,控制加热器停止工作。至此,用 AD590 集成电路电流型温度传感器设计组装的温度控制仪表完成。

实验 3－10 磁阻效应实验

（崔廷军 赵杰）

【实验目的】

1. 了解磁阻现象与霍尔效应的关系与区别。

2. 掌握磁阻效应实验仪的工作原理与使用方法。

3. 了解电磁铁励磁电流和磁感应强度的关系及气隙中磁场分布特性。

4. 测定磁感应强度和磁阻元件电阻大小的对应关系，研究磁感应强度与磁阻变化的函数关系。

【实验原理】

在一定条件下，导电材料的电阻值 R 随磁感应强度 B 的变化规律称为磁阻效应。在该情况下半导体内的载流子将受洛仑兹力的作用发生偏转，在两端产生积聚电荷并产生霍尔电场。如果霍尔电场作用和某一速度的载流子的洛仑兹力作用刚好抵消，那么小于或大于该速度的载流子将发生偏转，因而沿外加电场方向运动的载流子数目将减少，电阻增大，表现出横向磁阻效应。如果将图 3－10－1 中 a，b 端短接，霍尔电场将不存在，所有电子将向 a 端偏转，表现出磁阻效应。通常以电阻率的相对改变量来表示磁阻的大小，即 $\Delta\rho/\rho(0)$，其中 $\rho(0)$ 为零磁场时的电阻率，$\Delta\rho=\rho(B)-\rho(0)$，而 $\Delta R/R(0)\propto\Delta\rho/\rho(0)$，其中 $\Delta R=R(B)-R(0)$。

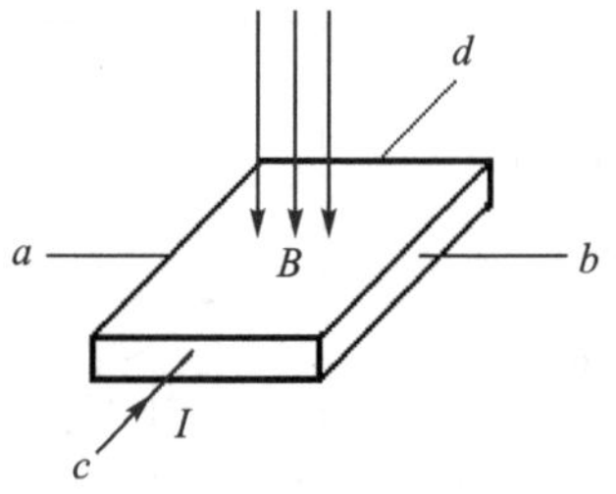

图 3－10－1 磁阻效应原理图

通过理论计算和实验都证明了磁场较弱时，一般磁阻器件的 $\Delta R/R(0)$ 正比于 B 的两次方，而在强磁场中 $\Delta R/R(0)$ 则为 B 的一次函数。

当半导体材料处于弱交流磁场中，因为 $\Delta R/R(0)=kB^2$，即 $\Delta R/R(0)$ 正比于 B 的二次方，所以 R 也随时间周期变化。

假设电流恒定为 I_0，令 $B=B_0\cos\omega t$，于是有

$$R(B)=R(0)+\Delta R=R(0)+R(0)\frac{\Delta R}{R(0)}=R(0)+R(0)kB_0^2\cos^2\omega t \quad (3-10-1)$$

$$=R(0)+\frac{1}{2}R(0)kB_0^2+\frac{1}{2}R(0)kB_0^2\cos 2\omega t$$

其中，k 为常量。

$$V(B)=I_0R(B)=I_0\left[R(0)+\frac{1}{2}R(0)kB_0^2\right]+\frac{1}{2}I_0R(0)k\mathrm{B}_0^2\cos 2\omega t \quad (3-10-2)$$

$$=V(0)+\tilde{V}\cos 2\omega t$$

由式(3－10－1)可知磁阻上的分压为 B 振荡频率两倍的交流电压和一直流电压的叠加。

【实验仪器】

磁阻效应实验仪

【实验内容】

1. 测定励磁电流和磁感应强度的关系

① 测量励磁电流 I_M 与 U_H 的关系(电磁铁的磁化曲线)。按图 3－10－2 所示接线图，把各相连接线接好(七根导线)，闭合电源开关。$I_M=500$ mA，$K_H=177$ mV/(mAT)。

② 安装在一维移动尺上的印刷电路板(焊接传感器用)，左侧的传感器为砷化镓 (GaAs) 霍尔传感器，右侧为锑化铟(InSb)磁阻传感器。往左方向调节一维移动尺，使霍尔传感器在电磁铁气隙最外边，离气隙中心 20 mm 左右。

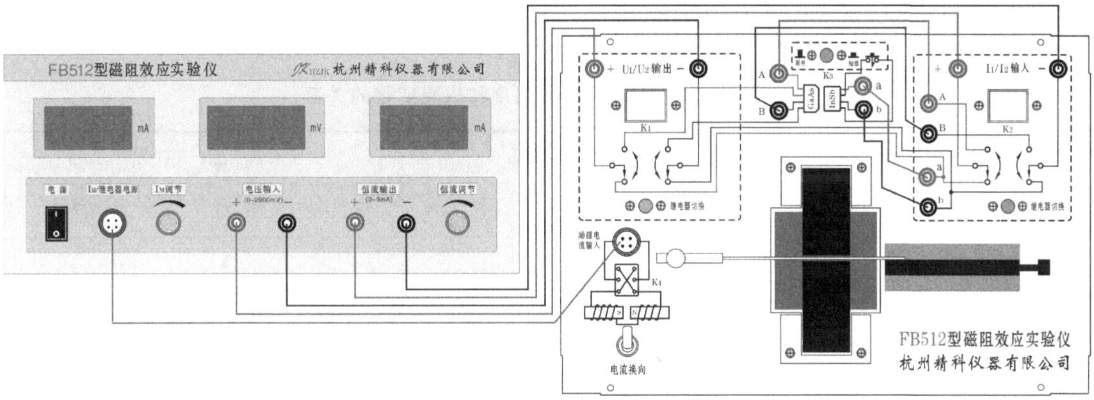

图 3－10－2　磁阻效应实验接线图

③ 调节霍尔工作电流 $I_H=5.00$ mA，预热 5 min 后，测量霍尔传感器的不等位电压 $U_0\approx 1.8$ mV 。然后再往右调节一维移动尺，使霍尔传感器位置处于电磁铁气隙中心位置(即一维移动尺下面的“0”位指示线对准一维移动尺上面的“0”位再往左 2 mm 位置)，实验仪面板上继电器控制按钮开关 K_1 和 K_2 均按下。分别调节励磁电流为 0、100、200、300、400、…、1 000(单位：mA)。记录对应数据并绘制电磁铁磁化曲线。

2. 测量磁感应强度和磁阻变化的关系

① 调节磁阻传感器位置，使传感器位于电磁铁气隙中心位置，把励磁电流先调节为 0，释放 K_1、K_2，按下 K_3，K_4 打向上方。在无磁场的情况下，调节磁阻工作电流 I_2，使仪器数字式毫伏表显示电压 $U_2=800.0$ mV，记录此时的 I_2 数值，此时按下 K_1、K_2，记录霍尔输出电压 U_H，改变 K_4 方向再测一次 U_H 值，依次记录数据于表 3－10－1 中，将各开关恢复原状。

② 按上述步骤，逐步增加励磁电流，改变 I_2，在基本保持 $U_2=800.0$ mV 不变的情况下，重复以上过程，把一组组数据分别记录到表 3－10－2 中。

【数据处理】

1. 测定励磁电流和磁感应强度的关系

根据表格中数据作 $B-I_M$ 关系曲线。

2. 测量磁感应强度和磁阻变化的关系

表 3-10-1 电磁铁磁化曲线数据

I_M/mA	U_{H1}/mV(正向)	U_{H1}/mV(反向)	U_{H1}/mV(平均)	B/mT
0				
100				
200				
⋮				
1 000				

表 3-10-2 测量磁感应强度和磁阻变化的关系

I_M/mA	GaAs		InSb		$B-\Delta R/R(0)$		
	U_1/mV(正、反平均)	I_1/mA	U_2/mV	I_2/mA	B/T	R/Ω	$\Delta R/R(0)$
0							
30							
⋮							

根据表格中数据作 $B-\Delta R/R(0)$关系曲线。

实验 3-11 铁磁材料磁化曲线和磁滞回线的研究

(崔廷军 赵杰)

【实验目的】

1. 掌握磁滞、磁滞回线和磁化曲线概念,加深对铁磁材料矫顽力、剩磁和磁导率的理解。

2. 学会用示波器法测绘基本磁化曲线和磁滞回线。

3. 根据磁滞回线确定磁性材料的饱和磁感应强度 B_S、剩磁 Br 和矫顽力 H_C 的数值。

4. 研究不同频率下动态磁滞回线的区别,并确定某一频率下的磁感应强度 B_S、剩磁 Br 和矫顽力 H_C 数值。

【实验原理】

1. 起始磁化曲线、基本磁化曲线和磁滞回线

铁磁材料(如铁、镍、钴和其他铁磁合金)具有独特的磁化性质。研究铁磁材料的磁化规律,一般是通过测量磁化场的磁场强度 H 与磁感应强度 B 之间的关系来进行的。铁磁材料的磁化过程非常复杂,B 与 H 之间的关系如图 3-11-1 所示。当铁磁材料从未磁化状态($H=0$ 且 $B=0$)开始磁化时,B 随着 H 的增加而非线性增加。当 H 增大到一定值 H_m 后,B_m 增加十分缓慢或基本不再增加,这时磁化达到饱和状态,称为磁饱和。达到磁饱和时的 H_m 和 B_m 分别称为饱和磁场强度和饱和磁感应强度(对应图中的 a 点)。图 3-11-1 中,$B-H$ 曲线的 Oa 段称为起始磁化曲线。当使 H 从 a 点减小时,B 也随之减小,但不沿原曲线返

回，而是沿另一曲线 ab 下降。当 H 逐步较小至 0 时，B 不为 0，而是 B_r，说明铁磁材料中仍保留有一定的磁性，这种现象称为磁滞效应，B_r 称为剩余磁感应强度，简称剩磁；要消除剩磁，使 B 降为 0，必须加一反向的磁场，直到反向磁场强度 $H=-H_C$，B 才恢复为 0，H_C 称为矫顽力。继续反向增加 H，曲线达到反向饱和（d 点），对应的饱和磁场强度为 $-H_m$，饱和磁感应强度为 $-B_m$。再正向增加 H，曲线回到起点 a。从铁磁材料磁化过程可知，当 H 按 $O\to H_m\to O\to -H_C\to -H_m\to O\to H_C\to H_m$ 的顺序变化时，B 相应沿 $O\to B_m\to B_r\to O\to -B_m\to -B_r\to O\to B_m$ 的顺序变化。将上述变化过程的各点连接起来，就得到一条封闭 $B-H$ 曲线 $abcdefa$，这条闭合曲线称为磁滞回线。采用直流励磁电流产生磁化场对材料样品反复磁化测出的磁滞回线称为静态（直流）磁滞回线，采用交变流励磁电流产生磁化场对材料样品反复磁化测出的磁滞回线称为动态（交流）磁滞回线。

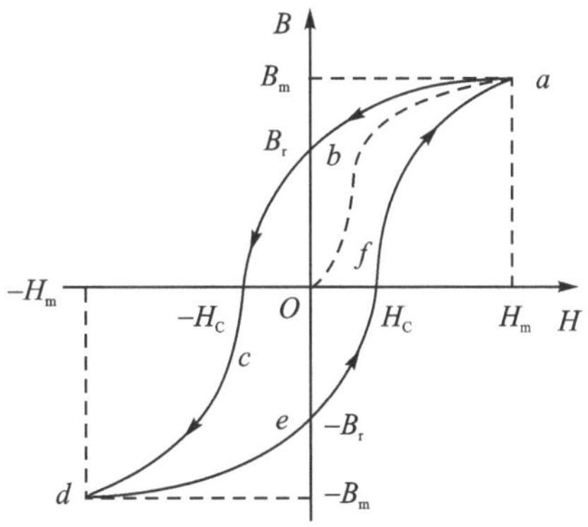

图 3-11-1　磁场强度 H 与磁感应强度 B 的关系曲线

从图 3-11-1 中还可知：

① B 的变化始终落后于 H 的变化，这种现象称为磁滞现象。

② 图中的 bc 曲线段，称为退磁曲线。

③ H 上升到某一值和下降到同一数值时，铁磁材料内的 B 值不相同，即磁化过程与铁磁材料过去的磁化经历有关。

对于同一铁磁材料，若开始时不带磁性，依次选取磁化电流为 I_1、I_2、…、I_m（$I_1<I_2<\cdots<I_m$），则相应的磁场强度为 H_1、H_2、…、H_m。在每一个选定的磁场值下，使其方向发生二次变化（即 $H_1\to -H_1\to H_1$；…；$H_m\to -H_m\to H_m$ 等），则可以得到面积由小到大向外扩张的一簇逐渐增大的磁滞回线（见 3-11-2）。把原点 O 和各个磁滞回线的顶点 a_1、a_2、…、a_m 所连成的曲线，称为铁磁材料的基本磁化曲线。根据基本磁化曲线可以近似确定铁磁材料的磁导率 μ。从基本磁化曲线上一点到原点 O 连线的斜率定义为该磁化状态下的磁导率 $\mu=\dfrac{B}{H}$，可以看出，铁磁材料的磁导率不是常数，而是随 H 变化而变化的物理量，即 $\mu=f(H)$，为非线性函数。当 H 由 0 增加时，μ 也逐步增加，然后达到一最大值；当 H 再增加时，由于磁感应强度达到饱和，μ 开始急剧减小。μ 随 H 变化曲线如图 3-11-3 所示。磁导率 μ 非常高是铁磁材料的主要特性，也是铁磁材料用途广泛的主要原因之一。

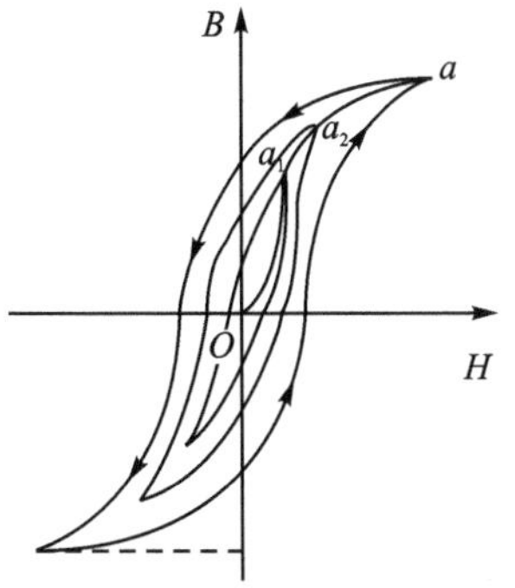

图 3-11-2　H～B 关系图

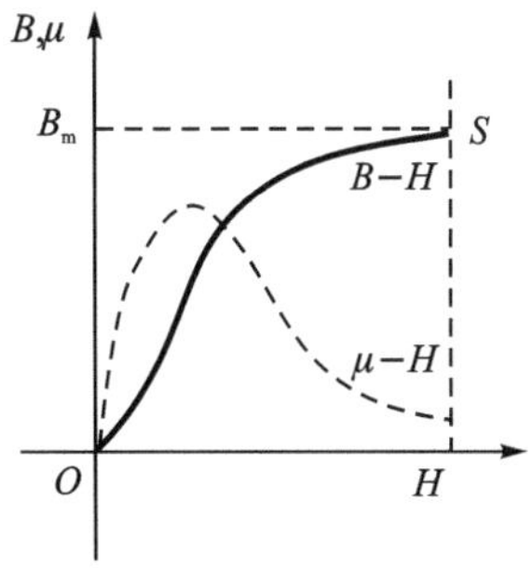

图 3-11-3　μ 随 H 变化曲线

由于铁磁材料磁化过程的不可逆性及具有剩磁的特点，在测定磁化曲线和磁滞回线时，首先必须将铁磁材料退磁，以保证外加磁场 $H=0$ 时，$B=0$；其次，磁化电流在实验过程中只允许单调增加或减少，不可时增时减。

在理论上，要消除剩磁 B_r，只需要通一反方向磁化电流，使外加磁场正好等于铁磁材料的矫顽磁力就行。实际上，矫顽磁力的大小通常并不知道，因此无法确定退磁电流的大小。从磁滞回线得到启示：如果使铁磁材料磁化达到饱和，然后不断改变磁化电流的方向，与此同时逐渐减小磁化电流，以至于零，那该材料磁化过程就是一连串逐渐缩小最终趋于原点的环状曲线。当 H 减小到零时，B 也降为零，达到完全退磁。

实验表明，经过多次反复磁化后，$B-H$ 的量值关系形成一个稳定的闭合的"磁滞回线"。通常以这条曲线来表示该材料的磁化性质。这种反复磁化的过程称为"磁锻炼"。本实验使用交变电流，所以每个状态都经过充分的"磁锻炼"，随时可以获得磁滞回线。

在测量基本磁化曲线时，每个磁化状态都要经过充分的"磁锻炼"。否则，得到的 $B-H$ 曲线即为起始磁化曲线，两者不可混淆。

2. 磁滞损耗

当铁磁材料沿着磁滞回线经历磁化→去磁→反向磁化→反向磁化的循环时，由于磁滞效应，要消耗额外的能量，并且以热量的形式消耗掉。这部分因磁滞效应而消耗的能量，叫磁滞损耗（B_H）。一个循环过程中单位体积磁性材料的磁滞损耗正比于磁滞回线所围的面积。在交流电路中，磁滞损耗有害，必须尽量减小。要减小磁滞损耗，就应选择磁滞回线狭长、包围面积小的铁磁材料。如图 3-11-4 所示，工程上把磁滞回线细而窄、矫顽力很小（$H_C \approx 1\text{A}/m(10^{-2}\text{Oe})$）的铁磁材料称为软磁材料；把磁滞回线宽、矫顽力大（H_C 为 $10^4 \sim 10^6\ \text{A/m}(10^2 \sim 10^4\ \text{Oe})$）的铁磁材料称为硬磁材料。软磁材料适合做继电器、变压器、镇流器、电动机和发电机的铁芯。硬磁材料则适合于制造许多电器设备（如电表、电话机、扬声器、录音机）的永久磁体。

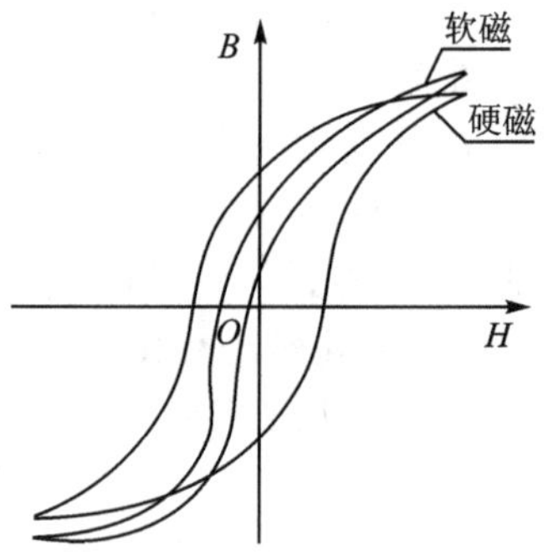

图 3-11-4　磁滞回线

3. 示波器显示 $B-H$ 曲线的原理线路

示波器测量 $B-H$ 曲线的实验线路如图 3-11-5 所示。

本实验研究的铁磁物质是铁芯（铁氧体）试样，如图 3-11-6 和图 3-11-7 所示。两种试样均为软磁，图中的虚线表示该试样的平均磁路长度。在试样上绕有励磁线圈 N_1、测量线圈 N_2 和直流励磁线圈 N_3（供加入直流电流用）。

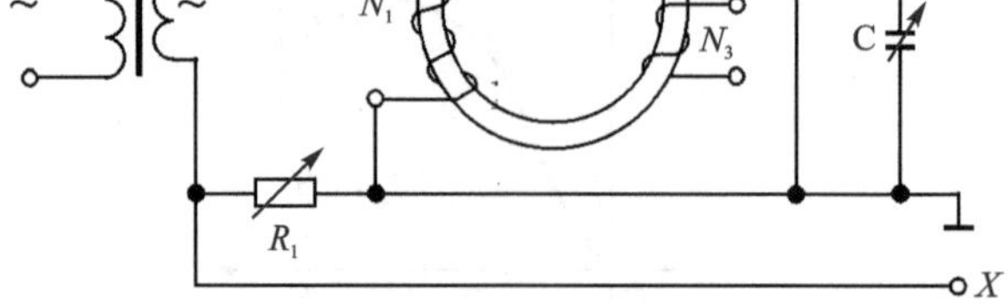

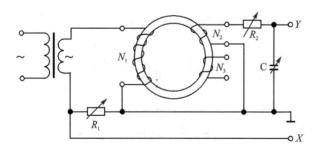

图 3-11-5　示波器测量 *B-H* 曲线的原理线路图

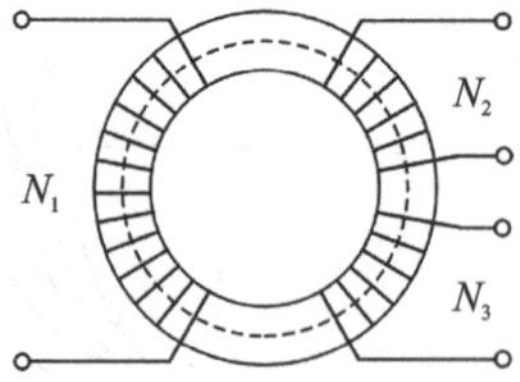

图 3-11-6　环形铁芯试样

若在线圈 N_1 中通过磁化电流 I_1 时，此电流在试样内产生磁场，根据安培环路定律 $H \cdot L = N_1 \cdot I_1$，磁场强度的大小为

$$H = \frac{N_1 \cdot I_1}{L} \tag{3-11-1}$$

式中，L 为的环形铁芯试样的平均磁路长度。设环形铁芯内周长为 L_1，外周长为 L_2，则

$$L = \frac{L_1 + L_2}{2}$$

由图3-11-5可得示波器CH1(X)轴偏转板输入电压为

$$U_X = I_1 \cdot R_1 \tag{3-11-2}$$

由式(3-11-1)和式(3-11-2)得

$$U_X = \frac{L \cdot R_2}{N_1} \cdot H \tag{3-11-3}$$

式(3-11-3)表明在交变磁场下，任一时刻电子束在 X 轴的偏转正比于磁场强度 H。

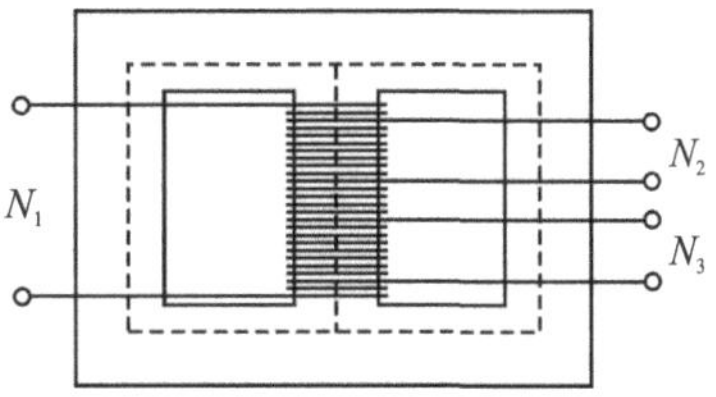

图3-11-7　EI型矽钢片铁芯试样

为了测量磁感应强度 B，在次级线圈 N_2 上串联一个电阻 R_2 与电容 C 构成一个回路，同时 R_2 与 C 又构成一个积分电路。取电容 C 两端电压 U_C 表示波器CH2(Y)轴输入，若适当选择 R_2 和 C 使 $R_2 \gg \frac{1}{\omega \cdot \mathrm{C}}$，则

$$I_2 = \frac{E_2}{\left[R_2^2 + \left(\frac{1}{\omega \cdot C}\right)^2\right]^{\frac{1}{2}}} \approx \frac{E_2}{R_2} \tag{3-11-4}$$

式中，ω 为电源的角频率；E_2 为次级线圈的感应电动势。

因交变的磁场 H 的样品中产生交变的磁感应强度 B，则

$$E_2 = N_2 \cdot \frac{\mathrm{d}\phi}{\mathrm{d}t} = N_2 \cdot S \cdot \frac{\mathrm{d}B}{\mathrm{d}t}$$

式中，$S = \frac{D_2 - D_1}{2} \cdot h$ 为环形试样的截面积，设磁环厚度为 h，则

$$U_Y = U_C = \frac{Q}{C} = \frac{1}{C}\int I_2 \mathrm{d}t = \frac{1}{C \cdot R_2}\int E_2 \mathrm{d}t = \frac{N_2 \cdot S}{C \cdot R_2}\int \mathrm{d}B = \frac{N_2 \cdot S}{C \cdot R_2} \cdot B \tag{3-11-6}$$

上式表明接在示波器 Y 轴输入的 U_Y 正比于 B。$R_2 \cdot C$ 电路在电子技术中称为积分电路，表示输出的电压 U_C 是感应电动势 E_2 对时间的积分。为了如实地绘出磁滞回线，要求：

① $R_2 \gg \frac{1}{2\pi \cdot f \cdot C}$。

② 在满足上述条件下，U_C 振幅很小，不能直接绘出大小适合需要的磁滞回线，为此，须将 U_C 经过示波器 Y 轴放大器增幅后输至 Y 轴偏转板上。这就要求在实验磁场的频率范围内，放大器的放大系数必须稳定，不会带来较大的相位畸变。事实上示波器难以完全达到这个要求，因此在实验时经常会出现如图3-11-8所示的畸变。观测时将 X 轴输入选择“AC”，Y 轴输入选择“DC”，并选择合适的 R_1 和 R_2 的阻值可得到最佳磁滞回线图形，避免出现这种畸变。

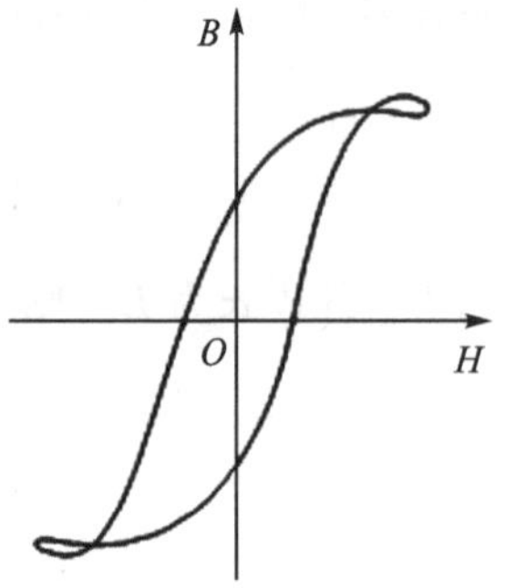

图 3-11-8 磁滞回线图形的畸变

这样，在磁化电流变化的一个周期内，电子束的径迹描出一条完整的磁滞回线。适当调节示波器 X 轴和 Y 轴增益，再由小到大调节信号发生器的输出电压，即能在屏上观察到由小到大扩展的磁滞回线图形。逐次记录其正顶点的坐标，并在坐标纸上把它连成光滑的曲线，就得到样品的基本磁化曲线。

4. 示波器的定标

示波器上可以显示出待测材料的动态磁滞回线，但为了定量研究磁化曲线和磁滞回线，必须对示波器进行定标，即还须确定示波器的 X 轴的每格代表多少 H 值(A/m)，Y 轴每格实际代表多少 B(T)。

一般示波器都有已知的 X 轴和 Y 轴的灵敏度，可根据示波器的使用方法，结合实验使用的仪器就可以对 X 轴和 Y 轴分别进行定标，从而测量出 H 值和 B 值的大小。

设 X 轴灵敏度为 S_X(V/格)，Y 轴的灵敏度为 S_Y(V/格)(上述 S_X 和 S_Y 均可从示波器的面板上直接读出)，则

$$U_X = S_X \cdot X, \qquad U_Y = S_Y \cdot Y$$

式中，X，Y 分别为测量时记录的坐标值(单位：格，即刻度尺上的一大格)，由于本实验使用的 R_1，R_2 和 C 都是阻抗值已知的标准元件，误差很小，其中的 R_1，R_2 为无感交流电阻，C 的介质损耗非常小，所以综合上述分析，本实验定量计算公式为

$$H = \frac{N_1 \cdot S_X}{L \cdot R_1} \cdot X \tag{3-11-7}$$

$$B = \frac{R_2 \cdot C \cdot S_Y}{N_2 \cdot S} \cdot Y \tag{3-11-8}$$

式中各量的单位：R_1，R_2 的单位是 Ω；L 的单位是 m；S 的单位是 m^2；C 的单位是 F；S_X，S_Y 的单位是 V/格；X，Y 的单位是格；H 的单位是 A/m；B 的单位是 T。

【实验仪器】

双踪示波器、磁特性综合测量实验仪。

【实验内容】

用示波器和磁特性综合测量实验仪测定两种样品磁滞特性

① 按图 3-11-5 所示线路接线。

② 样品退磁。

a. 单调增加磁化电流，顺时针缓慢调节信号幅度旋钮，使示波器显示的磁滞回线上 B 值增加变得缓慢，达到饱和。改变示波器上 X、Y 输入增益和 R_1R_2 的值，示波器显示典型美观的磁滞回线图形。磁化电流在水平方向上的读数为 −5.00～+5.00 格，此后保持示波器上 X、Y 输入增益波段开关和 R_1R_2 值固定不变并锁定增益电位器(一般为顺时针到底)，以便进行 H、B 的标定。

b. 单调减小磁化电流，即缓慢逆时针调节幅度调节旋钮，直到示波器最后显示为一点，

位于显示屏的中心，即 X 和 Y 轴线的交点，如不在中间，可调节示波器的 X 和 Y 位移旋钮。实验中可用示波器 X、Y 输入的接地开关检查示波器的中心是否对准屏幕 X、Y 坐标的交点。

③ 按图 3－11－5 所标注的元件参数设置元件的参数值。

取样电阻：$R_1=2.5\ \Omega$，积分电阻：$R_2=10\ \text{k}\Omega$，积分电容：$C=3\ \mu\text{F}$。

④ 接通示波器和磁滞回线实验仪的工作电源；在无信号输入的情况下，把示波器的光点调节到坐标网格中心。

⑤ 调节磁滞回线实验仪信号输出旋钮，并分别调节示波器 X 轴和 Y 轴的灵敏度，使显示屏上出现图形大小合适的磁滞回线(若图形顶部出现编织状的小环，如图 3－11－8 所示，这时可降低励磁电压 U 予以消除)。记录曲线上各点对应的 X、Y 坐标数值(电压值)。

⑥ 观察基本磁化曲线。从 $U=0$ 开始，逐渐提高励磁电压，可以在示波器显示屏上观察到面积由小到大一个套一个的一簇磁滞回线，这些磁滞回线顶点的连线就是样品的基本磁化曲线(如果用长余辉示波器，便可观察到这些曲线的轨迹)，记录各顶点的位置坐标值和示波器 X 轴和 Y 轴的灵敏度数值于表 3－11－1 中。

⑦ 根据选择的示波器的灵敏度和显示格数，可以计算 U_1，U_2 的数值，再根据已知的元件参数即可以计算励磁电流和磁感应强度的数值，将数据记录于表 3－11－2 中。注意：示波器显示的电压值是峰峰值，而公式中用的电压值是有效值，它们的关系是：$U=U_{P-P}/2\sqrt{2}$ 。

⑧ 观察、比较样品 1 和样品 2 的磁化性能。

令 $U=3.0\ \text{V}$，$R_1=3.0\ \Omega$ 测定样品 1 的 B_m，B_r，H_C 和 $|BH|$ 等参数。

⑨ 取步骤⑦中的 H 和其相应的 B 值，用坐标纸绘制 $B-H$ 曲线(如何取数、取多少组数据须自行考虑)，并估算曲线所围面积。

⑩ 注意事项：积分电阻不宜小于 10 kΩ，积分电容不宜小于 3 μF，否则可能使磁滞回线畸变。

【数据处理】

表 3－11－1　基本磁化曲线与 $\mu-H$ 曲线数据记录

编　号	$H/(\text{A}\cdot\text{m}^{-1})$	B/mT	$\mu=(B/H)/(\text{H}\cdot\text{m}^{-1})$
1			
2			
3			
⋮			
15			

表 3-11-2　*B*-*H* 关系曲线实验数据记录

H_C=________，B_r=________，B_m=________，$|BH|$=________.

编　号	$H/(A\cdot m^{-1})$	B/mT	编　号	$H/(A\cdot m^{-1})$	B/mT
1			10		
2			11		
3			12		
⋮			⋮		
9			18		

实验 3-12　巨磁阻效应及其应用

（赵杰　崔廷军）

巨磁阻传感器应用广泛，可用来测量磁场、位移、角度、电流等，可制成测速仪、定向仪，也可用于车辆监控、航运、验钞等方面，另外巨磁阻传感器在医疗方面也有很广泛的应用。巨磁阻材料在高密度读出磁头、磁存储元件上有广泛的应用前景，很多国家都对发展巨磁阻材料及其在高技术上的应用投入了很大的力量。IBM公司研制成巨磁阻磁头，使磁盘记录密度提高了将近20倍。

【实验目的】

1. 了解巨磁阻效应和巨磁阻传感器的原理及其使用方法；
2. 学习巨磁阻传感器定标方法，用巨磁阻传感器测量弱磁场；

【实验原理】

1. 巨磁阻效应

20世纪80年代，法国巴黎大学的研究小组首先在Fe/Cr多层膜中发现了巨磁阻效应，在国际上引起很大的反响。巨磁阻(Giant Magneto Resistance)是一种层状结构，外层是超薄的铁磁材料(Fe，Co，Ni等)，中间层是一个超薄的非磁性导体层(Cr，Cu，Ag等)，这种多层膜的电阻随外磁场变化而显著变化。

通常Cr，Cu，Ag等都属于良导体，但如果它们的厚度薄到只有几个原子大小时，导体的电阻率会显著增加。在电子和其他微粒碰撞而“散射”改变运动方向之前，运动的距离的平均长度称为平均自由程。然而，在非常薄的材料中，电子的运动无法达到最大平均自由程，电子很可能直接运动到材料的表面并直接在那里产生散射，这导致了在非常薄的材料中平均自由程较短，使其电阻率增大。

巨磁阻效应可以用量子力学解释：每一个电子都能够自旋并且具有自旋磁矩，电子的散射率取决于自旋方向和磁性材料的磁化方向。如果电子的自旋方向和磁性材料磁化方向相同，则电子散射率就低，电子的平均自由程随之变长，穿过磁性层的电子就多，从而呈现低阻抗。反之，当自旋方向和磁性材料磁化方向相反时，电子散射率高，电子的平均自由程随之变短，因而穿过磁性层的电子变少，此时呈现高阻抗。

巨磁阻的抗磁耦合如图 3－12－1 所示，当没有外界磁场作用时，巨磁阻的磁性层的两层材料磁化方向是相反的，其磁性层的磁化方向是"头尾相连"的，中间是非磁性层。这种情况属于电子的平均自由程变短引起的电阻显著增大现象。

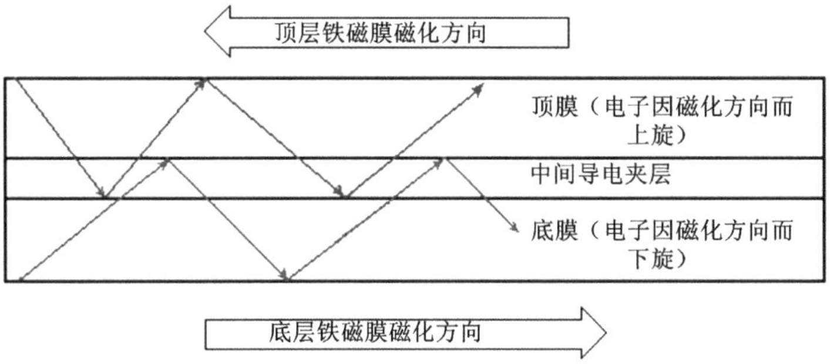

图 3－12－1　抗磁(巨磁阻)耦合示意图

如果外加在巨磁阻材料上的外界磁场足够大，就能够克服两个磁性层之间磁化的抗磁耦合，使得顶膜和底膜内部磁场方向一致，如图 3－12－2 所示。此时，电子的平均自由程增长，导致巨磁阻材料的电阻显著降低。

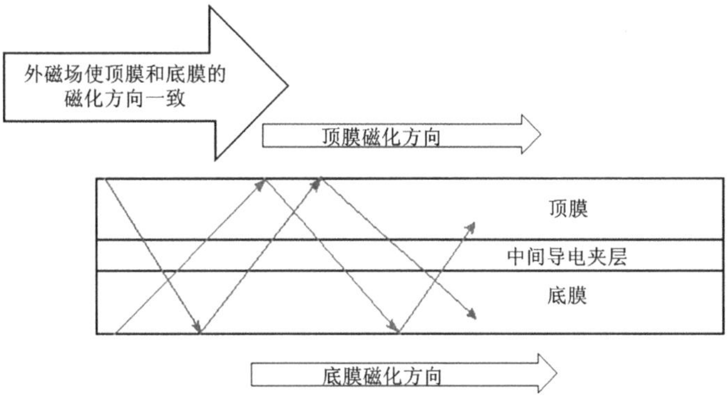

图 3－12－2　顺磁耦合(巨磁阻)示意图

材料在磁场中电阻改变的现象，称为磁阻效应。巨磁阻效应，则是指磁性材料的电阻率在有外磁场作用时比无外磁场作用时存在巨大变化的效应。当顶膜与底膜铁磁层的磁矩相互平行时，电子与自旋有关的散射最小，巨磁阻磁性材料有最小的电阻率；当顶膜与底膜铁磁层的磁矩为反平行时，与自旋有关的散射最强，材料的电阻率最大。

2. 巨磁阻传感器

图 3－12－3 中，巨磁阻元件各引脚分别代表：1 为信号输出负极；2、3、6、7 都为空脚；4 为工作电压负极；5 为信号输出正极；8 为工作电压正极。在传感器基片上镀一层很厚的磁性材料，这块材料对其下方的巨磁阻电阻器形成磁屏蔽，不让任何外加磁场进入被屏蔽的电阻器。如图 3－12－4 所示为四个巨磁阻电阻器组成惠斯登电桥，两个电阻器(在桥的两个相反的支路上)在磁性材料的上方，受外界场强的作用；而另外两个电阻器在磁性材料的下方，从而受到屏蔽而不受外界磁场作用。当外界磁场作用时，前两个电阻器的电阻值下降，而后两个电阻值保持不变，这样在电桥的终端就有一个信号输出。

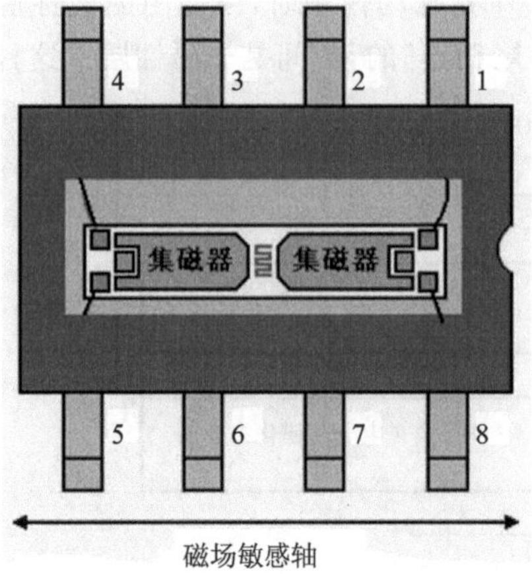

图 3-12-3　顺磁耦合(巨磁阻)示意图

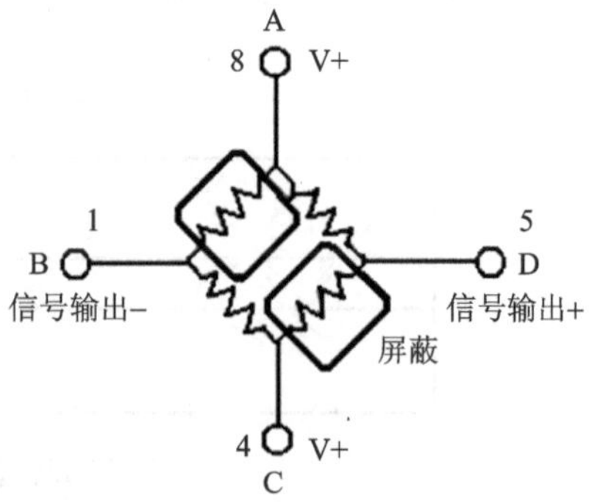

图 3-12-4　顺磁耦合(巨磁阻)示意图

利用欧姆定律,可推导出传感器输出电压：

$$U_{输出}=U_{输出+}-U_{输出-}=V_{+}\left(\frac{R_{CD}}{R_{AD}+R_{CD}}-\frac{R_{BC}}{R_{AB}+R_{BC}}\right) \tag{3-12-1}$$

若 $R_{AB}=R_{BC}=R_{CD}=R_{AD}$,在未加磁场时,$U_{输出}=U_{输出}-U_{输出}=0$;当存在外加磁场时,未被屏蔽的巨磁电阻器 R_{BC},R_{AD} 电阻值减小,而受屏蔽的巨磁阻电阻器 R_{AB},R_{CD} 电阻值不变;由式(3-12-1)可知,在磁场场强为某一恒定值的条件下,各个桥臂的电阻值也随之不变;传感器输出电压 $U_{输出}$ 与传感器的工作电压 V_{+} 成正比。由此可知,传感器灵敏度与其工作电压成正比。

另外,镀层还可以使集磁器放置在基片上,使原来的传感器灵敏度增大了 2～100 倍。它收集垂直于传感器管脚方向上的磁通量并把他们聚集在芯片中心的巨磁阻电桥的电阻器上。垂直于传感器管脚的方向为巨磁阻传感器的敏感轴方向。当外磁场方向平行于传感器敏感轴方向时,传感器的输出信号最大。当外场强方向偏离传感器敏感轴方向时,传感器输出与偏离角度成余弦关系,即传感器灵敏度与偏离角度成余弦关系,$S(\theta)=S(0)\cos\theta$ 。图 3-12-5 所示的传感器可用来检测通电导线产生的磁场。导线可放在芯片的上方或下方,但必须垂直于敏感轴。通电导线在导线周围辐射状地布满磁场。当传感器中的巨磁阻材料感应到磁场,传感器的输出引脚就产生一个差分电压输出。磁场强度与通过导线的电流成正比。当电流增大时,周围的磁场增大,传感器的输出也增大。同样,当电流减小时,周围磁场和传感器输出都减小。

【实验仪器】

FB523 型巨磁阻效应实验仪(见图 3-12-6),面板及各部分功能说明如下：

①量程选择开关打到 1 ,电流表量程为 0～1 A,用于测量亥姆霍兹线圈励磁电流;②2 为量程选择开关;③量程选择开关打到 3,电流表量程为 0～6 A,用于测量直导线工作电流;④4 为亥姆霍兹线圈励磁电流输出正极;⑤5 为亥姆霍兹线圈励磁电流输出负极;⑥6 为亥姆霍兹线圈励磁电流调节按钮开关,0～1 A 连续可调;⑦7 为直导线电流输出正极;⑧8 为直导线电流输出负极;⑨9 为直导线电流调节旋钮,0～6 A 连续可调;⑩10 为巨磁阻传感器输出信号电压测量用数字电压表 20 mV 量程选择按钮开关;⑪11 为巨磁阻传感器输出信号电压测

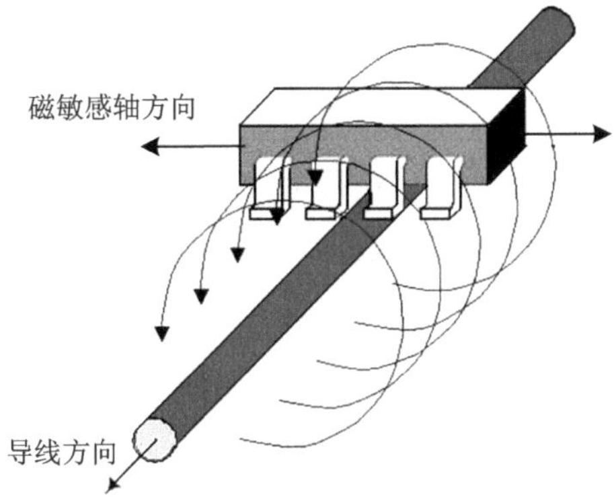

图 3－12－5　用巨磁阻元件测量电流示意图

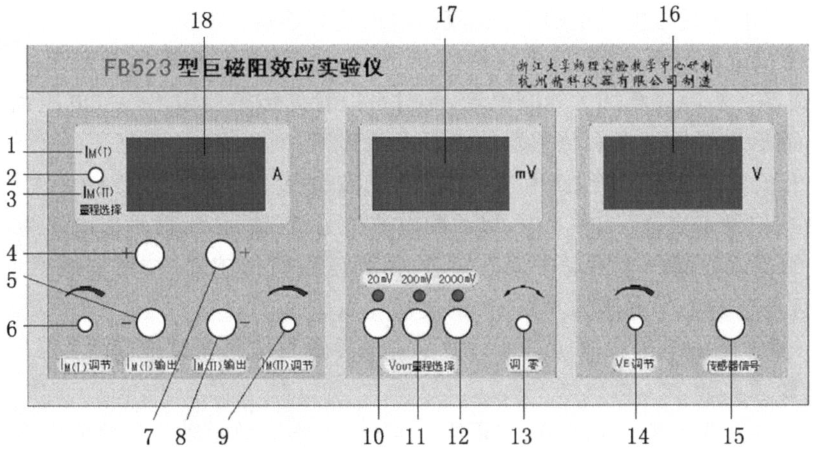

图 3－12－6　巨磁阻效应实验仪面板图

量用数字电压表 200 mV 量程选择按钮开关；⑫12 为巨磁阻传感器输出信号电压测量用数字电压表 2 V 量程选择按钮开关；⑬13 为数字电压表调零电位器；⑭14 为巨磁阻传感器工作电压调节按钮开关，0～12 V 连续可调；⑮15 为巨磁阻传感器工作电压输出和巨磁阻传感器输出信号电压输入插座；⑯16 为巨磁阻传感器工作电压指示数字电压表；⑰17 为巨磁阻传感器输出信号电压测量数字电压表；⑱18 为亥姆霍兹线圈励磁电流指示、直导线电流指示数字电流表。

图 3－12－7 所示刻度盘说明如下：

①1 为内盘角游标；②2 为内盘与巨磁阻传感器联动；③3 为外盘；④4 为巨磁阻传感器；⑤5 为传感器敏感轴；⑥6 为外盘零刻度线与亥母赫兹线圈轴线及直导线平行。

【实验内容】

将巨磁阻传感器调整到亥姆霍兹线圈公共轴的中点（出厂时已调好），旋转传感器内盘，使内盘的 0°刻线对准外盘的 0°刻线，此时传感器管脚方向与亥姆霍兹线圈磁感应强度方向垂直（即巨磁阻传感器敏感轴与磁场方向平行），用 5 芯航空专用线连接主机和实验装置的对应插座。

实验 1　学习巨磁阻传感器定标方法，用巨磁阻传感器测量弱磁场

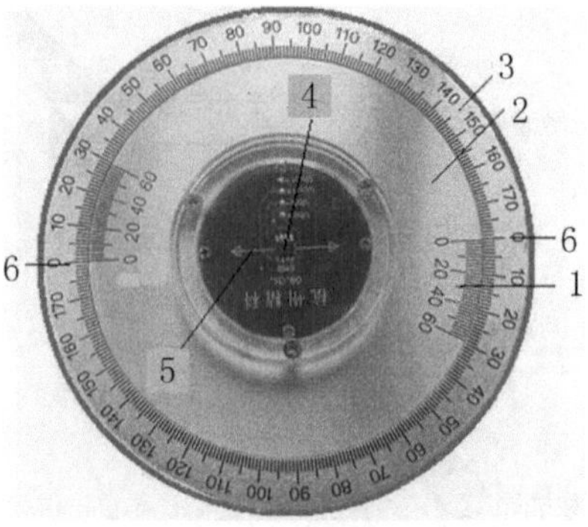

图 3-12-7　巨磁阻传感器刻度盘

① 如图 3-12-6 所示将主机恒流源量程开关扳向上，电流表指示线圈电流，将亥姆霍兹线圈用专用导线串联后与主机上的 I_M 恒流源输出端钮连接。

② 打开主机电源开关，把线圈电流调到 0.000 A，传感器工作电压调到 5.00 V，将传感器输出电压先调零。然后逐渐加大线圈电流，此时可以看见传感器输出信号电压也逐渐增大，说明一切正常，而后把线圈电流和传感器输出再次调到零。

③ 正式开始实验测量：将线圈电流由零开始逐渐增大，每隔 0.05 A 记一次传感器的信号电压输出，数据记录于表 3-12-1 中，以线圈电流值为 X 轴，传感器输出电压为 Y 轴作图。

④ 用亥姆霍磁线圈产生磁场作为已知量，得到巨磁阻传感器(传感器敏感轴与磁感应强度方向平行且传感器工作电压为 5 V 时)的灵敏度 K。

实验 2　测定巨磁阻传感器敏感轴与被测磁场夹角与传感器灵敏度的关系(选做)

①、②步骤同实验 1 。

③ 将线圈电流调高至 0.800 A，记下零度时(即传感器敏感轴与磁感应强度方向平行时)传感器的输出，旋转传感器转盘，每间隔 5°记一次传感器输出，数据记录于表 3-12-2 中。

④ 以角度为 X 轴坐标，传感器输出为 Y 轴坐标作图，得到传感器敏感轴与被测磁场夹角与传感器灵敏度的关系曲线。

实验 3　用巨磁阻传感器测量通电导线的电流大小(选做)

① 保持内盘的 0°刻线对准外盘的 0°刻线 ，此时巨磁阻传感器的敏感轴与直导线垂直，即巨磁阻传感器敏感轴与磁场方向平行，用 5 芯航空专用线连接主机和实验装置的对应插座。

② 将主机恒流源开关扳向下，测量直导线电流，用红黑导线将实验装置黑色底板上的被测电流插座与主机上的对应插座 I_M 相连；

③ 将被测电流调零，将传感器工作电压调到 5.00 V，巨磁阻传感器输出调零，逐渐升高被测电流，可以看见传感器输出逐渐增大，将被测电流和传感器输出再次归零。

④ 将被测电流由零开始逐渐增大，每隔 0.2 A 记一次传感器输出信号电压到表 3-12-3 中，并以传感器输出电压为 Y 轴坐标，被测电流值为 X 轴坐标作图，得到被测电流大小与传感器输出的关系曲线；

⑤ 将传感器工作电压调到 12.00 V，重复步骤③、④，把数据记录到表格 3-12-3 中。

【数据处理】

表 3-12-1　实验 1 数据表

测量次数	线圈励磁电流/A	传感器输出电压/V
1		
2		
⋮		
17		

表 3-12-2　实验 2 数据表

测量次数	角度/(°)	5 V 传感器输出电压/V	12 V 传感器输出电压/V
1	0		
2	5		
⋮	⋮		
19	90		

表 3-12-3　实验 3 数据表

	巨磁传感器在不同工作电压下的输出电压					
线圈电流(A)	2V(mV)	4V(mV)	6V(mV)	8V(mV)	10V(mV)	12V(mV)
0						
0.05						
0.10						
0.15						
⋮						
0.80						

实验 3-13　双棱镜干涉实验

（罗秀萍　赵杰）

【实验目的】

1. 观察双棱镜产生的干涉现象，进一步理解产生干涉的条件。
2. 熟悉干涉装置的光路调节技术，进一步掌握在光具座上多元件的等高共轴调节方法。

3. 学会用双棱镜测定光波波长。

【实验原理】

双棱镜由两个折射角很小(小于1°)的直角棱镜组成,且两个棱镜的底边连在一起(实际上是在一块玻璃上,将其上表面加工成两块楔形板而成),用它可实现分波前干涉。通过对其产生的干涉条纹间距的测量(毫米量级),可推算出光波波长。

如图3-13-1所示,双棱镜 AB 的棱脊(即两直角棱镜底边的交线)与 S 的长度方向平行,H 为观察屏,且三者都与光具座垂直放置。由半导体激光器发出的光,经透镜 L_1 会聚于 S 点,由 S 射出的光束投射到双棱镜上,经过折射后形成两束光,等效于从两虚光源 s_1 和 s_2 发出的。由于这两束光满足相干条件,故在两束光相互重叠的区域(图中画斜线的区域)内产生干涉,可在观察屏 H 上看到明暗交替的、等间距的直线条纹。中心 O 处因两束光程差为零而形成中央亮纹,其余的各级条纹则分别排列在零级的两侧。

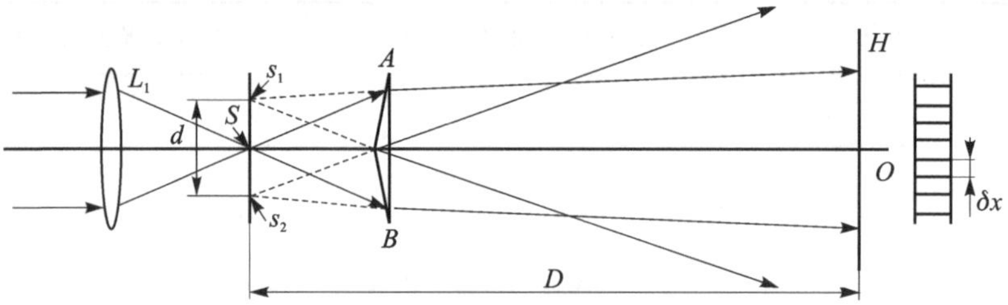

图3-13-1　双棱镜干涉实验原理图

设两虚光源 s_1 和 s_2 间的距离为 d,虚光源平面中心到屏的中心之间的距离为 D,又设 H 屏上第 k(k 为整数)级亮纹与中心 O 相距为 X_k,因 $X_k<D$,$d<<D$,故明条纹的位置 X_k 由下式决定:

$$X_k=\frac{D}{d}k\lambda$$

任何两相邻的亮纹(或暗纹)之间的距离为

$$\delta x=X_{k+1}-X_k=\frac{D}{d}\lambda$$

故

$$\lambda=\frac{d}{D}\delta x \tag{3-13-1}$$

式(3-13-1)表明,只要测出 d、D 和 δx,即可算出光波波长 λ。

本实验在光具座上进行,δx 的大小由十二挡光电探头+大一维位移架测得;d、D 的值可用凸透镜成像法及三角形相似公式求得。

如图3-13-2所示,在双棱镜和白屏之间插入一焦距为 f_2 的凸透镜 L_2,当 $D>4f_2$ 时,移动 L_2 使虚光源 s_1 和 s_2 在 H 屏处成放大的实像 s_1'、s_2',间距为 d',用十二挡光电探头和大一维位移架测出 d',根据 $\frac{1}{f}=\frac{1}{p}+\frac{1}{p'}$,可以得出物距

$$p=\frac{f_2p'}{p'-f_2} \tag{3-13-2}$$

p' 可在实验导轨上读出,则可以求出物距 p,用式(3-13-3)和式(3-13-4)可算出 d、D 值:

$$\frac{d}{d'}=\frac{p}{p'}$$

即

$$d=\frac{p}{p'}d' \tag{3-13-3}$$

$$D = p + p' \tag{3-13-4}$$

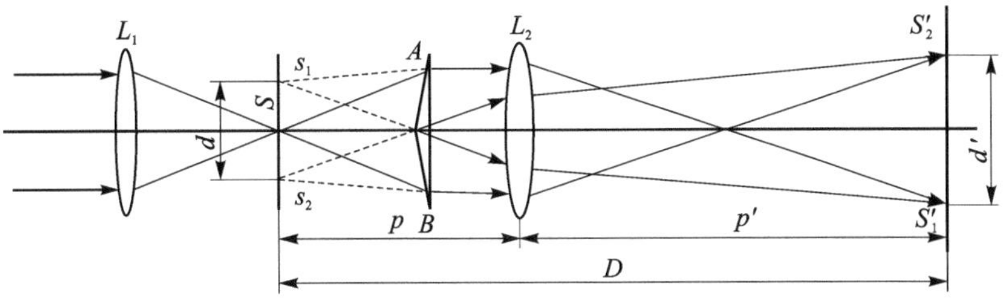

图 3-13-2　双棱镜干涉实验原理图(插入凸透镜)

【实验内容】

本实验需要读取器件在导轨上的位置,实验时将滑块带刻线一端朝外以便读数。

① 将半导体激光器置于导轨一端,将十二挡光探头＋大一维位移架放置于导轨上靠近激光器。将十二挡光探头置于 $\phi 0.2$ 挡,调节探头高度与左右距离,使激光光斑射入小孔。将探头移至导轨另一端,调激光器俯仰扭摆,再次使光斑进入小孔,如此反复直至探头在近端和远端激光均射入探头小孔。

② 将探头移至导轨最远端,在激光器附近依次放入 $f=60$ mm 的透镜、双棱镜(双棱镜用一维位移滑块),摆放如图 3-13-1,调整透镜高度,使其与激光束同轴。用白屏替代光探头,调整双棱镜横向位置和透镜与双棱镜的间距,使在白屏正中出现清晰、粗细合适的干涉条纹,干涉条纹数为 5～7 条。至此,在以下的测量过程中,二维＋LD、双棱镜和白屏(或十二挡光电探头)的滑块位置不再变化。

③ 用十二挡光电探头换下白屏,选择十二挡光电探头适当的光栏(如 0.2 mm 的细缝),与光功率计连接,将量程选至可调挡。调节大一维位移架,移动探头,使细缝对准干涉条图样边缘处的某一条纹(已功率计达到某一极大值作为条纹中心)。记下此时大一维位移架上的横向位置读数 Δ_1。移动探头,使狭缝扫过整个干涉条纹组,功率计每到一次极大值即为扫过一条条纹(起始位置计为第 0 条)。直至扫到图样另一次边缘,停留在某个极大值处,记录下此时大一维位移架横向位置读数 Δ_2 和总条纹数目 n,$\delta_x = \dfrac{|\Delta_1 - \Delta_2|}{n}$。重复测量多次,取平均值。

④ 将导轨上各滑块及各元件全部固定,保持稳定。

⑤ 在双棱镜和光探头之间(靠近双棱镜)放置透镜 L_2($f=100$ mm,见图 3-13-2),调节 L_2,使之与系统共轴。

⑥ 移动 L_2,在光探头前表面得到清晰的放大的像(两个清晰的光斑),对光斑间距进行测量,得到 d'。重复测量多次,取平均值。

⑦ 记下此时光探头前表面位置 P_1(滑块位置减 13 mm)和 L_2 位置 P_2,二者相减得到像距 P′。利用式(3-13-2)～式(3-13-4)即可计算出 D 和 d,最后代入式(3-13-1)得到波长。

【思考讨论】

1. 双棱镜是怎样实现双光束干涉的?干涉条纹是怎样分布的?干涉条纹的间距与哪些因

素有关?

2. 用本实验测光波波长,哪个量的测量误差对实验结果影响最大?应采取哪些措施来减少误差?

实验 3-14　热泵性能提高的研究

(赵杰)

电冰箱、空调等制冷设备都属于热泵。提高电冰箱、空调等制冷设备的制冷系数或能效比有现实意义,提高制冷系数可使得制冷设备更节电,并延长使用寿命。本实验通过改变制冷设备的工况,研究如何提高制冷系数。

【实验目的】

1. 研究热泵原理及应用。

2. 学习压缩式制冷、半导体制冷原理,测量压缩制冷或半导体制冷的实际性能系数。

【实验原理】

1. 热泵原理

由热力学第二定律得知,必须用热泵来使热量从低温处流向高温处,此类设备有压缩式制冷循环设备、半导体制冷循环设备、吸收式制冷循环设备三大类。

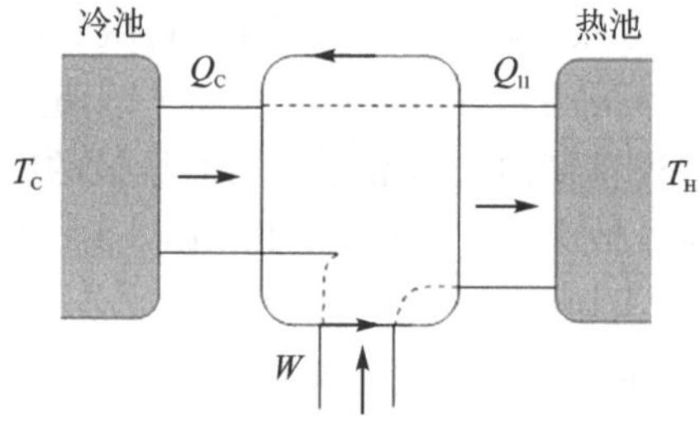

图 3-14-1　热泵工作图

设备通常,热量只能自然地从高温处流向低温处,但是热泵通过外界做功,就可以从冷池(或称低温物体或低温热源)吸取热量泵浦到热池(或称高温物体或高温热源),正如冰箱从低温内部吸取热量泵浦到较热的房间或者空调在冬天从较冷的室外吸取热量泵浦到较热的室内。根据能量守恒定律有

$$W+Q_C=Q_H \tag{3-14-1}$$

式(3-14-1)也可以用功率形式表示。对于热泵,性能系数 K 定义为单位时间热泵从冷池泵取的热量 P_C(对于制冷机而言就称为制冷功率)与单位时间热泵所做的功 P_W(对于制冷机而言就称为消耗的电功率)的比值,即有

$$K=\frac{P_C}{P_W} \tag{3-14-2}$$

式中,P_W 为实际输入热泵的功率,对于全封闭小型压缩机即是输入电功率。性能系数 K(应用于制冷机就称之为制冷系数)是衡量热泵循环经济性的指标,常被称为能效比(COP)。性能系数 K 越大,循环越经济,同样条件下就越省电。

若假设图 3-14-1 所示的系统与外界没有各种热量交换和对外界做功,利用热学原理可以推出,热泵的最大性能系数 K_{max} 仅取决于热池的温度 T_H 和冷池的温度 T_C,即

$$K_{\max}=\frac{T_C}{T_H-T_C}=\frac{1}{\dfrac{T_H}{T_C}-1} \tag{3-14-3}$$

式中，温度为K氏温度。可见，降低热池温度 T_H（比如改善电冰箱冷凝器的散热从而降低其温度，）或提高冷池温度 T_C，可提高 K_{max}，实际性能系数 K 也跟着提高。但由于摩擦、热传导、热辐射和器件内阻焦耳热等引起的能量损失，实际性能系数 K 小于最大性能系数 K_{max}。

2. 压缩式制冷循环

(1) 原　理

图3-14-2是电冰箱（或空调器）压缩式制冷循环图。来自冷凝器的略高于室温的液态制冷剂，经干燥过滤器滤去水分和有形杂质，再送入由毛细管组成的节流器进行减压节流，在毛细管的出口进入蒸发器。由于蒸发器内的压强低（压缩机抽气引起的），从毛细管出来的液态制冷剂就沸腾蒸发，通过蒸发器管壁吸收大量的热量（潜热和显热），实现了电冰箱冷冻室（或冷藏室）内的制冷。沸腾蒸发后的气态制冷剂接着被低压回气管吸入压缩机，再压缩成高温高压的气态制冷剂，从压缩机的排器口排入气压较高的冷凝器。高温高压的气态制冷剂在冷凝器中由于散热（还有另外一个条件：气压高，两者缺一就不可液化）而液化。液化后的液态制冷剂再次进入干燥过滤器，进行下一次制冷循环。可见，制冷循环中的制冷剂起到了热量“搬运工”的作用，把热量从低温处搬运到了高温处。

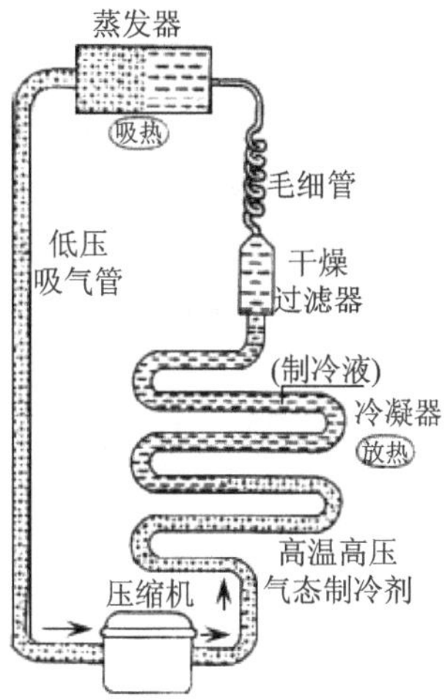

图3-14-2　压缩式制冷循环图

在上述的制冷循环中，毛细管由于很细且较长，对制冷剂的流动有较大的阻力，因而维持了冷凝器中的高气压，以便于气态制冷剂在冷凝器内液化；毛细管同时维持了蒸发器中的低气压，以便于液态制冷剂在蒸发器内气化。毛细管常用于定频压缩机的制冷设备。毛细管也可以用膨胀节流阀代替，作用相同但可以控制节流阻力，常用在变频空调中。为了提高性能系数，通常将电冰箱的毛细管与低压吸气管进行热交换（毛细管绕在低压吸气管上）。

(2) 制冷剂和绿色冰箱

氟利昂是氯氟烃，如沸点－29.8 ℃的R12（分子式CCl2F2），沸点－40.8 ℃的R22（分子式CHClF2）等。这些制冷剂具有优良的热学性质，无毒、不燃。但是科学界逐渐发现被称作地球生命“保护伞”的大气臭氧层浓度正在不断降低，致使南极上空出现大片臭氧层空洞，太阳紫外线直接辐射到地球，威胁人类的健康，引发皮肤癌及其他疾病。氯氟烃或溴氟烃类气体经紫外线光解分裂成自由的氯原了或溴原子，它们具有强烈的破坏臭氧层的作用。因此，目前各国都以碳氢化合物作为首选替代物，主要为R600n（异丁烷）和R600a与R290（丙烷）的混合物。将不含（或含得少）氯溴原子的物质作为制冷剂的电冰箱称为绿色或无氟冰箱。

3. 半导体制冷循环

1834年帕尔帖发现，当电流流过不同金属的接点时，有吸热和放热现象，称为帕尔贴效应。

半导体制冷的工作原理见图3-14-3(a)，其中绝缘导热基板（陶瓷材料）在最外侧，再向内就是导电的金属导流条，最内侧是P型和N型的半导体材料（碲化铋），工作电源用直流电源。

对于右侧的N型半导体与右上侧导流条连接处，金属中电子的势能低于N型半导体中载流电子的势能，右上侧导流条金属中的这部分电子必须获得额外的能量才能进入 N 型半导体，即这部分电子在金属中吸收热量后才能进入 N 型半导体，从而形成了制冷端。当电子欲从 N 区进入右下侧的金属导流条时，由于电子是从势能高的地方流向势能低的地方，要释放能量，因此在该处放出热量，从而形成了热端；对于左侧的 P 型半导体与左上侧导流条连接处，金属中正电荷的势能低于 P 型半导体中载流空穴的势能，金属中的这部分正电荷必须获得额外的能量才能进入 P 型半导体，即这部分正电荷在导流条吸收热量后才能进入 P 型半导体，也形成了制冷端。当正电荷欲从 P 区进入左下侧的导流条时，由于正电荷是从势能高的地方流向势能低的地方，要释放能量，因此在该处放出热量，从而形成了热端。因此整个上侧的导流条形成吸热端，下侧的导流条形成放热端，最终形成半导体热泵。

如果把电源的极性反过来，则冷端变为热端，热端变为冷端，原理仿上。

图 3-14-3(b)是由 4 组制冷单元串联起来的，为的是提高制冷功率。

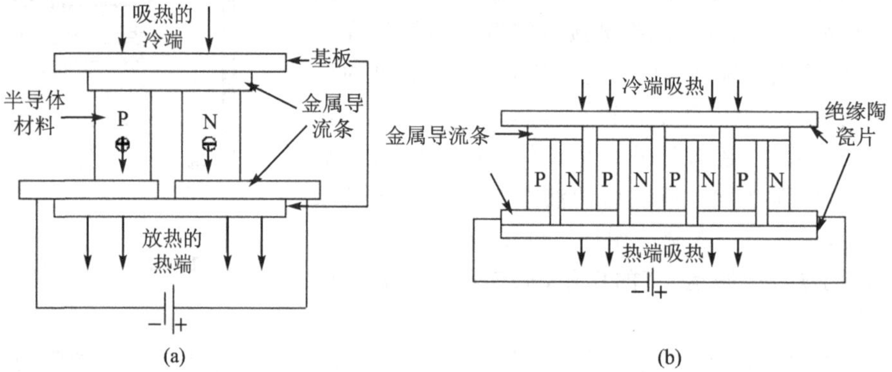

图 3-14-3 半导体制冷原理

4. 制冷功率的测量

制冷功率表示单位时间内制冷剂通过蒸发器所吸收的热量，一般采用热平衡补偿的原理来测量。对于压缩式制冷，在制冷箱内放置电加热器，调节电加热功率，当制冷箱内温度长时间不变时，即可认为热泵的制冷功率等于电加热功率。对于定频压缩式制冷压缩机转速不变，似乎制冷功率就应是不变的，但是当制冷箱内的热源功率不足时，就会导致进入蒸发器的部分制冷剂还没有吸热汽化就又抽回压缩机，即参与热量“搬运”的制冷剂有的没参加制冷循环的吸热过程，参加的只是一部分制冷剂，这就使得制冷功率下降。

对于半导体制冷，则要求电加热和制冷抗衡保持在初始的室温为热平衡态，如果电加热功率高于制冷功率，制冷箱内温度就升高，反之亦然。当然，这是假设制冷箱壁 100％隔热而言，事实上，总有外界漏热进入制冷箱，即热平衡时电加热功率略小于制冷功率。

5. 热泵的社会应用——电冰箱、空调的自动温控过程

热泵的自动温控过程是通过控制压缩机的开停比例或转速来实现的。温控器可控制电冰箱、空调的自动温控过程。对于开停比例模式，设定温控器温度，当制冷温度低于设定值，温控器自动断开，从而断开了压缩机供电，温度回升；当回升温度到设定温度时，温控器又自动接通而使得压缩机恢复运转而制冷，导致温度下降，如此反复使得制冷温度在设定温度附近波动，这实际是调节压缩机开停比例，压缩机开的比停的时间多了，平均制冷功率就高，平均制冷温度就低，反之亦然。对于变频温控，则是直接控制压缩机转速，转速快制冷剂循环的快，制冷功

率提高，温度下降，反之亦然。

【实验仪器】

压缩式制冷实验仪、热泵热机综合实验仪。

【实验内容】

本实验每个同学可任意选择压缩式制冷或半导体制冷实验仪器进行实验，实验报告中的实验原理及实验步骤只写与自己选择实验仪器相关的内容，但公共的热泵原理、制冷功率的测量、温控过程都要写。

1. 压缩式制冷循环

① 观察仪器，对照压缩式制冷循环图和实物仪器，搞清各部件的连接关系原理。将实验仪上加热功率调节旋钮按逆时针旋至最小，关闭压缩机开关。

② 接通电源开关将，将蒸发器内温度、压缩机排气口、进气口及冷凝器末端的压强记录于表 3-14-1 中。

③ 打开压缩机开关，等待压缩机运行 1 min 后，观察并记录各点压强的变化，并记于表 3-14-1 中。

表 3-14-1　实验记录数据

状　态	蒸发器温度 TC/℃	排气口压强 P_2/MPa	进气口压强 P_1/MPa	冷凝器压强 P_3/MPa
开压缩机前				
开压缩机约 1 min				

④ 不关压缩机，每隔 3 min 观察一次蒸发器的温度并记录于表 3-14-2 中，直至降温至 −30℃附近为止。

表 3-14-2　蒸发器的温度

时间/min	3	6	9	…
温度/℃				

⑤ 调节加热器输出功率为 20 W(加热时禁止关闭压缩机，否则可胀裂制冷管道，损坏仪器!)，使蒸发器内升温至某个稳定值(要求至少加热 15 min，且蒸发器内的温度不再往高或低变化，但可在一个值上下稍微波动)附近，将此加热功率下的各个相关数据记入表 3-14-3 中。

表 3-14-3　升温至稳定值时，各部位相关数据

蒸发器温度 T_C/℃	排气口		进气口		冷凝器		电加热功 P_C/W	压缩机功率 P_W/W
	压强/MPa	温度/℃	压强/MPa	温度/℃	压强/MPa	温度 T_H/℃		
							20	
							87	

⑥ 改变加热功率为 87 W，重复上步内容。

⑦ 利用式(3－14－2)和式(3－14－3)计算上述不同加热功率条件下的实际性能系数 K 和最大性能系数 K_{max}，分析实验结果并得出结论。

2. 半导体制冷循环

① 参见图 3－14－4，将“热泵热机综合实验仪”的功能置于半导体制冷功能。转换开关拨向“半导体制冷”，且其左侧转换开关拨向“热泵”；制冷箱(胆)外壳底部的“加热方式”切换开关打在“加热片”(图 3－14－4 中没有，见实际仪器)；“电热通、电热断”开关打在“电热通”位置；“机外风扇电源”开关打在“高速”位置。打开机箱后侧面的总电源开关，将刚开机 20 s 内的制冷箱胆内初始温度(室温)记录于表 3－14－4 中。调节“热泵电流调节”旋钮，使热泵电流 A_2＝3.00 A(如果实验过程中有变化，要再次调节为 3 A，一般刚开机 3 min 内会自动降低，要再次调高，5 min 以后就几乎不变了)。

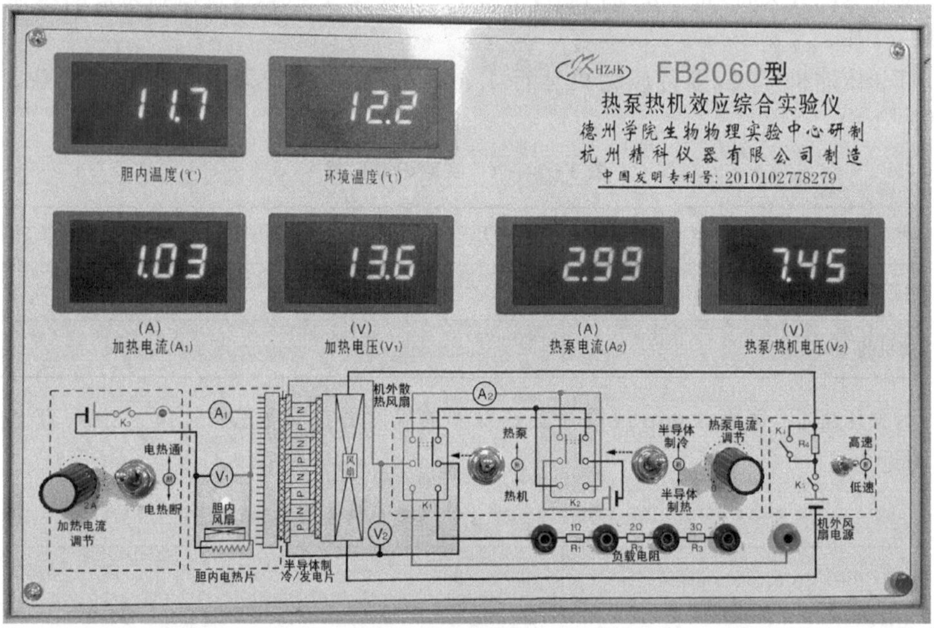

图 3－14－4　半导体制冷实验仪器面板图

表 3－14－4　刚开机 20 s 内的制冷箱胆内初始温度(室温)

室温/℃	胆内风扇转速	半导体制冷片输入功率 P_W/W			电加热功率 P_R/W			制冷功率 P_C/W
		V_2	A_2	P_W	V_1	A_1	P_R	$P_C=P_R$
	风扇高速		3.00 A					
	风扇低速		3.00 A					

② 调节“加热电流调节”旋钮，使加热电流 A_1＝1.03 A，等待 7～8 min 后记录此时胆内温度，再等 1～2 min 看温度上升还是下降，如果温度下降，要增加加热电流 5%～10%左右，再等 1～2 min 看温度变化并做相应调节(不可调完电流马上看温度变化，因为热量传递需要时间)，反之减小加热电流，使制冷与加热两者达到热平衡(即胆内温度至少可维持 2 min 不变

时的状态，平衡后温度：室温±1.5 ℃)，也即制冷与加热在制冷箱内达到功率平衡后的热平衡状态。热平衡后再将数据记录于表3-14-4中的首行。

③ 将“机外风扇电源”开关打在“低速”位置，先观察3 min内胆内温度升高(温升原因是胆外散热风扇降速后导致制冷功率下降)，再将“加热电流”A1减小(参考值0.8 A左右)，仿照上步使胆内重新达到热平衡，把数据记入表3-14-4第2行。

④ 把“电热通、电热断”开关打在“电热断(内风扇开)”位置，“机外风扇电源”开关打在“高速”位置，测量半导体制冷循环10 min的制冷降温温度，记入表3-14-5中(此步为验证半导体制冷效果)。

表3-14-5　制冷降温温度

时间/min	0	10
制冷箱内温度/℃		

⑤ 利用式(3-14-2)计算散热风扇不同转速下的实际制冷系数 K，分析实验结果并得出结论。

【注意事项】

1. 压缩机停机后5 min内不要启动，以免启动电流太大烧坏压缩机。
2. 加热时禁止关闭压缩机，否则可胀裂制冷管道损坏仪器。
3. 半导体制冷时，实验过程中要手动保持制冷电流3.0 A不变。
4. 半导体制冷时，禁止把“机外风扇电源”开关及“电热通/电热断”开关拨向“断”。

【思考讨论】

1. 设置同样的制冷温度，如何选择安装环境才能使得电冰箱及空调器提高制冷系数而节电？
2. 空调器的制热功率能大于耗电功率吗？

实验3-15　热机效率的研究

(赵　杰)

1821年，德国物理学家塞贝克发现两种不同金属的接触点一端被加热时，将产生电动势，该现象被称之为塞贝克效应。温差发电热电效应的发现虽然已有很长历史，但是，由于金属的温差电动势很小，只是在用作测量温度的温差热电偶方面得到了应用。直到近几十年半导体技术出现后，才得到比金属大得多的温差电动势，温差发电才进入实用阶段。

【实验目的】

1. 测量半导体热机的卡诺效率和实际效率。
2. 测量温差发电电源的内阻。

【实验原理】

按照热学原理，可以连续地把热能转换为对外做功的装置称为热机，可见把热能转换为电能也是热机的一种。

用P型半导体和N型半导体以及导体和负载电阻连接成图3-15-1所示的电路，来实现效果显著的塞贝克效应。让半导体器件左边的温度比右边的温度高，则N区左端由于热运动产生了新的自由电子和空穴对，使得左端自由电子浓度高于右端的，自由电子就往浓度低的右端扩散；同理，P区中的正电荷“空穴”也往右端扩散。上述自由电子及空穴向各自的低浓度处扩散的结果又导致各自区域产生电场反向力最终达到“浓度扩散”与“电场力飘移”的动态平衡而输出稳定电动势。温差电动势还包含了不同金属之间接触产生的内接触电动势，可仿上分析。

半导体热机是利用热池和冷池之间的温差产生电能来对外做功的。本实验利用电热片为热端提供热量并将冷端暴露在空气中，并用散热片及风扇给其散热来形成热端、冷端的温差。半导体热机输出的电能转化成负载电阻上的热能。

图3-15-2中，根据能量守恒(热力学第一定律)得

$$Q_H = W + Q_C \tag{3-15-1}$$

式中，Q_H 和 Q_C 分别表示进入热机的热量和排入冷池的热量，W 表示热机对外做的功。热机效率定义为

$$\eta = \frac{W}{Q_H} \tag{3-15-2}$$

如果所有热量全部都转化为有用功，那么热机的效率等于1，但实际热机效率总是小于1。

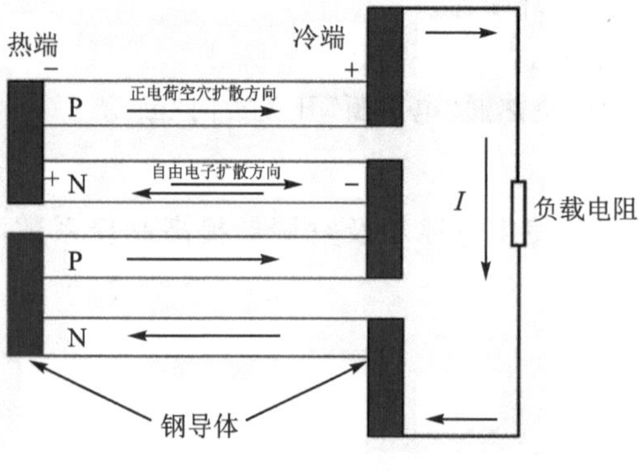

图3-15-1 半导体温差发电电路图

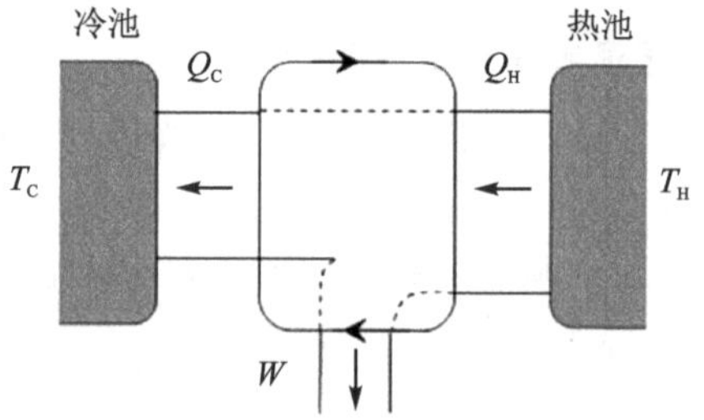

图3-15-2 热机工作图

习惯上一般用功率而不是用能量来计算效率，对式(3-15-1)求导得

$$P_H = P_W + P_C \tag{3-15-3}$$

式中，$P_H = \frac{dQ_H}{dt}$ 和 $P_C = \frac{dQ_C}{dt}$ 分别表示单位时间进入热机的热量和排入冷池的热量，$P_W = \frac{dW}{dt}$ 表示单位时间做的功，即功率。则热机效率可以写为

$$\eta = \frac{P_W}{P_H} \times 100\% \tag{3-15-4}$$

对于温差发电的半导体热机，P_H 即为内部电加热片的电功率，$P_W = P_{RL}$ 即为温差发电电压在负载电阻上产生的电功率，上式的效率为实际的热机效率。研究表明，热机的最大效率仅与热机工作的热池温度和冷池温度有关，而与热机的类型无关，卡诺效率为

$$\eta_{Carnot} = \frac{T_H - T_C}{T_H} \times 100\% \tag{3-15-5}$$

式中，温度单位是 K(开氏温度)。式(3－15－5)表明只有当冷池温度 T_C 为绝对零度时热机的最大效率为 100%；若摩擦、热传导、热辐射等引起的能量损失忽略不计，热机做功效率最大为卡诺效率。

【实验仪器】

热泵热机效应综合实验仪一套，如图 3－15－3 所示。

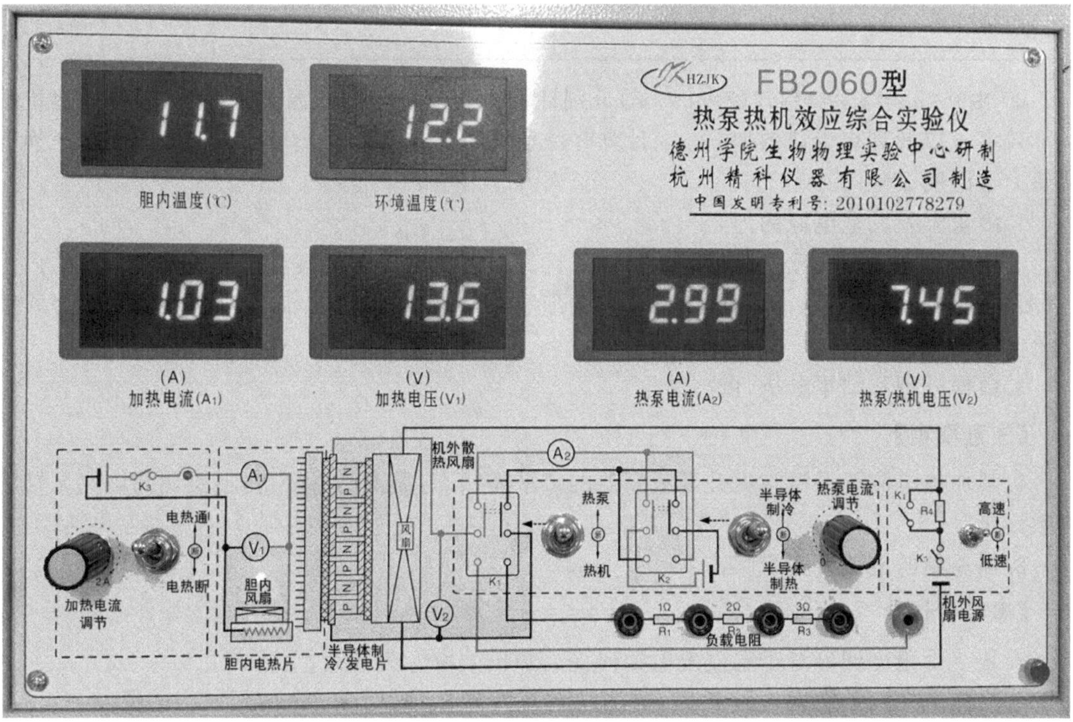

图 3－15－3　热泵热机效应综合实验仪

【实验内容】

1. 测量半导体热机的卡诺效率和实际效率

① 参见上面的仪器面板图将“热泵热机效应综合实验仪”的功能置于温差发电功能(中间开关拨向“热机”)；面板最左侧开关拨向“电热通”；最右侧开关拨向“高速”。保温箱(图 3－15－3 中没有，见仪器)下面开关拨向“加热片”。开仪器箱后侧面的总电源开关后马上记录环境温度 θ_C(因该温度表的温度传感器在仪器箱内，时间长了仪器箱内电子元件发热会导致箱内温度上升，此时温度值就不是室内环境温度了，所以要以刚开机时的温度值为准)。然后调节加热电流 $A_1=1.80$ A(目的是快速升温到平衡温度，节省时间)，等待保温箱内温度升高到 34 ℃左右时，通过插线接通负载电阻 $R_L=3\ \Omega$，再减小 $A_1=1.00$ A，等待一段时间，直至保温箱内温度 θ_H 不再上升(θ_H 可保持 1.5～2 min 不再变化即认为不再上升，以室温 20 ℃时为参考值：1 A 加热电流下的热平衡温度 $\theta_H=37.30$ ℃)，把数据记录到表 3－15－1 中(V_1、A_1、P_H 分别为电加热的电压、电流、功率)。测量刚断开负载后 3～6 s 时间段内的空载电压 E 值。

② 调节加热电流 $A_1=1.35$ A，重复上述实验内容，记录数据于表 3－15－1 中。

表 3-15-1 实验数据

	温差发电的空载电压 E/V	冷端(环境)温度 θ_C/℃	热端(保温箱胆内)				负载 $R_L=3\ \Omega$		实际效率/%	卡诺效率/%
			θ_H/℃	V_1/V	A_1/A	P_H/W	V_2/V	P_W/W		
低温差					1.00					
高温差					1.35					

③ 由式(3-15-4)和式(3-15-5)分别计算上述低温差和高温差情况下,半导体热机的实际效率 η 以及理想卡诺效率 η_{Carnot}(计算时注意要用公式 $T=273.15+\theta$,将摄氏温度 θ 换算成热力学温度 T)。

2. 测量温差发电电源的内阻

利用上述相关实验数据,自拟实验方法,计算温差发电电源的高温差及低温差对应的内阻 r。要求画出实验电路图,电路图中的器件图形和标号要规范,写出简要计算内阻 r 的公式和简要实验步骤。

3. 数据处理和结果分析,做出结论

【注意事项】

1. 某加热电流下保温箱内升到最高温的热平衡状态,需要耐心等待,不要调到该电流马上读数记录。

2. 保温箱的上盖要盖严实。

【思考讨论】

1. 从多个角度回答对于温差发电如何提高热机效率?为什么?

2. 为什么在测量空载电压 E 时,要测刚断开负载 R_L 瞬间 3~6s 时间段内的值?

3. 构想一下温差发电的社会应用,举几个实例。

实验 3-16 用非线性电路研究混沌现象

(赵 杰)

人们在认识和描述运动时,大多只局限于线性动力学描述方法,即确定的运动有一个完美确定的解析解。但是自然界在相当多情况下,非线性现象却起着很大的作用。1975 年混沌作为一个新的科学名词首次出现在科学文献中。从此,非线性动力学迅速发展,并成为有丰富内容的研究领域。该学科涉及非常广泛的科学范围,从电子学到物理学,从气象学到生态学,从数学到经济学等。混沌通常相应于不规则或非周期性,这是由非线性系统本质产生的。本实验将引导学生自己建立一个非线性电路,采用实验方法研究 LC 振荡器产生的正弦波与经过 RC 移相器移相的正弦波合成的相图(李萨如图),观测振动周期发生的分岔及混沌现象;测量非线性单元电路的电流—电压特性,从而对非线性电路及混沌现象有一深刻了解。

【实验目的】

1. 用示波器观测 LC 振荡器产生的波形及经 RC 移相后的波形。

2. 用双踪示波器观测上述两个波形组成的相图(李萨如图)。

3. 改变 RC 移相器中可调电阻 R 的值,观察相图周期变化。记录倍周期分岔、阵发混沌、三倍周期、吸引子(周期混沌)和双吸引子(周期混沌)相图。

4. 测量由 LF353 双运放构成的有源非线性负阻"元件"的伏安特性,结合非线性电路的动力学方程,解释混沌产生的原因。

【实验器材】

双踪示波器,非线性电路混沌实验仪及组成如图 3-16-1 所示。仪器连接方法及注意事项:

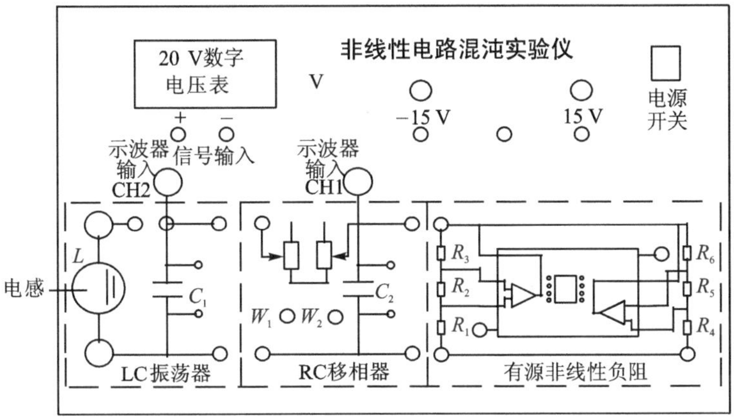

图 3-16-1 混沌实验仪结构图

1. 打开机箱,将铁氧体介质电感连接到与面板上对应接线柱相接。

2. 用同轴电缆线将实验仪面板上的 CH2 插座连接示波器的 Y 输入,CH1 插座连接示波器的 X 输入,并置 X 和 Y 输入为 DC。

以观测二个正弦波构成的李萨如图(相图)。

3. 接通实验板的电源,这时数字电压表有显示,对应±15 V 电源指示灯都为亮状态,且都有电压输出。

4. 数字电压表上的数字不停的闪烁,说明显示输入电压超过量程。

5. 关掉电源以后,才能拆实验板上的接线。

6. 仪器预热 10 min 以后才可以测数据。

【实验原理】

1. 非线性电路与非线性动力学

实验电路如图 3-16-2 所示,图中只有一个非线性元件 R,它是一个有源非线性负阻器件。电感器 L 和电容器 C_2 组成一个损耗可以忽略的谐振回路;可变电阻 R_0 和电容器 C_1 串联将振荡器产生的正弦信号移相输出。本实验所用的非线性元件 R 是一个五段分段线性元件。图 3-16-3 所示的是该电阻的伏安特性曲线,可以看出加在此非线性元件上电压与通过它的电流极性是相反的。由于加在此元件上的电压增加时,通过它的电流却减小,因而将此元件称为非线性负阻元件。

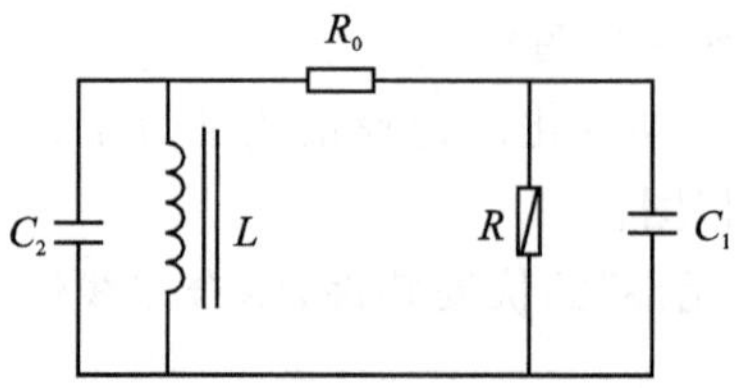

图 3-16-2 非线性电路原理

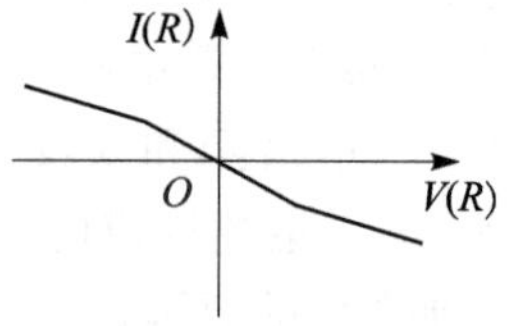

图 3-16-3 非线性元件伏安特性

图 3-16-2 电路的非线性动力学方程为

$$\left.\begin{aligned} C_1 \frac{\mathrm{d}U_{C_1}}{\mathrm{d}t} &= G(U_{C_2} - U_{C_1}) - gU_{C_1} \\ C_2 \frac{\mathrm{d}U_{C_2}}{\mathrm{d}t} &= G(U_{C_1} - U_{C_2}) + i_L \\ L\frac{\mathrm{d}i_L}{\mathrm{d}t} &= -U_{C_2} \end{aligned}\right\} \tag{3-16-1}$$

式中,U_{C_1}、U_{C_2} 为 C_1、C_2 上的电压;i_L 为电感 L 上的电流;$G=1/R_0$ 为电导;g 为 U 的函数。如果 R 是线性的,g 是常数,电路就是一般的振荡电路,得到的解是正弦函数,电阻 R_0 的作用是调节 C_1 和 C_2 的位相差,把 C_1 和 C_2 两端的电压分别输入到示波器的 x,y 轴,则显示的图形是椭圆。如果 R 是非线性的,会看到什么现象呢?

实验电路如图 3-16-4 所示,图 3-16-4 中,非线性电阻是电路的关键,它是通过 1 个双运算放大器和 6 个电阻组合来实现的。电路中,LC 并联构成振荡电路,R_0 的作用是分相,使 J_1 和 J_2 两处输入示波器的信号产生位相差,可得到 x,y 两个信号的合成图形,双运放 LF353 的前级和后级正、负反馈同时存在,正反馈的强弱与比值 R_3/R_0,R_6/R_0 有关,负反馈的强弱与比值 R_2/R_1,R_5/R_4 有关。当正反馈大于负反馈时,振荡电路才能维持振荡。若调节 R_0,正反馈就发生变化,LF353 处于振荡状态,表现出非线性,从 C,D 两点看,LF353 与 6 个电阻等效一个非线性电阻。

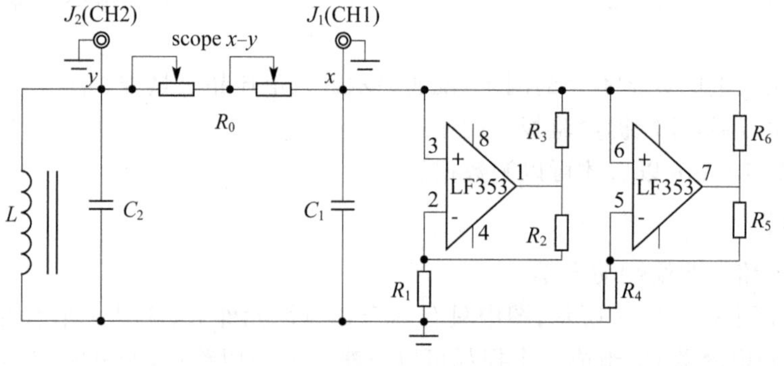

图 3-16-4 非线性电路混沌实验电路

2. 有源非线性负阻元件的实现

有源非线性负阻元件实现的方法有多种,这里使用的是一种较简单的电路采用两个运算放大器(一个双运放 LF353)和 6 个配制电阻来实现,其电路如图 3-16-4 所示,它的伏安特性曲线如图 3-16-5 所示,实验所要研究的是该非线性元件对整个电路的影响,而非线性负阻元件的作用是使振动周期产生分岔和混沌等一系列非线性现象。实际非线性混沌实验电路如图 3-16-6 所示。

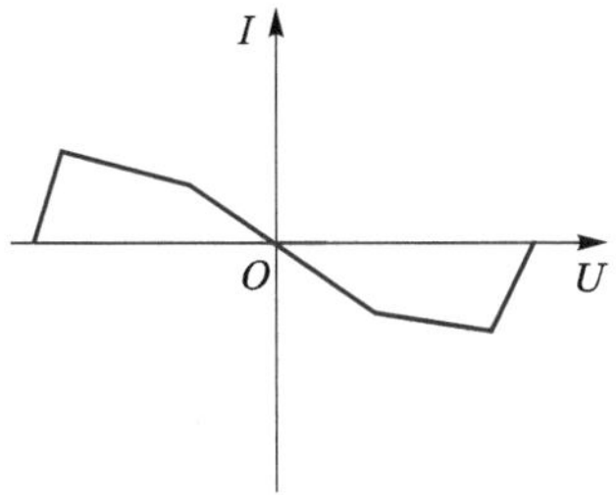

图 3－16－5　双运放非线性元件的伏安特性

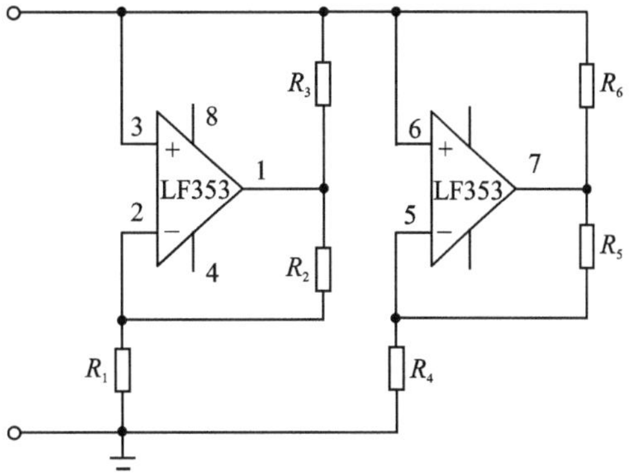

图 3－16－6　有源非线性器件

3.名词解释

① 分岔:在一族系统中,当一个参数值达到某一临界值以上时,系统长期行为的一个突然变化。

② 混沌:*a* 表征一个动力系统的特征,在该系统中大多数轨道显示敏感依赖性,即完全混沌。*b* 表征一个动力系统的特征,在该系统中某些特殊轨道是非周期的,但大多数轨道是周期或准周期的,即有限混沌。

【实验内容】

1.观察混沌现象(倍周期现象、周期性窗口、单吸引子和双吸引子的观察、记录和描述)

将电容 C_1 和 C_2 上的电压输入到示波器的 x,y 轴,先把 R_0 调到最小,示波器上可以观察到一条直线,调节 R_0,直线变成椭圆,到某一位置,图形缩成一点。增大示波器的倍率,反向微调 R_0,可见曲线作倍周期变化,曲线由一周期增为二周期,由二周期增为四周期……直至一系列难以计数的无首尾的环状曲线,这是一个单涡旋吸引子集,再细微调节 R_0,单吸引子突然变成了双吸引子,只见环状曲线在两个向外涡旋的吸引子之间不断填充与跳跃,这就是混沌研究文献中所描述的“蝴蝶”图像,也是一种奇怪吸引子,它的特点是整体上的稳定性和局域上的不稳定性同时存在。利用这个电路,还可以观察到周期性窗口,仔细调节 R_0,有时原先的混沌吸引子不是倍周期变化,却突然出现了一个三周期图像,再微调 R_0,又出现混沌吸引子,这一现象称为出现了周期性窗口。混沌现象的另一个特征是对于初值的敏感性。

观察并记录不同倍周期时 $U_{C_1}-t$ 图和 R_0 的值。

2.测量有源非线性电阻的伏安特性并画出伏安特性图

由于非线性电阻是含源的,测量时不用电源,用电阻箱调节,伏安表并联在非线性电阻两端,再和电阻箱串联在一起构成回路。尽量多测数据点(自行设计表格记录数据)。

3.测量一个铁氧体电感器的电感量,观测倍周期分岔和混沌现象(选做)

①按图 3－16－5 所示电路接线。其中电感器 L 由实验者用漆包铜线手工缠绕。可在线框上绕 75～85 圈,然后装上铁氧体磁芯,并把引出漆包线端点上的绝缘漆用刀片刮去,使两端点导电性能良好。也可以用仪器附带铁氧体电感器。

②串联谐振法测电感器电感量。把自制电感器、电阻箱(取 30 Ω)串联,并与低频信号发生器相接。用示波器测量电阻两端的电压,调节低频信号发生器正弦波频率,使电阻两端电压达到最大值。同时,测量通过电阻的电流值 I。要求达到 $I=5$ mA(有效值)时,测量电感器的电感量。

【思考讨论】

1. 实验中需自制铁氧体为介质的电感器，该电感器的电感量与哪些因素有关？此电感量可用哪些方法测量？

2. 非线性负阻电路(元件)，在本实验中的作用是什么？

实验 3－17　测电源的电动势和内阻

(赵　杰　陈书来)

普通的电压表在测量电压时，由于从被测电路取出一部分电流，在被测电路的内阻上产生了内压降，因此实际测量的电压值比没接入电压表时有所降低。可见单独用一个普通的电压表是不能用来精确测量电动势的。本实验用低内阻普通的电压表，自行设计不从被测电路取出电流的测量电压的电路，精确测量待测电池的电动势以及接上负载以后的电压值；结合其他实验器材，精确测量待测电源的内阻。本实验可以训练实验者对电学知识的综合应用能力和设计电路的能力。

【实验目的】

1. 用给定的实验器材种类，自行设计高精度测量干电池的电动势和内阻的实验。

2. 训练综合设计能力、分析和解决问题的能力、仪器仪表类型和量程的选用能力。

【实验内容】

1. 画出实验电路图，写出实验原理和计算公式及其推导过程，在实验原理中要分析各相关内容的理由。

2. 设计出详细的实验步骤和表格，在步骤中要写入仪器仪表型号和量程。经教师检查认可后才可进行实验！

3. 由实验数据计算出结果并做出详尽分析和结论，分析如何减小误差。

4. 检流计要设保护电路。

【实验器材】

待测电源(2 号电池一节)、工作电源(可调稳压电源或 1 号电池两节串联构成)、多量程电压表 2～3 只、指针式检流计 1 个、直流电阻箱 2 个、滑线变阻器 1 个、开关 2 个、导线若干。

【思考讨论】

1. 要提高测量精度，实验中应注意什么？

2. 精度高的电压表，是否一定比精度低的电压表测量值精确？

实验 3－18　霍尔效应的研究

(赵　杰　陈书来　魏　勇)

霍尔效应是导体中的运动电荷在磁场的洛伦兹力作用下在导体边沿产生电荷积蓄所致的电动势的效应。霍尔效应可以测定载流子浓度及载流子迁移率等重要参数，是判断材料的导电类型和研究半导体材料的重要手段，还可以用霍尔效应测量直流或交流电路中的电流和功率以及把直流电流转换成交流电流并对它进行调制、放大。用霍尔效应制作的传感器可广泛用于磁场、位置、位移、温度、转速等物理量的测量。

【实验目的】

1. 理解霍尔效应的基本原理和霍尔元件对材料的要求。

2. 测量霍尔电压与霍尔元件电流的关系曲线、霍尔电压与电磁铁励磁电流的关系曲线。

3. 用霍尔效应判断霍尔元件载流子的导电类型，计算载流子浓度和迁移率。

【实验原理】

1. 霍尔效应原理

如图 3-8-1 所示，将通有电流 I_S 的导体置于磁场 B(B 沿 z 轴方向)中，并使磁场 B 垂直于电流 I_S(I_S 沿 x 轴的反向)方向(或虽然不垂直但有垂直分量也可)。在导体中垂直于磁场 B 和电流 I_S 的方向上(y 方向)导体的两个表面，会出现一个电势差 U_y，此现象称为霍尔效应。霍尔效应对金属来说并不显著，但对半导体非常显著，因此常用半导体材料制作霍尔元件。

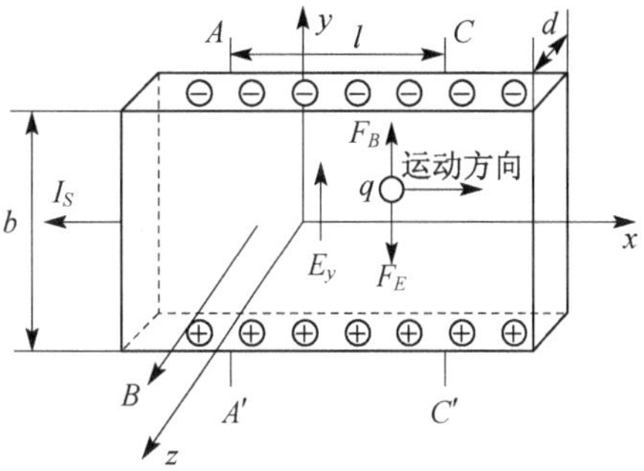

图 3-18-1　霍尔效应示意图

霍尔效应的实质是当电流 I_S 通过霍尔元件(假设为 N 型半导体材料制作的，即导电的电荷是电子)时，各个电子的漂移速度不尽相同的，用其平均漂移速度 v 来表示。垂直磁场 B 对运动电荷 q(q 为一个电子电量)产生一个洛仑兹力

$$F_B = q(v \times B) \tag{3-18-1}$$

洛沦兹力使电荷 q 产生 y 向的偏转，一部分电荷就在 y 向的两个表面积累起来，产生一个 y 向电场 E_y，直到电场 E_y 对电荷 q 的作用力 $F_E = E_y q$ 与磁场作用的洛沦兹力 F_B 相抵消为止，即

$$E_y q = q(v \times B) \tag{3-18-2}$$

此时，只要在产生电荷的两个端面不接负载，其他电荷将不再受偏转力的作用，只在导体中沿着 x 轴方向流动，霍尔电势差 U_y 就是这样产生的。

如果霍尔元件是 P 型半导体材料，即导电的载流子是空穴，则电场 E_y 与前者相反，霍尔电势差 U_y 也相反(与图 3-18-1 相反，上正下负)，因此，可据此判断霍尔元件的导电类型是电子还是空穴，从而推出是 N 或 P 型半导体材料。

设霍尔元件的载流子浓度为 n，宽度和厚度各为 b 和 d，则通过样品的电流 $I_S = nqvbd$，电荷的运动速度 $v = I_S/nqbd$ 代入式(3-18-2)有

$$|E_y| = |v \times B| = \frac{I_S B}{nqbd} = E_y \tag{3-18-3}$$

$$\frac{I_S B}{nqd} = E_y b = U_y \tag{3-18-4}$$

令 K 为霍尔元件灵敏度

$$K = \frac{1}{nqd} \tag{3-18-5}$$

令 R 为霍尔系数

$$R=\frac{1}{nq}=Kd \tag{3-18-6}$$

两式联立得

$$U_y=KI_SB \tag{3-18-7}$$

霍尔元件灵敏度 K 的单位为 mV/(mA·T)，其值愈大愈好。霍尔系数 R 则是反映霍尔元件材料本身的霍尔效应强弱的物理量，且与其形状和通过的电流无关。由式(3-18-5)可见 K 与载流子浓度 n 成反比，因半导体内载流子浓度远比金属载流子浓度小，所以都用半导体材料作为霍尔元件；K 与霍尔元件的厚度 d 成反比，所以霍尔元件一般做得很薄只有 0.2 mm 厚。

由式(3-18-7)可以看出，如已知磁感应强度 B(其大小用励磁电流 I_M 可计算出，一般厂家已经给出 B 与 I_M 的关系式)，只要分别测出通过霍尔元件的工作电流 I_S 及霍尔电势差 U_y 就可算出霍尔元件灵敏度 K，霍尔系数 R 也可由式(3-18-6)求出。

2. 由霍尔系数 R 确定参数

由式(3-18-6)可得载流子浓度

$$n=\frac{1}{|R|q} \tag{3-18-8}$$

这个关系是假定所有载流子都具有相同的漂移速度得到的，若要更精确，根据半导体理论，还要考虑载流子的速度统计分布，引入 $3\pi/8$ 的修正因子。

3. 电导率和迁移率的测量

电导率 σ 可以通过图 3-18-1 所示的 A、C 电极进行测量。设 A、C 电极间的距离为 l，而样品的横截面积为 $S=bd$，流过样品的电流为 I_S，在零磁场下，若测得 A、C 间的电压为 U_σ，可由下式求得电导率

$$\sigma=\frac{I_S l}{U_\sigma S} \tag{3-18-9}$$

电导率 σ、载流子浓度 n、载流子的迁移率 μ 之间的关系 $\sigma=nq\mu$，由式(3-18-6)得

$$\mu=\frac{\sigma}{nq}=|R|\sigma \tag{3-18-10}$$

由式(3-18-10)得 $|R|=\mu/\sigma=\mu\rho$，ρ 为电阻率。可见，要得到大的霍尔电压，霍尔元件材料的霍尔系数 $|R|$ 就要大，载流子的迁移率 μ 和电阻率 ρ 就得大。金属的 μ 和电阻率 ρ 都很低，不良导体虽 ρ 虽高，但 μ 极小，故上述两种材料的霍尔系数都很小，不能用来制造霍尔器件。半导体材料的 μ 高，ρ 也不太低，最适合制造霍尔元件。由于半导体材料内电子的迁移率比空穴的迁移率大，所以常用 N 型半导体材料制造霍尔元件。

由于霍尔效应的建立用时极短，所以使用霍尔元件时也可用交流电，得到的霍尔电压也是与通过电流的频率相同的交变电压。此时测得的各交流电流和电压应全为有效值。

4. 伴随霍尔电压产生的附加电压及其消除方法

在霍尔效应电压 U_y 产生的过程中，还会伴随一些副效应，给测量结果附加另外一些电压，使得测量产生误差。这些副效应包括爱廷好森效应产生的 U_E，这是由于在霍尔片两端有温度差产生的温差电动势，与电流和磁场方向有关；能斯特效应，是由于当 x 方向存在温度梯度，电子将从热端扩散到冷端，如果 z 方向有磁场，如霍尔效应一样，在 y 方向其两侧(A，A')会有电动势 U_N 产生；里纪一勒杜克效应，是当 x 方向存在温度梯度，z 方向有磁场，可使样品沿着 y 方向产生温度梯度，此温度梯度也产生电位差 U_R；除了这些副效应外还有不等势电势差 U_0，它是由于两侧(A，A')的电极不在同一等势面上引起的(见图 3-18-2)，当电流通过

时，即使不加磁场，A 和 A' 之间也会有电势差 U_0 产生，其方向随电流 I_S 方向而改变。为了消除上述副效应的影响，采用对称测量的方法来加以消除，通过改变 I_S 和 B 的方向，记下四组电势差数据：

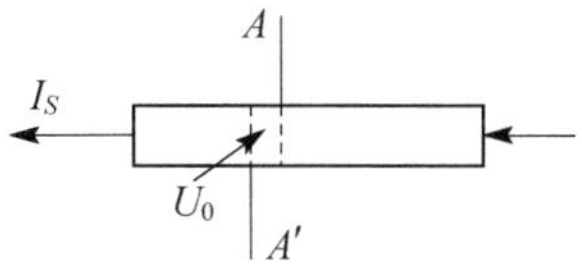

图 3-18-2　AA′两电棒极不在同一等位面上

当 I_S 正向，B 正向时，　$U_1=U_y+U_E+U_N+U_R+U_0$

当 I_S 负向，B 正向时，　$U_2=-U_y-U_E+U_N+U_R-U_0$

当 I_S 负向，B 负向时，　$U_3=U_y+U_E-U_N-U_R-U_0$

当 I_S 正向，B 负向时，　$U_4=-U_y-U_E-U_N-U_R+U_0$

计算 $U_1-U_2+U_3-U_4$，取平均值，即 $\frac{1}{4}(U_1-U_2+U_3-U_4)=U_y+U_E$，可见，爱廷好森效应产生的 U_E 无法消除，但由于它很小，可忽略，因此

$$U_y=\frac{1}{4}(U_1-U_2+U_3-U_4) \tag{3-18-11}$$

温度差的建立需要较长时间(约几秒钟)，因此，如果给霍尔元件通以交流电，使它来不及建立，就可以减小测量误差。

【实验器材】

霍尔效应实验仪、测试仪组合 1 套。

【实验内容】

1. 连接开关和预置开关

按厂家的仪器使用说明书连接电路和预置开关。移动二维调节装置，使霍尔元件处于电磁铁气隙中心位置。将实验仪的霍尔电流“I_S”和电磁铁的励磁电流“I_M”调节旋钮全逆时针拧到头置零，如预热几分钟后不为零则调节“调零”电位器使之为零。

2. 测量 U_y-I_S 关系

将实验仪和测试仪的切换开关都拨向“U_H”(即本书中的 U_y)一侧。调节电磁铁励磁电流 $I_M=0.5$ A 并保持不变，并按下表中要求改变其方向。按下表要求改变霍尔电流 I_S 的大小和方向，分别测量相应霍尔电压记入表 3-18-1 中。

表 3-18-1　霍尔电压值

I_S/mA	U_1/mV	U_2/mV	U_3/mV	U_4/mV	$U_y=\frac{U_1-U_2+U_3-U_4}{4}$/mV
	$+B,+I_S$	$+I_S,-B$	$-I_S,-B$	$-I_S,+B$	
1.00					
1.50					
2.00					
2.50					
3.00					
3.50					
4.00					
4.50					

3. 测量 $U_y - I_M$ 关系

各个开关状态与步骤 2 相同，调节 $I_S = 5$ mA 并保持不变，按表 3－18－2 中要求改变其方向，同时按表 3－18－2 改变电磁铁励磁电流 I_M 的大小和方向，测量相应霍尔电压记入表 3－18－2 中。

表 3－18－2　相应霍尔电压值

I_M/A	U_1/mV	U_2/mV	U_3/mV	U_4/mV	$U_y = \frac{U_1 - U_2 + U_3 - U_4}{4}$/mV
	$+B, +I_S$	$+I_S, -B$	$-I_S, -B$	$-I_S, +B$	
0.10					
0.20					
0.30					
0.40					
0.50					
0.60					
0.70					
0.80					

4. 测量 U_σ 值

将仪器的转换开关拨向"U_σ"一侧。调节 $I_M = 0$ mA，I_S 大小的选取以仪器测 U_σ 的电压表不超量程为宜。

5. 判定霍尔元件的导电类型

测量霍尔电压 U_y 的极性，根据图 3－18－1 和实际使用仪器的结构和状态，判断所用霍尔元件是 N 型或 P 型(也可反推磁场方向)。

6. 数据处理

① 根据上述测得的两个表格数据，绘制 $U_y - I_S$ 的关系曲线和 $U_y - I_M$ 关系曲线。

② 计算霍尔系数 R，从而求出 n、σ、μ。

【思考讨论】

1. 当磁场方向与霍尔元件不垂直时，将对霍尔电压产生什么影响？

2. 简述用霍尔元件测磁场的方法，如果已知霍尔系数 R 和其厚度 d，用那个公式？

实验 3－19　非平衡电桥

(赵　杰　崔廷军　陈书来)

惠斯登电桥是工作在平衡态下的电桥，可以准确测量未知电阻。但在科研和社会实际应用中，往往需要利用传感器把一些待测的物理量转换成电阻量接入电桥中，利用电桥由平衡态到非平衡态的变化过程参数，得知待测物理量，比如产品质量检验、温度测量等。此时电桥中的一个或几个桥臂往往是某种传感器，利用非平衡电桥可以很快连续测量这些传感元件电阻值的改变，从而得到这些物理量变化的信息。由于各类传感器的日新月异的发展，非平衡电桥的应用日益广泛。

【实验目的】

1. 掌握非平衡电桥工作原理和工作特性。
2. 研究非平衡电桥的特点。
3. 用非平衡电桥设计电阻温度计。

【实验原理】

如图 3-19-1 所示，当调节四个桥臂电阻使 C、D 两点等电位，则电桥达到了平衡。如果四个桥臂的某一个或某几个电阻换成传感器电阻，其他物理量(如温度、光强等)改变则传感器电阻也改变，C、D 两点电位就不再相等了，此时电桥就处于非平衡态，C、D 两点电位差的大小，反映了传感器桥臂电阻的变化情况，也就反映了待测物理量的变化，这就是非平衡电桥工作的基本原理。当 C、D 之间的平衡检测用低内阻电流表时，因电流表要消耗较大电流，称为功率非平衡电桥。

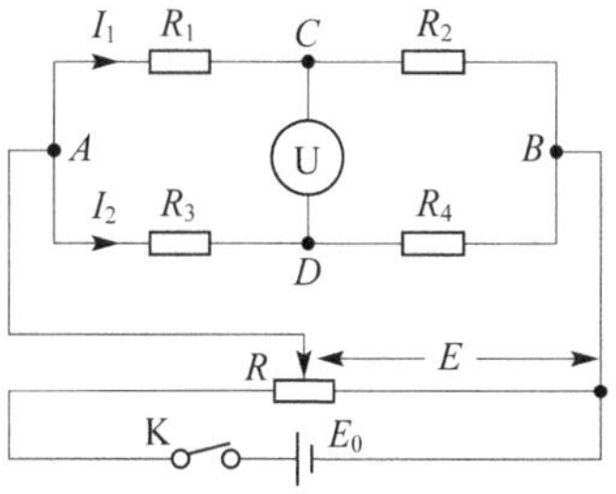

图 3-19-1　非平衡电桥原理图

设计非平衡电桥时，要让电源 E_0 的内阻及其滑线变阻器 R 的电阻值，远小于非平衡电桥 A、B 两端的等效总电阻。这样 A、B 两点之间的输入电压 E 就为恒压源，相对于电桥电阻而言，A、B 两点相当于短路。对图 3-19-1 而言，因电压表 U 的输入阻抗远大于电桥的电阻，检流支路等同于接了电阻极大的电阻，无电流，计算简化，因此非平衡时 C、D 之间输出电压为

$$U=\frac{R_2}{R_1+R_2}E-\frac{R_4}{R_3+R_4}E=\frac{R_2R_3-R_1R_4}{(R_1+R_2)(R_3+R_4)}E \tag{3-19-1}$$

根据等效电源定理，U 为从 C、D 两点看进去的等效电源的电动势，R_Q 为从 C、D 两点看进去的等效电源的内阻

$$R_Q=R_1//R_2+R_3//R_4=\frac{R_1R_2}{R_1+R_2}+\frac{R_3R_4}{R_3+R_4} \tag{3-19-2}$$

当 C、D 两端改为接电阻为 R_G 的电流表时，相当于等效电源接了负载电阻 R_G，检流支路有了电流，C、D 两端电压降低为

$$U_G=\frac{U}{R_Q+R_G}R_G=\frac{R_G(R_2R_3-R_1R_4)}{(R_G+R_Q)(R_1+R_2)(R_3+R_4)} \tag{3-19-3}$$

由式(3-19-3)可见，当 $R_2R_3-R_1R_4=0$，则 C、D 两端电压 $U_G=0$，这就是电桥处于平衡态。如果其中有一个未知电阻，则根据此关系可求出来，这就是我们以前做过的惠斯登平衡电桥的工作原理。

对非平衡电桥关注的是某一个(或几个)桥臂电阻由平衡态开始变化引起输出电压 U 的变化量，而不是这个电阻值，因此开始测量前，要先将电桥调至平衡。

设图 3-19-1 中的 R_1 由平衡态变到 $R_1+\Delta R_1$，在 C、D 端接高内阻(10 MΩ 左右)的数字电压表，则据式(3-19-1)有

$$U=\frac{R_2R_3-(R_1+\Delta R_1)R_4}{(R_1+\Delta R_1+R_2)(R_3+R_4)}E=\frac{nK}{(1+K+n)(1+K)}E \tag{3-19-4}$$

式中，$n=\frac{\Delta R_1}{R_1}$表示待测臂的相对变化，$K=\frac{R_2}{R_1}=\frac{R_4}{R_3}$为其成立条件。

由式(3-19-4)可见，当电压 E 保持不变时，非平衡电桥的输出电压 U 随比值 K 和待测臂的相对变化 n 而变化。当 n 变化较小时，对 K 值影响极小，此时可近似认为非平衡电桥的输出电压 U 仅为待测桥臂电阻值 R_1(或 n)的函数。当 K 和 E 为常量，只改变待测臂 R_1 阻值的相对变化 n，可得图 3-19-2 所示的 $U-n$ 曲线，利用这条曲线，经过定标，就可以测量其他物理量。其中斜率越大，非平衡电桥越灵敏。

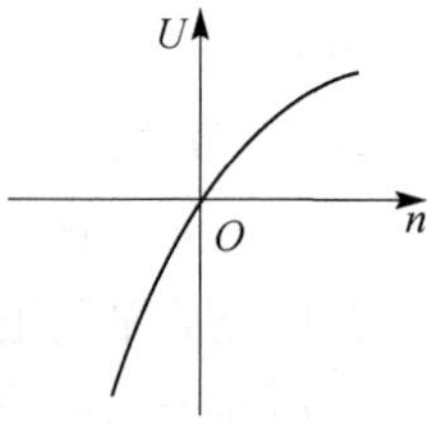

图 3-19-2　U-n 曲线

定义非平衡电桥的灵敏度 $S=\frac{\partial U}{\partial n}$，由式(3-19-4)可得

$$S=\frac{KE}{(1+K+n)^2} \tag{3-19-5}$$

由式(3-19-5)可见，当 $n\to 0$ 时，也即在电桥的平衡态的附近，灵敏度最高。工作电源 E 越高非平衡电桥的灵敏度 S 也越高，但必须稳压为前提。在 $n\to 0$ 条件下，对式(3-19-5)求导可知，当 $K=1$ 时，灵敏度 S 最高，为

$$S_M=\frac{E}{4} \tag{3-19-6}$$

可见，相邻桥臂阻值越接近相等，非平衡电桥就越灵敏，这是实验中要注意的。

【实验器材】

稳压电源、标准电阻箱、数字万用表、金属电阻、温度计、液体槽和电加热器(可用电热杯代替)、搅拌器、导热液体、导线若干。

【实验内容】

按图 3-19-1 接线，如果 E_0 为可调稳压电源，此时可用调稳压电源的输出电压取代滑线变阻器 R，CD 之间接数字万用表的直流电压挡 0.2 V 挡，R_1 为传感元件(比如热敏电阻等)，其余桥臂接标准电阻箱。

1. 用模拟传感器研究非平衡电桥的特性

令 $E=4$ V，用桥臂 R_1 作为模拟传感器，令 $K=1$，$R_1=R_2=R_3=R_4=250\ \Omega$，开始要事先将非平衡电桥调到平衡状态，需仔细略调 R_3(或其他桥臂)到平衡态。从平衡态开始以稍微调节 R_1 往非平衡态调节，每稍微改变一次 R_1(注意每次 ΔR_1 要等间隔)，记录相应的不平衡电压 U，直到 R_1 由原来的平衡时的阻值往正负方向变化 125 Ω 为止。在坐标纸上作出 $U-n$ 曲线。

令 $E=2$ V，重复上述测量，在上述同一坐标纸的同一坐标系中作出 $U-n$ 曲线。

改变 K 值为 10，电源电压为 4 V，重复上述第一步的测量，并在同一坐标系中作出相应的曲线。

将上述三条曲线加以对比，作出结论。

计算当 $n\to 0$ 时，上述三种条件下的非平衡电桥的灵敏度 S，并加以对比，作出结论。

2. 非平衡电桥应用—电阻温度计的设计(选作内容)

电阻温度计测温原理：金属电阻随温度的升高而增大，为正温度系数。铂电阻传感器的性质稳定，测温范围大(−200～500 ℃)，而铜电阻传感器测温范围较小(−50～150 ℃)。金属电阻传感器电阻 R_t 随温度 t 变化有如下关系式

$$R_t = R_0(1+\alpha t) \tag{3-19-7}$$

式中，R_t、R_0 分别是温度为 t ℃、0 ℃时的电阻值；α 是金属电阻温度系数，在应用许可温度范围内 α 为常数。把式(3-19-7)代入式(3-19-4)可得

$$U = \frac{\alpha t K}{(1+K+\alpha t)(1+K)} E \tag{3-19-8}$$

当 $1+K$ 远大于 αt 时，式(3-19-8)变为

$$U = \frac{\alpha t K}{(1+K)(1+K)} E = \frac{\alpha K E}{(1+K)^2} t \tag{3-19-9}$$

即非平衡电桥输出的非平衡电压与传感器桥臂的温度呈线性正比关系，这就是金属电阻温度传感器与非平衡电桥结合研制金属电阻温度计的理论依据。

【实验设计要求】

1. 在图 3-19-1 中利用金属电阻(比如用细铜漆包线绕成的电阻)取代 R_1，记录一组 $U-t$ 对应数据，并由此组数据作出 $U-t$ 曲线，找出线性区(测温区)。

2. 利用自己设计的电阻温度计，实际测量某种液体的升温过程，并和商品温度计测得数据进行对比。

【思考讨论】

1. 如何提高非平衡电桥的灵敏度?

2. 热敏电阻对温度很敏感，但它是负温度系数的热敏电阻，在某个温度区段也是线性的，是否也可与非平衡电桥结合设计温度计。

实验 3-20　PN 结的物理特性

(赵　杰)

【实验目的】

1. 在室温时，测量 PN 结电流与电压关系，证明此关系符合指数分布规律。

2. 测量玻尔兹曼常数。

3. 学会用运算放大器组成电流-电压变换器测量弱电流。

【实验原理】

1. PN 结伏安特性及玻尔兹曼常数测量

PN 结的正向电流-电压关系满足

$$I = I_0[\exp(eU/kT) - 1] \tag{3-20-1}$$

式中，I 是通过 PN 结的正向电流，I_0 是反向饱和电流，当温度恒定 I_0 为常数，T 是热力学温度，e 是电子的电量，U 为 PN 结正向压降。由于在常温(300 K)时，$kT/e \approx 0.026v$，而 PN 结正向压降约为十分之几伏，则 $\exp(eU/kT) \gg 1$，于是有

$$I = I_0 \exp(eU/kT) \tag{3-20-2}$$

也即 PN 结正向电流 I 随正向电压 U 按指数规律变化。若测得 PN 结 $I-U$ 关系值，则利用式(3-20-1)可以求出 e/kT。在测得温度 T 后，就可以得到 e/k 常数，把电子电量 e 作为

已知值代入，即可求得玻尔兹曼常数 k。

实验电路如图 3－20－1 所示。在实际测量中，二极管的正向 $I-U$ 关系虽然能较好满足指数关系，但求得的常数 k 往往偏小。这是因为通过二极管电流不只是扩散电流，还有其他电流。一般它包括三个部分：扩散电流，它严格遵循式(3－20－2)；耗尽层复合电流，它正比于 $\exp(eU/2kT)$；表面电流，它是由 Si 和 SiO_2 界面中杂质引起的，它正比于 $\exp(eU/mkT)$，一般 $m>2$。因此，为了验证式(3－20－2)及求出准确的 e/k 常数，不宜采用硅二极管，而采用硅三极管接成共基极线路，因为此时集电极与基极短接(因 LF356 的 2、3 脚之间的输入阻抗仅几个欧姆)，集电极电流中仅仅是扩散电流。复合电流主要在基极出现，测量集电极电流时，将不包括它。本实验中选取性能良好的硅三极管(TIP31 型)，实验中又处于较低的正向偏置，这样表面电流影响也完全可以忽略，所以此时集电极电流与结电压将满足式(3－20－2)。

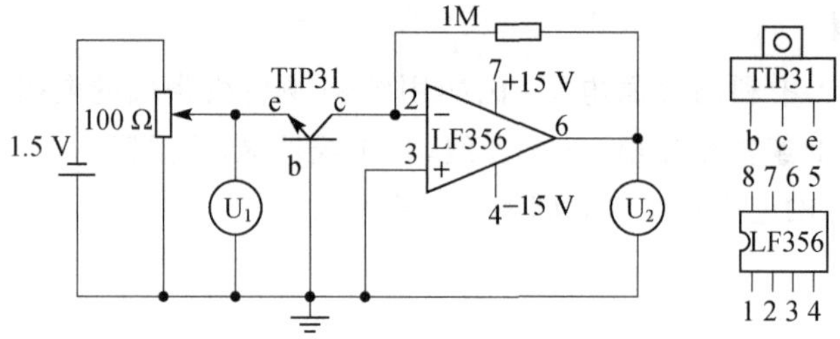

图 3－20－1　PN 结的结电流与结电压关系实验电路

2. 弱电流的测量

LF356 是一个集成运算放大器，用它组成电流一电压变换器(弱电流放大器)，如图 3－20－2 所示。其中虚线框内电阻 Z_r 为电流-电压变换器等效输入阻抗。由图 3－20－2 可知，运算放大器的输出电压 U_o 为

$$U_o = -K_o U_i \qquad (3-20-3)$$

式(3－20－3)中 U_i 为输入电压，K_o 为运算放大器的开环电压增益；R_f 为反馈电阻。因为运放的输入阻抗 $r_i \to \infty$，所以信号源输入电流 I_s 只流经反馈网络构成的通路。因而有：

$$I_s = (U_i - U_o)/R_f = U_i(1+K_o)/R_f \qquad (3-20-4)$$

由式(3－20－4)可得电流一电压变换器等效输入阻抗 Z_r 为

$$Z_r = U_i/I_s = R_f/(1+K_o) \approx R_f/K_o \qquad (3-20-5)$$

由式(3－20－3)和式(3－20－4)可得电流一电压变换器输入电流 I_s 与输出电压 U_o 之间的关系式，即

$$I_s = -\frac{U_o}{K_o}(1+K_o)/R_f = -U_o(1+1/K_o)/R_f \approx -U_o/R_f \qquad (3-20-6)$$

通常 R_f 为常数，所以在数值上，输出电压 U_o 近似正比于输入电流 I_s，这就是运放测电流原理。若选用四位半量程 200 mV 数字电压表，它最后一位变化为 0.01 mV，那么用上述电流-电压变换器能显示最小电流值为：$(I_s)_{min} = 0.01\times10^{-3}\ \text{V}/(1\times10^6\ \Omega) = 1\times10^{-11}\ \text{A}$。

【实验器材】

PN 结物理特性综合实验仪。

【实验内容】

1. 按图 3－20－1 要求连接线路，其中 U_1 为三位半数字电压表，U_2 为四位半数字电压表，

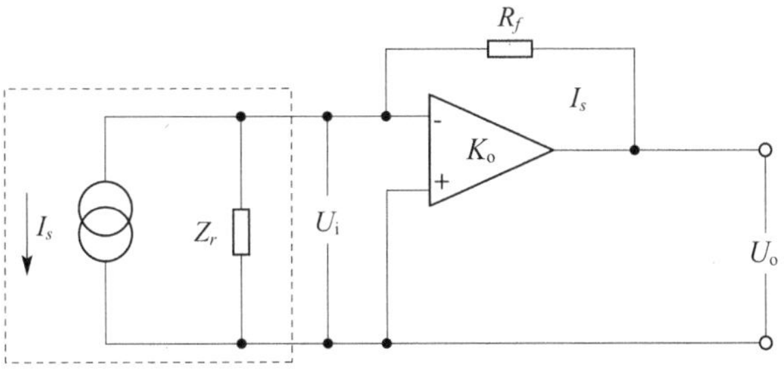

图 3-20-2 由运放组成的超高灵敏电流-电压变换器

TIP31 型为带散热板的功率三极管，调节电压的分压器为多圈电位器，为保持 PN 结与周围环境一致，把 TIP31 型三极管浸没在盛有变压器油槽中。变压器油温度用铂电阻进行测量。

2. 在室温情况下，测量三极管发射极与基极之间电压 U_1 和相应电压 U_2。在常温下 U_1 的值约从 0.3 V 至 0.42 V 范围每隔 0.01 V 测一点数据并记入表 3-20-1 中，直至 U_2 值变化较小或基本不变。在记数据开始和记数据结束都要记录变压器油的摄氏温度 t_1 和 t_2。

3. 曲线拟合求经验公式：运用最小二乘法，将实验数据分别代入线性回归、指数回归、乘幂回归这三种常用的基本函数（它们是物理学中最常用的基本函数），然后求出衡量各回归程序好坏的标准差 δ。对已测得的 U_1 和 U_2 各对数据，以 U_1 为自变量，U_2 作因变量，分别代入：

① 线性函数 $U_2=aU_1+b$；② 乘幂函数 $U_2=aU_1{}^b$；③ 指数函数 $U_2=a\exp(bU_1)$。求出各函数相应的 a 和 b 值，得出三种函数式，究竟哪一种函数符合物理规律，必须用标准差来检验。办法是：把实验测得的各个自变量 U_1 分别代入三个基本函数，得到相应因变量的预期值 U_2^*，并由此求出各函数拟合的标准差

$$\delta=\sqrt{\sum_{i=1}^{n}(U_i-U_i^*)^2/n}$$

式中，n 为测量数据个数，U_i 为实验测得的因变量（U_2），$U_i{}^*$ 为将自变量代入基本函数的因变量预期值，最后比较哪一种基本函数为标准差最小，并说明该函数拟合得最好。

表 3-20-1 数据记录表

			线性回归 $U_2=aU_1+b$		乘幂回归 $U_2=aU_1{}^b$		指数回归 $U_2=a\exp(bU_1)$	
n	U_1/V	U_2/V	U_2^*/V	$(U_2-U_2^*)^2/V^2$	U_2^*/V	$(U_2-U_2^*)^2/V^2$	U_2^*/V	$(U_2-U_2^*)^2/V^2$
1	0.310							
2	0.320							
3	0.330							
4	0.340							
5	0.350							
6	0.360							
7	0.370							
8	0.380							

续表 3-20-1

			线性回归 $U_2=aU_1+b$		乘幂回归 $U_2=aU_1{}^b$		指数回归 $U_2=a\exp(bU_1)$	
9	0.390							
10	0.400							
11	0.410							
12	0.420							
13	0.430							
14	0.440							
计算 δ								
计算 a 及 b			$a=$;$b=$		$a=$;$b=$		$a=$;$b=$	

指出回归拟合的最好的函数，说明 PN 结扩散电流—电压关系遵循指数分布规律。

4. 计算玻尔兹曼常数

$$e/k=bT=b\left(273.15+\frac{t_1+t_2}{2}\right)=b(273.15+\bar{t})$$

$$k=\frac{e}{bT}=e/b(273.15+\bar{t})$$

其中，b 是指数回归计算出的；e 为电子的电量。将此结果与公认值 $k=1.381\times10^{-23}\,\text{J/K}$ 进行对比。

5. 选作内容

改变干井恒温器温度，待 PN 结与油温度一致时，重复测量 U_1 和 U_2 的关系数据，并与室温测得的结果进行比较。

【注意事项】

1. 数据处理时，对于扩散电流太小（起始状态）及扩散电流接近或达到饱和时的数据，在记录处理数据时应删去，因为这些数据可能偏离式（3-20-2）。

2. 必须观测恒温装置上温度计读数，待 TIP31 三极管温度处于恒定时（即处于热平衡时），才能记录 U_1 和 U_2 数据。

实验 3-21　电信号的傅里叶分解与合成

（赵　杰　崔廷军）

【实验目的】

1. 用 RLC 串联谐振方法将方波分解成基波和各次谐波，并测量它们的振幅与相位关系。
2. 将一组振幅与相位可调正弦波由加法器合成方波。
3. 了解傅里叶分析的物理含义和分析方法。

【实验原理】

1. 傅里叶分解合成的数学表达

任何具有周期为 T 的波函数 $f(t)$ 都可以表示为三角函数所构成的级数之和：

$$f(t)=\frac{1}{2}a_0+\sum_{n=1}^{\infty}(a_n\cos n\omega t+b_n\sin n\omega t)$$

其中，T 为周期；ω 为角频率，$\omega=\frac{2\pi}{T}$；第一项 $\frac{a_0}{2}$ 为直流分量。

所谓周期性函数的傅里叶分解就是将周期性函数展开成直流分量、基波和所有 n 阶谐波的迭加。

如图 3－21－1 所示的方波可以写成

$$f(t)=\begin{cases}h & \left(0\leqslant t<\frac{T}{2}\right)\\ -h & \left(-\frac{T}{2}\leqslant t<0\right)\end{cases}$$

此方波为奇函数，它没有常数项。

数学上可以证明此方波可表示为

$$\begin{aligned}f(t)&=\frac{4h}{\pi}\left(\sin\omega t+\frac{1}{3}\sin 3\omega t+\frac{1}{5}\sin 5\omega t+\frac{1}{7}\sin 7\omega t+\cdots\right)\\&=\frac{4h}{\pi}\sum_{n=1}^{\infty}\left(\frac{1}{2n-1}\right)\sin[(2n-1)\omega t]\end{aligned}$$

可见，方波是由一系列正弦波（奇函数）合成，正弦波振幅比为 1∶1/3∶1/5∶1/7，它们的初相位相同。

同样，对于如图 3－21－2 所示的三角波也可以表示为

$$f(t)=\begin{cases}\frac{4h}{T}t & \left(-\frac{T}{4}\leqslant t\leqslant\frac{T}{4}\right)\\ 2h\left(1-\frac{2t}{T}\right) & \left(\frac{T}{4}\leqslant t\leqslant\frac{3T}{4}\right)\end{cases}$$

$$\begin{aligned}f(t)&=\frac{8h}{\pi^2}\left(\sin\omega t-\frac{1}{3^2}\sin 3\omega t+\frac{1}{5^2}\sin 5\omega t-\frac{1}{7^2}\sin 7\omega t+\cdots\right)\\&=\frac{8h}{\pi^2}\sum_{n=1}^{\infty}(-1)^{n-1}\frac{1}{(2n-1)^2}\sin(2n-1)\omega t\end{aligned}$$

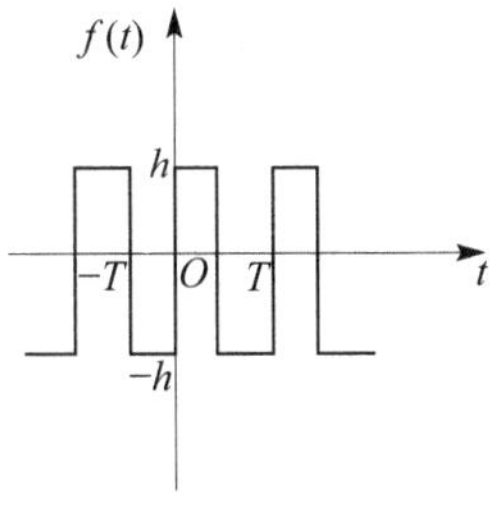

图 3－21－1　方波

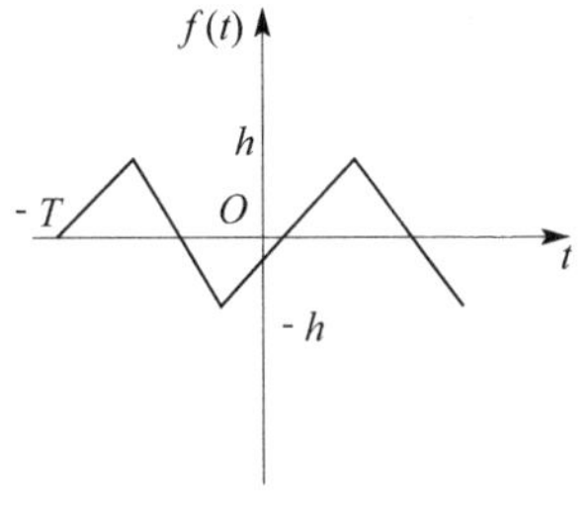

图 3－21－2　三角波

2. 周期性波形傅里叶分解的选频电路

用 RLC 串联谐振电路作为选频电路，对方波或三角波进行频谱分解。在示波器上显示这些被分解的波形，测量它们的相对振幅。我们还可以用一参考正弦波与被分解出的波形在示

波器上构成李萨如图形,确定基波与各次谐波的初相位关系。

本仪器具有 1 kHz 的方波和三角波供做傅里叶分解实验。

实验线路图如图 3 - 21 - 3 所示。这是一个简单的 RLC 电路,其中 R、C 是可变的。电感 L 一般取 0.1~1H 范围。

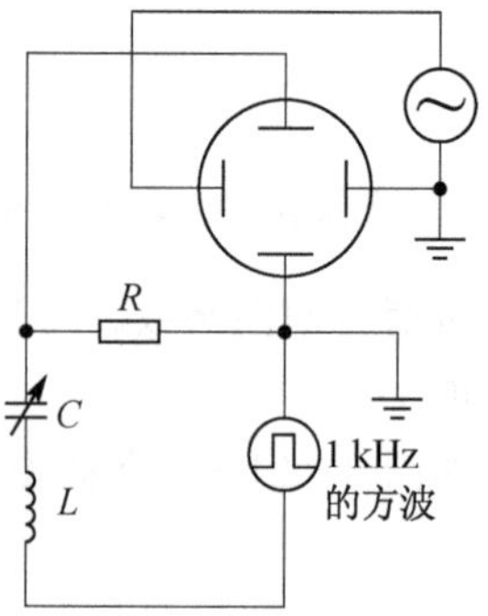

图 3 - 21 - 3 傅里叶分解电路

当输入信号的频率与电路的谐振频率相匹配时,此电路将有最大的响应。谐振频率 ω_0 为

$$\omega_0=\frac{1}{\sqrt{LC}}$$

这个响应的频带宽度以 Q 值来表示:

$$Q=\frac{\omega_0 L}{R}$$

当 Q 值较大时,在 ω_0 附近的频带宽度较狭窄,所以实验中我们应该选择 Q 值足够大,大到足够将基波与各次谐波分离出来。

如果我们调节可变电容 C,在 $n\omega_0$ 频率谐振,我们将从此周期性波形中选择出这个频率单元。它的值为

$$V(t)=b_n \sin n\omega_0 t$$

这时电阻 R 两端电压为

$$V_R(t)=I_0 R\sin(n\omega_0 t+\varphi)$$

此式中 $\varphi=\tan^{-1}\dfrac{X}{R}$,$X$ 为串联电路感抗和容抗之和

$$I_0=\frac{b_n}{Z},Z \text{ 为串联电路的总阻抗。}$$

在谐振状态 $X=0$,此时,阻抗 $Z=r+R+R_L+R_C\approx r+R+R_L$。其中,$r$ 为方波(或三角波)信号源的内阻;R 为取样电阻;R_L 为电感的损耗电阻;R_C 为标准电容的损耗电阻可忽略)。

由于电感用良导体缠绕而成,由于趋肤效应,R_L 将随频率的增加而增加。

3. 傅里叶合成

图 3 - 21 - 4 所示的电路为一个由运算放大器构成的模拟加法器。从输入端 1、3、5、7 输入四路单一频率的正弦波后,可以从输出端输出一个叠加后的信号。本仪器提供振幅和相位连续可调的 1 kHz,3 kHz,5 kHz,7 kHz 四组正弦波。如果将这四组正弦波的初相位和振幅按一定要求调节好以后,输入到加法器,叠加后,就可以分别合成出方波、三角波等波形。

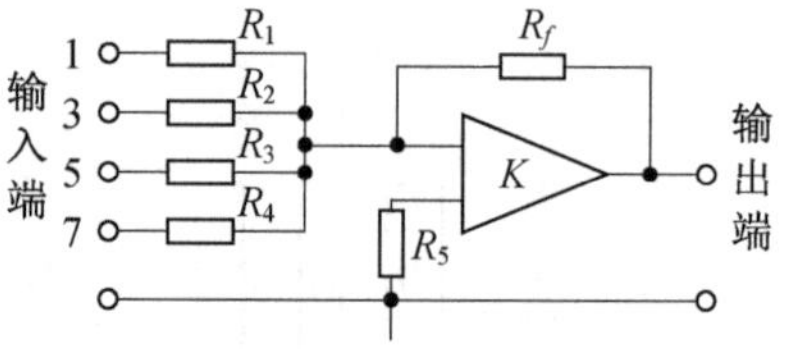

图 3 - 21 - 4 加法器

【实验器材】

傅里叶分解合成仪,双踪示波器。

【实验内容】

1. 方波的傅里叶分解

① 按图 3－21－3 接线，方波频率 $f=1\ 000$ Hz。令电感 $L=0.1$ H，取样电阻 $R=20\ \Omega$，示波器用内锯齿波扫描，RLC 电路与方波信号源并联，垂直 Y 输入与取样电阻 R 并联。调节电容箱 C 的电容值，找出使示波器波形幅度最大（RLC 电路谐振状态）的基频 1 kHz 的波形，再调节示波器使波形稳定，记下此时 C 的电容值 C_1。再调节电容箱 C 的电容值，分别寻找 3 kHz、5 kHz 谐振时的电容值 C_3、C_5 并与理论值 $C_i=1/(\omega_i^2 L)$ 进行比较。观察将 C 调节到其他电容值时，却没有谐振出现（理论上基频的奇数倍也有，但幅度太小测不出来了）。

② 将 1 kHz 方波进行频谱分解，测量基波和 n 阶谐波的相对振幅和相对相位。测相位时要将示波器的 X 输入端接 1 kHz 的正弦信号，并将示波器扫描旋钮放在 XY 位置，垂直 Y 输入与取样电阻 R 并联。测出信号源内阻 r（参考值 $r=6.0\ \Omega$）。重新调节电容箱 C 的电容值至谐振时的 C_1、C_3、C_5 值，测出相关数据记入表 3－21－1。

表 3－21－1　数据记录表

谐振时电容值 C_i/μf			
谐振频率/kHz	1	3	5
相对振幅/cm			
利萨如图			
与 X 轴正弦波相位差			

由于电感 L 存在趋肤效应，其损耗电阻随频率升高而增加，因此使 3 kHz、5 kHz 谐波振幅数值比理论值有所降低。

由表中数据说明基波和各次谐波与同一参考正弦波（1 kHz）的初相位关系。

2. 方波的傅里叶合成

① 用利萨如图形反复调节各个移相器调节旋钮，使 1 kHz、3 kHz、5 kHz、7 kHz 正弦波同位相。方法是将示波器的 X 轴输入 1 kHz 正弦波，Y 轴分别输入 1 kHz、3 kHz、5 kHz、7 kHz 正弦波在示波器上分别显示图 3－21－5 波形时。

② 分别调节 1 kHz、3 kHz、5 kHz、7 kHz 正弦波振幅比为 1∶1/3∶1/5∶1/7。

③ 分别将 1 kHz、3 kHz、5 kHz、7 kHz 正弦波逐次接入加法器，观察和记录单个 1 kHz 的波形，1 kHz 与 3 kHz 正弦波叠加合成的波形，1 kHz 、3 kHz、5 kHz 三个正弦波叠加合成的波形。验证基波上迭加谐波越多，越趋近于方波。

3. 三角波的傅里叶分解（选作内容）

4. 三角波的傅里叶合成（选作内容）

参考方波的傅里叶分解方法进行。

① 将 1 kHz 的正弦波从 X 轴输入，用利萨如图形法调节各谐波移相器旋钮，调节各个正弦波的初相位，使各个利萨如图如图 3－21－6 所示。

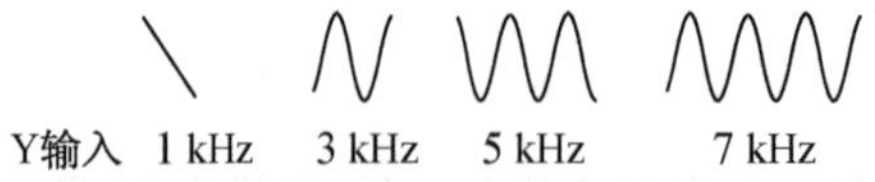

图 3-21-5　Y 轴输入各个信号全与 X 轴输入 1 kHz 信号相应差 180 度时的利萨如图

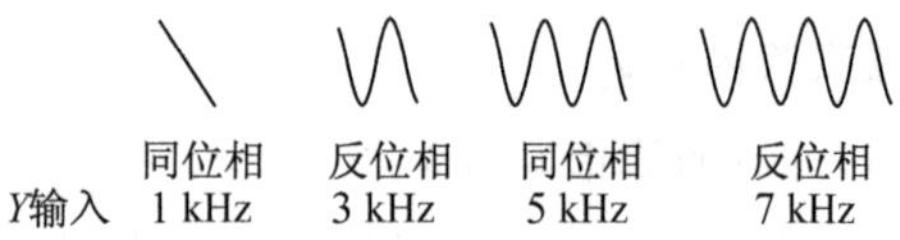

图 3-21-6　三角波傅里叶合成需求的基波和各个谐波的利萨如图

② 调节基波和各谐波振幅比为：$1:\frac{1}{3^2}:\frac{1}{5^2}:\frac{1}{7^2}$。

③ 将基波和各谐波输入加法器，输出接示波器，可看到合成的三角波图形。

【思考讨论】

1. Q 值的物理意义是什么？

2. 良导体的趋肤效应是怎样产生的？如何测量不同频率时，电感的损耗电阻？如何校正傅里叶分解中各次谐波振幅测量的系统误差？

实验 3-22　用掠入射法测定透明介质的折射率

（罗秀萍）

【实验目的】

掌握用掠入射法测定液体的折射率。

【实验原理】

将折射率为 n 的待测液体放在已知折射率为 N 的直角棱镜的折射面 AB 上，且 $n<N$。若以单色的扩展光源照射分界面 AB 时，则从图中可以看出：入射角为 $\pi/2$ 的光线Ⅰ将掠射到 AB 界面而折射进入三棱镜内。显然，其折射角 i_c 应为临界角，因而满足关系式

$$\sin i_c=\frac{n}{N} \tag{3-22-1}$$

当光线Ⅰ射到 AC 面，再经折射面进入空气时，设在 AC 面的入射角为 ψ，折射角为 φ，则有

$$\sin\varphi=N\sin\psi \tag{3-22-2}$$

除掠入射光线Ⅰ外，其他光线例如光线Ⅱ在 AB 面上的入射角均小于 $\pi/2$，因此经三棱镜折射最后进入空气时，都在光线Ⅰ′的左侧。当用望远镜对准出射光方向观察时，视场中将看到以光线Ⅰ′为分界线的明暗半荫视场，如图 3-22-1 所示。

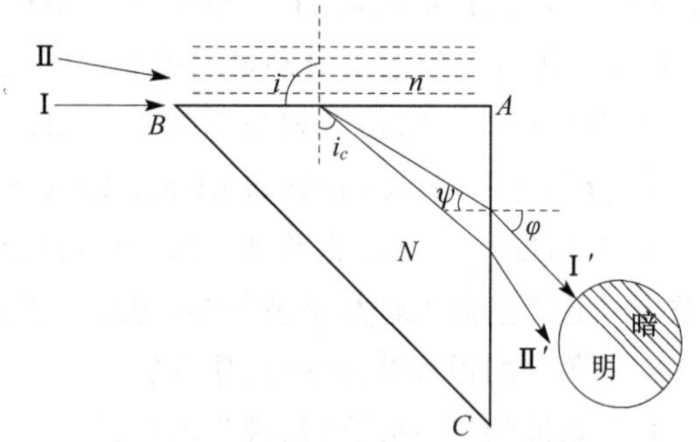

图 3-22-1　用掠入射法测液体折射率光路示意图

由图可以看出，当三棱镜的棱镜角 A 大于 i_c 时，A、i_c 和角 ψ 有如下关系：

$$A=i_c+\psi \tag{3-22-3}$$

由式(3－22－1)～(式 3－22－3)消去 i_c 和 ψ 后可得

$$n=\sin A\sqrt{N^2-\sin^2\varphi}+\cos A\cdot\sin\varphi \tag{3-22-4}$$

如果棱镜角 $A=90°$，则式(3－22－4)简化为

$$n=\sqrt{N^2-\sin^2\varphi} \tag{3-22-5}$$

因此，当直角棱镜的折射率 N 为已知时，测出 φ 角后即可计算出待测液体的折射率 n。上述测定折射率的方法称为掠入射法，是基于全反射原理。

【实验器材】

分光计、三棱镜(两块)、钠灯、待测液体(水、酒精)。

【实验内容】

1. 按实验 1－20 有关内容将分光计调节好。即应用自准直方法将望远镜对无穷远调焦，并使其光轴垂直于仪器的转轴；调节棱镜的主截面也和仪器的转轴垂直。

2. 将待测液体滴一、二滴在直角棱镜的 AB 面上，用 90°作为棱镜顶角(A)，并用另一辅助棱镜 $A'B'C'$之一个表面 $A'B'$与 AB 面相合，使液体在两棱镜接触面间形成一均匀液膜，然后置于分光计棱镜台上。(注意棱镜 ABC 的放置方法)。

3. 点亮钠灯，将它放在折射棱 B 的附近，先用眼睛在出射光的方向观察半荫视场旋转棱镜台，改变光源和棱镜的相对方位，使半荫视场的分界线位于棱镜台近中心处，将棱镜台固定。转动望远镜，使望远镜叉丝对准分界线，记下两游标读数(v_1，v_2)，重复测量三次，取其平均值。

4. 再次转动望远镜，利用自准直的调节方法，测出 AC 面的法线方向(即使望远镜的光轴垂直于 AC 面)，记下两游标读数(v'_1，v'_2)，重复测量 3 次，取其平均值。可得

$$\varphi=\frac{1}{2}[(v'_1-v_1)+(v'_2-v_2)]$$

5. 以 φ 值代入式(3－22－5)，即得 n。

6. 依同样方法，重复以上步骤，测定另一种液体的折射率。

【注意事项】

1. 辅助棱镜 $A'B'C'$的作用是让较多的光线能投射到液膜和折射棱镜的 AB 面上，使观察到的分界线更为清楚。两棱镜之间的液膜一定要均匀，不能含有气泡。滴入液体不宜过多，避免大量渗漏在仪器上。

2. 当改换另一种液体时，必须将棱镜擦拭干净。

实验 3－23　望远镜的设计与组装

(罗秀萍)

望远镜是用来观察和测量远距离目标的一种目视光学仪器，从第一台天文望远镜的发明，

到现在已有300多年，望远镜在天文观测、工程测量、国防等科学技术领域内都获得了越来越广泛的应用。激光技术的问世和发展给望远镜在工业计量中的应用开辟了众多的途径。

【实验目的】

1. 了解望远镜的构造及放大原理，掌握其正确的使用方法。

2. 自己组装一台简易望远镜，测量其视放大率。

【实验原理】

望远镜一般用于远距离物体的观察。观察的像实际上并不比原物大，只是相当于把远处的物体移近，增大视角以便于观察。

望远镜由目镜和物镜构成。物镜是反射镜的称为反射望远镜，物镜是透镜的称折射望远镜。目镜是会聚透镜的为开普勒望远镜，目镜是发散透镜的为伽利略望远镜。远处物体 PQ 经物镜 L_O 后在物镜的像方焦面 $f_O{}'$ 上成一倒立实像 $P'Q'$，像的大小决定物镜焦距及物体与物镜间的距离。像 $P'Q'$ 一般是缩小的，近乎位于目镜的物方焦面上，经目镜 L_E 放大后成虚像 $P''Q''$ 于观察者眼睛的明视距离与无穷远之间。

由理论计算可得望远镜的视角放大率为

$$M=\frac{\theta'}{\theta}=-\frac{f'_O}{f'_E} \tag{3-23-1}$$

由此可见，望远镜的视角放大率等于物镜和目镜焦距之比。若要提高望远镜的视角放大率，可增大物镜的焦距或减小目镜的焦距。

不同之处是开氏望远镜的 f'_O、f'_E 均为正，得 M 为负值，故成倒立的虚像于无限远处；伽氏望远镜的 f'_O 为正，f'_E 为负，得 M 为正值，故成正立的虚像于无限远处。

伽氏望远镜的目镜为发散透镜，最后透射出的平行光所通过的 O 点在镜筒内，人眼无法置于该点接收所有这些光束，即使把眼睛贴近目镜观察，能够进入瞳孔的也仅是这些光束的一小部分，故视场较小，开氏望远镜的视场较大。

开氏望远镜的目镜的物方焦平面在镜筒内，在该处可以安装叉丝或分划板，以利于观测，伽氏望远镜则不能装配叉丝。

【实验器材】

光具座、光源、凸透镜、尺、屏等。

【实验内容】

自己组装一台简易望远镜。步骤如下：

① 利用实验室提供的仪器和用具，分别测出两透镜的焦距，确定哪一块做物镜，确定哪一块做目镜。

② 产生一近似平行光当作远处发光的物体，然后将物镜放到光具座上，移动光屏，找到像面，记下位置。

③ 取走光屏，放上目镜，调共轴，再移动目镜，直至观察到最清晰的像为止，记下位置。

④ 画出整个系统的光路图，标出数据，算出望远镜的筒长，和 $f'_O+f'_E$ 比较差多少？算出视角放大率。

【注意事项】

1. 仪器共轴要调节好。

2. 放大的和直观的像要重合。

3. 望远镜的物应离物镜尽量远些。

【思考讨论】

用同一个望远镜观测不同距离的目标时，其视角放大率是否相同？

实验 3-24　利用电位差计改装电表

（赵　杰　王吉华　陈书来）

普通的电压表在测量电压时，由于从被测电路取出一部分电流，在被测电路的内阻上产生了内压降，因此实际测量出的电压值比没接入电压表时有所降低，即便该电压表的准确度等级很高也存在这种误差——虽然此时测出的电压较精确，但实际测出的仍是该电压表接入后降低后的精确电压。可见单独用一个普通的电压表是很难精确测量电压的。而电位差计测电压则不从被测电路取电流，因而测得的电压不会因电位差计的接入而降低，再加上电位差计的准确度等级很高，因此电位差计是测量电压最准确的仪器。改装电表后还要进行校准，本实验要求利用电位差计对改装后的电表进行校准。

【实验目的】

1. 了解电流表、电压表扩大量程的原理和方法。

2. 学会电位差计的使用。

3. 自行设计校准电表的方法，绘出校准曲线。

【实验器材】

箱式电位差计 1 台、直流稳压电源 1 台、待改装的小量程电流表头和电压表头各 1 个（2 个表头的内阻和量程事先由教师给定）、滑线变阻器 1 个、电阻箱 2 个、数字式万用电表 1 个（备用的）、开关 1 个、导线若干条。

【实验内容】

1. 根据给定的仪器，自行设计将小量程电流表和电压表改装成大量程（改装后的量程数值由教师给定）电流表和电压表。要求写出详细的实验原理，写出公式的推导过程，画出相应的实验电路图等。选定校准曲线的横坐标（改装电表的读数）和纵坐标（为修正值，即标准表与改装电表的读数之差），电位差计测出的电压为标准电压。校准曲线做出以后，改装以后的电表读数可以用校准曲线进行校准，就可得到比较精确的读数。

2. 自行设计详尽的实验步骤和实验的数据表格，要求将各个实验器材的型号和量程以及操作方法都写入实验步骤中。

3. 纸面上的实验的方案设计完了以后，经教师检查认可以后才可以进行实验。

4. 由实验数据得出详尽的结论，并且画出校准曲线。

5. 确定校准后的电压表和电流表的准确度等级（电表的准确度等级定义为：整个量程内的最大误差除以量程再乘以 100。例如，0.5 级的电压表表示的是：该表在进行测量时，最大相对误差不会超过 0.5%）。

【附录 1】

电位差计是用来准确测量电源电动势的仪器，也可以用它准确测量电动势、电压、电流、电阻等物理量，还可用来校准精密电表和直流电桥等直读式仪表和仪器。它在电学量测量和非电参量（如温度、压力、位移等）的电测法中占据着重要的地位。

粗略地测量电源的电动势或者某个电路的电压，可以用电压表。然而测量出来的其实是端电压，比实际的电动势或者电压要小。这是因为电压表接入以后，因为电压表的内阻不是无穷大，必然要从被测电路取出一部分电流，这样就使得在电源的（或者待测电路的）内阻上产生一部分电压降，使测出的电压降低。由此可见，要想准确地测一个电压，必须不从被测电路取电流，这就是所谓的“补偿法”。电位差计就是不从被测电路取电流精确测量电压的一种仪器。电位差计有多种类型，但基本原理相同。下面就分析一下电位差计的工作原理，请参见图 3-24-1。

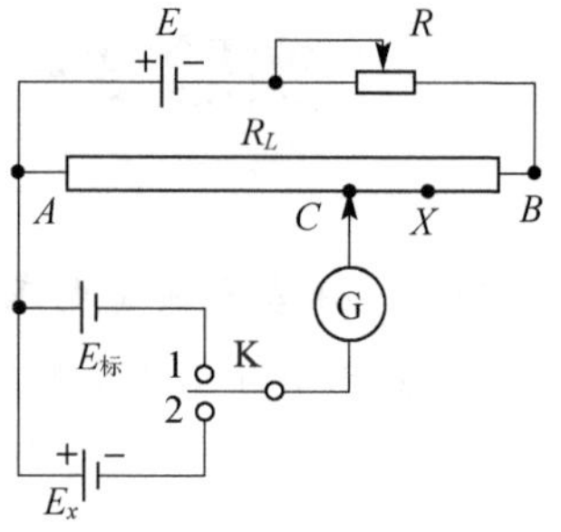

图 3-24-1　电位差计原理图

工作电源 E 由干电池组成；R 为标准电流调节可变电阻；R_L 为均匀的滑线电阻；$E_标$ 为标准电池，在恒定的温度环境中，其电动势非常稳定并且数值精确；待测电源的电动势（或待测电压）为 E_x；G 为一个高灵敏的检流计；开关 K 为一个单刀双掷的开关。

该电位差计的工作原理如下：将开关 K 打在“1”位，调节标准电流调节可变电阻 R，使得检流计 G 趋于平衡，此时通过 R_L 的电流称标准电流 $I_标$。这个过程就是标准工作电流 $I_标$ 的调节和校准过程，调节好 $I_标$ 以后不可再变动，可见还要求工作电源 E 非常稳定，否则标准工作电流 $I_标$ 在实验过程中要发生变化，导致增大实验误差。此时有以下关系：

$$E_标 = I_标 R_{AC} \tag{3-24-1}$$

式中，R_{AC} 为均匀的滑线电阻 R_L 上 A、C 两点之间的电阻。

将开关 K 打在“2”位，将检流计上端的滑动端子滑动到某点 X，可再次使检流计趋于平衡，此时有以下关系：

$$E_x = I_标 R_{AX} \tag{3-24-2}$$

式中，R_{AX} 为均匀的滑线电阻 R_L 上 AX 两点之间的电阻。两式联立可得

$$E_x = \frac{R_{AX}}{R_{AC}} E_标 \tag{3-24-3}$$

可以看出，只要知道标准电池的电动势 $E_标$，又知道 R_{AX}、R_{AC} 两个电阻的阻值或者两个电阻的比值，就可以精确测出待测电动势或者电压 E_x。电位差计在生产过程中，已经直接把电阻的数值转换为相应的电压，并且直接标在刻度盘上了。因此，待测电动势可以直接从电位差计的 6 个刻度盘上读出（这 6 个刻度盘实际上是一个电阻箱）。由上述过程也可以看出，不

管开关 K 置于 1 位或 2 位，都不会从标准电池 $E_{标}$ 和被测电路 E_x 取出电流，不会使标准或者待测电压下降，再加上标准电池的电动势 $E_{标}$ 以及两个电阻 R_{AX}、R_{AC}（或者比值）的精度很高，使得最后得到的待测电压 E_x 的数值非常精确。由上述原理也可以看出，这种测量的方法也可以说是电压比较法或者是电阻比较法。

UJ34A 型电位差计可按照以下方法进行测量（实验仪器的操作面板请参见图 3－24－2）。

图 3－24－2　UJ34A 型电位差计

① 观察电位差计面板上的各部件，找到与原理图相应的部件，将各个主要部件的作用搞清楚。

② 将标准电池 $E_{标}$ 及待测电池 E_X 分别接在“标准”及“未知 1”接线柱上。

③ 据室温计算出标准电池电动势值 $E_{标}$（计算公式在“附录 2”内），将左上角的“温度补偿盘”调到该值。

④ 将“指零选择”开关及“电源选择”开关拨向“内附”，把“内附指零仪灵敏度”打向 10 V 挡位，预热 10 min 后逐步减至 25 μV 挡，同时调节“电气调零”旋钮，使检流计逼近零，然后再将“内附指零仪灵敏度”调回 10 V 挡。

⑤ 将“标准/未知选择”开关拨向“标准”挡，调节“电流调节盘”，同时调节“内附指零仪灵敏度”到 25 μV 挡，两者交替调节使检流计指零，再将挡位拨回 10 V 挡。

⑥ 将“标准/未知选择”开关拨向“未知 1”，将 6 个电位差读数盘（以下简称“钮”）全调到零位，然后从最大挡级×0.1 V 钮增大，直到检流计逼近零；再将“内附指零仪灵敏度”旋钮调至 1 V 挡，从 0 开始逐渐调大×0.01 V 钮使检流计逼近零，若调到某一挡反而更不平衡，说明这一挡偏大，应将其倒回，再从比它小的×0.001 V 钮从 0 开始增加（如果该×0.01 V 挡增加最小的第一挡也不能使之更平衡甚至反而更不平衡，说明最小的第一挡太大，将其倒回后再去增加下一级的甚至更下一级的钮；如果还不行，则说明上一级的×0.1 V 钮还偏大，应将其倒回一档甚至几挡）使检流计更逼近 0……，如此反复，在 6 个电位差读数盘全用上的前提下使检流计 25 μV 挡指针逼近 0。记录此时待测电压读数（6 个钮的读数相加即可）。在调节 6 个钮的过程中要注意：调节某一钮，级别比它小的所有的钮全要置零，否则，永远得不到精确的数值。上述调节方法对电阻箱、电感箱、电容箱以及多旋钮组合调节的电子仪器是普遍适用的，一定要熟练掌握！

⑦ 把“内附指零仪灵敏度”钮打在“关”位，“电源选择”拨向“外接”，将“标准/未知选择”开关拨向“断”位。

⑧ 将 E_X 接在“未知 2”接线柱两端，重复以上操作也可进行测量。

【注意事项】

1. 标准及待测电源的极性不可接反。

2. 在不能估计被测电压大小的前提下，应从电位差计的较高档乃至最高档开始测量。

【附录 2】

BC9 型饱和标准电池在室温 20 ℃时，其电动势的数值 E_{20} 为 1.018 63 V。内阻约 500 Ω。当在偏离 20 ℃的某一个恒定温度下使用时，就需要用标准电池的电动势和温度公式进行换算。我国计量部门提出 0～40 ℃饱和标准电池“电动势—温度关系”的计算公式如下：

$$E_t = E_{20} = 39.94\times10^{-6}(t-20) - 0.929\times10^{-6}(t-20)^2 + 0.009\ 0\times10^{-6}\times(t-20)^3 - 0.000\ 06\times10^{-6}(t-20)^4\ \text{V}$$

使用标准电池应注意的事项：

① 由于标准电池的结构主要是由松散的化学物质装入玻璃容器内，因此绝对不许震动或者倒置。

② 由于内阻高，在放电的情况下会极化，所以不能用它来供电当电池用，更不能短路。

③ 不能用普通的电压表测量它的电动势或者在线电压，这是由于普通的电压表内阻是比较小的，它不能供应 0.000 05 A 以上的电流。

④ 通过的电流不得大于 1 μA。

⑤ 它的贮存温度在 4～40 ℃。

实验 3-25 交流电桥的设计和测量

（赵 杰 陈书来 王吉华）

惠斯登直流电桥只可以测量电阻，而交流电桥可以测量电阻、电容、电感等物理量，还可以扩展做其他用途。交流电桥的调节方法比直流电桥复杂得多，电路的结构也有多种方式。

【实验目的】

1. 用分离器材自己设计组装交流电桥，测电阻、电感、电容及其损耗。

2. 了解和掌握交流电桥的特点和调节平衡的方法。

3. 学会成品交流电桥的使用方法。

【实验原理】

1. 交流电桥四个桥臂的每一个不一定是纯电阻，还可以是电容、电感或电容电阻、电感电阻组合而成。图 3-25-1 是交流电桥的原理图，四个桥臂复阻抗分别为 $\widetilde{Z}_1$、$\widetilde{Z}_2$、$\widetilde{Z}_0$、$\widetilde{Z}_X$，检流计 G 一般用交流毫伏表，在 A、B 两端加上交流电压后，如果调节桥臂使检流计 G 趋近零读数，则 C、D 之间无电压，此时电桥处于平衡状态，由此不难推出

$$\widetilde{Z}_X \cdot \widetilde{Z}_2 = \widetilde{Z}_0 \cdot \widetilde{Z}_1 \quad (3-25-1)$$

可见，当交流电桥平衡时，相对两个桥臂的复阻抗乘积相等，这就是交流电桥的基本原理。若把复阻抗写成指数形式，则式(3－25－1)变为

$$Z_X e^{j\varphi_x} \cdot Z_2 e^{j\varphi_2} = Z_0 e^{j\varphi_0} \cdot Z_1 e^{j\varphi_1} \quad (3-25-2)$$

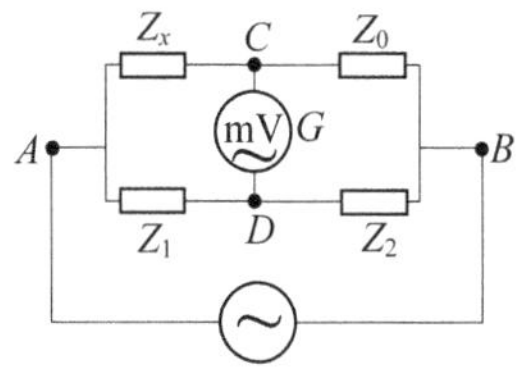

图 3－25－1　交流电桥原理图

则得出

$$Z_X \cdot Z_2 = Z_0 \cdot Z_1 \quad (3-25-3)$$

$$\varphi_x + \varphi_2 = \varphi_0 + \varphi_1 \quad (3-25-4)$$

式(3－25－3)表明，交流电桥平衡时，相对臂上的复阻抗模的乘积相等；式(3－25－4)表明，相对臂上的复阻抗的幅角之和也相等。这两条就是调节交流电桥平衡的最重要依据，这是它与直流电桥的主要区别。

在交流电桥平衡的调节过程中，两者是相互影响的，主次要矛盾是相互转化的。通常先调节式(3－25－3)表达的模的关系，此时调节的是桥臂大范围的改变阻抗(由于一般交流电桥的两个臂是纯电阻，可先调节纯电阻臂，调节纯电阻臂不影响幅角关系)；当调节模的关系到不起作用时，主要矛盾又转化成式(3－25－4)幅角的关系不满足，此时再调节非纯电阻臂，当调节非纯电阻臂不起作用时，主要矛盾又转化成式(3－25－3)模的关系不满足，反过头来再调节纯电阻臂……，如此反复直至交流电桥逼近平衡。

从(3－25－3)、(3－25－4)两式还可看出，交流电桥的四个桥臂要按一定规则来配置，否则永远调不平衡。因纯电容、纯电感、纯电阻的复阻抗的幅角分别为－90°、90°、0°。所以可得出：相邻两臂为纯电阻，其他两臂必须同为电容或电感；相对两臂为纯电阻，另两个相对两臂必须为一个为电感、一个为电容。

但是，实际电感或电容并不是纯电容或纯电感，都存在能量的损耗，因此可把实际电容或电感等效成理想电容或理想电感与电阻串联(或并联)的形式。对实际待测电容，如果介质损耗较小，可以等效成理想电容 C 与损耗电阻 R 串联的形式，其等效电路如图 3－25－2(a)图，电压向量图为图 3－25－2(b)图。

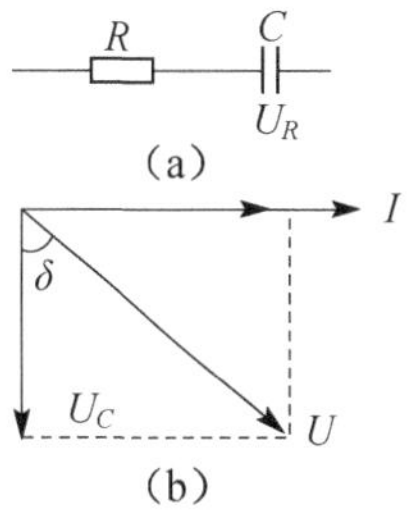

图 3－25－2　电容等效电路及其向量图

对于电容由于介质损耗的存在，使其上的电流不超前电压 90°，而是比 90°小一个角 δ，显然损耗电阻 R 越大角 δ 越大，因此通常把角 δ 称为介质损耗角，角 δ 的正切 $\tan\delta$ 称为介质损耗率 d：

$$d = \frac{U_R}{U_C} = \tan\delta = R\omega C \quad (3-25-5)$$

可见，电容的损耗率随频率升高而增大。上述串联等效电路适用于待测臂的电容损耗率小的情况。如果反之，则应该用电阻电容并联等效电路分析，但可以推导出对同一个电容，串联和并联等效电路得出的介质损耗率是相同的。

2. 电容电桥的一种测量电路

见图 3－25－3。其中标准电容 C_0 的损耗等效电阻极小，可视为零，因而增加了一个减小标准臂幅角的电阻箱 R_0。待测电容的电容值 C_x 和等效串联损耗电阻 R_x 构成待测臂。R_1、

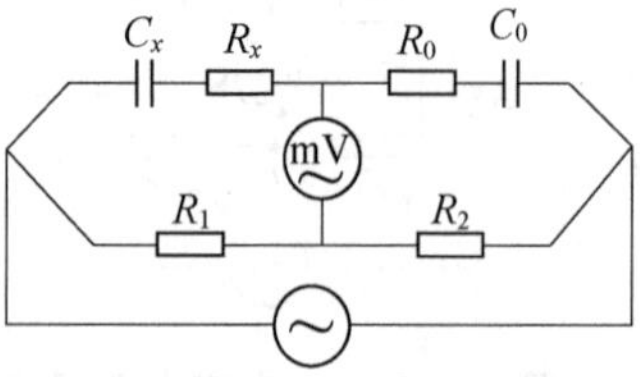

图 3-25-3 电容电桥原理图

R_2 为两个比率臂电阻箱。当电桥平衡时，由式(3-25-1)可得

$$\left(R_x-j\ \frac{1}{\omega C_x}\right)R_2=R_1\left(R_0-j\ \frac{1}{\omega C_0}\right) \tag{3-25-6}$$

令式中实部等式两边相等、虚部等式两边相等，可得

$$R_x=\frac{R_1}{R_2}R_0 \tag{3-25-7}$$

$$C_x=\frac{R_2}{R_1}C_0 \tag{3-25-8}$$

利用式(3-25-7)和式(3-25-8)可分别求得待测电容的损耗电阻 R_x 及电容值 C_x。

3. 电感电桥的一种测量电路

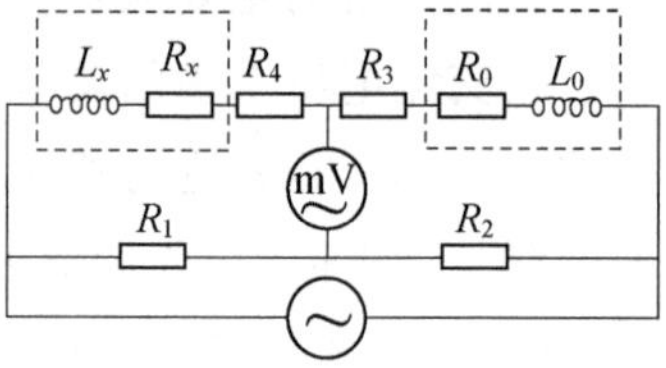

图 3-25-4 电感电桥原理

见图 3-25-4。由于标准电感 L_0(其损耗电阻 R_0)和待测电感 L_x(其损耗电阻 R_x)的复阻抗幅角究竟谁大还未知，故在各自的臂上串联了一个调幅角的电阻箱 R_3、R_4。R_1、R_2 为两个比率臂电阻箱。当电桥平衡时，由式(3-25-1)并仿照电容电桥的推导方法同样可得

$$(R_x+R_4+j\omega L_x)R_2=R_1(R_3+R_0+j\omega L_0)$$

$$R_x=\frac{R_1}{R_2}(R_3+R_0)-R_4 \tag{3-25-9}$$

$$L_x=\frac{R_1}{R_2}L_0 \tag{3-25-10}$$

利用式(3-25-9)和式(3-25-10)可分别求得待测电感的损耗电阻 R_x 及电感 L_x。

4. 交流电桥的设置和调节平衡技巧

在设计电路时，首先要考虑各个桥臂的性质要满足交流电桥平衡条件式(3-25-3)的基本要求；既然交流电桥是比较法测量，那么既然四个桥臂相互比较，阻抗就不能相差太多，否则将增加误差；信号发生器在音频范围内比较好，可得到适中的桥臂阻抗值，且导线形成的的感抗极小，有利于提高测量精度；还要注意在信号源支路增设可调保护电阻，防止电桥很不平衡时损坏电表。在调节电桥时，要遵循“抓主要矛盾”的原则，就是电桥刚开始调节时，主要矛盾是 4 个桥臂复阻抗的模的关系式(3-25-3)不满足，应先调节纯电阻箱组成的桥路(比如调 R_1、R_2)，而非纯电阻箱构成的桥路中的电阻箱都应事先归零(比如调 R_3、R_4 为零、)；而当调节纯电阻箱组成的桥路不能再使电桥更接近平衡时，主要矛盾又转化成式(3-25-4)表达的四个桥臂幅角的关系不满足，再调节非纯电阻箱构成的桥路中的电阻箱，究竟增加哪一个桥臂的电阻值要试一下，如果增加阻值电桥更平衡，则说明该桥臂幅角复阻抗的幅角偏大，应增加该桥臂电阻值减小幅角才是，否则，减小另一个桥臂的幅角(增加该桥臂电阻值)。当调节幅角的关系不再起作用时，主要矛盾又转化成式(3-25-3)不满足，反过头来再调节纯电阻箱组成的桥路……，如此反复，使电桥逼近平衡。从第二次至后续几次调节时，都应该是微调。

5. 电阻箱的调节方法

当还不知道电阻箱的阻值应选多大时，应把其最大阻值级别的那一旋钮先调到中间的挡位，而将其余小于该旋钮的那些小阻值旋钮全归零。调节最大阻值级别的那一旋钮变大或变小，看是否可使电桥接近平衡，如果可以接近平衡，调到不管用时，再将比它小的那一阻值旋钮增加一挡，如果平衡变差了，再试着增加更小级别的阻值旋钮，如果还不行，说明前一大阻值旋钮应减小一挡，再反过头来重新调节刚才调过的小阻值挡，小阻值挡从零开始逐渐增加，当增加到反而不平衡时要退回一挡，再增加比该旋钮级别更小的那个旋钮……，如此反复，直至把其余更小阻值的阻值旋钮全用上。如果开始时调节最大阻值级别的哪一阻值旋钮变大或变小，根本不能使电桥接近平衡或干脆不起作用，说明该阻值旋钮最小的那一挡位阻值也太大，该阻值旋钮应归零才是。

在调节电阻箱几个阻值旋钮时要注意：第一，要先调节高阻值级别旋钮；第二，调节某一钮，级别比它小的所有的阻值旋钮全要置零，否则，永远得不到精确的数值。

【实验器材】

信号发生器、标准电阻箱、标准电容箱、标准电感箱、数字万用表、滑线变阻器、开关、待测电容、待测电感、导线若干、成品万能电桥。

【实验内容】

1. 自行设计电容电桥测电容的电路（可不局限于图 3－25－3），要求正确选择信号源的频率和电压，正确选择电阻箱、标准电容箱的数值，测量待测电容器的 R_x、C_x 和介质损耗率 d。

2. 按成品交流电桥的使用说明重新测量上述测量过的电容，并将测量结果与自己设计的电桥测量结果进行比较。

3. 自行设计电感电桥测电感的电路（可不局限于图 3－25－4），要求正确选择信号源的频率和电压，正确选择电阻箱、标准电感箱的数值，测量待测电感线圈的 L_x、R_x。

4. 按成品交流电桥的使用说明重新测量上述测量过的电感线圈，并将测量结果与自己设计的电桥测量结果进行比较。

5. 实验步骤要求自己根据实际实验过程编写详细，将自编的详细实验步骤写入实验报告中。

【思考讨论】

1. 交流电桥测空心电感还是测带铁心电感更准确？

2. 如何提高交流电桥的测量精度？

实验 3－26　硅太阳能电池的研究

（赵　杰　王吉华　陈书来）

太阳能是人类取之不尽用之不竭的绿色能源，把太阳能直接转变成电能的转换器件是太阳能电池。目前，单晶硅太阳能电池转换效率最高，技术也最为成熟，在实验室里最高的转换效率为 23%，规模生产时的效率为 15%，在大规模应用和工业生产中仍占据主导地位。但由于单晶硅成本价格高，大幅度降低其成本很困难，为了节省硅材料，又发展了多晶硅薄膜和非晶硅薄膜作为单晶硅太阳能电池的替代产品。硅太阳能电池作为光辐射探测器件，在气象、农业、林业、工程技术、科学研究等领域有广泛的应用。它有一系列的优点：性能稳定，光谱响应范围宽，转换效率高，线性相应好，使用寿命长，耐高温辐射等。

【实验目的】

1. 理解硅太阳能电池的基本原理和使用方法。
2. 测量和研究太阳能电池的基本参数。
3. 用太阳能电池研究检测自然光和偏振光。

【实验原理】

1. 太阳能硅光电池的基本原理

太阳能硅光电池常用硅或硒半导体材料制作，它是一种能将光能直接转换成电能的半导体器件，其结构图 3-26-1 所示。它实质上是一个大面积的光电二极管。硅光电池的基体材料为一薄片 N 型半导体，其厚度在 0.44 mm 以下，在它的表面上利用高温扩散法把硼扩散到硅片表面，生成一层很薄的 P 型半导体受光层。P 区的多数载流子空穴向 N 区扩散，N 区的多数载流子电子向 P 区扩散，使 P 区的下表面带有负电荷，N 区的上表面带有正电荷，从而在 P 区和 N 区的交界处形成了一个下正上负的结电场——PN 结。该结电场阻碍上述两种多数载流子的移动，最终达到动态平衡。当光照射到 P 区后，光子具有能量，激发出很多光电子——空穴对，而 P 区的多数载流子空穴极多，光子激发出来的那些光子空穴微不足道，空穴浓度无变化，不会因其浓度不均而扩散。但 P 区的少数载流子电子原来很少的，由光子激发出的光电子浓度相对原来急剧增加，要向浓度低的 PN 结方向扩散，而 N 区的靠近 PN 结的上表面带有正电荷，就把光电子吸引过来，使 N 区的电子增加，带负电；同理，N 区受光照射后也有少数载流子空穴流向 P 区，使 P 区的空穴——正电荷增加，带正电。这样，就在 PN 结两端形成了光生电动势，若在 N 和 P 型半导体外表面接上电极，就形成了光伏电池——硅光电池。应该指出的是，一定的光照下，光生电动势的数值是一定的，因光产生的少数载流子向对方流动的结果是产生光电动势，而光电动势在内部产生的电场是阻碍少数载流子的移动的，最后达到动态平衡时光生电动势就稳定了。由此不难想到，在一定范围内，光越强，光生电动势也越强。为了提高光的利用率，在受光面上还均匀覆盖有增透膜，它是一层很薄的天蓝色一氧化硅膜，可以使硅光电池对有效入射光的吸收率达到 90%以上。当硅光电池接上负载后，就有连续的电流通过负载而获得电功率。

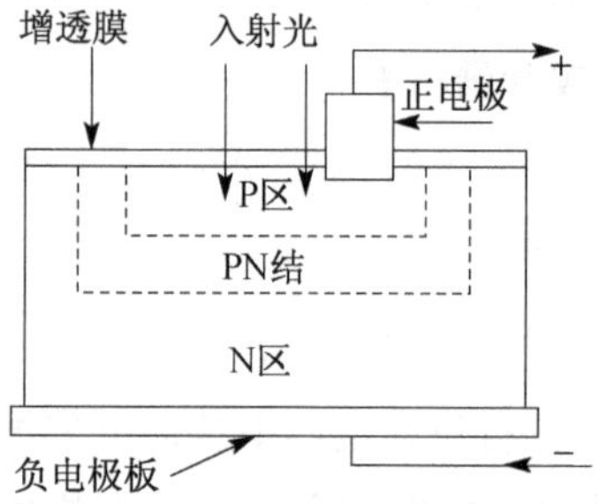

图 3-26-1　硅太阳能电池的基本结构

2. 太阳能电池的效率

太阳能电池并不能把照射其上的光能全部转化成电能，太阳光是硅光电池效率最高的光源，但实验证明实验室理想情况下才达到 23%。究其原因，主要有以下一些因素：增透膜也不能保证其光线不被反射掉一部分；离 PN 结远的被光子激发的电子——空穴对可能会自动重新复合，只发出热量而不能对光伏效应有贡献；半导体材料的晶格缺陷会使光激发后的电子——空穴对重新复合等。

3. 硅光电池的主要特性参数

① 硅光电池的电动势与入射光强度(照度)的关系。

② 硅光电池的短路电流与入射光强度(照度)的关系。

③入射光强和光源不变时，硅光电池的输出电压和电流随负载变化的输出伏安特性曲线和最大输出功率对应的匹配负载电阻。

④ 硅光电池的光谱相应。光强一定时，不同波长的光使硅光电池产生的电动势不一定相同。

4. 照度计

照度计是硒光电池探头和电表组合而成的，当其探头的受光面全部被光照射时，可直接读出照度，单位是勒克斯(lx)。照度是指被照物体单位表面积所收到的光通量，而入射光强度是指单位时间内垂直照射到被照物体表面上单位面积上光的能量。可以证明，点光源在某处产生的照度与该处的入射光光强度成正比，只要光源与被照物体之间的距离大于光源发光体尺寸的 10 倍以上就可视为点光源。所以，本实验用照度计测量代替光强的测量是正确的。但要注意，照度计不能超量程使用，当光强增大时，要及时换大量程，大量程也不够用时要加已知衰减倍率的光衰减片。

【实验器材】

硅光电池 1 个、手持式照度计 1 个、暗箱(如有暗室和光学导轨或光学平台可不用)1 个、可变光强度光源(或恒定光源配 220 V 手调自耦变压器)1 个、数字万用表 2 个、滑线变阻器 1 个、电阻箱 1 个、开关 1 个、偏振片 2 片，导线若干。

【实验内容】

1. 测量硅光电池的主要特性参数

① 硅光电池的电动势与入射光强度(照度)的关系。

② 硅光电池的短路电流与入射光强度(照度)的关系。

③ 入射光强和光源不变时，硅光电池的输出电压和电流随负载变化的输出伏安特性曲线，找出此光源条件下硅光电池最大输出功率对应的匹配负载电阻，并研究硅光电池的输出内阻是否不变。

2. 判断光源是否是偏振光及验证马吕斯定律

用给出的实验器材，判断光源是否是偏振光；简要验证马吕斯定律：$I=I_O\cos^2\varphi$(只验证 3 个极端情况：$\varphi=0°,45°,90°$)

【实验要求】

1. 画出实验电路图和光路图，写出实验原理和计算公式及其推导过程，在实验原理中要分析各相关内容的理由。

2. 设计出详细的实验步骤和表格，在步骤中要写入仪器仪表型号和量程。

3. 由实验数据计算出结果、在坐标纸上画出实验曲线，做出详尽分析并得出结论，分析如何减小误差。

【思考讨论】

1. 如何获得低内阻输出的硅光电池。

2. 数字万用电表的电压挡内阻通常在 10 MΩ 以上，通过本实验数据分析，你认为可以直接用其测硅光电池的电动势吗？

实验 3-27 光纤传感器及应用研究

（赵　杰　陈书来）

光纤传感技术是 20 世纪 70 年代伴随光纤通信技术的发展而迅速发展起来的，以光波为载体，光纤为媒质，把待测物理量与光纤内部或外部的导光参数联系起来，从而感知和传输外界被测量信号的新型传感技术。作为被测量信号载体的光波和作为光波传播媒质的光纤，具有一系列独特的、其他载体和媒质难以与之相比的优点。光波不怕电磁干扰，易被各种光探测器件接收，可方便地进行光电或电光转换。光纤传感器可实现的传感物理量很广，广泛应用于对温度、位移、气压等物理量的测量，应用前景十分广阔。

【实验目的】

1. 理解光纤传感器的基本原理。

2. 测绘光纤位移传感器的光强-位移特性曲线。

3. 用光纤位移传感器设计光纤温度计。

【实验原理】

1. 光纤传感器相关器件原理

① 发光二极管 LED 是光纤传感器的光发射器件。LED 是由 P 型和 N 型两种半导体相连而形成的一个 PN 结，如图 3-27-1 所示，在平衡条件下，PN 结交界面附近形成了从 N 区指向 P 区的内电场区域（或称耗尽层），从而阻止了 N 区的电子和 P 区的空穴向对方扩散。当 LED 的 PN 结上加上正向电压时，外加电场将削弱内电场区域，使得内电场区域变薄，载流子向对方扩散运动又可以继续进行，在内电场区域有大量的电子与空穴持续地复合。当电子与空穴相遇而复合时，电子由高能级向低能级跃迁，同时将能量以光子的形式释放出来，因而可以持续地发光。不同材料的 LED 其因其材料的能级宽度不同，发出的光的波长也就不同。

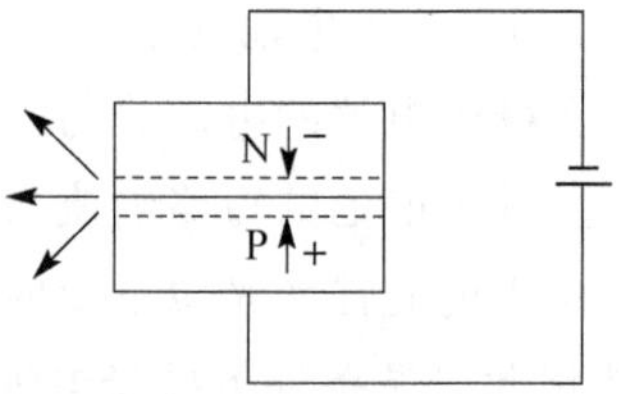

图 3-27-1　LED 发光图

② 光电二极管是光纤传感器的光接收器件。光电二极管和 LED 相似，核心也是 PN 结，但在管壳上有一个能让光照射到光敏区的窗口。当以光子能量大于 PN 结半导体材料能级宽度的光照射时，PN 结各区域中的某个价电子吸收光子能量后，将挣脱价键的束缚而成为一个

自由电子,同时产生一个空穴,这些由光照产生的自由电子和空穴称为光生载流子,从而激发出很多光电子——空穴对。因 P 区的多数载流子空穴极多,光子激发出来的那些光子空穴微不足道,空穴浓度无变化,不会因其浓度不均而扩散。但 P 区的少数载流子电子原来很少的,由光子激发出的光电子浓度相对原来急剧增加,要向浓度低的 PN 结方向扩散,而 N 区的靠近 PN 结的面带有正电荷,就把光电子吸引过来,使 N 区的电子增加,带负电;同理,N 区受光照射后也有少数载流子空穴流向 P 区,使 P 区的空穴——正电荷增加,带正电。这样,就在 PN 结两端形成了光生电动势(光伏效应)。光生电动势随入射光的强度变化而变化,这种变化特性在入射光强度很大的范围内保持线性关系,因此光电二极管很适宜做光纤传感器的光电转换接收器件。

③ 光纤是光纤传感器的导光或传感部件。光纤是一种能够约束并引导光波在其内部或表面附近沿轴线方向传输的传输介质。常用光纤是由各种导光材料做成的纤维丝,有石英光纤、玻璃光纤和塑料光纤等多种。其结构分两层:内层为纤芯,直径为几微米到几十微米;外层称为包层,其材料折射率 n_2 小于纤芯材料的折射率 n_1;包层外面是塑料护套。由于 $n_1>n_2$,只要入射于光纤端头上的光满足一定角度要求,就能在光纤的纤芯和包层的接触界面上产生全反射,通过连续不断的全反射,光就可从光纤的一端传输到另一端。光纤弯曲将使其导光性能变差。

2. 光纤传感实验仪光纤端的出射和接收光强分布

光纤端出射光的场强分布表达式:

$$\varphi(r,z)=\frac{1}{\pi\sigma^2 a_0^2[1+\xi(z/a_0)^{3/2}\tan\theta_c]^2}\cdot\exp\left[-\frac{r^2}{\sigma^2 a_0^2[1+\xi(z/a_0)^{3/2}\tan\theta_c]^2}\right] \tag{3-27-1}$$

式中,I_0 为由光源耦合入发送光纤中的光强;$\varphi(r,z)$ 为纤端光场中位置 (r,z) 处的光通量密度;σ 为表征光纤折射率分布的相关参数,对于阶跃折射率光纤,$\sigma=1$;a_0 为光纤芯半径;ξ 为与光源种类及光源跟光纤耦合情况有关的调制参数;θ_c 为光纤的最大出射角。

如果将同种光纤置于发送光纤纤端出射光场中作为探测接收器时,所接收到的光强可表示为

$$I(r,z)=\iint_S\varphi(r,z)\mathrm{d}s=\iint_S\frac{I_0}{\pi\omega^2(z)}\cdot\exp\left\{\frac{r^2}{\omega^2(z)}\right\}\mathrm{d}s \tag{3-27-2}$$

式中,S 为接收光面,即纤芯面;并且令

$$\omega(z)=\sigma a_0[1+\xi(z/a_0)^{3/2}\tan\theta_c] \tag{3-27-3}$$

在纤端出射光场的远场区,可用接收光纤端面中心点处的光强来作为整个纤芯面上的平均光强,在这种近似下,得到接收光纤终端所探测到的光强为

$$I(r,z)=\frac{SI_0}{\pi\omega_2(z)}\cdot\exp\left[-\frac{r^2}{\omega^2(z)}\right] \tag{3-27-4}$$

光纤传感器有光强调制型光纤传感器、光相位调制型光纤传感器、光偏振调制型光纤传感器、光频率调制型光纤传感器等多种模式,下面要分析和研究的是光强调制型光纤传感器。

3. 透射式光强位移传感器

透射式光强位移传感器原理如图 3-27-2(a)所示。两个光纤端面全为平面。通常入射

光纤不动，而接收光纤可以作纵（横）向位移，这样，接收光纤的输出光强被位移调制。

在发送光纤端，其光场分布为一立体光锥，各点的光通量由函数 $\Phi(r,z)$ 来描写，其光场分布曲线如图 3-27-2(b)所示。当 z 固定时，沿 r 方向移动接收光纤端，得到的是横向位移传感特性曲线，其传感效应最为灵敏。而当 r 固定移动 z 时，则可得到纵向位移传感特性曲线。

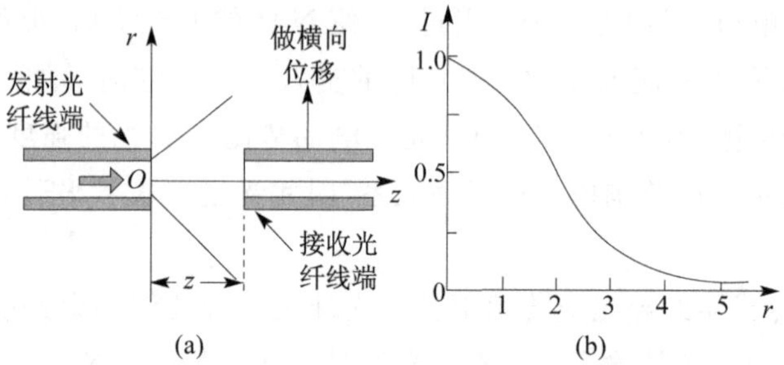

图 3-27-2　透射式横向位移传感器原理图

4. 反射式纵向位移传感器

这种传感器由两根光纤组成，一根光纤把光传送到反射镜，另一根光纤接收反射光并把光传到探测器。检测到的光强取决于反射镜和探头之间的距离。

见图 3-27-3(a)，接收光纤端对于反射镜的镜像是等效光纤接收端，可利用透射分析法，直接计算出该镜像接收光纤在发送光纤纤端光场中所接收到的光强值；最后将该光强乘以反射体的反射率 R。等效光纤接收端坐标位置为 $F(2z,d)$，其中 d 为发射光纤线端轴心到等效光纤接收线端轴心间的距离，将其代入式(3-27-4)，并乘以反射率 R 得

$$I(z)=\frac{RI_0}{\sigma^2[1+\xi(z/a_0)^{3/2}\tan\theta_c]^2}\cdot\exp\left[-\frac{d^2}{\sigma^2a_0^2[1+\xi(z/a_0)^{3/2}\tan\theta_c]^2}\right]\tag{3-27-5}$$

该函数的曲线形状如图 3-27-3(b)所示。

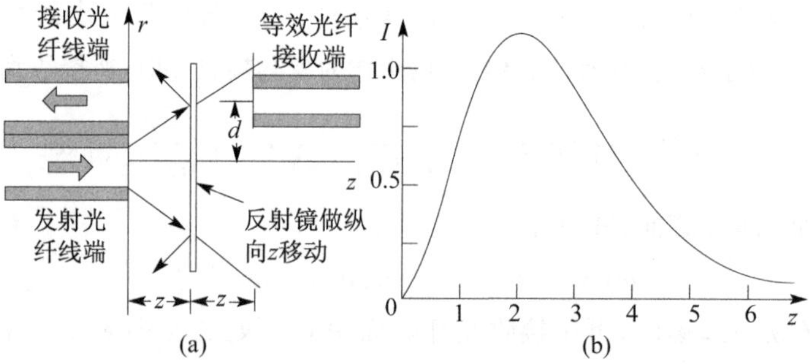

图 3-27-3　反射式纵向位移传感器原理图

另外，利用光纤弯曲将使其导光性能变差原理，可制成微弯光纤位移传感器。

5. 光纤传感器测微小位移的原理

从图 3-27-2 和图 3-27-3 的光强和位移的关系曲线图可看出，在很小位移情况下，在线性好的区段内，位移 z 或 r 与光强 I 呈线性关系，测出了光强（仪器上实际显示的是经放大器放大后的电压数，光强 I 与电压 U 成正比）与位移的若干对应数据后，再经过定标，就可以

利用光强的电压数把微小位移对应算出来了，其表达式为

$$\Delta U = k\Delta r \quad 或 \quad \Delta U = k\Delta z \tag{3-27-6}$$

$$\Delta r = \frac{\Delta U}{k} \quad 或 \quad \Delta z = \frac{\Delta U}{k} \tag{3-27-7}$$

式中，k 是由实验数据计算得到的比例系数，在某段线性区内为常数。它与光电二极管后端放大器的放大倍数成正比关系，如放大器的放大倍数越高，k 也越高，可测量的机械位移 Δr 或 Δz 也就越小。故可把机械位移检测精度提高几个数量级，这就是光强式光纤位移传感器的本质。

因温度、压强等物理量都可以与机械位移相关联，故上述原理可以推广到这些物理量的测量。

【实验器材】

光纤传感实验仪(FOS－III)一套、感温双金属片、小反射镜片、双面胶、胶带、电吹风机、温度计。

【实验内容】

1. 透射式横向位移传感器光强位移关系曲线的测量

将入射光纤和出射光纤的两个电接头(出射光纤的为绿色)分别插入图 3－27－4 所示的光纤传感实验仪主机的 PIN 和 LED 插座上。入射光纤和出射光纤的两个光纤端头插入图 3－27－5 所示的二维微调节器的两个调节架上，使两个光纤端头距离 0.5 mm 左右并分别用螺丝紧固。调节横向位移(与光线方向垂直，沿 r 方向移动)的那个螺旋测微计，使入射光纤和出射光纤的两个端头对齐(主机的 mV 表读数最大为准)，然后以此为 r 方向的起点(当然以螺旋测微计实际读数为准，不为零)，往 r 方向两侧每隔 0.05 mm 测一组实验数据，要不少于 50 组数据。调主机的“UP”键和“DOWN”键使发光二极管电流为 30 mA 左右且实验过程中不再变。

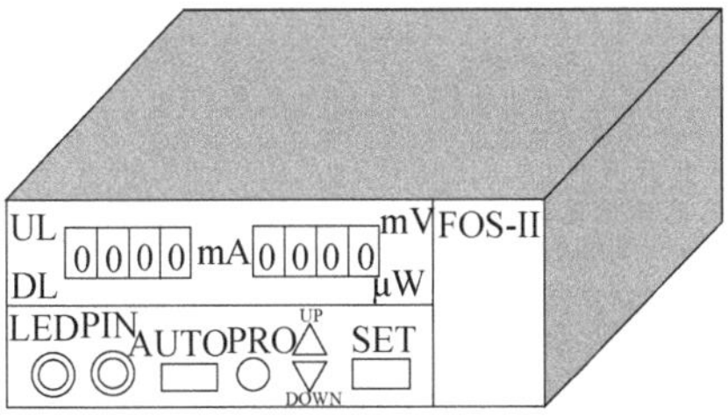

图 3－27－4　光纤传感应实验仪主机

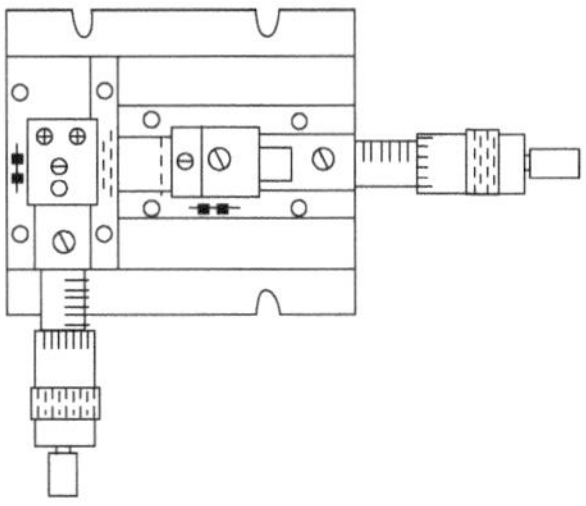

图 3－27－5　二维调节器

测量透射式横向位移传感器的光强电压 U 与横向位移 r 关系曲线的数据，并记入表 3－27－1 中。

表 3－27－1　U－r 关系曲线数据

横向位移/mm	起点坐标实值	输出电压 U/mV	最高电压值
⋮	⋮	⋮	⋮

由上述数据在坐标纸上以 r 为横轴、U 为纵轴描绘曲线，并找出线性区，计算 k 值。

2. 反射式纵向位移传感器光强位移关系曲线的测量(定量实验内容为选做)

根据前述相关原理，连接仪器各部件，自拟实验步骤和表格(要求发光二极管电流仍为 30 mA 左右)，从反射镜面与光纤端头相接触的坐标开始测起，测量反射式纵向位移传感器的光强—位移关系数据(要不少于 70 组数据)，画出反射光强电压 U 与纵向位移 z 的关系曲线，或者定性看光强电压与纵向位移的关系。

3. 光纤传感温度计的设计(选做的设计实验内容)

根据给定的实验器材和上述实验原理，结合双金属片温度变化将产生弯曲的情况，自行设计光纤传感温度计，并用于测量电吹风出口 20～30 cm 处的风温和成品市售温度计加以对比。

【思考讨论】

1. 对于反射式纵向位移传感器，为何反射镜面与光纤端头很近时反而光强电压很低？

2. 微弯式光纤位移传感器如何设计？

第 4 部分　演示物理实验

实验 4-1　运动的独立性

（刘辉兰）

该实验通过演示物体在做匀速直线运动过程中以垂直方向抛出的小球能返回接球盘这一过程，来验证物体的速度与所抛物体的高度和质量无关。

【实验目的】

1. 演示小车静止时所抛物体运动规律。
2. 演示小车做匀速直线运动时所抛物体的运动规律。
3. 验证所抛物体的水平速度与所抛物体的高度和重量的无关。

【实验原理】

根据运动的独立性叠加原理，斜抛运动可分解为沿水平方向的匀速直线运动和竖直方向的竖直上抛运动，反过来抛体运动又可以看作沿水平方向的匀速直线运动和竖直方向的竖直上抛运动两个独立运动的叠加。在小车做匀速直线运动的过程中将小球抛出，小球将同时参与两个独立的运动：水平方向和小车同步的匀速直线运动和竖直方向的匀变速直线运动。

【实验器材】

FD－TO 型运动独立性演示实验仪、橡胶小球，实验装置如图 4－1－1 所示。

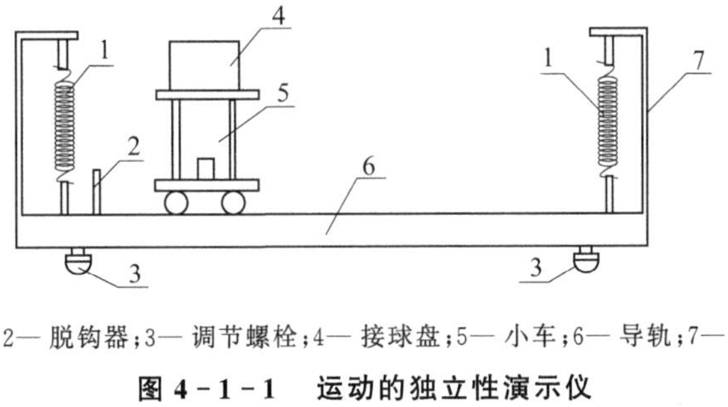

1— 弹簧；2— 脱钩器；3— 调节螺栓；4— 接球盘；5— 小车；6— 导轨；7— 弹簧支架

图 4－1－1　运动的独立性演示仪

【实验内容】

1. 将导轨放在实验台上，可用本装置的调节螺栓调节，使导轨上的水平仪处于水平位置。

2. 抛球车放在导轨上，使球车在导轨上正常运动，装入橡皮球后，一手稳住球车，一手向下拉弹簧架（橡皮球坠下），松开弹簧架，小球脱离小车向上抛出，然后落回原点。若小球不能落回原点，可调节小车的调节螺栓，使其与导轨垂直，再做实验，直至小球落回原点。

3. 移动球车到导轨固定脱钩器和推力弹簧之间，再将球车上弹簧架往下拉，使球车上的滑钩能钩牢弹簧架上的滚珠轴承，然后用力拉球车直至导轨上的弹簧强迫成最大弓形后放手。球车运动到脱钩处将球抛出，小车前进到一定的距离后球下落到小车接球盘里。

4. 将球车上的弹簧架往下拉，钩在不同位置处，以改变抛出小球的高度，结果发现小球落回接球盘。

5. 换用不同重量的小球，重复实验内容了，小球依然落回接球盘。

【注意事项】

1. 保持轨道光滑洁净，实验过程中不要撞击实验台。

2. 向后拉小车时一定沿着轨道方向，不能倾斜，否则小车有可能滑出轨道。

【思考讨论】

1. 当小车受阻减速或轨道倾斜时，小球抛出是否落回接球盘？能否通过校正使小球落回接球盘？如果小球落到接球盘的左侧，可能的原因是什么？

2. 小车在做匀速直线运动过程中，以垂直方向抛出的小球再返回接球盘这一过程说明什么问题？

实验 4-2　转盘科里奥利力

（刘辉兰）

旋转体系中质点直线运动的科里奥利力是以牛顿力学为基础的。1835 年，法国气象学家科里奥利提出，为了描述旋转体系的运动，需要在运动方程中引入一个假想的力，这就是科里奥利力。引入科里奥利力之后，可以运用牛顿第二定律的数学表达式处理旋转体系中的动力学问题，大大简化了旋转体系中动力学问题的处理方式。

【实验目的】

利用转盘式科里奥利力演示仪演示旋转体系中科里奥利力的存在。

【实验原理】

当小球在作定轴转动的圆盘上沿径向运动时，若以圆盘为解决动力学问题时需要引入一个假想的惯性力。该惯性力称为科里奥利力，其表达式为：

$$\vec{F}=2m\vec{v}\times\vec{\omega} \qquad (4-2-1)$$

其中，m 为小球的质量，$\vec{v}$ 为小球相对于转动圆盘的速度，$\vec{\omega}$ 为转盘旋转的角速度。

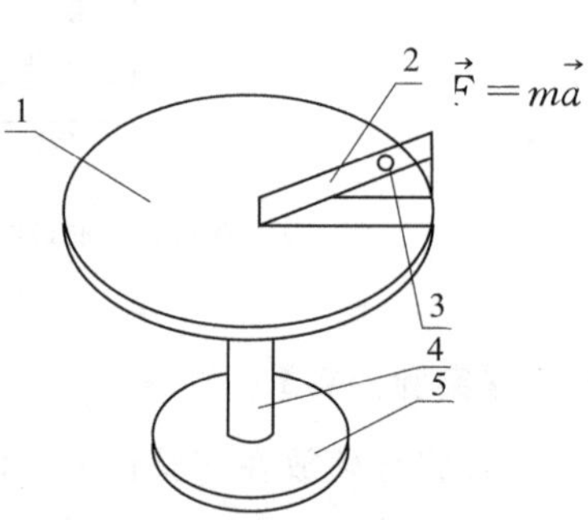

1—转盘（可以以支撑轴 4 为轴自由转动）；2—导轨；3—小球；4—支撑轴；5—支撑座

图 4-2-1　科里奥利力演示仪示意图

【实验器材】

图 4-2-1 所示为科里奥利力演示仪示意图。

【实验内容】

1. 当转盘静止时，此时质量为 m 的小球沿轨道下滑，其轨迹沿圆盘的直径方向，不发生任何偏离。

2. 使转盘以角速度 $\vec{\omega}$ 顺时针（从上往下看）转动，同时释放小球，使其沿轨道滚动，当小球落到圆盘时，小球将逆时钟偏离直径方向运动，如图 4－2－2 所示。

3. 使转盘以角速度 $\vec{\omega}$ 逆时针（从上往下看）转动，同时释放小球，使其沿轨道滚动，当小球落到圆盘时，小球将顺时针偏离直径方向运动，如图 4－2－3 所示。

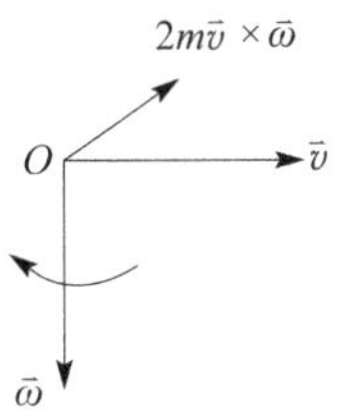

图 4－2－2　顺时针转动时的科里奥利力

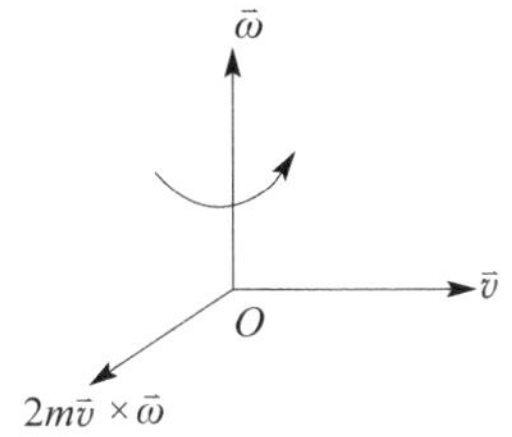

图 4－2－3　逆时针转动时的科里奥利力

【思考讨论】

1. 在北半球，若河水自南向北流，则东岸受到的冲刷严重，试用科里奥利力进行解释；若河水在南半球自南向北流，哪边河岸冲刷较严重？

2. 美国科学家谢皮诺曾注意到浴盆内的水泻出时产生的旋涡。当底部中心有孔的大盆中的水泻出时，可在孔的上方看到逆时针方向的旋涡。在澳大利亚做同样的实验，会看到什么现象？为什么？

实验 4－3　纵波和驻波

（刘辉兰）

【实验目的】

1. 演示纵波传播时的特点，掌握纵波的传播规律。

2. 演示弹簧上传播的纵波与其反射波形成的驻波，从而掌握驻波的特点。

【实验原理】

根据波的传播方向与介质中各体元的振动方向之间的关系可以将波分为纵波和横波。在纵波传播过程中，各体元的振动方向与波的传播方向平行。纵波的传播是靠介质的纵向弹性传播的，在波的传播过程中形成疏密相间的区域，并且随着波的传播疏部和密部也向前推进，在波传播过程中每一匝弹簧只在自己的平衡位置附近作往复运动，并不随波一起传播。

振幅相同传播方向相反的两列相干波叠加形成的一种特殊振动叫做驻波。弹簧上传播的纵波在弹簧的末端产生反射，反射时能量损失很小，反射波与入射波是两列振幅相同传播方向相反的相干波，所以可以观察到驻波现象。

【实验器材】

实验装置如图 4－3－1 所示。上支撑板孔距 16 mm，弹簧每隔 4 圈吊一个，弹簧螺距 4 mm。

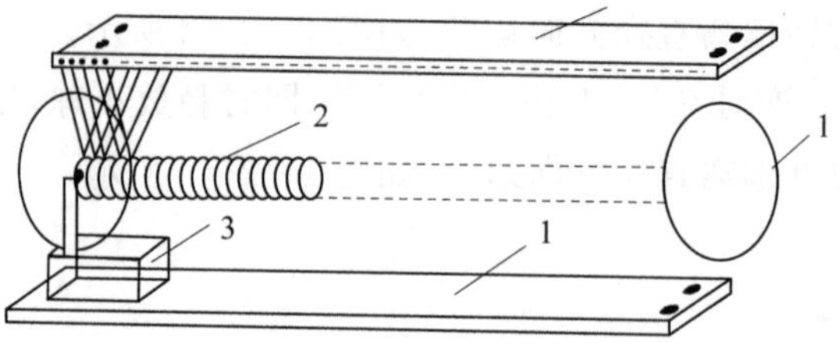

1—支架；2—特制弹簧；3—电动振源(振动杆)

图 4－3－1　纵波和驻波演示仪

【实验内容】

1. 接通电源使振源按固定频率开始振动，固定在振源上的弹簧将其振动状态沿弹簧向另一方向传播，可以清晰地看到弹簧上传播着疏密相间的纵波。

2. 将弹簧末端固定在支架上时，传播过来的纵波在弹簧的末端产生反射波，反射波与入射波叠加，可以观察到驻波现象，在弹簧的后半部驻波较为明显。

【注意事项】

1. 在悬挂弹簧时，注意不要挤压、拉长，以防弹簧变形。

2. 使振动杆的上端处于弹簧的中间。

【思考讨论】

1. 如果弹簧的末端是自由的，会不会形成驻波？

2. 为什么在弹簧的后半部驻波较为明显？

实验 4－4　弹簧片的受迫振动与共振演示

(刘辉兰)

【实验目的】

1. 演示不同长度的弹簧片在周期性外力作用下的受迫振动。

2. 调节驱动力频率，观察在弹性片上形成的驻波和弹簧片的共振现象。

【实验原理】

实际的振动，在振动过程中由于要克服阻力做功，消耗能量，如果没有能量的不断补充，振动幅度会逐渐减小，最终会停下来。因此，为了获得稳定的振动，通常对振动系统施加一个周期性的外力 $F=F_0\cos\omega t$，称为驱动力。在周期性驱动力作用下的振动叫作受迫振动。稳定的受迫振动的振幅为

$$A=\frac{f_0}{\sqrt{(\omega_0^2-\omega^2)+4\beta^2\omega^2}} \tag{4-4-1}$$

式中，A 为稳定受迫振动的振幅；ω 为驱动力的圆频率；ω_0 为振动系统的固有频率；β 为阻尼因数；$f_0=\frac{F_0}{m}$（F_0 是驱动力的力幅，m 是物体的质量）。

根据极值法计算得，驱动力的频率满足

$$\omega=\sqrt{\omega_0^2-2\beta^2} \tag{4-4-2}$$

时系统振幅达到最大，这种现象叫作位移共振。式(4-4-1)为位移共振的条件。

【实验器材】

直流电源（频率可调）、共振演示仪，如图 4-4-1 所示。

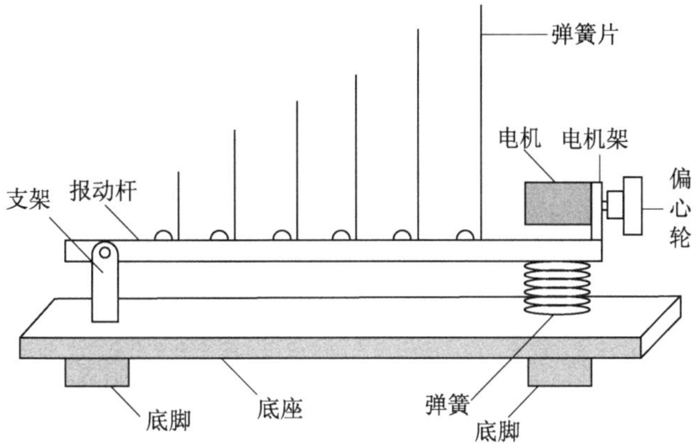

图 4-4-1　共振演示仪示意图

【实验内容】

1. 将仪器放置在水平桌面上，接通电源，观察弹簧片的振动，有一个弹簧片的振动幅度是最大的。

2. 仔细调节电源电压，使电机转速逐渐增快，弹簧片从长到短逐个发生共振。

3. 调节到一定频率时（调节电压），在较长的弹簧片中可观察到驻波现象。

【注意事项】

因电机最大额定电压为 24 V，切记调节输出电压时不要超过 24 V，以免损坏电机。

【思考讨论】

1. 系统的固有频率与哪些因素有关？

2. 在实际生活中如何减小共振带来的危害？

实验4-5 角动量矢量合成、角动量守恒的演示

（刘辉兰）

【实验目的】

1. 演示角动量是矢量，其合成满足平行四边形法则。

2. 演示物体定轴转动过程中的角动量守恒，掌握角动量守恒的条件。

【实验原理】

角动量是矢量，而不是标量，当一个物体具有二个不同方向的角动量时，它的总角动量是两个分角动量的矢量和，而不是标量和。

当物体做定轴转动时，其角动量可表示为

$$L_Z = I\omega \tag{4-5-1}$$

式中，I 是物体对轴的转动惯量（其大小与轴的位置、质量分布、物体质量有关），ω 是转速。根据角动量守恒定律，当物体所受各个力对轴的力矩的代数和为零时，物体对轴的角动量守恒。

如果在某一过程中，物体对轴的角动量守恒，则当 I 增大时，ω 减小，I 减小时，ω 增大。所以花样滑冰演员可以通过收臂、伸臂的动作改变转动惯量，从而改变转速。

【实验器材】

角动量多功能演示仪主机、角动量矢量合成演示仪、直升机尾翼功能演示仪、角动量矢量守恒演示仪。

【实验内容】

1. 角动量矢量合成的演示

将角动量矢量合成演示仪安装在角动量多功能演示仪主机上。先开动电动机，使转碟转动起来，转碟有向左的角动量 $\overline{L_1}$，如图 4-5-1(a)所示，然后用手推动底座大圆盘逆时针转动，使转碟又产生向上的角动量 $\overline{L_2}$。转碟的总角动量等于两者的矢量和 $\overline{L}$，其方向指向左上方，实验发现当推动底座时，转碟的旋转面将变为指向左上方，如图 4-5-1(b)所示，控制底座大圆盘的转速，就是控制总角动量的方向，亦即转碟转面的倾角将不同；反之若手推动底座大圆盘顺时针转动，则大圆盘角动量的方向向下 $\overline{L_2}$，总角动量 $\overline{L}$ 的方向（转碟的旋转面）指向左下方，如图 4-5-1(c)所示。

2. 角动量守恒的演示

将直升飞机尾巴功能演示仪安装在角动量多功能演示仪主机上。当直升机静止时，系统的角动量等于0，起飞时，调节主机旋钮，使主螺旋桨转动，具有一个角动量。转动过程中系统受到的对轴的合外力矩为零，所以角动量守恒。因此机身一定沿相反的方向转动（类同于平动中的反冲现象）。为了制止机身转动，开动尾部处的小螺旋桨，产生一个力矩。机尾部很长，力臂很大，这样小螺旋桨的功率可以很小，以节约能量。显然，若小螺旋桨的转速太小，将不足以完全制止机身转动；若转速太大，矫正过量，机身也会沿反方向转动。这既演示了角动量守恒，又演示了直升机尾部小螺旋桨在直升机转弯动作中的作用。演示变形体在转动惯量改变情况下的角动量守恒（该过程的演示不需要开动电动机）。将角动量矢量守恒演示仪安装在角动量

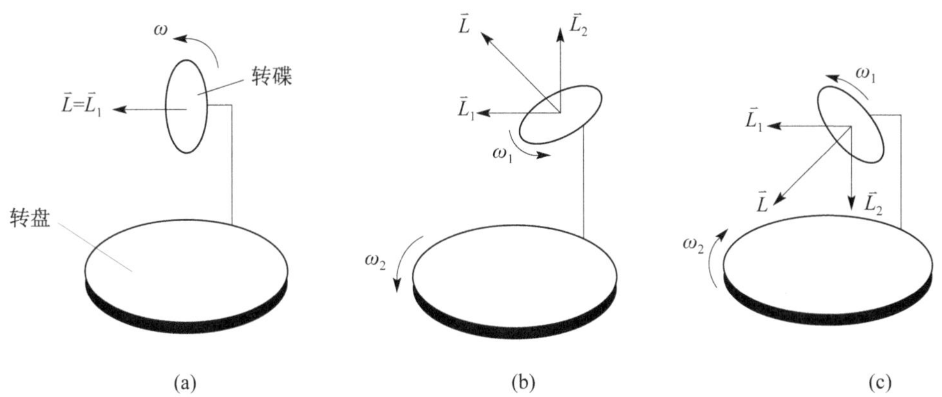

图 4-5-1　角动量的失量合成

多功能演示仪主机上。先使一对哑铃状物体水平地放置，如图 4-5-2 实线所示，再用手推一下，使它在水平面内绕 OO' 轴转动。然后，向下拉绳子将这对物体向 OO' 轴收拢，如图 4-5-2 虚线所示，物体绕 OO' 轴的转动变快。反之，把物体向实线位置放回，物体绕 OO' 轴的转动变慢。

演示两个刚体的角动量 $\vec{L}_1$ 和 $\vec{L}_2$ 方向改变时，该二体系统的角动量 $\vec{L}$ 矢量守恒。先使这对刚体水平地放置，并开动两只电动机，使这两个刚体绕各自的水平轴以相同的转速沿相反的方向自转，亦即具有大小相等方向相反的角动量 $\vec{L}_1$ 和 $\vec{L}_2$，如图 4-5-3 实线所示，于是整个系统的角动量 $\vec{L}$ 为 0。然后，将这对高速旋转的刚体向 OO' 轴收拢。如图 4-5-3 虚线所示，由于此时 $\vec{L}_1$ 和 $\vec{L}_2$ 的方向都改变向上，所以系统总角动量 $\vec{L}$ 不再为 0，但是实验过程满足角动量守恒的条件，系统角动量 $\vec{L}$ 必须保持为 0，因此，这二体系统发生绕 OO' 轴顺时针的转动，从而产生出一个向下的角动量 以保持系统角动量 $\vec{L}$ 为 0。

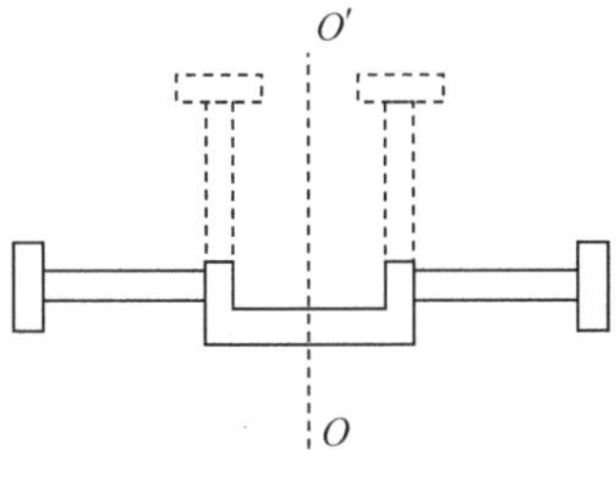

图 4-5-2　变形体表演

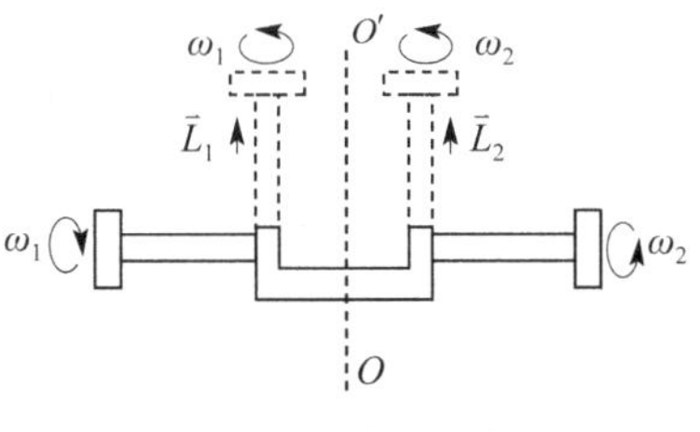

图 4-5-3　角动量的失量永恒

当然，也可以以虚线所示状态，即 $\vec{L}_1$、$\vec{L}_2$ 和 $\vec{L}$ 都向下作为初始状态。然后放开绳子，使变化到实线所示状态，此时 $\vec{L}_1$ 和 $\vec{L}_2$ 反向，则二体系统需保持 $\vec{L}$ 向上，因此系统发生绕 OO' 轴的逆时针转动，以保持 $\vec{L}$ 的大小方向都不变。

【注意事项】

主机在设计上采用转盘结构，实验要求转动极其灵活，故不能经受太大的震动和碰撞。

【思考讨论】

1. 直升机尾部小螺旋桨的主要作用是什么？

2. 如果拉绳和轴不在一个平面内，将两个哑铃状物体提起的过程中角动量还守恒吗？

实验 4－6　帕尔贴效应的演示

（刘辉兰　赵　杰）

当电流通过同一导体时，放出的焦耳热量与电流强度的平方成正比，而与电流的方向无关。但在一定条件下，电流通过两种不同材料的金属接触面时，热量的吸收和放出是一个不可逆的过程，即当电流沿某一方向流动时，若接触面放出热量，则当电流沿反方向流动时，应吸收热量，这一现象称为帕尔贴效应。本实验利用半导体片演示帕尔贴效应。

【实验目的】

演示电磁学中的帕尔贴效应、半导体制冷和半导体热泵的原理。

【实验原理】

帕尔贴效应的产生原理如图 4－6－1(a)所示。最外侧是绝缘导热基板（陶瓷材料），再向内就是导电的金属导流条，最内侧是 P 型和 N 型的半导体材料（碲化铋），工作电源用直流电源。电荷载体在导体中运动形成电流。由于电荷载体在不同的材料中处于不同的能级，当它从高能级向低能级运动时，便释放出多余的能量；相反，从低能级向高能级运动时，从外界吸收能量。能量在两材料的交界面处以热的形式吸收或放出。电子由负极出发经过左下侧的导流条流向 P 区，从 P 区出来经过上端的导流条进入 N 区，从 N 区再进入右下侧的导流条最后到达电源正极，形成一个闭合回路。正电荷从正极出发，流动方向与电子流动方向相反。

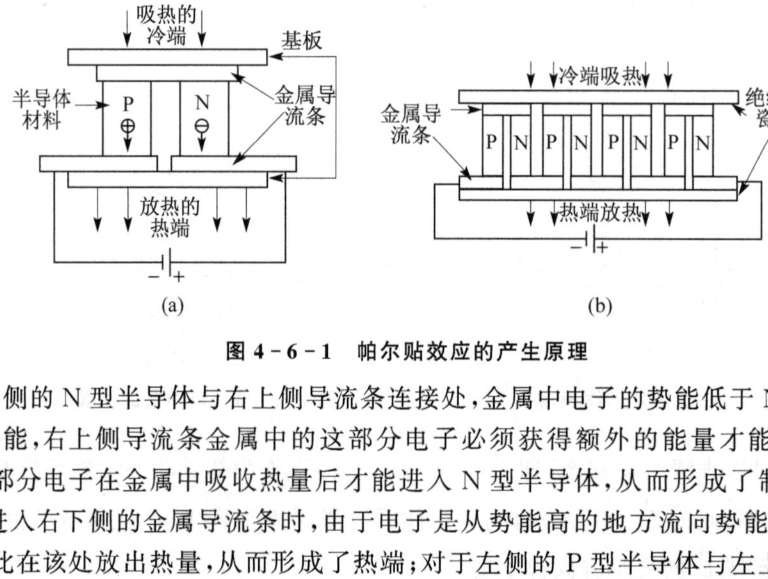

图 4－6－1　帕尔贴效应的产生原理

对于右侧的 N 型半导体与右上侧导流条连接处，金属中电子的势能低于 N 型半导体中载流电子的势能，右上侧导流条金属中的这部分电子必须获得额外的能量才能进入 N 型半导体，也即这部分电子在金属中吸收热量后才能进入 N 型半导体，从而形成了制冷端。当电子欲从 N 区进入右下侧的金属导流条时，由于电子是从势能高的地方流向势能低的地方，要释放能量，因此在该处放出热量，从而形成了热端；对于左侧的 P 型半导体与左上侧导流条连接处，金属中正电荷的势能低于 P 型半导体中载流空穴的势能，金属中的这部分正电荷必须获得额外的能量才能进入 P 型半导体，即这部分正电荷在导流条吸收热量后才能进入 P 型半导体，就形成了制冷端。当正电荷欲从 P 区进入左下侧的导流条时，由于正电荷是从势能高的地方流向势能低的地方，要释放能量，因此在该处放出热量，从而形成了热端。因此整个上侧的导流条形成吸热端，下侧的导流条形成放热端，构成了半导体热泵。但由于上述的一个半导体制冷单元制冷能力不高,实际半导体制冷片是由多个单元串联组合而成,如图 4-6-1(b)所示。如果把电源的极性反过来,则冷端变为热端,热端变为冷端。

【实验器材】

帕尔贴效应演示仪示意图如图 4-6-2 所示。

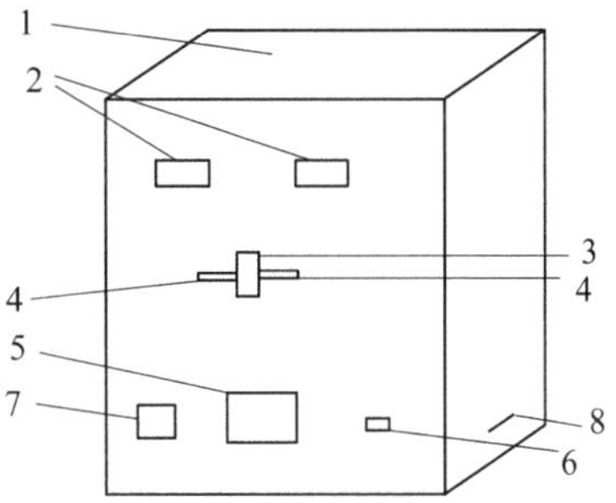

1—机箱;2—测量显示温度装置;3—碲化铋半导体制冷片组成的串联单元;4—测温探头;5—电流表;6—电流换向开关;7—电源开关;8—电源插座

图 4-6-2　帕尔贴效应演示示意图

【实验内容】

1. 接通电源,打开电源开关,电流将沿某一方向流动,由于帕尔贴效应不能立刻显示出来,开始两个温度显示装置读数相同,指示的应为室温,经过一段时间,两侧温度显示装置显示的温度一侧升高,一侧降低。

2. 将换向开关按下,电流沿相反方向,观察两个温度显示装置显示的温度,则原来温度升高的一侧温度降低,原来温度降低的一侧温度升高。

【注意事项】

1. 对于半导体制冷片,当冷热两端温差较大,且空气湿度过大时,冷端容易产生"结露"现象,从而很容易导致短路。因此,实验时应注意及时处理掉凝结的水珠。

2. 在两个温度显示器间安装散热扇,以防止温度太高使仪器损坏。

【思考与讨论】

1. 列举帕尔贴效应在日常生活中的应用。

2. 与风冷和水冷相比,半导体制冷片具有哪些优势?

实验 4-7　超导磁悬浮现象

(刘辉兰　赵　杰)

磁悬浮技术的研究源于德国,早在 1922 年德国工程师赫尔曼·肯佩尔就提出了电磁悬浮原理,并于 1934 年申请了磁悬浮列车的专利。1970 年以后,随着世界工业化国家经济实力的不断加强,为提高交通运输能力以适应其经济发展的需要,德国、日本、美国、加拿大、法国、英国等发达国家相继开始筹划进行磁悬浮运输系统的开发。

【实验目的】

1. 利用超导体对永磁体的排斥作用演示磁悬浮。

2. 利用超导体对永磁体的吸引作用演示磁倒挂。

【实验原理】

超导体的磁性与常规磁体的磁性不同,超导体进入超导态后置于外磁场中,它内部产生的磁化强度与外磁场完全抵消,磁力线完全被排斥在超导体外面,从而内部的磁感应强度为零,这就是超导体的完全抗磁性,即迈斯纳效应。完全抗磁性会产生磁悬浮或倒挂现象。实验中,当将一个永磁体移近 YBaCuo 系超导体表面时,磁通线从表面进入超导体内,在超导体内形成很大的磁通密度梯度、感应出高临界电流。从而对永磁体产生排斥,排斥力随相对距离的减小而逐渐增大,它可以克服超导体的重力、使其悬浮在永磁体上方的一定高度上;当超导体远离永磁体移动时，在超导体中产生一个负的磁通密度、感应出反向的临界电流、对永磁体产生吸力，可以克服超导体的重力，使其倒挂在永磁体下方的某一位置上。

【演示器材】

图 4－7－1 为实验装置示意图，实验装置由三部分组成：磁导轨支架、磁导轨和高温超导体。

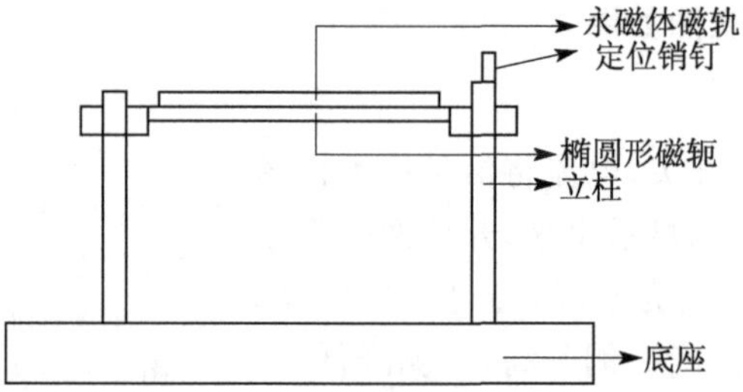

图 4－7－1　超导磁悬浮列车实验装置

磁导轨如图 4－7－2 所示，其是用 550 mm×240 mm×3 mm 椭圆形低碳钢板作磁轭，铺以 18 mm×10 mm×6 mm 的钕铁硼永磁体，形成的磁性导轨，两边轨道仅起保证超导体周期运动的磁约束作用。

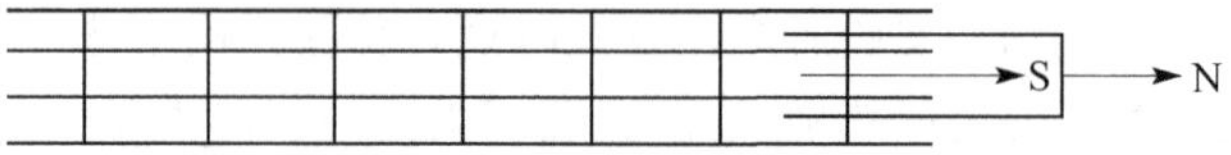

图 4－7－2　磁导轨示意图

高温超导体：是用熔融结构生长工艺制备的、含 Ag 的 YBacuo 系高温超导体，所以称为高温超导体是因为它在液氮温度 77 K（－196 ℃）下呈现出超导性，以区别于以往在液氦温度 42 K（－269 ℃）以下呈现超导特性的低温材料，样品形状为：圆盘状、直径 18 mm 左右、厚度为 6 mm，其临界转变温度为 90 K 左右（－183 ℃）。

【实验内容】

1. 演示磁悬浮

将超导样品放入液氮中浸泡约 3～5 min、然后用竹夹子将其夹出放在磁体的中央、使其悬浮在高度 10 mm 处，保持稳定，再用手沿轨道水平方向轻推样品，则样品沿磁轨道做周期性水平运动，直到温度高于临界温度（大约 90 K），样品落到轨道上。

2. 演示磁倒挂

将样品放入液氮中浸泡 3～5 min，把磁导轨定位销拔掉，将其翻转 180°，使导轨朝下，再将定位销插上，用竹夹子将样品夹出，放到轨道下方，用手托到距轨道约 10 mm 处，并用手沿水平方向轻推样品，则样品可沿磁轨道下方倒挂转数圈。

【注意事项】

1. 样品放入液氮中，必须充分冷却、直至液氮中无气泡为止。

2. 演示时，样品一定用竹夹子夹住，千万不要掉在地上，以免样品摔碎。

3. 演示时，沿水平方向轻推样品，速度不能太大，否则样品将沿直线冲出轨道。

4. 演示倒挂时，当样品运动一段时间后，由于温度升高，样品失去超导性将下落，这时应用手接住它，以免样品摔坏。

5. 超导块最好保存在干燥箱内，防止受潮脱落。

【思考与讨论】

1. 根据吸引力和排斥力的基本原理，磁悬浮列车的两个可能的发展方向是什么？

2. 若长时间演示或应用，为了防止样品温度升高，失去超导性应如何处理？

实验 4-8　压电效应

（刘辉兰）

1880 年，居里兄弟皮尔（P·Curie）与杰克斯（J·Curie）发现压电效应，压电效应在很多领域有着广泛的应用，例如在换能器中的应用、压电发电等。本实验利用压电陶瓷片演示压电效应，将抽象的现象用生动的声音演示出来。

【实验目的】

1. 演示压电晶体在压缩力作用下，在两相对表面能够产生电位差，机械振动通过压电晶体转换为电振动（电信号），即正压电效应。

2. 在晶体相对两表面加上一定的电位差时，晶体会发生形变，电振动（电信号）通过压电晶体转换为机械振动，即逆压电效应。

【实验原理】

压电现象是居里兄弟研究石英时发现的，可分为正压电效应和逆压电效应。

某些电介质在沿一定方向上受到外力的作用而变形时，其内部会产生极化现象，同时在它的两个相对表面上出现正负相反的电荷。当外力去掉后，它又会恢复到不带电的状态，当作用力的方向改变时，电荷的极性也随之改变，这种现象称为正压电效应。晶体受力所产生的电荷量与外力的大小成正比。压电式传感器大多是利用正压电效应制成的。相反，当在电介质的极化方向上施加电场，这些电介质也会发生变形，电场去掉后，电介质的变形随之消失，这种现象称为逆压电效应，或称为电致伸缩现象。

在离子性的晶体中，正、负离子有规则地交错配置，构成结晶点阵，这样就形成了固有电矩，在晶体表面出现了极化电荷，又由于晶体暴露在空气中，经过一段时间，这些电荷便被吸附到晶面上的、空气中的异号离子所中和，因此极化面电荷和电矩都不会显现. 但是，当晶体发生机械形变时，晶格就会发生变化，这样电矩产生变化，表面极化电荷数值也发生改变，于是面上正电荷或负电荷都有了可以测出的增量（增加或减少），这种增量就是压电效应的电量。

【实验器材】

压电效应演示仪（扩音机）、压电陶瓷。其中，压电陶瓷片是由锆钛酸铅（PZT）材料做成的，它具有明显的压电效应，在 1kg 的压缩力下，两面能够产生百分之几伏的电位差。实验装置如图 4-8-1 所示。

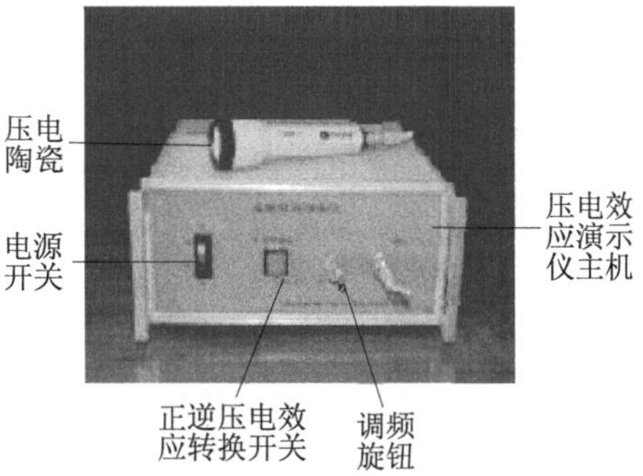

图 4-8-1　压电效应演示装置

【实验内容】

1. 演示正压电效应

将压电陶瓷连接线的接头插入压电效应

演示仪的输入端,接通电源,用手轻轻敲击压电陶瓷片,可听到扬声器传出咔咔的声音,将压电片粘在手表(最好是机械表)的玻璃表面上,可从扬声器中听到放大的手表的嘀嗒声。这是由于压电片在压缩力的作用下,其两端产生电压,经扩音机放大后从扬声器中传出,从而验证了压电陶瓷具有压电效应。

2.演示逆压电效应

将压电效应演示仪正/逆压电效应的按钮按下,压电陶瓷连接线的插头插入演示仪的输出端,适当调节演示仪的调频旋钮,即可听到压电陶瓷振动发出的声音。这个实验明确地说明压电陶瓷元件具有逆压电效应,即压电陶瓷的两个极由于施加了音频电压,使其发生低频的机械振动。这个振动又使压电晶体两端产生音频电压,经扩音机放大,可以听到扬声器的声音。

【思考讨论】

1.压电效应产生的微观机制是什么?

2.查阅资料了解正压电效应和逆压电效应主要有哪些应用?

实验 4-9　巴克豪森效应

(刘辉兰)

巴克豪森(Barkhausen)首先从实验中发现,在磁化过程中畴壁发生跳跃式的不可逆位移过程,这种畴壁的跳跃式位移会造成试样中磁通的不连续变化,这种现象称为巴克豪森效应(Barkhausen effect)。该效应可用于金相结构分析,测晶粒度、杂质分布、应力分布等。本实验把玻莫合金和铁两种试样的巴克豪森效应以声音的形式演示出来。

【实验目的】

1.利用巴克豪森效应演示仪显示的巴克豪森效应来验证磁畴理论。

2.利用巴克豪森效应演示仪能使无声无息的磁化过程,通过声音表现出来,从而引发深入思考,揭示事物的本质。

【实验原理】

所谓磁畴,是指铁磁体物质在自发磁化的过程中为降低静磁能而产生分化的方向各异的小型磁化区域,每个区域内部包含大量原子,这些原子的磁矩都像一个个小磁铁那样整齐排列,但相邻的不同区域之间原子磁矩排列的方向不同,各个磁畴之间的交界面称为磁畴壁。

宏观物体一般总是具有很多磁畴,这样,磁畴的磁矩方向各不相同,结果相互抵消,矢量和为零,整个物体的磁矩为零,在无外磁场的情况下对外不显示磁性。当有外磁场时,铁磁性物质被磁化。

铁磁性物质在磁化过程中,当外磁场达到一定强度时,磁畴壁界面开始发生移动,它最显著地发生在磁化曲线的最陡区域。此时磁化过程是不连续的,而是以跃变的形式进行,这种跃变磁化现象也称为巴克豪森效应,矩形磁滞回线的铁磁性材料跃变磁化最为明显。

将铁磁性物质放入线圈中,然后将条形永久磁铁缓缓地靠近样品使其磁化。当跃变磁化发生时,在线圈中会感应出不连续电流,经过放大,能在喇叭中发出卜卜声或沙沙声。

【实验仪器】

巴克豪森效应演示仪(放大器,喇叭)、线圈、试样(玻莫合金、硅钢片、铜片或铝片)、条形永久磁铁，仪器结构图如图 4－9－1 所示。

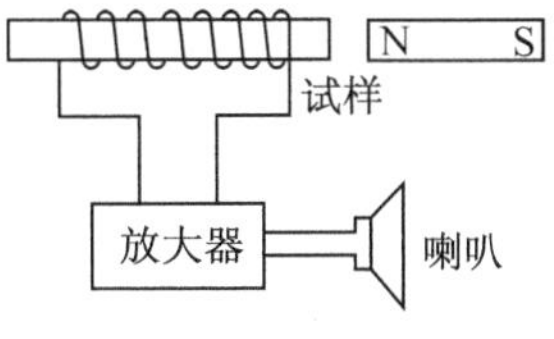

图 4－9－1　巴克豪森效应演示装置示意图

【实验内容】

按图 4－9－1 线路连接仪器，打开巴克豪森效应演示仪的电源开关就可以进行实验。

1. 在线圈中不插入任何试样，将永久磁铁沿着线圈轴线，由远而近缓缓地靠近线圈，此时喇叭无声音。

2. 将玻莫合金片插入线圈中，再将条形永久磁铁的 N 极对着线圈，并沿着线圈的轴线，由远而近靠近线圈，玻莫合金片被磁化，喇叭发出沙沙的响声。如果永久磁铁移动得很慢，喇叭发出卜卜的响声。当永久磁铁不动时，响声立刻停止。继续往前移动，喇叭又发出响声，越近声音越大。永久磁铁慢慢离开线圈时，喇叭也发出响声，但是比磁化时要小(这是由于在不可逆过程中还存在着可逆过程。如果是良好的矩形磁滞回线材料，则没有这种现象)。永久磁铁离得越远声音越小，直至没有响声。磁极方向不变，再将永久磁铁移近线圈，玻莫合金片再次被磁化，不同之处是响声比第一次磁化时小。

3. 将条形永久磁铁的方向转动 180°(即将 S 极对着线圈)，沿着轴线由远而近将玻莫合金片磁化，此时磁畴全部倒向，喇叭发出更大的响声。

4. 将玻莫合金片取出，插入硅钢片，重复上述磁化过程。喇叭响声较小，而且磁化与退磁过程响声差别不大，因为硅钢片不是矩形磁滞回线的铁磁性材料。

5. 取出硅钢片，插入铜片或铝片试样。由于非铁磁性材料没有磁畴结构，当重复上述磁化过程时，喇叭没有响声。

【注意事项】

实验前不要让条形永久磁铁触及样品，避免样品被磁化，无法进行实验。

【思考讨论】

1. 为什么用玻莫合金片做实验，当永磁体移近它时喇叭发声渐渐增强?

2. 为什么用玻莫合金片做实验，当永磁体移近与远离它时喇叭的发声不同，用硅钢片做实验，当永磁体移近与远离它时喇叭的发声基本相同。

实验 4－10　投影式洛仑兹力

(刘辉兰)

荷兰物理学家洛仑兹(1853—1928)首先提出了运动电荷产生磁场和磁场对运动电荷有作用力的观点。为纪念他，人们称这种力为洛仑兹力。本实验通过硫酸铜溶液的液面在磁场中的旋转，形象地演示带电粒子所受到的洛仑兹力。

【实验目的】

演示运动电荷在磁场中受到的洛仑兹力，加深对洛仑兹力的理解。

【实验原理】

磁场对运动电荷的作用力称为洛仑兹力。设在磁场 $\vec{B}$ 中，一带电量为 q 的粒子，以速度 $\vec{v}$

运动,如图 4-10-1 所示。磁场对该带电粒子作用的洛仑兹力为

$$\vec{F}=q\vec{v}\times\vec{B} \quad (4-10-1)$$

则 $\vec{F}$ 的大小为

$$F=qvB\sin\theta \quad (4-10-2)$$

$\vec{F}$ 的方向始终垂直于 $\vec{v}$ 和 $\vec{B}$ 组成的平面,当 $q>0$ 时,$\vec{F}$ 与($\vec{v}\times\vec{B}$)同向;当 $q<0$ 时,$\vec{F}$ 与($\vec{v}\times\vec{B}$)反向。由于 $\vec{F}$ 垂直于 $\vec{v}$,洛仑兹力不改变带电粒子的速度大小,只改变速度的方向;当 $\vec{v}$ 垂直于 $\vec{B}$ 时,洛仑兹力简化为

$$F=qvB \quad (4-10-3)$$

【实验器材】

投影式洛仑兹力演示仪(JDW—1)(直流电源)、投影仪、磁缸,如图 4-10-2 所示。

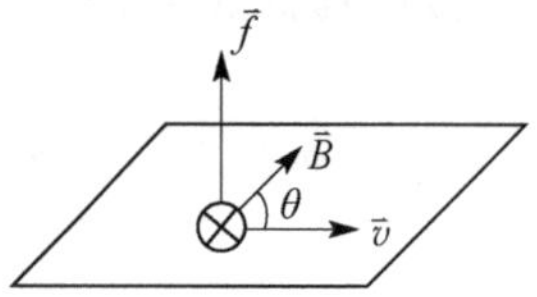

图 4-10-1　运动电荷在磁场中的洛仑兹力

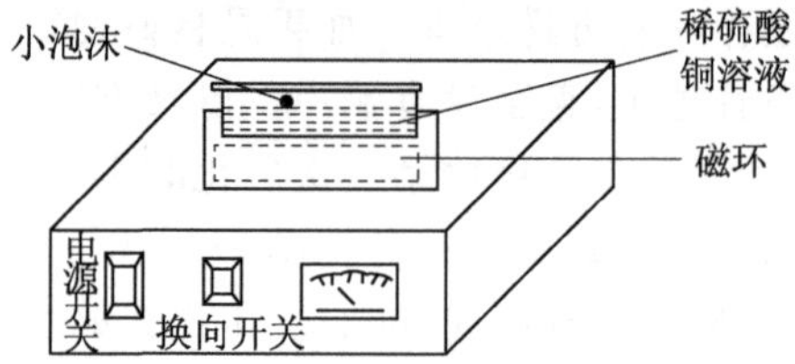

图 4-10-2　投影式洛仑力演示仪

【实验内容】

1. 在磁缸中配制一定量的稀硫酸铜溶液,用导线将投影式洛仑兹力演示仪与磁缸连接,将磁缸放在投影仪上。

2. 打开投影仪电源开关,调整投影成像透镜的位置,使硫酸铜液体平面成像在幕上。

3. 打开直流电源开关,可以看到液体开始绕磁缸中心旋转,此时,在液面上放一小块泡沫,观察到液体流动推动泡沫做圆周运动,这种现象说明运动电荷在磁场中受到力的作用,这种力即洛仑兹力。

4. 按下直流电源换向开关改变电流方向,则液体旋转方向反向。

【注意事项】

1. 配制稀硫酸铜溶液要小心,动作不要太快,以免溅出。

2. 实验完毕后,将外环电极冲洗干净,避免腐蚀实验设备。

【思考讨论】

1. 如果电流方向不变,仅使磁场方向反向,结果如何? 为什么?

2. 如果电流、磁场均反向,结果如何? 为什么?

实验 4-11　电磁感应现象的演示

(刘辉兰)

电磁感应现象是在 1831 年由法拉第首先发现的，本实验演示几种基本的电磁感应现象。

【实验目的】

演示几种基本的电磁感应现象，加深对电磁感应现象的理解。

【实验仪器】

电磁感应现象演示仪、1 号线圈（内径 55 mm，长 95 mm）、2 号线圈（内径 20 mm，长 85 mm）、条形磁铁、软铁棒、直流电源。

【实验原理】

当穿过闭合电路的磁通量发生变化时，在线圈中感应出电流的现象叫作电磁感应现象。在把条形磁铁（或通直流电的小线圈）插入或拔出大线圈的过程中，穿过线圈的磁通量就会发生变化，在线圈中就有电流流过，电流表的指针就会发生偏转。

【实验内容】

1. 将 1 号线圈接入示教电流表的“M”接线端子上，将条形磁铁 N 极插入线圈的过程中，电流表指针向左发生偏转，条形磁铁静止在线圈中，指针又慢慢回到“0”位置，条形磁铁取出的过程中，指针向右偏转。

2. 将条形磁铁 S 极插入线圈过程中，电流表指针偏向右侧。

3. 将通电后的 2 号线圈代替条形磁铁插入 1 号线圈过程中电流表指针发生偏转（偏转小）。

4. 将通电后的 2 号线圈插上软铁棒，再插入 1 号线圈指针偏转，且偏转比无铁芯时大。

5. 将供给 2 号线圈的直流电源换向，重复 3 或 4 的过程，则指针偏转方向相反。

6. 将 2 号线圈插软铁棒，放入 1 号线圈内，打开电源，表头指针发生偏转后回到零位，关闭电源时，表头指针反向偏转后回到零位。

【注意事项】

1. 线圈为有机玻璃骨架，切勿掉地，否则摔坏。

2. 接在 2 号线圈上的直流电压不能过高，否则将烧坏线圈。（不得超过 30 V，连续通电不得超过 30 min）。

【思考讨论】

1. 感应电流产生的条件是什么？

2. 如果把条形磁铁插入非闭合的线圈会出现什么现象？

实验 4-12 互感现象的演示

(刘辉兰)

互感现象是磁感应中的一个重要现象,互感器在无线技术、电力工程中有着其广泛的应用。在实际应用中的各种规格的变压器,就是一种互感器件。本实验通过互感线圈可以将一个电信号从初级线圈传递到次级线圈。再通过放大器和扬声器可以将此音乐电信号转换成音乐的乐曲,即通过互感现象进行无线通信。所以在物理教学中能获得感性认识,从而加深对物理概念的理解。

【实验目的】

1. 演示几种典型的互感现象,使无声无息的互感过程,通过声音表现出来能引发深入思考,揭示事物的本质。

2. 通过互感现象的演示,掌握互感系数的特点。

3. 通过实验掌握屏蔽、窃听、无线通信技术的原理。

【实验原理】

当一个线圈中的电流发生变化时,不仅在自身线圈中产生自感电动势,通过邻近的另一个线圈的磁通量也跟着变化,同时在邻近的其他线圈中也产生感应电动势。这种由于一个线圈中电流发生变化而在附近的另外一个线圈中产生感应电动势的现象叫作互感现象。这种感应电动势叫作互感电动势。

【实验器材】

FD-J1506 光通信及互感现象演示仪、扬声器(2 个)、线圈 $L1$、线圈 $L2$、铁芯(2 个)、导线若干、铝罐 D。

【实验内容】

1. 无线通信

按图 4-12-1 将线圈 L_1 和 FD-J1506 光通信及互感现象演示仪的功放接口相连接,线圈 L_2 和收音机耳机插口相连接。将 L_1 和 L_2 并排放置,间隔约数十厘米,接通音频功率放大器的电源,适当增大音量输出,开始从扬声器 S 中听不到任何音乐声音。打开收音机,尽管 L_1 和 L_2 相距数十厘米,并且彼此并不直接用引线相连接,此时扬声器 S 却播放出悦耳的乐曲,此时只要关闭收音机的电源,则 S 立即停止播放。由此可见,S 发出声音是通过线圈 L_1 和 L_2 互感和音频功率放大器将音乐电信号传递到 S 的。这样通过互感将一个电信号从一个线圈传递到另一个线圈,这就是简单的无线通信。

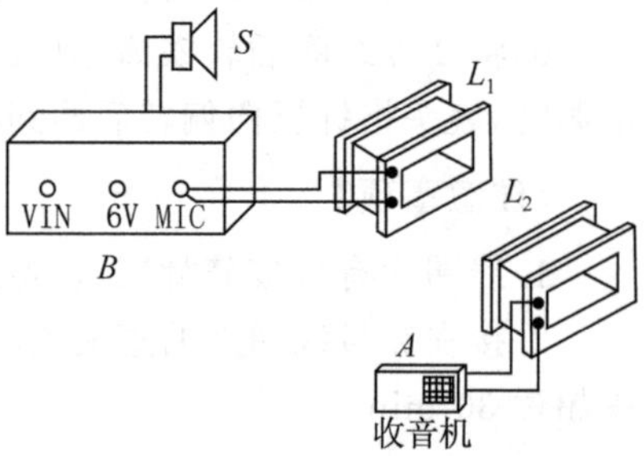

图 4-12-1 无线无信的演示

2. 互感系数的性质

互感系数的大小与两线圈之间的距离和相对位置以及线圈中有无铁芯有关。在上述实验中,将线圈 L_1 和 L_2 之间的距离移远,则 S 的声音变小,表明此时互感系数变小。反之,将线

圈 L_1 和 L_2 之间的距离移近，则 S 的声音变大，表明此时互感系数增大。另外，当 L_1 和 L_2 处于图 4－12－2(a)所示的并排位置，和图 4－12－2(b)所示的同一轴线位置时，则 S 声音最响，表明此时互感系数最大。反之，当 L_1 和 L_2 处于如图 4－12－3 的互相垂直位置时，则 S 的声音最小甚至消失，表明此时互感系数最小。再将铁芯 M_1 和 M_2 分别插入线圈 L_1 和 L_2 中，如图 4－12－4 所示，此时互感系数增大好多，扬声器 S 发出的声音明显增大甚至啸叫。

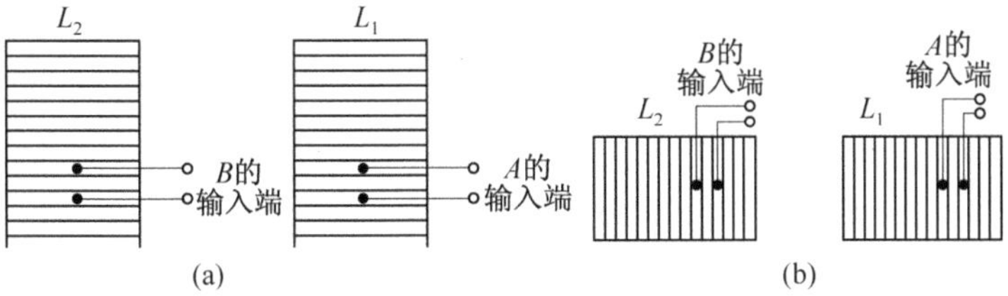

图 4－12－2　互感系数的性质的演示

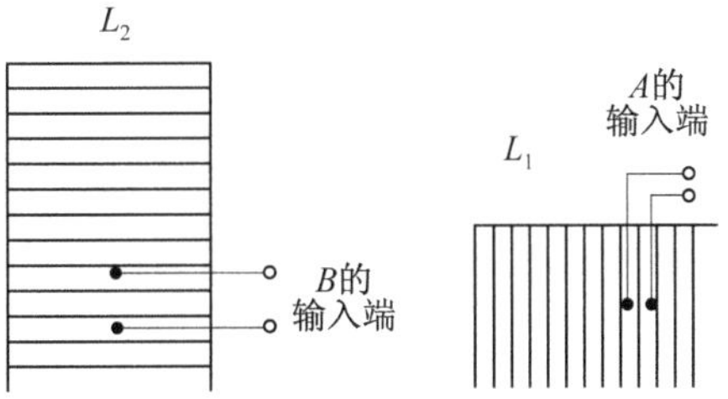

图 4－12－3　互感系数的性质的演示

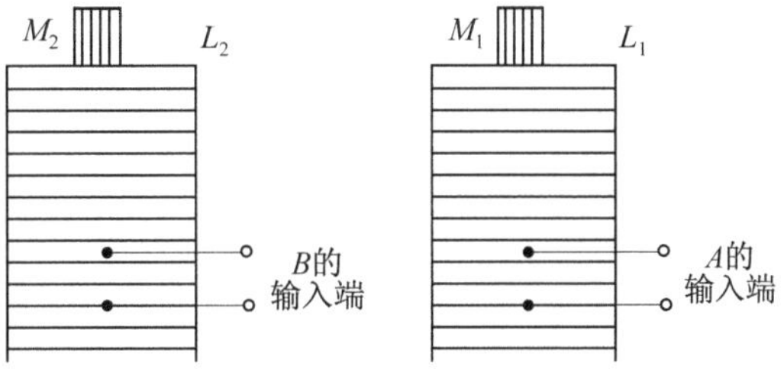

图 4－12－4　互感系数的性质的演示

3. 电磁屏蔽演示

在上述实验中，将线圈 L_1(或 L_2)放入铝罐 D 内，如图 4－12－5 所示。由于铝罐 D 上因电磁感应产生涡流，它阻碍了将 L_1 的信号传递到 L_2，故 S 发出的声音变轻甚至消失。这就是电磁屏蔽现象。

4. 扬声器和铁芯线圈之间的互感现象

如图 4－12－6 所示，含铁芯 M_2 的线圈 L_2 距离动圈式扬声器 R 约 10 cm，当 R 发出音乐声音时，由于动圈式扬声器 R 中的线圈和 L_2 发生互感，因此，当 R 发出音乐声音时，就可将电信号通过 R 中的含铁芯线圈和线圈 L_2 组成的互感线圈将音乐电信号进行传递，使 S 发出声音。

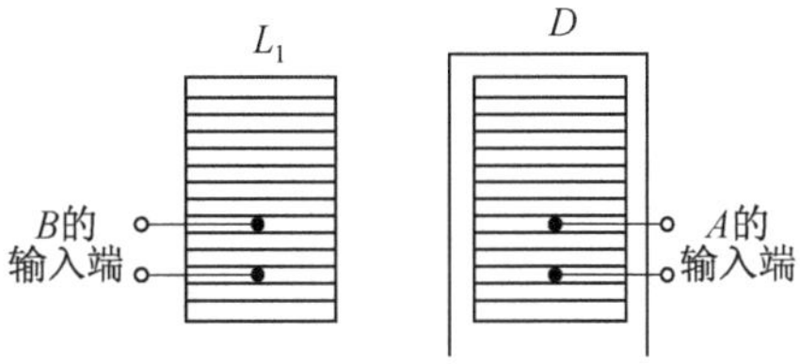

图 4－12－5　电磁屏蔽的演示

5. 利用互感进行窃听

如图 4－12－7 所示，将铁芯 M_2 插入线圈 L_2 中，连接扬声器 R 和音乐信号发生器 A 的输出端的导线选一根长一些的。此时，将含铁芯 M_2 的线圈 L_2 靠近扬声器 R 的连接导线，也可以从放大器 B 的扬声器 S 中听到 A 发出的音乐声。如果将连接 R 的长导线在 L_2 中的铁芯 M_2 上绕一闭合线圈，则我们可以从 S 中听到由 A 发出的清晰而响亮的音乐声音。这就是利用互感进行窃听。

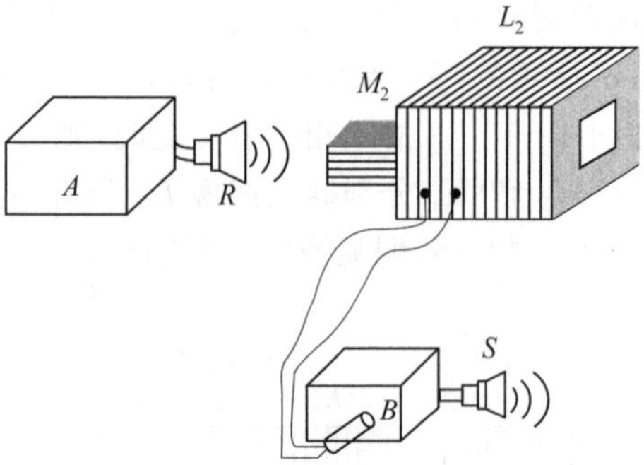

图 4-12-6 扬声器和铁芯线圈之间的互感

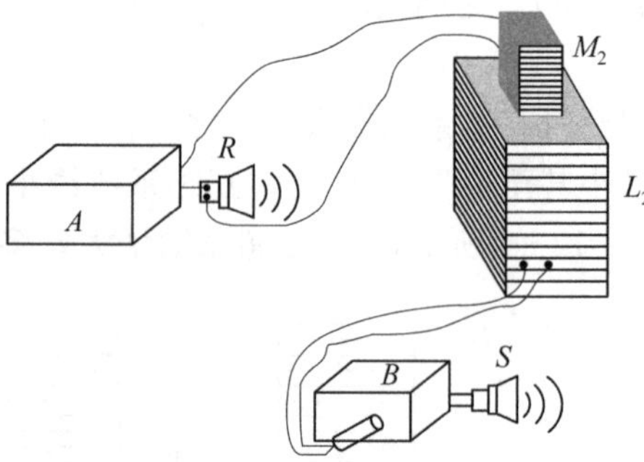

图 4-12-7 窃听的演示

实验 4-13 热力学第二定律

（刘辉兰 赵 杰）

【实验目的】

验证热力学第二定律的克劳修斯表述，即热量不可能自发地从低温物体传向高温物体。

【实验原理】

人们平常所说的高温、低温是经验约定的，而热力学第二定律所说的高温热源或低温热源是以热力学温标为标准来定义的，热力学温标又是建立于卡诺定理基础上的。实验时压缩机工作，活塞上下推动使卡诺管内工质（理想气体）循环流动，于是在高温热源处内部压力增加，温度升高，高温热源对外放热，内部工质经节流阀流向低温热源，而低温热源内部压力低，于是从外界吸收热量，最后工质又流向压缩机，经压缩机开始新的循环。整个工作过程就是一个卡诺循环过程，主要是由于压缩机做功，使内部工质的物态发生变化来完成的，从而能很好地说明热力学第二定律的内容，其原理如图 4-13-1 所示。

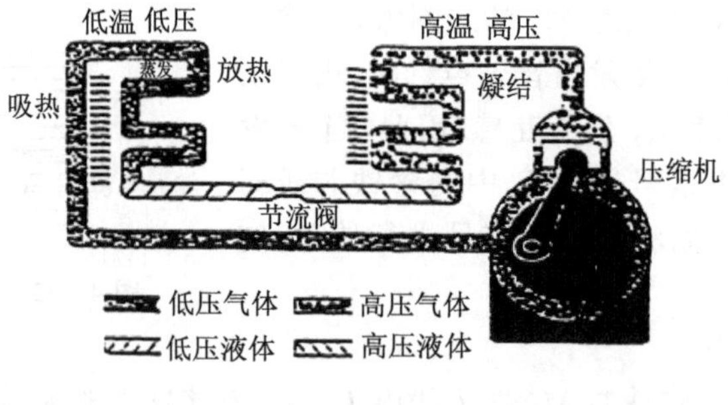

图 4-13-1 卡诺循环

【实验器材】

热力学第二定律演示仪由全封闭压缩机、高温热源、毛细管（节流阀）、气压计、温度计及卡诺循环管等组成，其结构框图如图 4-13-2 所示。

【实验内容】

开始实验时，整个系统处于热力学平衡状态，全封闭压缩机不工作，卡诺管内的工质呈气

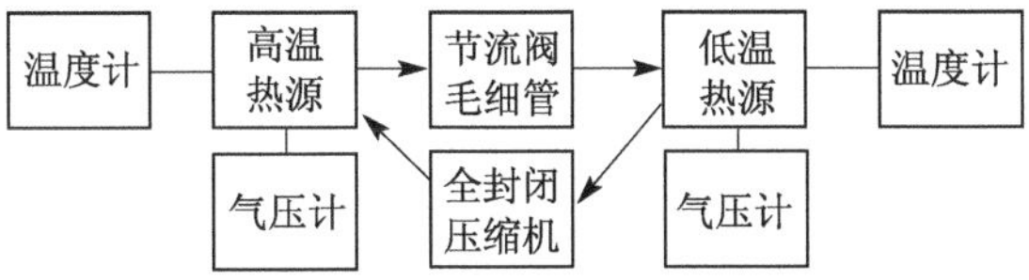

图 4-13-2　热力学第二定律演示仪结构框图

体状态，低温热源及高温热源内部压力相同，温度也相同，这些可以从气压计及温度计读出。

实验开始，接通电源，打开电源开关，全封闭压缩机工作，活塞上下推动，高温热源内部压力增加，开始产生高温高压气体，用手触摸散热器明显发热，温度可达 40～50 ℃，又由于节流阀的存在，使低温热源内部压力很低，由节流阀过来的工质在其附近变成低压液体，在低温热源处开始蒸发，温度下降，于是低温热源开始从外界吸收热量，蒸发器表面结霜。这以后，卡诺管中的工质又循环流到全封闭压缩机处，再通过压缩机推动活塞，开始下一次循环。至此就完成一个完整的卡诺循环。

【思考讨论】

1. 为什么该循环可视为卡诺循环？

2. 简述冰箱、空调的工作原理与过程。

实验 4-14　空气热机

（刘辉兰　赵　杰）

热机是将热能转换为机械能的机器。历史上对热机循环过程及热机效率的研究，曾为热力学第二定律的确立起了奠基性的作用。斯特林 1816 年发明的空气热机，以空气作为工作介质，是最古老的热机之一。虽然现在已发明了内燃机，燃气轮机等新型热机，但空气热机结构简单，便于帮助理解热机原理与卡诺循环等热力学中的重要内容。

【实验目的】

1. 观察热机循环过程，理解热机工作原理。

2. 测量不同冷热端温度时的热功转换值，验证卡诺定理。

3. 测量热机输出功率随负载及转速的变化关系，理解输出匹配的概念。

【实验原理】

空气热机工作原理如图 4-14-1 所示。热机主机由高温区、低温区、工作活塞及汽缸、位移活塞及汽缸、飞轮、连杆、热源等部分组成。

热机中部为飞轮与连杆机构，工作活塞与位移活塞通过连杆与飞轮连接。飞轮的下方为工作活塞与工作汽缸，飞轮的右方为位移活塞与位移汽缸，工作汽缸与位移汽缸之间用通气管连接。位移汽缸的右边是高温区，可用电热方式或酒精灯加热，位移汽缸左边有散热片，构成低温区。

工作活塞使汽缸内气体封闭，并在气体的推动下对外做功。位移活塞是非封闭的占位活塞，其作用是在循环过程中使气体在高温区与低温区间不断交换，气体可通过位移活塞与位移汽缸间的间隙流动。工作活塞与位移活塞的运动是不同步的，当某一活塞处于位置极值时，它本身的速度最小，而另一个活塞的速度最大。当工作活塞处于最底端时，位移活塞迅速左移，使汽缸内气体向高温区流动，如图 4－14－1(a)所示；进入高温区的气体温度升高，使汽缸内压强增大并推动工作活塞向上运动，如图 4－14－1(b)所示，在此过程中热能转换为飞轮转动的机械能；工作活塞在最顶端时，位移活塞迅速右移，使汽缸内气体向低温区流动，如图 4－14－1(c)所示；进入低温区的气体温度降低，使汽缸内压强减小，同时工作活塞在飞轮惯性力的作用下向下运动，完成循环，如图 4－14－1(d)所示。在一次循环过程中气体对外所做净功等于 $P-V$ 图所围的面积。

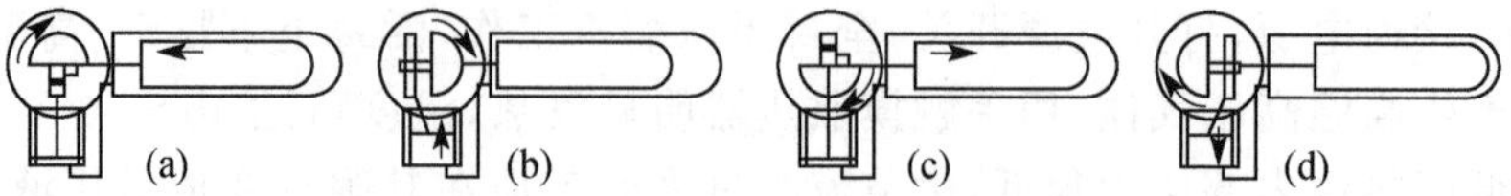

图 4－14－1　空气热机工作原理

根据卡诺对热机效率的研究而得出的卡诺定理，对于循环过程可逆的理想热机，热功转换效率为

$$\eta=A/Q_1=(Q_1-Q_2)/Q_1=(T_1-T_2)/T_1=\Delta T/T_1 \qquad (4-14-1)$$

式中，A 为每一循环中热机做的功；Q_1 为热机每一循环从热源吸收的热量；Q_2 为热机每一循环向冷源放出的热量；T_1 为热源的绝对温度；T_2 为冷源的绝对温度。

实际的热机都不可能是理想热机，由热力学第二定律可以证明，循环过程不可逆的实际热机，其效率不可能高于理想热机，此时热机效率为

$$\eta\leqslant\Delta T/T_1 \qquad (4-14-2)$$

卡诺定理指出了提高热机效率的途径，就过程而言，应当使实际的不可逆机尽量接近可逆机。就温度而言，应尽量的提高高低温热源的温度差。

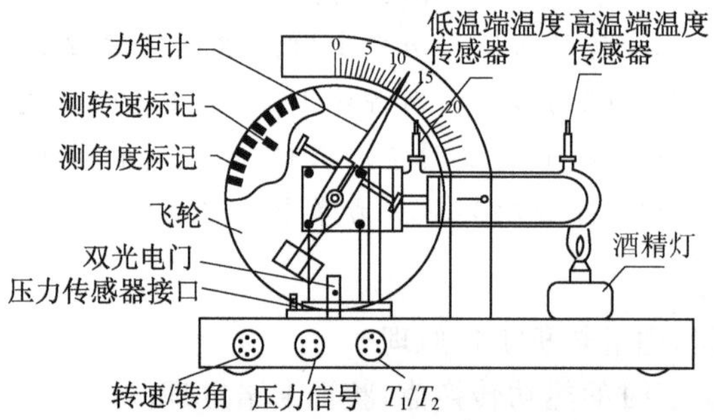

图 4－14－2　空气热机实验仪

热机每一循环从热源吸收的热量 G_1 正比于 $\Delta T/n$，n 为热机转速，η 正比于 $nA/\Delta T$。n，A，T_1 及 ΔT 均可测量，测量不同冷热端温度时的 $nA/\Delta T$，观察它与 $\Delta T/T_1$ 的关系，可验证卡诺定理。

当热机带负载时，热机向负载输出的功率可由力矩计测量计算而得，且热机实际输出功率的大小随负载的变化而变化。在这种情况下，可测量计算出不同大小的负载时热机实际输出功率。

【实验仪器】

空气热机实验仪(见图 4－14－2)、空气热机测试仪、酒精灯、双踪示波器。

1. 空气热机实验仪

飞轮下部装有双光电门，上边的一个用以定位工作活塞的最低位置，下边一个用以测量飞

轮转动角度。热机测试仪以光电门信号为采样触发信号。

汽缸的体积随工作活塞位移而变化，而工作活塞的位移与飞轮的位置有对应关系，在飞轮边缘均匀排列 45 个挡光片，采用光电门信号上下边缘触发方式，飞轮每转 4°给出一个触发信号，由光电门信号可确定飞轮位置，进而计算汽缸体积。

压力传感器通过管道在工作汽缸底部与汽缸连通，测量汽缸内的压力。在高温和低温区都装有温度传感器，测量高低温区的温度。底座上的三个插座分别输出转速/转角信号、压力信号和高低端温度信号，使用专门的线和实验测试仪相连，传送实时的测量信号。

热机实验仪采集光电门信号，压力信号和温度信号，经微处理器处理后，在仪器显示窗口显示热机转速和高低温区的温度。在仪器前面板上提供压力和体积的模拟信号，供连接示波器显示 $P-V$ 图。所有信号均可经仪器前面板上的串行接口连接到计算机。

调节酒精灯火焰大小，可以改变热机的输入功率，直观反映为高温端温度及转速随之改变。

力矩计悬挂在飞轮轴上，调节螺钉可调节力矩计与轮轴之间的摩擦力，由力矩计可读出摩擦力矩 M，并进而算出摩擦力和热机克服摩擦力所做的功。经简单推导可得热机输出功率 $P=2\pi nM$，式中 n 为热机每秒的转速，即输出功率为单位时间内的角位移与力矩的乘积。

2. 空气热机测试仪

空气热机测试仪示意图如图 4-14-3 所示。T_1 指示灯亮表示当前的显示数值为热源端绝对数值；ΔT 指示灯亮表示当前的显示数值为热源端和冷源端绝对温度差；转速显示热机的实时转速，单位为"转/秒"；$T_1/\Delta T$ 显示可以根据需要显示热源端绝对温度或冷热两端绝对温度差，单位"开尔文"）；T_2 显示冷源端的绝对温度值；$T_1/\Delta T_2$ 显示切换按键通常为弹出状态，表示 D 中显示的数值为热源端绝对温度 T_1，同时 T_1 指示灯亮，当按键按下后显示为冷热端绝对温度差 ΔT，同时 ΔT 指示灯亮。

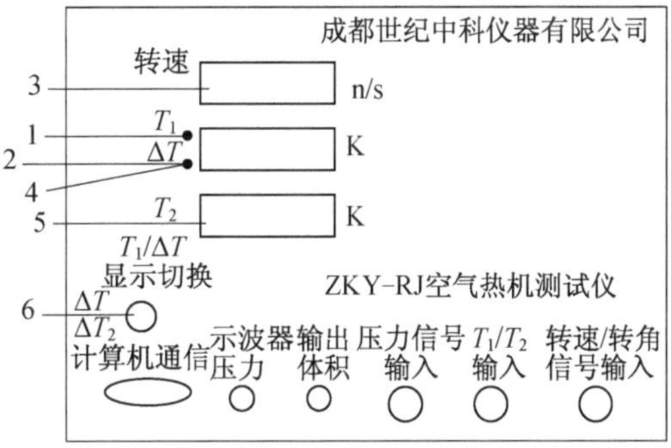

1—T_1 指示灯；2—ΔT 指示灯；3—转速显示；
4—$T_1/\Delta T$ 显示；5—T_2 显示；6—$T_1/\Delta T$ 显示切换按键

图 4-14-3　空气热机测试仪示意图

【实验内容】

用手顺时针拨动飞轮，结合图 4-14-1 仔细观察热机循环过程中工作活塞与位移活塞的运动情况，切实理解空气热机的工作原理。根据测试仪面板上的标识和仪器介绍中的说明，将各部分仪器连接起来。

将力矩计取下，调节酒精灯火焰到适当大小。观察热机测试仪显示的温度，冷热端温度差在 100 ℃以上时，用手顺时针拨动飞轮，热机即可运转。仔细观察加大酒精灯火焰强度，可提高热机的转速；减弱酒精灯火焰强度，可降低热机的转速。

调节酒精灯火焰，使转速在每秒 8 转左右。调节示波器，观察压力和容积信号，以及压力和容积信号之间的相位关系等，并把 $P-V$ 图调节到最适合观察的位置。温度和转速平衡后，从热机测试仪上读取温度和转速，根据双踪示波器显示的 $P-V$ 图估算 $P-V$ 图面积。加大酒精灯火焰大小，重复以上测量 4 次。

以 $\Delta T/T_1$ 为横坐标，A 为纵坐标，在坐标纸上作 A 与 $\Delta T/T_1$ 的关系图，验证卡诺定理。

用手轻触飞轮让热机停止转动，然后将力矩计装在飞轮轴上，拨动飞轮，让热机继续运转。在热机空载转速达到最大时(但不得超过 15 转/秒)，调节力矩计的摩擦力，待输出力矩、转速、温度稳定后，读取并记录相关数据。在酒精灯加热功率不变的前提下，逐渐增大输出力矩，重复以上测量 5 次以上。

以 n 为横坐标，P_0 为纵坐标，在坐标纸上作 P_0 与 n 的关系图，表示同一输入功率下，输出耦合不同时输出功率随耦合的变化关系。

【注意事项】

1. 酒精灯里面的酒精不得超过酒精灯容积的 2/3；酒精灯点燃的情况下不得向酒精灯内添加酒精；熄灭酒精灯时应用酒精灯帽盖灭。

2. 热机在没有运转状态下，严禁长时间大功率加热，若热机运转过程中因各种原因停止转动，必须用手拨动飞轮帮助其重新运转或立即移开酒精灯，否则会损坏仪器。

【思考讨论】

为什么 $P-V$ 图的面积即等于热机在一次循环过程中将热能转换为机械能的数值？

实验 4－15　激光多普勒效应

(刘辉兰　赵　杰)

【实验目的】

用激光演示光波的多普勒效应，使学生掌握多普勒效应这一重要的物理现象。

【实验原理】

频率为 f_0 的光通过以速度 v 在 Y 方向移动的光栅(见图 4－15－1)其衍射光的频率为

$$f_{衍}=f_0\pm f_0\times v\sin\theta/c \tag{4-15-1}$$

因为 $\Lambda=1/n_0$(Λ 为光栅间距，n_0 为光栅密度，$\sin\theta=m\lambda/\Lambda$，图 4－15－1 中 m 为±1)，故有

$$f_{衍}=f_0\pm f_0 v\lambda/c\Lambda=f_0\pm vn_0 \tag{4-15-2}$$

因光频极高，多普勒频移量宜通过“光拍”法检出，形成“光拍”的途径有多种，归根结底是要使两束有频差的激光束平行叠加，在这里采用了双光栅法形成拍频(见图 4－15－2)。

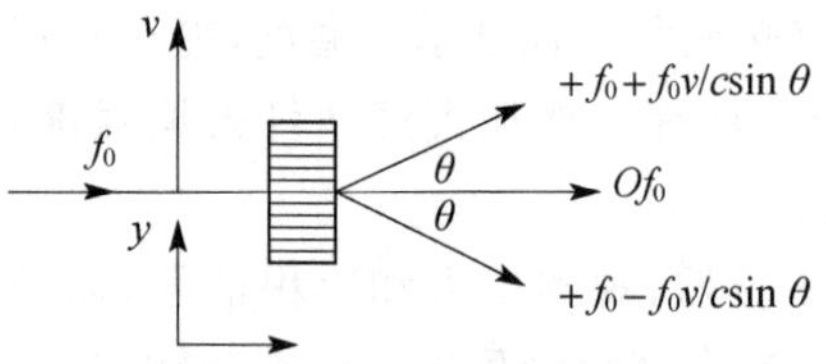

图 4－15－1　光通过移动光栅的光路图

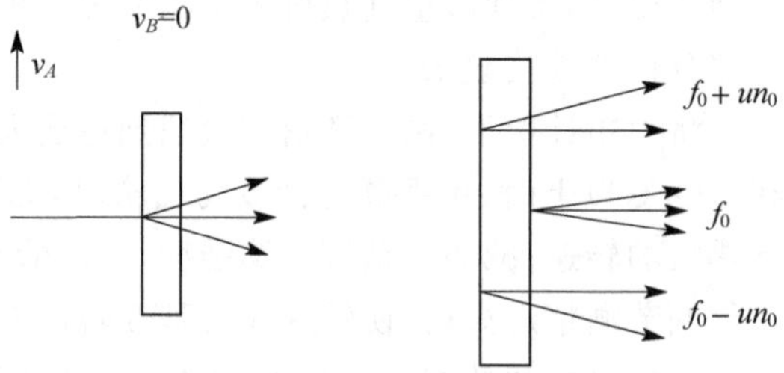

图 4－15－2　双光栅法形成拍频

为了检出由运动光栅形成的 $f_{衍}$ 中的多普勒频移量，在运动光栅后面再设置一片具有相同密度的固定光栅，通过双光栅后的各衍射级均包含了两种光频分量，因而形成“光拍”，“拍”

频即为

$$f_{拍} = v_{n_0} \qquad (4-15-3)$$

用光束取出某一级衍射光，经光电元件接收，光电放大器放大后，送至扬声器放声，也可接示波器。

由式(4-15-3)可知，若测得 $f_{拍}$ 为 1 kHz，当光栅的 n_0 为 100 条/mm 时，光栅的运动速度相当于 10 mm/s；如用 50 条/mm 的光栅时，光栅的运动速度为 20 mm/s。这样的运动速度适中，操作容易，可得到效果明显的音调变化。该仪器最大的优点是不怕振动，不需暗室，轻巧，可在任何教学现场演示。双光栅装置结构简图见图 4-15-3。

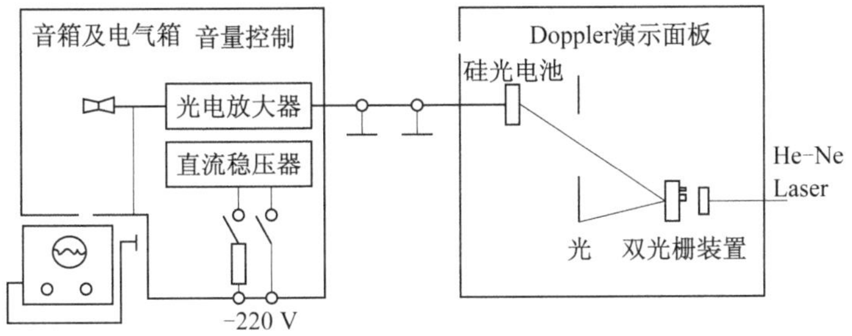

图 4-15-3 双光栅装置结构简图

【实验仪器】

HLD-JGD-III 型多普勒效应演示仪。

【实验内容】

1. 接上 AC220×(1±10%) V，50Hz 的交流电源。

2. 连接该仪器配备的高频电缆连接线(双 Q9 线)。

3. 启动激光电源开关。

4. 调节激光束或光电池盒的位置，使+1 或-1 级的衍射光能顺利通过光束到达电池表面，旋转运动光栅使声音洪亮悦耳。由于本仪器具有多种配合方式，具体调节光路方法略有不同。

5. 前项工作完成后，就可进行演示操作了，旋转运动光栅，运动光栅将在水平方向移动，运动光栅转得快，光栅运动速度就大，多普勒频移量亦大，听到的音调也高。如外接示波器，看到的波形就密；运动光栅转得慢，则反之。因此，如果想听到一种稳定的音调，就要保持匀速旋转运动光栅，只要动手练习几次就可得心应手地“转”出各种音调来，如一些动物的叫声等。

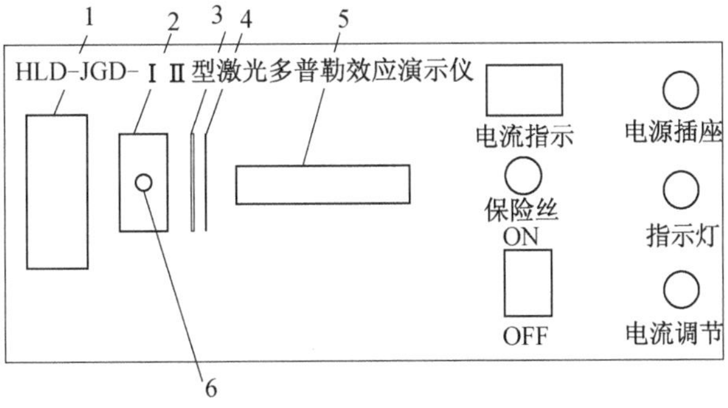

1—喇叭；2—接收器(光电池)；3—固定光栅；
4—运动光栅；5—氦氖激光器；6—信号输出

图 4-15-4 激光多普勒效应演示仪

【注意事项】

旋转运动光栅时要轻、柔，且不可过猛，以免损坏双光栅结构。

【思考讨论】

1. 形成光拍的条件是什么？

2. 查阅资料，了解多普勒效应在现实生活中的应用。

实验 4-16　海市蜃楼

（刘辉兰）

夏天，在平静无风的海面上，有时能看到楼台、亭阁、庙宇等出现在远方的空中。古人对它作了不科学的解释，认为是海中蛟龙（即蜃）吐出的气结成的，因而叫作“海市蜃楼”，也叫蜃景。其实，海市蜃楼是一种光学幻景，是地球上物体反射的光经大气折射而形成的虚像。

【实验目的】

1. 利用人工配制的折射率连续变化的食盐水，演示在非均匀介质中光线弯曲的现象。

2. 模拟自然界昙花一现的海市蜃楼景观，有效地激发学生学习物理的兴趣。

【实验原理】

当一束光线从一种透明介质到达另一种透明介质时其光路会发生偏折，这就是光的折射。如图 4-16-1 所示，ML 为透明介质 A、B 的分界面，ON 为法线，θ_1 为入射角，θ_2 为折射角。设光在 A 中的速度为 v_1，在 B 中的速度为 v_2，由折射定律可得

$$\frac{\sin\theta_1}{\sin\theta_2}=\frac{v_1}{v_2} \tag{4-16-1}$$

通常把光速较快的介质叫光疏介质，把光速较慢的介质叫光密介质。由式(4-16-1)知：光线从光疏介质进入光密介质时，入射角大于折射角，光线折向法线。光线从光密介质进入光疏介质时，入射角小于折射角，光线偏离法线。显然，当光线从光密介质进入光疏介质时存在一小于 90°的入射角 θ，此时折射角等于 90°，折射线掠过分界面，如图 4-16-2 所示。当入射角大于 θ 时，折射线不存在，入射线全部被反射，这种现象叫作全反射，如图 4-16-3 所示。

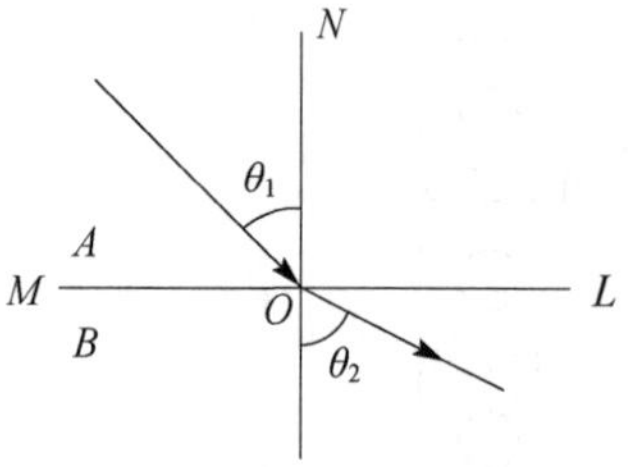

图 4-16-1

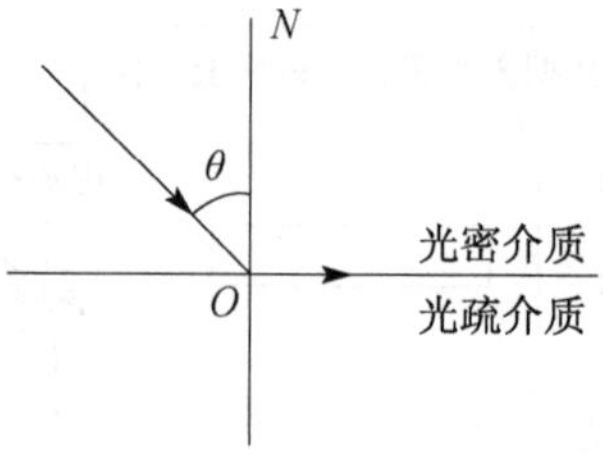

图 4-16-2

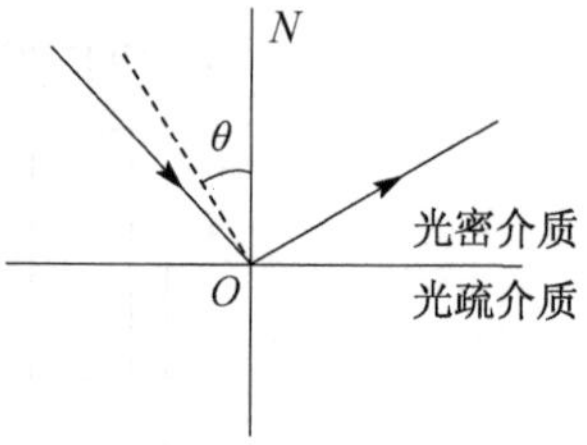

图 4-16-3

根据物理学原理，海市蜃楼是由于不同的空气层有不同的密度，而光在不同密度的空气中有着不同的折射率。夏天，海面上的下层空气较上层空气温度低、密度大、折射率也大。可以把海面上的空气看作是由折射率不同的许多水平气层组成的。远处的山峰、船舶、楼房、人等发出的光线射向空中时，由于不断被折射，越来越偏离法线方向，进入上层空气的入射角不断

增大，以致发生全反射，光线反射回地面，人们逆着光线看去，就会看到远方的景物悬在空中，如图 4-16-4 所示。

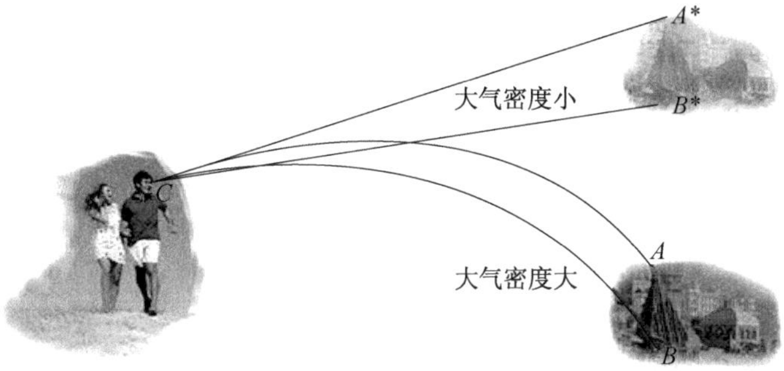

图 4-16-4　海市蜃楼原理图

【实验器材】

海市蜃楼演示装置如图 4-16-5 所示，尺寸为 600 mm×350 mm×450 mm。

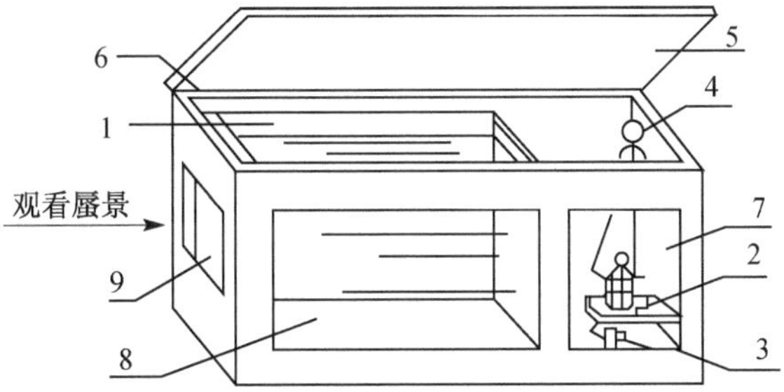

1—水槽；2—实景物；3—激光笔；4—照灯（220 V，24 W）；5—装置门；
6—水管入口；7—观看实景物窗口；8—观看光在水槽内传播路径的窗口；
9—观看模拟海市蜃楼景观的窗口

图 4-16-5　海市蜃楼演示装置

【实验内容】

1. 液体的配制

将装置门打开，水管插入水管入口内固定好，向水槽内注入深为槽深一半的清水，再将约 3 kg 食盐放入清水中，用玻璃棒搅，使其溶解成近饱和状态，再在其液面上放一薄塑料膜盖住下面的盐溶液，向膜上慢慢注入清水，直到水槽水近满为止，稍后，将薄膜轻轻从槽一侧抽出，此时，清水和食盐水界面分明，大约 6 小时以后，由于扩散，界面变没了，在交界处形成了一个扩散层，液体的折射率由下向上逐渐减少，产生一个密度梯度，此时液体配制完成。

2. 现象演示

① 在水槽的窗口 8 打开激光笔，从水槽侧面窗口 9 观察光束在非均匀食盐水中弯曲的路径。

② 打开照射灯，照亮实景物，在水箱的窗口 8 观察模拟的海市蜃楼景观。

【注意事项】

1. 实验要在黑暗的环境下进行。

2. 盐水配好，大约 6 h 后做实验效果最好，时间再长，水槽中的盐水将变成均匀溶液，无法进行实验。

【思考与讨论】

1. 自然界海市蜃楼的景象，在日常生活中经常看到，特别在炎热的沙漠和湖边更容易看到，但持续的时间短促，转瞬即逝。利用人工方法模拟海市蜃楼，把大自然的壮观幻景再现出来，使人能较长时间观察与研究这种现象。

2. 海市蜃楼景象，古时多有描述，宋代著名诗人苏东坡在“海市”一诗中就描写了海市蜃楼的迷人的景色，但并没有得到科学的解释。由于空气不稳定，一阵风就破坏了海市蜃楼的介质条件，把天上的仙境吹得无影无踪。这样更为自然景象蒙上了神秘的色彩。在实验室里，只须搅动一下容器中的“大气”(溶液扩散层)，人为的蜃景也随之烟消云散，使观众自然抹去了海市蜃楼的神奇色彩。

3. 玻璃容器中的“大气层”随时间不断变化，蜃景也跟着变化。介质密度梯度的起伏都会使蜃景图像产生形变，形成奇离不定的幻影，启发人们深入研究这种现象。

4. 观察完实验请解释为什么在炎热的夏天，在灼热阳光照射下，远处的柏油路面像有一层水？

实验 4-17 薄膜干涉

(刘辉兰)

【实验目的】

1. 演示不同材质、不同厚度薄片的等倾干涉，使学生直观的掌握等倾干涉条纹的特点。

2. 用两块平面玻璃片演示等厚干涉，使学生直观掌握等厚干涉条纹的特点。

【实验原理】

振动频率相同、振动方向相同和相位差恒定的两束光叠加时能够产生明暗相间的条纹，这种现象叫做光的干涉现象。由薄膜两表面反射(或透射)的光产生的干涉现象，叫做薄膜干涉。薄膜干涉是利用分振幅法获得相干光并产生干涉的典型例子，可分成等倾干涉和等厚干涉两类。

1. 等倾干涉

如图 4-17-1 所示，折射率为 n_2、厚度为 e 的均匀平面薄膜，其上、下方的折射率分别为 n_1 和 n_3，如果有一条光线以入射角 i 射到薄膜上，入射光在入射点 A 产生反射光 a，而折入膜内的光在 C 点经反射后射到 B 点，又折回膜的上方成为光线 b，此外还有在膜内经三次反射、五次反射……再折回膜上方的光线，但其强度迅速下降，所以只考虑 a、b 两束光线间的干涉，由于这两束光线是平行的，所以它们只能在无穷远处相交而发生干涉，在实验室中为了在有限远处观察干涉条纹，就使这两条光线射到一个透镜 L 上，并在其焦平面上放上光屏。

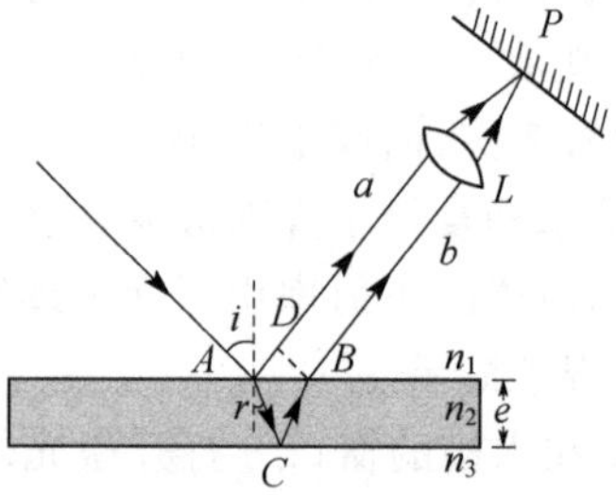

图 4-17-1 薄膜等倾干涉条纹的光程计算

用几何方法，并考虑半波损失，可以计算出两光线 a、b 在焦平面上 P 点相交时的光程差为

$$\delta=2e\sqrt{n_2^2-n_1^2\sin^2 i}+\delta' \qquad (4-17-1)$$

由干涉条件得

明纹
$$\delta=2k\frac{\lambda}{2}\quad k=1,2\cdots \qquad (4-17-2)$$

暗纹
$$\delta=(2k+1)\frac{\lambda}{2}\quad k=0,1,2\cdots \qquad (4-17-3)$$

由式(4－17－1)、式(4－17－2)和式(4－17－3)可知，对于厚度均匀的薄膜，光程差是由入射角 i 决定的。凡以相同倾角入射的光，经膜的上、下表面反射后产生的相干光束都有相同的光程差，从而对应于干涉图样中的同一级条纹，故将此类干涉条纹称为等倾条纹，此类干涉称为等倾干涉。

2. 等厚干涉

如图 4－17－2 所示，G_1、G_2 为两平板玻璃，一端相接触，另一端被一直径为 h 的细丝隔开，因而在 G_1 的下表面与 G_2 的上表面间形成一劈尖形的空气薄膜，叫做空气劈尖两玻璃接触处为劈尖的棱边。

如图 4－17－3 所示，平行光入射到空气劈尖，自劈尖的上、下两面反射的光是相干光，由于夹角 θ 很小，所以劈尖上表面和下表面反射的两束光几乎是沿着入射光反方向射出的。在远处的光屏 P 上可观察到与棱边平行的、明暗相间的、均匀分布的干涉条纹。

设劈尖 A 点的厚度为 d，不论 $n_1>n$ 还是 $n_1<n$，反射的两束光的光程差都为

$$\delta=2nd+\frac{\lambda}{2} \qquad (4-17-4)$$

式(4－17－4)中，n 为劈尖的折射率，因此干涉条纹的明暗条件为

明条纹
$$\delta=k\lambda\qquad (k=1,2,\cdots\cdots) \qquad (4-17-5)$$

暗条纹
$$\delta=(2k+1)\frac{\lambda}{2}(k=0,1,2\ \cdots\cdots)$$

由式(4－17－5)和式(4－17－6)可知，光程差仅与劈尖薄膜的厚度有关，凡厚度相同之处，光程差相同，从而对应同一条干涉条纹，此类干涉条纹称为等厚条纹，此类干涉称为等厚干涉。

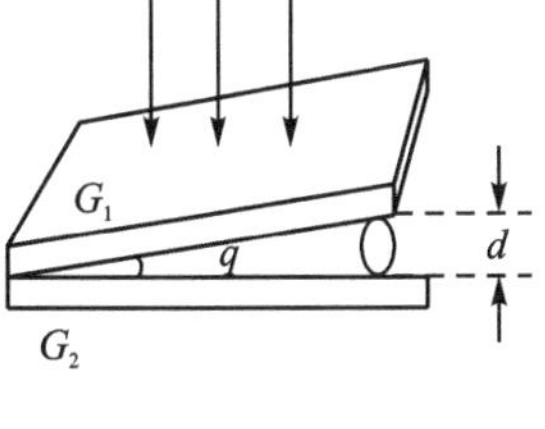

图 4－17－2　空气劈尖膜

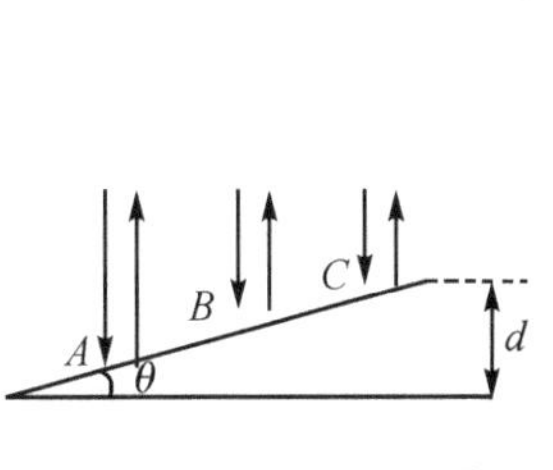

图 4－17－3　空气劈尖膜干涉

【实验器材】

HLD－JY－III 型激光综合光学实验仪(见图 4－17－4)、普通玻璃片、有机玻璃片，平行平面玻璃片(2 片)。

【实验内容】

把扩束镜(薄片 1)置于移动架Ⅳ上，并使激光束通过透镜成为发散光束。将各种透明介

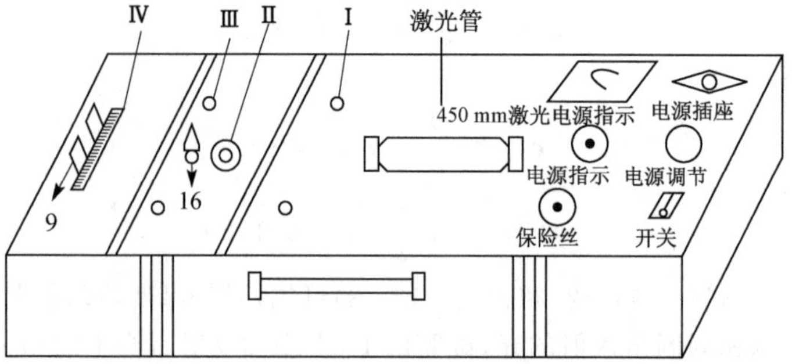

图 4-17-4 HLD-JY-III 型激光综合光学实验仪结构简图

质薄片(薄片 3、4、5、6、7)依次放在扩束镜前的适当位置上,激光就从薄片的前后两表面反射到屏幕上,屏幕即呈现出各种干涉条纹,如图 4-17-5 所示。左右移动透明介质薄片的位置,可观察光束在薄片上不同位置反射时的干涉花样。从干涉花样可大致判断薄片表面的平整程度。

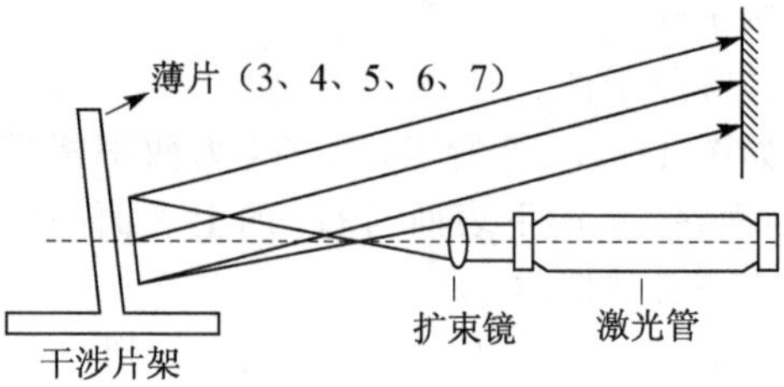

图 4-17-5 演示薄膜干涉

在观察平行平面玻璃片的干涉花样时,如稍改变玻璃片的取向,使其垂直于工作面,则干涉花样正好呈现在扩束透镜上,就可以看到一组同心圆,此时即为等倾干涉条纹,如圆心与透镜中心重合,表明玻璃片两表面的平行度好,反之,平行度差。

把两块平行平面玻璃片(薄片 6、7)叠在一起,放在扩束镜前并使激光束照在玻璃片上,光在玻璃片的四个表面上都要发生反射,由于激光的相对长度较长,这四束反射光相互间都能干涉,因此屏幕上出现好几组干涉条纹,用手轻压此两玻璃片,就可以看到有一组干涉条纹由细而密逐渐变成粗而稀,改变手压的力量及压的部位,这组干涉条纹的取向及间距也随之改变,当手压在两玻璃片的边缘时,可观察到一组与棱边平行的明暗相间的条纹,这组干涉条纹就是光从空气劈尖的两表面上反射后在屏幕上相遇而呈现的干涉花样。

【注意事项】

1. 激光器使用时,箱盖必须从箱体上取下,否则易使两者变形或损坏。
2. 固定激光管的螺钉不可任意旋动,否则激光管的输出功率将减小。
3. 演示前用擦镜纸或脱脂棉将薄片擦干净,擦拭各光学器件时注意不能擦伤其表面。
4. 切勿使激光束直接射入人眼中,以免损害人眼。

【思考讨论】

水面上的油膜在阳光下呈现色彩绚丽的花纹,为什么?

实验 4-18 夫琅禾费衍射

(刘辉兰)

【实验目的】

观察单缝、单线、双缝、双线、单孔、双孔等的夫琅禾费衍射,进一步加深对夫琅禾费衍射的理解。

【实验原理】

波在传播过程中遇到障碍物时，能够绕过障碍物的边缘前进，这种偏离直线传播的现象称为波的衍射现象。光波也同样存在着衍射现象，但是由于光的波长很短，因此在一般光学实验中，衍射现象不明显。只有当障碍物的大小比光的波长大得不多时，才能观察到衍射现象。在光的衍射现象中，光不仅“绕弯”传播，而且还能产生明暗相间的条纹，即在能量场中能量将重新分布。平行单色光垂直照射到狭缝（或细线）上，就会呈现出和狭缝（或细线）平行的明暗相间的直条纹，中间的亮条纹最亮也最宽，叫中央亮条纹，是其他明纹宽度的两倍。中央条纹的两侧，光强迅速减小，直至第一级暗条纹；其后，光强又逐渐增大而成为第一级明条纹，以此类推。平行单色光垂直照射到圆孔上，光通过圆孔后，在远处的光屏上也会形成圆孔的衍射图样，中间是一个较亮的圆斑，外围是明暗相间的同心圆环。利用单缝衍射和单孔衍射的理论就可以解释双缝、双孔、光栅的衍射。

【实验器材】

HLD－JY－III 型激光综合光学实验仪、衍射片（2 片，一片上刻有单缝、单丝、小圆孔及小圆屏，另一片上刻有双缝、双圆孔、矩形孔、光栅及正交光栅）。

【实验内容】

如图 4－18－1 所示，先将衍射片（薄片 10）用擦镜纸擦拭干净，把单缝的衍射片放到移动架Ⅳ的槽内（放置时应使镀铬面对着屏幕）。旋动移动架的旋钮，可使屏幕上依次出现不同尺寸的单缝的夫琅禾费衍射花样。再将衍射片上下颠倒放置，屏幕上就出现不同尺寸的小圆孔和小圆屏的夫琅禾费衍射花样。

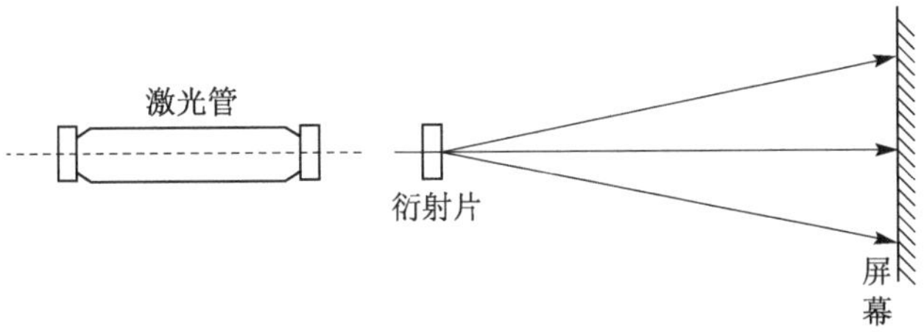

图 4－18－1　演示夫琅禾费衍射

换用另一块衍射片，用同样的方法可得到双缝、双孔、矩形孔、光栅和正交光栅的夫琅禾费衍射花样。

【注意事项】

1. 固定激光管的螺钉不可任意旋动，否则激光管的输出功率将减小。
2. 切勿使激光束直接射入人眼中，以免损害人眼。

【思考讨论】

1. 试分析矩形孔为什么会出现正交的衍射条纹？
2. 在正交光栅衍射条纹中出现了缺级的现象，试述缺级的条件？

实验 4－19 尖端放电

（赵杰 刘辉兰）

【实验目的】

1. 观察脉冲及恒定直流高压下的尖端放电现象。

2. 了解尖端放电的社会应用。

【实验原理】

当导体被加上足够高的阳极高压，且阳极附近有接地导体时，如果导体表面某处的曲率大，则该处附近的电力线密集且电位梯度大，因此产生了很强的电场，致使其附近部分气体被电离击穿而形成电离气体的离子导电，在导电区域会出现浅蓝色的电晕或者电火花，这两者都属于尖端放电。如果物体表面很尖锐且阳极高压很高，就会对接地电极火花放电，并伴有噼啪声音；如果导体不很尖锐或电压不很高，就会出现电晕放电。导体尖端处在接地电极或处在阳极效果互易。上述尖端放电尤其是火花放电极易引发火灾。

多功能电磁脉冲实验仪如图 4－19－1、图 4－19－2 所示。电磁脉冲实验仪的外壳作为地，外壳的顶部上表面不带绝缘漆，因此，可活动金属板与外壳顶部之间为可滑动及转动式电接触，并且金属片 4 及接地电极 9 都与可活动金属板 21 电导通。这样，金属片 4 及接地电极 9 都是地电位。如果把高压线 24 与电阻 R_{18}（600 MΩ）输出的 1 万多伏的高压电接通，并把尖端放电针 22（23 为绝缘板）尖端靠近但不接触金属片 4。此时，尖端放电针 22 与金属片 4 之间就有 1 万多伏的高压，可发生尖端放电现象。如果把仪器调节成脉冲高压，就可显著减小仪器功耗，允许较长时间观察显著的间歇脉冲式尖端放电现象而不会使仪器过热而损坏。

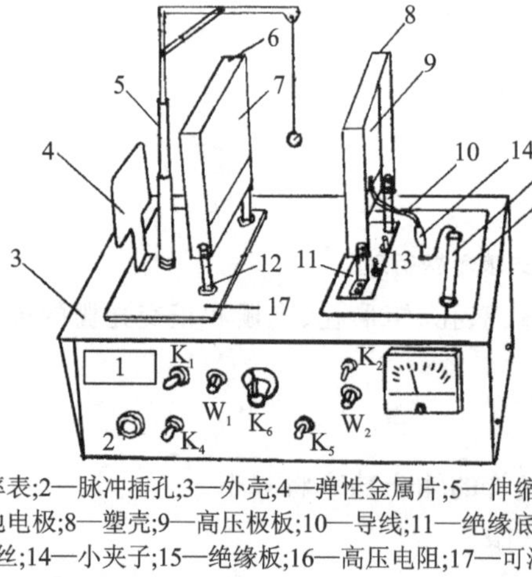

1—频率表；2—脉冲插孔；3—外壳；4—弹性金属片；5—伸缩杆；6—塑壳；7—接地电极；8—塑壳；9—高压极板；10—导线；11—绝缘底座；12—支脚；13—螺丝；14—小夹子；15—绝缘板；16—高压电阻；17—可活动金属板

图 4－19－1 多功能电磁脉冲实验仪

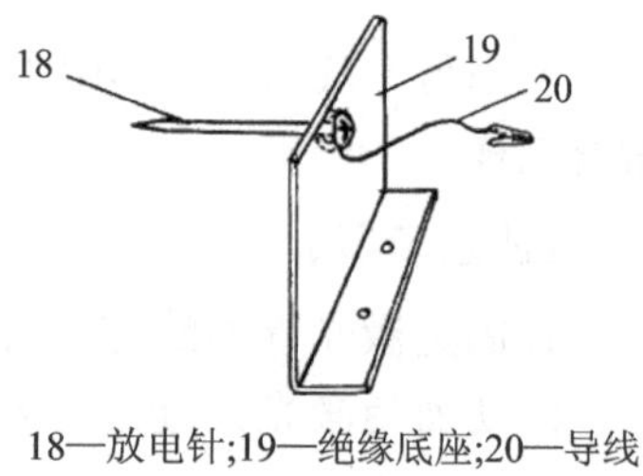

18—放电针；19—绝缘底座；20—导线

图 4－19－2 尖端放电组件

尖端放电的社会应用有：高压点火、制造臭氧发生器、制造负氧离子发生器、制造避雷针、静电除尘等。臭氧可用于杀菌除虫，负氧离子可用于保健和治病。

【实验仪器】

多功能电磁脉冲实验仪，尖端放电组件。

【实验内容】

1. 本实验为高压电，一定要注意安全。首先关闭电源开关 K_1，确认仪器各处无显示（断电）再进行以下操作。

2. 将图 4－19－1 中的绝缘底座 16 取下，将图 4－19－2 所示的尖端放电组件底部的插孔插在螺丝 18 上（螺丝 18 是固定在绝缘板 20 上的），将电阻 R_{18} 的高压输出小夹子 19 夹在导线 24 上。将可活动金属板 21 水平旋转 180°，使弹性金属片 4 与尖端放电针 22 正对，距离约 1 cm。

3. 打开电源开关 K_1，把开关 K_4 拨到“脉冲”位置，开关 K_5 拨到“电脉冲”位置。把脉冲频率波段开关 K_6 调到 1 Hz 挡位附近。再调节频率调节电位器 W_1，使得脉冲频率表 1 数字显示 0.5～1.5 Hz 为宜。开关 K_2 拨向“高压”，调节输出电压调节电位器 W_2，使得最高输出电压在 1.3 万伏以上。

4. 观察脉冲高压下的尖端放电现象。可看到间断喷射的蓝色或紫色光柱，并伴有呲呲的声音和臭氧味；调节脉冲频率，观察尖端放电现象，会发现光柱喷射的频率随之变化；调节脉冲电压的大小，观察尖端放电的剧烈程度，会发现电压越高，光柱颜色越深，伴随出现的声音越大。

5. 把开关 K_4 拨到“恒定”位置，此时输出的高压电是恒定的直流高压电。此时可看到持续喷射的光柱，并伴有呲呲的声音；调节电压的大小，观察尖端放电的剧烈程度，发现电压越高，光柱颜色越深，伴随出现的声音越大。注意此时的尖端放电时间不要超过 2min，以防止仪器内部的电子元件过热而损坏。

6. 关闭电源开关 K_1 并拔下电源插头。

【注意事项】

通电后，禁止触摸仪器的阳极及其相连的部件，也不要用手拿起可活动金属板 21 使之不与外壳 3 电接触（为什么?），以免触电。

实验 4－20　静电吸引

（刘辉兰　赵杰）

【实验目的】

观察弹性金属片在脉冲和恒定电场力作用下的摆动现象，从而认识静电力的存在。

【实验原理】

如图 4－20－1 所示。打开电源开关 K_1，在高压极板周围产生强电场，电场引起了弹性金属片的电荷重新分布，吸引弹性金属片中的电子移动到靠近高压极板一侧，即弹性金属片的右侧。这样就会在弹性金属片的左侧产生同样多的正电荷，而弹性金属片是接地的，其左侧产生的正电荷就入地了。那么，高压极板所带的正电荷就吸引弹性金属片右侧的电子。因而高压极板对弹性金属片产生了吸引力。如果电压是恒定的直流高压，弹性金属片因受到恒力作用，会向着极板倾斜。如果电压是脉冲的直流高压，弹性金属片因受到高压极板断续的吸引力，并由于金属片的弹性恢复力作用会不停地左右摆动。但弹性金属片是不会直接电接触到高压极板上的，因为高压极板外面包着耐高压的绝缘塑料，这就避免了高压对地短路引起的仪器过载损坏现象的发生。

【实验仪器】

多功能电磁脉冲实验仪（见图 4－19－1）。

【实验内容】

1. 首先关闭电源，按照图 4－20－1 设置。也即在图 4－19－1 基础上将可活动金属板水平旋转 180°，使弹性金属片与高压极板正对，距离调至 1.5～2 cm 之间。将高压输出小夹子 19 夹在高压极板导线上。

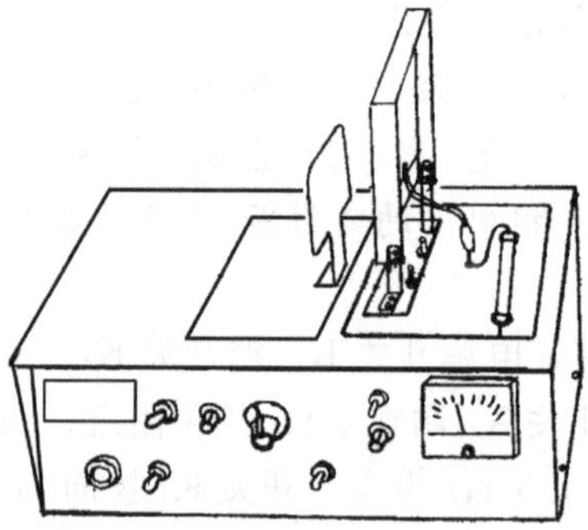

图 4－20－1　静电吸引

2. 把开关 K_4 调到“恒定”位置，开关 K_5 打在“电脉冲”位置。打开电源开关 K_1，观察弹性金属片的运动状态，可见弹性金属片向高压极板倾斜；调节“输出电压调节”改变电压大小，发现电压高时，金属片靠向高压极板倾斜的厉害；关闭电源开关后，弹性金属片会在一小段时间内做小幅度阻尼摆动，最后停在竖直位置。

3. 再把开关 K_4 调到“脉冲”位置，继续观察弹性金属片，发现弹性金属片左右摆动。调节电压大小，发现电压大时，摆动幅度大；调节脉冲电压频率，弹性金属片的摆动频率随着变化。关闭电源开关后，弹性金属片会在一小段时间内做小幅度摆动，最后停在竖直位置。

4. 关闭电源开关 K_1 并拔下电源插头。

【注意事项】

1. 通电后，禁止触摸仪器的阳极及其相连的部件，以免触电。
2. 调节弹性金属片的位置时，要切断电源。

实验 4－21　静电跳球

（刘辉兰　赵杰）

【实验目的】

1. 观察铝箔球在电场力和重力的作用下在容器内上下跳动现象。
2. 分析研究铝箔球在运动中出现的电学及力学规律。

【实验原理】

如图 4－21－1 所示。静电跳球组件的容器外壳是透明绝缘塑料构成的。上铜片在外壳内部并接高压电，下铜片在外壳内部但是通过另外一个小铜片引出到外壳的底部，这个小铜片就与仪器外壳 3 电接通，也即下铜片为接地端。因此上铜片和下铜片之间形成了强电场。

铝箔球是用很薄的铝箔制做的很轻的导电小球。其上还拴有一个很细很轻的棉线，线的下端固定在下铜片上，目的就是约束铝箔球跑不到外壳的边缘，从而使得铝箔球能更好地受电场力的作用。

当铝箔球落在下铜片位置时，铝箔球的上表面受到上铜片的高压正电荷的吸引而聚集大量电子，使得铝箔球上端带负电而受到上铜片的吸引力。同时，由于大量自由电子跑到了铝箔球上表面，铝箔球下端自然由此而产生正电荷，但铝箔球下端是与接地的下铜片电接触，因此，铝箔球下端产生的正电荷就入地了。这样就使得铝箔球受到上铜片给予的向上的吸引力，当给予铝箔球的电场力大于它受到的重力时，铝箔球就上升。当铝箔球离开下铜片升空后，铝箔球就成为一个带负电的金属球，继续上升。当铝箔球升到最高点并电接触上铜片时，铝箔球带的负电荷就被吸收而与上铜片等电位带上了正电荷。此时，铝箔球就受到了上铜片的向下排斥力和重力而落下。当铝箔球落到下铜片时，其上带的正电荷被下铜片吸收，同时上表面又带上了负电荷电子而上升，如此反复，使得铝箔球在上铜片和下铜片之间不停地上下跳动。

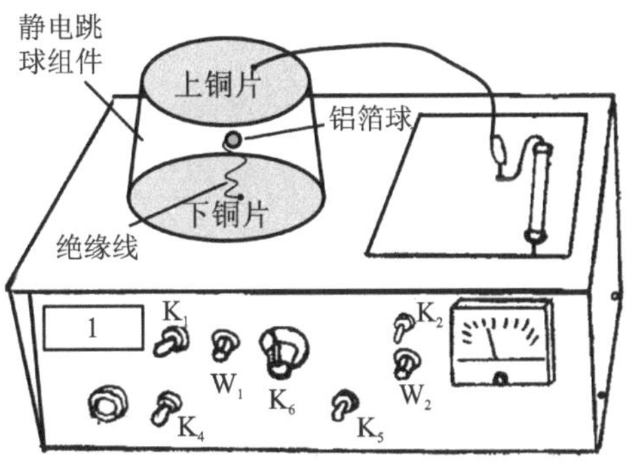

图 4-21-1　静电跳球实验装置

【实验仪器】

多功能电磁脉冲实验仪，静电跳球组件。

【实验内容】

1. 首先关闭电源，确认没有电压显示再进行下述操作。

2. 按照图 4-21-1 设置。将图 4-21-1 中的绝缘底座 16 取下，并移除可活动金属板 21。

3. 把静电跳球组件正放在外壳 3 顶部，并使下铜片连接的小铜片与外壳 3 的上表面良好电接触。将高压输出小夹子 19 夹在上铜片的引出线上。

4. 把开关 K_4 调到“恒定”位置，开关 K_5 调到“电脉冲”位置。打开电源开关 K_1，调节 W_2 使得输出电压在 1.3 万伏以上。

5. 观察铝箔球不停地上下跳动。

6. 调节 W_2 使输出电压缓慢变化，观察铝箔球上下跳动频率快慢的变化，直至铝箔球上下跳动停止的临界电压。

7. 关闭电源开关 K_1 并拔下电源插头。

【注意事项】

1. 通电后，禁止触摸仪器的阳极及其相连的部件，以免触电。

2. 晴天演示电源电压应降低些，阴天演示电源电压应提高些。

【思考讨论】

1. 如果上铜片改成脉冲直流高压，铝箔球会如何运动？

2. 如果上铜片及下铜片的内侧全部附上一层很薄的绝缘层，本实验会出现什么现象？

附　表

附表 1　国际单位制

	量的名称	单位名称	单位符号		SI 基本单位和用其他 SI 导出单位表示式
			中文	国际	
基本单位	长度	米	米	m	
	质量	千克	千克	kg	
	时间	秒	秒	s	
	电流	安培	安	A	
	热力学温标	开尔文	开	K	
	物质的量	摩尔	摩	mol	
	发光强度	坎德拉	坎	cd	
辅助单位	平面角	弧度	弧度	rad	
	立体角	球面度	球面度	sr	
导出单位	面积	平方米	米^2	m^2	
	速度	米每秒	米/秒	m/s	
	加速度	米每平方秒	米/秒^2	m/s^2	
	密度	千克每立方米	千克/米^3	kg/m^3	
	频率	赫兹	赫	Hz	s^{-1}
	力	牛顿	牛	N	$kg \cdot m/s^2$
	压力、压强、应力	帕斯卡	帕	Pa	N/m^2
	能量、功、热量	焦尔	焦	J	N · m
	功率、辐射能通量	瓦特	瓦	W	J/s
	电荷、电量	库仑	库	C	A · s
	电压、电动势、电位	伏特	伏	V	W/A
	电容	法拉	法	F	C/V
	电阻	欧姆	欧	Ω	V/A
	磁通量	韦伯	韦	Wb	V · s
	磁感应强度	特斯拉	特	T	Wb/m^2
	电感	亨利	亨	H	Wb/A
	光通量	流明	流	lm	cd · sr
	光照度	勒克斯	勒	lx	lm/m^2
	动力黏度	帕斯卡秒	帕 · 秒	Pa · s	
	表面张力	牛顿每米	牛/米	N/m	
	质量热容	焦尔每千克开尔文	焦/(千克 · 开)	J/(kg · K)	
	热导率	瓦特每米开尔文	瓦/(米 · 开)	W/(m · K)	
	介电常数(电容率)	法拉每米	法/米	F/m	
	磁导率	亨利每米	亨/米	H/m	

附表 2 基本物理常数 1986 年国际推荐值

物理量	符 号	数 值	单 位	不确定度 ppm
真空中的光速	c	299 792 458	ms^{-1}	（精确）
真空磁导率	μ_0	$1.255\ 637\ 1\times10^{-6}$	$N\cdot A^{-1}$	（精确）
真空介电常量	ε_0	$8.854\ 187\ 817\times10^{-12}$	$F\cdot m^{-1}$	（精确）
牛顿引力常量	G	6.672 59(85)	$10^{11}\ m^3\ kg^{-1}\cdot s^{-2}$	128
普朗克常量	h	6.626 075 5(40)	$10^{-34} J\cdot s$	0.60
基本电荷	e	1.602 177 33(49)	10^{-19} C	0.30
电子质量	m_e	0.910 938 97(54)	10^{-30} kg	0.59
电子荷质比	$-e/m_e$	−1.758 819 62(53)	10^{11} C / kg	0.30
质子质量	m_p	1.672 623 1(10)	10^{-27} kg	0.59
里德伯常量	R_∞	10 973 731.534(13)	m^{-1}	0.001 2
精细结构常数	a	7.297 353 08(33)	10^{-3}	0.045
阿伏伽德罗常量	N_A, L	6.022 136 7(36)	$10^{23}\ mol^{-1}$	0.59
气体常量	R	8.314 510(70)	$J\ mol^{-1}\ K^{-1}$	8.4
玻耳兹曼常量	k	1.380 658(12)	$10^{23}\ J\cdot K^{-1}$	8.4
摩尔体积（理想气体）$T=273.15$ K；$p=101\ 325$ Pa	V_m	22.414 10(29)	L/mol	8.4
圆周率	π	3.141 592 65		
自然对数底	e	2.718 281 83		
对数变换因子	$\log_e 10$	2.302 585 09		

参考文献

[1] 杨述武. 普通物理实验[M]. 北京:高等教育出版社,2000.

[2] 张山彪. 基础物理实验[M]. 北京:科学出版社,2009.

[3] 吕斯骅. 新编基础物理实验[M]. 北京:高等教育出版社,2006.

[4] 沈元华. 基础物理实验[M]. 北京:高等教育出版社,2003.

[5] 张进治. 大学物理实验[M]. 北京:电子工业出版社,2003.